질병의 연금술

질병의 연금술

중독과 해독을 넘나드는 독성학의 세계

존 와이스너

이덕환 옮김

까치

THE ALCHEMY OF DISEASE : How Chemicals and Toxins Cause Cancer and Other Illnesses

by John Whysner

역자 이덕환(李惠煥)
서울대학교 화학과 졸업(이학사). 서울대학교 대학원 화학과 졸업(이학석사). 미국 코넬 대학교 졸업(이학박사). 미국 프린스턴 대학교 연구원. 서강대학교에서 34년 동안 이론화학과 과학커뮤니케이션을 가르치고 은퇴한 명예교수이다.
저서로는 『이덕환의 과학세상』 등이 있고, 옮긴 책으로는 『거의 모든 것의 역사』, 『화려한 화학의 시대』, 『같기도 하고 아니 같기도 하고』, 『아인슈타인—삶과 우주』, 『춤추는 술고래의 수학 이야기』, 『양자혁명 : 양자물리학 100년사』 등 다수가 있으며, 대한민국 과학문화상(2004), 닮고 싶고 되고 싶은 과학기술인상(2006), 과학기술훈장웅비장(2008), 과학기자협회 과학과 소통상(2011), 옥조근정훈장(2019), 유미과학문화상(2020)을 수상했다.

편집, 교정_옥신애(玉信愛)

질병의 연금술
중독과 해독을 넘나드는 독성학의 세계

저자 / 존 와이스너
역자 / 이덕환
발행처 / 까치글방
발행인 / 박후영
주소 / 서울시 용산구 서빙고로 67, 파크타워 103동 1003호
전화 / 02 · 735 · 8998, 736 · 7768
팩시밀리 / 02 · 723 · 4591
홈페이지 / www.kachibooks.co.kr
전자우편 / kachibooks@gmail.com
등록번호 / 1-528
등록일 / 1977. 8. 5
초판 1쇄 발행일 / 2022. 4. 7

값 / 뒤표지에 쓰여 있음

ISBN 978-89-7291-763-2 93400

이 책을 폴 R. 손더스에게 바칩니다.

누가 아무런 책임도 없는 연금술을 적대시하는가?

오히려 연금술을 제대로 알지도 못하고,

활용하지도 못하는 사람들에게 책임을 물어야 할 것이다.

—파라셀수스

차례

감사의 글

내가 고등학교에 다닐 때에 실험실에서 활동할 수 있도록 해준 폴 R. 손더스에게 이 책을 바친다. 나는 제2장에서 소개하는 독액(venom)의 독성학(toxicology)*에 대한 우리의 연구 덕분에 진로를 결정할 수 있었다. 생화학 분야의 의학박사-이학박사 과정 지도교수였던 보이드 하딩에게도 감사드린다. 존스 홉킨스 대학교의 동아리 친구였던 레이 밀크먼이 제롬 야페를 설득해준 덕분에 나는 리처드 닉슨의 대통령실에서 운영하던 마약남용예방 특별조치 사무소(SAODAP)에서 일할 수 있었다. 나는 그 덕분에 마약 남용 치료를 이해할 수 있었고, 납이 들어 있는 페인트에 의한 중독 예방 연구도 시작할 수 있었다.

켄 체이스와 나는 국립 보건연구원(NIH)의 같은 연구실에서 일했다. 10년 후 나는 그가 운영하던 의료 자문회사인 워싱턴 산업보건협회에서 근무하며 전공을 산업환경의학으로 바꾸었다. 나는 지금도 그의 회사에 근무하고 있고, 독성학에 대한 나의 경험은 대부분 나를 믿고 모든 상황에 개입해

---

* 화학물질이 생명체에 미치는 유해 효과를 연구하는 학문.

서 산업 현장과 환경을 개선할 수 있도록 해준 그의 신뢰 덕분이다. 실험 연구를 해야 할 때마다 나에게 미국 보건재단의 실험실에서 연구할 수 있도록 해준 게리 윌리엄스에게도 감사한다. 나는 그곳에서 에른스트 빈더를 만나 함께 연구하면서, 인체의 건강에 미치는 위해의 우선순위에 대한 나름의 인식을 갖추게 되었다. 흡연이 폐암의 원인이라는 사실을 밝혀낸 그의 역사적인 면역학, 독성학 연구는 감동적이었다. 재단의 수의병리학자 고든 하드와의 인연도 화학물질의 독성과 발암성에 대한 종간(種間) 차이를 이해하는 데에 크게 도움이 되었다.

미국 보건재단을 떠난 나에게 폴 브랜트-라우프가 컬럼비아 대학교 메일먼 공중보건대학의 교수직을 제안했다. 환경보건 과학과에서 학생을 가르치는 일은 그때까지 내가 겪지 못했던 도전이었다. 동료 교수인 그레그 프라이어, 조지프 그라지아노, 톰 헤이의 도움 덕분에 독성학 기본원리를 가르치면서 독성학에 대한 풍부한 지식을 갖추게 되었다.

이 책을 쓰도록 격려해주고, 전부를 편집해준 딸 케이트 와이스너에게 감사한다. 아동서 『지구 온난화 특급열차』에 삽화를 그린 딸 조애나 와이스너도 나에게 지구 온난화 문제를 일깨워주었다. 도서 편집자, 중개인, 구매자로 활동하는 아내 에이미 비안코도 집필과 출판 과정에 대한 이해에 큰 도움을 주었다. 성공한 전문 작가로 이 책의 제안서 작성을 도와주었던 처남 앤서니 비안코에게도 감사한다. 이 책의 여러 부분을 검토해준 동료 조너선 보락, 크리스토퍼 보거트, 폴 브랜트-라우프, 프레더릭 데이비스, 데이비드 이스트먼드, 조슈아 가드너, 조 그라지아노, 고든 하드, 도미닉 라카프라, 소니아 룬더, 밥 펄먼, 제리 라이스, 로런스 리프, 벤 스톤레이크, 그리고 특히 여러 부분을 검토해준 샘 코언에게 감사한다.

컬럼비아 대학교 출판부의 편집자들에게도 특별히 감사한다. 미란다 마틴과 브라이언 C. 스미스가 수많은 원고 검토 과정을 인도해주고 교정과 수정을 위한 용기를 북돋워준 덕분에 훨씬 더 훌륭한 작품을 만들 수 있었다. 처음 만났던 패트릭 피츠제럴드는 나의 제안을 너그럽게 받아들여서 계약을 성사시켜주었다. 컬럼비아 대학교 출판부의 제작 편집자 마이클 해스컬, 원고 편집자 로버트 펠먼, 디자이너 이창재가 책의 가독성과 시각적 매력을 크게 향상시켜주었다. 마지막으로, 소중한 평가와 제안을 해준 컬럼비아 대학교 출판부의 원고 평가단과 출판을 허가해준 교수이사회와 편집위원회에게도 감사한다.

나는 존스 홉킨스 대학교의 학부를 다니는 동안에는 서던 캘리포니아 동창회로부터, 그리고 의학박사와 생화학 분야의 이학박사 과정에는 미국 암협회로부터 상당한 장학금을 지원받았다. 국립 과학재단과 해군부는 원뿔달팽이의 독액에 대한 나의 연구를 지원해주었고, 국립 마약남용 연구소(NIDA)는 합성 마약 중독 치료에 관한 임상연구를 지원해주었다. 주택도시개발부와 질병예방센터, 국립 표준원이 납으로 만든 페인트의 독성 예방연구를 지원해주었고, 국립 암연구소가 미국 보건재단에서의 일부 연구를 지원해주었다. 나는 미국 보건재단에서 일하는 동안에 화학 산업계의 지원으로 아크릴로나이트릴이 유발하는 래트(rat)의 종양 발생 메커니즘을 연구했고, 미국 석유연구소의 지원으로 벤젠이 유발하는 인체 급성 골수성 백혈병의 메커니즘을 연구했고, 제약회사 호프만 라로슈의 지원으로 DNA 결합을 연구했고, 제너럴 일렉트릭의 지원으로 폴리염화바이페닐(PCB)에 의해서 유발되는 래트의 간 종양 발생 메커니즘을 연구했다.

나는 워싱턴 산업보건협회에 근무하는 동안 PCB, 석유 용제, 의약물질과 같은 화학물질에 대해서 연방 정부, 공익단체, 석유회사, 제약회사 등에 자문해주었고, 전문가 증언도 제공했음을 밝힌다. 나는 이 책의 저술을 위해서 정부나 기업으로부터 어떠한 지원도 받지 않았다. 이 책에서 밝힌 의견은 모두 나의 개인적인 것이다.

서론

인류가 지구에서 살아오는 동안 자연은 언제나 질병으로 인류의 생존을 위협해왔다. 우리의 자연 환경에 독초가 얼마나 많은지를 생각해보면, 초기 인류가 영양가 높고 안전한 음식과 약초를 찾아내기 위해서 얼마나 위험한 시행착오를 감수해야 했는지를 상상할 수 있을 것이다. 성서 시대 이후로도 독성이 있는 음식을 먹거나 독이 든 물을 마신 일에 대한 이야기가 많았다.[1] 화산 폭발, 음식의 조리, 산불에서 발생한 연기와 먼지가 공기와 물을 오염시켰다. 역사 기록으로 남은 화산 폭발은 고대 인류가 겪은 독성 가스와 먼지에 노출된 사례들 중에서 지극히 일부에 지나지 않는다.[2] 특히 『성서』에 등장하는 독이 있는 뱀과 같은 동물들은 더운 지역에 사는 사람들에게 극심한 공포의 대상이었다.[3] 물론 끊임없는 감염병의 위협도 있었다.

기술을 이용해서 자연의 위협을 극복해온 우리는 이제 인공적인 화학 물질을 비롯한 우리 스스로의 혁신을 두려워하는 형편이 되었다. 우리는 우리 자신이 종잡을 수 없을 정도로 많은 위협에 둘러싸여 있다는 사실을 안다. 우리는 독성이 있거나 암을 일으키는 물질이 많다는 사실을 안다.

그러나 그런 물질의 복잡성이 안전을 지키고 싶어하는 우리 자신의 노력에 걸림돌이 되고 있다. 화학물질이나 독소 때문에 병들고 싶어하는 사람은 없다. 그러나 그런 운명을 어떻게 피할 수 있을 것인가? 볼 수도 없고, 냄새를 맡을 수도 없고, 만질 수도 없는 물질이 우리를 해칠 수 있는지 어떻게 알아낼 수 있는가? 수천 명의 과학자들이 이런 의문에 대한 답을 알아내기 위해서 활동한다. 우리는 그들을 독성학자라고 부른다. 나도 50년이상 독성학자로 일했다.

이 책은 아득한 옛날에 시작되었으며 르네상스 시대부터는 중세의 신비였던 연금술로부터 분리되어 발전한 독성학의 역사와 그 핵심적인 성과를 정리한 것이다. 최초의 독성학자로 알려진 파라셀수스는 의사이면서 연금술사였다. 그래서 이 책의 제목이 『질병의 연금술』이다. 연금술은 화학물질의 정제와 변환을 위한 실험을 포함하는 복잡한 분야였다. 그러나 이 책에서는 주로 오늘날의 독성학에서 활용하는 성과의 대부분을 얻었던 산업화 시대부터 정보화 시대까지의 독성학을 주로 살펴보려고 한다. 독성학자들은 유기체에서 자연적으로 생성되지 않거나, 발생할 것이라고 예상되지 않는 화학물질을 흔히 "생체 이물질(xenobiotic)*"이라는 용어로 지칭한다. 이 책에서 소개하는 화학물질들은 특별히 밝히지 않는 한 모두 생체 이물질이다.

우리가 환경에 존재하는 화학물질이나 독소 때문에 병이 든다고 생각하는 이유는 무엇일까? 나는 이 질문에 대한 답을 제시할 것이다. 나의 주장은 다음과 같이 정리할 수 있다. 과학의 한 분야로 발전한 독성학은 지난 500년간 여러 가지 위대한 발견을 했고, 그런 지식을 공중보건에 활용하여 좋은 결과를 얻은 경우도 많았다. 그러나 적절하지 못했던 경우도

---

* 합성 화학물질, 합성물, 인공물질이라고 부르기도 한다.

있었다. 독성학의 역사는 흥미로운 과학적 발견과 함께 의사, 역학자(疫學者), 실험 과학자들의 개성으로 가득 채워져 있다. 화학물질과 독소가 건강에 미치는 효과에 대한 풍부한 발견들은 역사적으로는 물론이고 지금도 우리의 건강을 지키기 위한 결정에 필요한 정보를 제공하고 있다.

독성학의 역사에서는, 인간의 질병, 특히 암의 유발을 예측하기 위한 동물실험의 어려움에 대한 이야기를 많이 발견할 수 있다. 인간을 대상으로 한 연구는 대체로 충분하지 않거나 아예 존재하지 않는다. 더욱이 현재 우리가 알고 있는 지식의 대부분은, 독성이 있지만 그 독성이 인간에게 적절한지는 알 수 없다는 결과를 알려준 동물실험을 통해서 얻은 것이다. 이러한 제한적인 지식이 화학물질에 대한 두려움을 증폭시킨다. 우리는 그 지식으로부터 답을 발견하기도 하지만, 그 의미가 제한적이어서 오히려 혼란스러워지기도 한다. 우리는 사람들에게 X라는 화학물질이 Y라는 질병을 일으킨다고 명확하게 알려주고 싶다. 그러나 이토록 단순한 인과의 사슬은 질병, 화학물질의 본질, 상황, 그리고 노출의 정도 등의 조건에 따라서 크게 달라진다. 더욱이 이 인과관계는 현재의 지식에 따라서 달라지기도 한다. 심지어 우리가 이미 알고 있는 노출과 결과 사이의 연결 고리도 실제로 성립하기도 하고 성립하지 않기도 한다. 그래서 화학적 위험에 관련하여 논리적인 관계를 이끌어내는 것은 단순하지 않다.

사람에게 피해를 줄 수 있는 화학적 노출을 통제하는 데에는 정치적이고 개인적인 의지가 필요하다는 점이 이 문제를 더욱 복잡하게 만든다. 지식이 반드시 적절한 행동으로 연결되는 것도 아니고, 우리의 의지가 부족해서 여전히 화학물질을 비롯한 여러 가지 병인(病因)으로 질병에 걸리기도 한다.

· · ·

모순과 난관에 시달리는 것은 독성학만이 아니다. 의사이면서 독성학자로 교육을 받았던 나는 의학을 연구하는 것 자체가 얼마나 조심스러운 일인지를 직접 경험했다. 의학도였던 나는 해부학, 생리학, 생화학, 약학은 물론이고 질병학과 질병의 치료 방법도 공부했다. 그러나 나는 병실이나 진료실과 같은 실제 상황에서, 정확한 진단을 하지 못할 수도 있는 질병에 걸린 현실의 사람들에게 의학적 지식을 적용하는 일이 정말 어렵다는 사실을 깨달았다. 질병을 진단하더라도 치료 방법을 알아내지 못하는 경우도 많다. 때로는 환자가 협조하지 않는 때도 있다.

나의 경력 초기에 영향을 미쳤던 사람은 맥아더 장군의 부관과 보건교육복지부의 보건과학 담당 차관보로 활동했던 로저 O. 에저버그였다. 그가 차관보로 취임하기 전에 서던 캘리포니아 대학교 의과대학의 학장을 역임했을 때, 신입생이었던 나는 그의 초급 강의를 수강했다. 그는 의사가 환자에게 해를 끼치지 않고 실제로 이로움을 제공하기 시작한 것은 겨우 20세기 초부터였다고 가르쳐주었다. 그때부터 의사가 질병과 적절한 치료를 정확하게 이해하기 시작했다는 것이다. 말하자면 그 이전의 의료는 대부분 엉터리였다. 의사가 환자를 사혈(瀉血)과 같은 처치로 사망에 이르게 하거나 우연히 사용한 약물로 독살시키기도 했다.

우리는 환경에 의해서 중독되기도 했다. 독성학은 어떤 분야에서는 놀랍게 발전했지만, 다른 분야에서는 실패하기도 했다. 역사적으로 보면 화학물질 노출에 의한 직업병은 대체로 해결되었고, 산업용 물질의 환경 노출도 대부분 크게 줄어들었다. 그러나 여전히 해결하지 못한 문제들도 많다. 화석연료의 생산과 사용이 대기를 오염시키고, 작업자들은 암을 비롯한 질병에 노출된다. 마약 중독은 과다 복용에 의한 사망으로 이어지고,

감염병의 확산에 기여하고, 골치 아픈 사회문제를 일으킨다. 설치류 모형을 이용하여 발암성을 비롯한 건강 문제를 시험하는 방법은 충분히 검증된 적이 없고, 우리는 아직도 인체 위해성을 확인할 능력을 충분히 확보하지 못했다. 이 책에서는 독성학의 성공과 실패를 모두 소개한다.

이 책은 4개의 부로 구성된다. 독성학을 소개하는 제1부에서는 환경 문제의 사례들과 함께 독성학의 초기 역사, 산업의학의 발전, 화학물질의 확산과 그에 따른 동물실험의 필요성을 다룰 것이다. 제1장에서는 구체적인 상황에서 화학물질과 질병 사이의 인과관계를 어떻게 결정할 수 있는지를 살펴본다. 이는 독성학의 가장 중요한 과제라고 할 수 있다. "암 다발성"을 검토하는 과정에서는, 한 지역의 환경에 존재하는 화학물질 때문에 특정한 종류의 암이 일반적인 예상보다 더 많이 발생하는지에 관한 도전적인 질문을 다룰 것이다. 제2장에서는 화학물질이나 독소가 어떻게 질병을 일으키는지를 실험적으로 증명하는 독성학적 방법들과 그 방법들의 여러 문제들을 살펴본다.

그다음 2개의 장에서는 독성학의 기본 원리의 역사적인 발전을 소개한다. 독성학이 시작된 고대 그리스뿐만 아니라 중세 후기, 르네상스 시대, 계몽기 역시 면밀하게 살필 것이다. 이 시기에 밝혀진 지식들이 산업혁명으로 등장하기 시작한 보건 문제와 직접적으로 관련되기 때문이다.[4] 예를 들면 질병을 일으키는 화학물질의 용량(dose)이 중요하다는 사실은 파라셀수스에 의해서 밝혀졌다. 베르나르디노 라마치니 등이 밝힌 직업병의 구분도 작업자 보호와 관련된 독성학의 역할에 대한 역사적 토대를 마련했다. 마지막으로 제1부의 끝에서는 산업용 물질과 의약품의 폭발적인 개발로 작업자와 소비자들이 마주한 위험들을 이해하고자 했던 독성학의 역사를 살펴본다. 화학적 문제의 규모와 인체 연구의 부족 때문에, 동물의 생체분석(bioassay)을 통한 독성 시험이 필요하게 되었다.

제2부에서는 독성학자들이 어떻게 인간의 질병과 동물에서의 효과를 연구함으로써 화학물질의 독성과 발암성을 연구하고 배웠는지를 살펴본다. 산업혁명에 의해서 촉발된 페인트, 공기, 물에 들어 있는 납에 의한 중독 문제와 레이철 카슨이 제기했던 농약 노출의 연구를 사례로서 살펴본다. 독성학의 중요한 문제들 가운데 하나는 바로 화학물질이 어떻게 암을 일으키는지를 연구하는 것이다. 3개의 장에서는 화학물질이 일으키는 암의 발생에 관한 분자 수준의 연구를 정리한다. 사람에게 가장 흔한 암인 폐암의 원인이 흡연이라는 사실을 밝혀낸 것은 1950년대의 획기적인 인체 연구 덕분이었다. 마지막으로는 암의 주요 원인에 대한 역학적 결론을 살펴본다.

　　제3부에서는 독성학이 사회적으로 더욱 실용적인 의미로 사용되는 경우를 살펴본다. 독성학적 지식을 이용하면 화학물질을 규제하고, 의약물질의 독성이 나타나지 않는 용량을 결정하고, 토양 오염이나 대기 중 화학물질의 허용 기준을 결정할 수 있다. 문제가 발생하면, 법원은 환경이나 의약품, 또는 의료용품에 의한 피해를 주장하는 사람이 제기한 소송에서 전문가 증인으로 독성학자를 활용한다. 마지막으로 독성학의 어두운 측면이라고 할 수 있는 화학무기의 개발과 사용을 살펴본다.

　　제4부에서는 독성학의 더 논쟁적인 주제와 미완성의 과제들을 살펴본다. 여기에서는 독성학이 공중보건에 대해서 긍정적인 결과를 내놓지 못한 분야도 다룬다. 먼저, 합성 마약 중독과 과다 복용 문제가 있다. 다음으로는 화석연료의 생산과 연소에 의해서 발생하는 건강과 기후 문제도 있다. 인간의 질병을 연구하고 치료하기 위한 동물 모형(animal model)의 문제도 3개의 장에서 살펴본다. 래트에서 확인되는 암에 대한 화학요법 효과를 인간에게 적용하고, 설치류의 생체분석을 통해서 화학물질의 발암성과 호르몬 효과를 포함한 독성을 예측하고자 했던 시도들은 대부분 실

망스러운 결과로 이어졌다. 화학물질을 시험하기 위한 통상적인 설치류 생체분석을 대체할 수 있는 대안이 필요하다. 마지막으로 현재의 독성학적 지식을 통해서 지금까지 해결하지 못한 공중보건 문제인 질병 예방을 위한 제안을 살펴본다.

마지막에는 여전히 추가적인 연구가 필요한 독성학 분야를 소개하면서, 이 책의 다른 장에서 소개했지만 기대하는 만큼 성공적이지는 못했던 주제들도 함께 다룬다. 아동 납 중독은 50여 년간 드러나지 않았지만 독성학자를 비롯한 많은 연구자들의 열정 덕분에 밝혀진 환경적 위해의 대표적인 사례가 되었다. 그러나 초기의 성과에도 불구하고 정부가 실수로 일을 망쳐버린 탓에 미국에서는 이 문제가 여전히 완전히 해결되지 못하고 있다. 다음 장에서는 산업적 노출에 의해서 발생하는 많은 직업병들이 크게 줄어들기는 했으나 새로이 등장한 직업병들을 살펴볼 것이다. 예컨대 화석연료의 생산에 활용되는 수압 파쇄법은 작업자들에게 엄청난 양의 모래를 노출시켜서 규폐증(硅肺症)과 같은 폐 질병을 유발한다.

이 책은 독성학의 완전한 역사서나 교과서가 아니다. 이 책에는 많은 주제들이 포함되지 않았다. 한편으로는 이 책에 소개된 주제 중에 나름대로 한 권의 책을 쓸 수 있을 정도로 중요한 것도 있다. 독성학의 기본적인 논점들을 소개하고, 이 분야의 지식이 개발된 역사를 보여주는 것이 이 책의 목적이다. 학생들에게는 『캐서릿과 돌의 독성학 : 독의 기초과학(Casarett and Doull's Toxicology : The Basic Science of Poisons)』과 같은 포괄적인 교과서를 공부하기 전에 이 책이 훌륭한 입문서가 될 수 있을 것이다. 이 주제에 대한 최신의 정보를 담으려고 노력했으나 이 책이 완벽한 총설이라고 하기는 어렵다.

나는 여러 주제들에 대해서 내부자의 시각을 소개하려고 노력했다. 그러나 이 책을 회고록이라고 할 수는 없다. 독성학의 다양한 분야에 참여했던 나의 경험은 선형적이지 않았다. 그래서 서로 무관한 것처럼 보이는 여러 분야에서의 개인적인 이야기 때문에 독자들이 혼란스럽지 않도록 나의 경력을 간단하게 소개하고자 한다. 나는 고등학교 시절과 존스 홉킨스 대학교의 여름학기에 해양동물의 독을 공부하기 시작했다. 나는 이 책을 헌정한 폴 손더스와 함께, 서던 캘리포니아 대학교 의과대학에서 이 연구를 수행했다. 서던 캘리포니아 대학교에서 의학박사와 생화학 분야의 이학박사 학위 과정을 마치고는 국립 보건연구원에서 독을 연구했다. 그후에는 연방 정부의 기관에서 합성 마약 중독을 연구했고, 납을 사용한 페인트의 중독 예방을 위한 일을 했다. 그리고 산업의학과 환경의학 분야에서 고문으로 일하면서, 화학물질에 의한 실험동물과 사람의 암 발생 메커니즘을 연구하는 연구소에서 활동했다. 마지막으로 나는 컬럼비아 대학교의 메일먼 공중보건대학에서 대학원 학생들을 가르쳤다. 이 책은 나의 개인적인 경험과 연구를 근거로 독성학의 역사와 현재에 대한 나의 평가를 담은 것이다. 여러분도 여행을 즐기기를 바란다.

제1부   독성학이 왜 필요할까

약학과 독성학은 하나이고 똑같은 것이었다.
우리는 독으로 치료되었다.
그리고 생명의 물질이라고 생각한 물질이
어떤 경우에는
단 한 번의 경련으로 몇 초 안에 생명을 죽일 수도 있다.
—토마스 만, 『마의 산(*Der Zauberberg*)』

처음 6개 장에서는 독성학의 필요성을 정당화하는 전형적인 주제와 역사적 관점을 소개한다. 제1장에서는 특정한 지역에서 원인 불명의 암 환자들이 다수 발생하는 "암 다발성" 현상을 다루면서, 화학물질 노출이 실제로 질병을 일으키는지에 대한 문제에 독성학이 어떻게 기여할 수 있는지를 살펴볼 것이다. 이와 반대로, 예를 들면 독성물질에 의한 발병이나 사망처럼 원인이 분명한 경우에도 독성학은 독성물질이 어떻게 독성 효과를 내는지를 설명할 수 있다. 핵심적으로 이 두 가지의 대립되는 사례들이 독성의 원인 파악과 메커니즘의 이해라는, 독성학이 지향하는 목표의 양극단에 해당한다.

제3장과 제4장에서는 독성학적 방법론의 역사적인 발전을 소개한다. 독성학의 아버지로 알려진 파라셀수스가 중세 후기의 연금술과 의학을 기반으로 독성학을 처음 정립하기 시작했다. 그후에는 광업을 비롯한 산업에 관심을 두던 라마치니 등이 산업의학을 발전시켰다. 그다음으로는 유기물 정제에 기초를 둔 합

성 화학의 발전과 작업자들에게 암을 비롯한 질병을 일으키는 산업적 노출을 살펴볼 것이다. 제1부는 중독(poisoning)에 대한 논의와 약물을 비롯한 합성 화학 물질에 의해서 발생하는 선천성 기형과 암에 대한 논의로 마무리할 것이다. 그런 연구들이 결국 실험동물의 광범위한 활용과 대규모 생체분석으로 이어졌다.

제1장 **암 다발성**
진실은 모호할 수 있다

역학(疫學)*과 독성학 연구자들은 지금까지 화학물질에 노출된 사람들을 연구하거나 동물실험, 실험실 시험 등을 실시하여 의약품이나 화학물질의 위험성에 대해서 많은 것들을 알아냈다. 그런데 최근에는 주어진 상황에서 화학물질이 인간의 건강에 미치는 영향을 이해하는 데에 화학물질의 독성 효과에 대한 기존의 지식을 적용하기가 쉽지 않다는 사실을 확인하고 있다. 다시 말해서, 실제 상황에서 화학물질에 노출된 사람들에게 연구 결과를 적용하는 일이 쉽지가 않고, 문제를 해결하기보다는 오히려 더 많은 의문을 가지게 되는 경우도 흔하다.

　독성학자의 목표는 **톡시콘**(toxicon)을 찾는 것이다. 톡시콘이란 고대 그리스어로 "독화살"을 뜻하는데, 독소와 그 병인 또는 전달 방식을 일컫는 말이다.[1] 사람이 뱀에 물린 경우라면 톡시콘을 찾기가 비교적 쉽다. 독액에서 독 성분을 분리해내면 된다. 뱀에게 물린 것이 "화살"이라는 사실이 분명하

---

* 인구집단을 대상으로 숙주(host), 병인(agent), 환경(environment) 등에서 질병을 일으키는 원인을 밝히는 의학 분야의 학문.

기 때문이다. 그러나 대부분은 우리가 찾고자 하는 톡시콘이 잠재적 독성물질의 덤불 속에 숨어 있고 병인의 형식도 분명하지 않다.

특정한 작업장이나 지역에서 일반적으로 예상되는 것보다 더 많은 사람들이 암에 걸리는, 암 다발성(cancer cluster)을 확인하는 과정에도 그런 어려움이 있다. 어떤 집단에 속하는 사람들에게 발생한 암이 모두 특정한 한 가지 종류이고, 특히 그 암이 흔하지 않다면 어떤 분명한 원인이 있을 것이라고 생각할 수 있다. 어떤 암은 일반적인 상황에서는 매우 희귀하므로, 그 암에 걸린 사람이 매우 적은 경우라도 환경에 어떤 문제가 있을 것이라고 의심할 수 있다.

· · ·

1970년 1월 5일, 켄터키 주 루이빌에 있는 B. F. 굿리치 화학회사의 한 작업자가 장내 출혈로 인한 혈변 때문에 입원했다. 간단한 장 궤양 치료를 받고 퇴원한 그는 같은 해 5월 1일에 다시 혈변으로 입원했다. 이번에는 촉진(觸診)을 통해서 간이 부어 있다는 사실이 밝혀졌고, 간 스캔을 통해서 간의 좌엽(左攊)에서 식도 혈관의 출혈을 일으킬 수 있는 큰 병변이 발견되었다. 1주일 후 검진을 위해서 실시한 수술에서는 간에서 혈관 육종(肉腫)이 발견되었다. 환자는 결국 몇 개월 후에 사망했다. 전형적인 간암인 간세포암은 간의 세포에서 발생하지만, 혈관 육종은 간의 혈관에서 발생하는 희귀암으로 간암보다 발병률이 300배 낮다.

사망한 작업자는 화학회사 소속인 J. L. 크리치 박사의 환자였다. 2년 후에 크리치 박사는 다른 의사들에게 치료받았던 공장의 전직 작업자들 중에도 혈관 육종으로 숨진 사람이 2명이나 있었다는 사실을 알게 되었다. 세 사람 사이의 관련성을 살펴보던 그는 희귀 간 종양으로 사망한 작업자들이 모두 염화비닐 단량체(單量體)로부터 폴리염화비닐(PVC)을 합성하는 공장에서 근무했다는 사실을 알아냈다. 추가 조사에서는 3명의 작업자들이 모두 PVC를 생산하는 반응로에 들어가서 세척 작업을 하다가 염화비닐이 고농도로 포함된 먼지에 노출되었다는 사실이 밝혀졌다. 회사는 1974년 1월에 공장 작업자들, 국립 산업안전보건 연구소(NIOSH), 켄터키 주 노동부에 이 사실을 통보했다. 같은 해 2월 9일 질병통제예방센터(CDC)의 「발병 및 사망률 주간 보고(Morbidity and Mortality Weekly Report)」에는 총 4건의 사례가 보고되었다. 크리치와 연구진은 그해 3월에 「산업의학지(*Journal of Occupational Medicine*)」에 논문을 발표했다.[2] 이 논문에는 이탈리아 볼로냐 대학교의 종양연구소 소장이었던 체사레 말토니가 1974년 2월 동물실험에서 염화비닐이 간에서 혈관 육종을 일으킨다는 미발표 실험 결과를 얻었다는 주석이 달려 있었다.

질병통제예방센터의 클라크 히스 주니어, 헨리 포크와 함께 의학 기록을 추적하던 크리치는 1975년에 4곳의 염화비닐 공장의 작업자 중에서 그동안 크리치와 존슨이 보고한 3명의 사례를 포함해서 모두 13건의 간 혈관 육종 사례가 보고되었다는 사실을 확인했다. 미국 전체 인구 중에서 매년 25–30건 정도의 사례가 예상된다는 국립 암연구소(NCI)의 제3차 전국 암 조사(1969–1971)를 고려하면, 공장에서의 발병률이 400배나 높다는 뜻이었다.[3] 어느 PVC 공장에 대한 1976년의 연구에서도 2건의 간 혈관 육종 사례가 추가로 발견되었다. 그후 미국, 영국, 캐나다, 스웨덴, 독일, 이탈리아, 노르웨이의 염화비닐 공장 작업자에 대한 연구에서도 추가 사례가 발견되었다. 그렇게 놀라운 발병 증가는 염화비닐을 인체 발암물질로 추정하기에 충분한 근거였다.[4]

켄터키 주의 PVC 제조 공장에서 확인된 암 발생은 중요한 보건 문제가 된 암 다발성의 대표적인 사례가 되었다. 이 경우, 톡시콘의 발견이 비교적 쉬웠던 데에는 몇 가지 이유가 있었다. 발생한 암이 흔하지 않은 종류였고, 통제된 환경에서 노출이 이루어졌으며, 염화비닐이라는 화학물질이 사람과 실험동물에서 모두 똑같은 종류의 종양을 야기하는 것으로 확인되었기 때문이다. 이 요인들이 모두 크리치 박사의 초기 관찰을 뒷받침해주었다. 그러나 다른 암 다발성의 경우에는 상황이 그렇게 협조적이지 않았다.

• • •

염화비닐은 다음 이야기에서도 악당 역할을 했다. 이번에는 일리노이 주 맥헨리에서 19건의 뇌암 사례가 보고되었다. 2006년에 3명의 주민이 뇌암 진단을 받은 것은 그 원인에 대한 의혹을 제기하기에 충분할 정도로 드문 일이었다. 더욱이 환자들은 공장의 작업자가 아니라 (롬 앤드 하스 앤드 모다인 기업이 소유한) 화학공장들 근처에 살던 주민이었다. 이 화학공장들은 염소계의 용매를 사용했는데 이 용매는 지하수에서 염화비닐로 변화될 수 있었다. 주민들의 입장에서는 이 지역에서 뇌암 발생 빈도가 높은 이유를 설명할 수 있을 것만 같았다. 주민들이 고용한 변호사는 몇 가지 다른 유형의 뇌암 사례도 수집했다.

염화비닐이 사람에게 간암을 일으킨다는 사실은 역학 연구의 평가를 담당하는 국제 암연구소(IARC)와 같은 기관을 통해서 분명하게 확인되었다. 그러나 맥헨리 암 다발 지역의 주민들에게는 간암의 발병 증가가 확인되지 않았다. 더욱이 일리노이 주 정부가 주민들이 사용하는 식수를 검사했을 때에도 염화비닐이 검출되지 않았고, 화학공장 부지와 식수원 사이에도 분명한 유출 경로가 확인되지 않았다.

맥헨리의 고소인을 변호하는 법률사무소는 코네티컷 주 공중보건국의 박사 학위를 받은 독성학자인 게리 긴즈버그를 고용했다. 그는 래트(rat)와 사람에게서 실제로 염화비닐에 의한 뇌암 사례가 발견되었으며, 자신이 추정한 주민들의 암 발생률을 고려하면 염화비닐 때문에 암에 걸렸을 것이라는 주민들의 우려가 사실이라는 의견을 제시했다. 그러나 그가 인용했던 래트에 대한 염화비닐 연구에서 보고된 뇌암은 사실 비강(鼻腔) 종양이 뇌로 전이된 사례였다. 그 래트의 암조직에는 일반적으로 래트에게서 발견되는 유형의 뇌암과는 다른 근원세포*가 들어 있었다. 크리치 박사가 간에서 혈관 육종을 처음 발견했던 켄터키 주 루이빌의 PVC 공장에서도 뇌암의 발병 증가가 있었지만, 미국과 유럽의 다른 PVC 공장들에 대한 연구에서는 그런 사실을 확인할 수 없었다. 그리고 1999년에 염화비닐에 관한 연구들을 평가한 국제 암연구소도 염화비닐이 뇌암을 일으키지는 않는다는 동일한 결론을 내렸다.[5]

그렇다면 이 암 다발성의 원인은 무엇이었을까? 맥헨리의 사례에는 사실 세포 유형이 서로 다른 5종류의 뇌암과 뇌암으로 분류할 수 없는 양성 종양이 포함되어 있었다. 주민들을 변호하는 법률사무소가 고용한 컬럼비아 대학교 공중보건대학의 역학자 리처드 뉴게바워 박사는 뇌종양 중에 두 가지 종류의 발생 비율이 맥헨리에서 예상되는 수준을 넘어섰다고 주장했다. 그러나 피고소인 측의 역학 전문가이자 캘리포니아 대학교 버클리의 공중보건대학 학장을 역임한 퍼트리샤 버플러 박사가 그의 주장을 반박했다. 그녀는 비거주자를 포함시키고 시간 범위를 조정하는 등의 다른 요인에 의해서 암 발생률이 부풀려졌다고 주장했다. 그러나 정말 뜻밖의 문제는 뉴게바워가 심지어 재판이 진행되는 동안에도 계속해서 자료를 다르게 분석하고 자신의 보고서를 수정했다는 점이다. 증거에 대한 실망으로 분노한 판사는 "20년 이상 재판을 했지만 이 증언은 법정에 대한 기

---

* 암세포로 바뀔 수 있는 세포.

만에 가까우며, 나는 이런 증언을 계속하도록 용납할 수 없다"면서 재판을 취소시켜버렸다.[6] 이 소송은 기각되었고 다른 소송이 제기되었다. 결국 2014년에 롬 앤드 하스 기업은 주민들과 합의를 했다.

• • •

미국에서 가장 유명하고 악명이 높았던 암 다발성은 1970년대에 매사추세츠 주 워번에서 발생한 소아 백혈병 사례였다. 워번은 보스턴에서 북서쪽으로 약 20킬로미터 떨어진 지역으로, 19세기와 20세기 초에는 가죽 가공과 화학제품 생산지로 잘 알려져 있었다. 주민들은 1960년대 중반부터 식수의 맛과 냄새가 변했다는 사실을 알아챘다. 그런 변화는 도시의 동쪽 지역에 식수 공급용으로 G와 H라는 2곳의 우물을 새로 뚫은 시기와 일치했다. 1967년에 세균 오염을 걱정한 매사추세츠 공중보건국이 우물의 폐쇄를 고려했지만, 주민들에게는 식수가 필요했으므로 폐쇄 대신에 염소 소독을 실시했다. 그러나 염소 소독으로는 수돗물의 심미적 품질이 개선되지 않았고, 화가 난 주민들은 시청에 만족할 만한 식수의 공급을 청원했다. 시는 일단 새로 뚫은 우물의 사용을 중단했지만, 가뭄으로 식수가 부족해지면 우물을 다시 사용할 수밖에 없다는 것이 시민들의 불만이었다. 그런데 10년이 훌쩍 지난 1979년에서야 184통의 산업 폐기물이 무단 폐기된 사건을 수사하던 중에 물에서 트라이클로로에틸렌(TCE)*이라는 화학물질이 검출되었다.[7]

한편, 보스턴의 소아혈액학자 존 트루먼 박사가 1972년부터 워번의 여섯 블록에 달하는 지역에서 6건의 백혈병 사례를 확인했다고 밝혔고, 지

---

* 클로로폼과 유사한 냄새가 나는 무색의 액체. 유지 추출용 용제나 살충제로 사용된다.

역 목회자 브루스 영 목사도 지난 15년간 도시의 동부 지역에서 15건의 소아 백혈병이 발생했다고 주장했다. 주민들은 식수에서 검출된 TCE가 범인이라고 확신했다. 주민들은 시민단체를 조직했고, 1979년 말에 백혈병 진단을 받은 지역 아동의 명단을 발표했다. 조사에 착수한 매사추세츠 공중보건국과 질병통제예방센터는 1981년 1월에 보고서를 공개했다.

질병통제예방센터와의 면담을 통해서 워번과 인접 도시의 주민들이 적어도 1세기 동안 식수의 맛과 공기의 냄새에 불평을 해왔다는 사실이 밝혀졌다. 메리맥 화학회사는 1853년에 주로 농경지였던 워번의 땅을 매입해서 공장을 세웠는데, 이 공장에서는 섬유, 가죽, 제지 산업에서 사용하는 산(酸)을 비롯한 화학물질들을 생산했다. 1899년에는 인접한 공장들을 매입해서 농약으로 사용하는 비소산납을 생산했다. 1899–1915년 동안 워번은 해충 방제에 사용되는 비소 화학제품의 주요 생산지였다. 여러 법인들이 토지를 서로 사고팔았기 때문에 토지의 소유권과 활용법이 복잡했고, 메리맥 화학회사의 토지 일부는 결국 1920년대에는 다양한 화학제품을, 1970년까지는 동물성 접착제를 생산하던 스토퍼 화학회사에 매각되었다.[8] 워번에 있던 20여 곳의 가죽 무두질 공장 중에서 마지막까지 남아 있던 존 J. 라일리 태너리 기업 소유의 토지는 시카고의 베아트리체 식품에 매각되었다.[9] 뉴욕에 본부를 둔 W. R. 그레이스 기업은 1960년에 자신들이 소유한 토지에 식품가공 산업에서 사용하는 기계를 생산하는 공장을 지었다. 그 공장에서는 화학제품을 생산하지 않았다. 그러나 공장이 기계를 생산하면서 화학물질을 사용했다는 의혹이 있었다.[10]

질병통제예방센터의 조사에서는 1969–1979년 동안 워번에서 소아 백혈병 발생이 심각하게 증가했다는 사실이 확인되었다. 5.3건의 백혈병 발생을 예상했으나 실제로는 12건이 확인되었다. 가장 중요한 사실은 워번의 동부 지역을 분리해서 분석하면, 백혈병 발생 빈도가 워번의 다른 지역에서 예상되는 빈도보다 최소 7배나 더 높다는 것이었다.

하버드 대학교의 공중보건대학과 생물통계역학대학, 그리고 보스턴의 데이나-파버 암연구소의 연구자들이 워번의 일부 지역에 식수를 공급하는 우물 G와 H에서 TCE가 검출되었다는 사실을 확인했다.[11] 당시에는 TCE가 확실한 발암 원인인 것처럼 보였다. 언론들이 격렬하게 반응했고, W. R. 그레이스와 베아트리체를 비롯한 기업들을 상대로 집단소송이 제기되었다. 이 소송을 바탕으로 한 조너선 하의 소설 『민사 소송(A Civil Action)』이 베스트셀러가 되었다. 존 트라볼타가 고소인 측 변호사 잰 슬리츠먼 역을 맡고 로버트 듀발이 베아트리체의 변호사 제롬 파처 역을 맡은 같은 제목의 영화도 제작되었다. 이 소송을 맡은 판사는 재판을 두 부분으로 나누어서 세간의 이목을 끌었다. 재판의 전반부에서는 전적으로 식수가 어떻게 오염되었는지에 대한 문제에만 집중했다. 배심원은 W. R. 그레이스에게 책임을 물었고, 베아트리체에게는 면죄부를 주었다. 재판의 후반부는 TCE가 실제로 백혈병의 원인인지를 확인하는 것이 목적이었다. 그러나 고소인 측 변호사가 계속 지연되는 소송의 비싼 비용을 감당하지 못했고, 결국 재판의 후반부가 본격적으로 시작되기도 전에 소송은 합의로 끝나버렸다.

환경보호청(EPA)은 추가 조사 끝에 워번의 오염 지역을 슈퍼펀드 지역으로 선포하고,* 1989년부터 유류에 인한 오염을 복원시키고 지하수를 관리할 것을 명령했다. W. R. 그레이스, 유니퍼스트, 뉴잉글랜드 플라스틱, (베아트리체 기업의 소유로 알려진) 와일드우드 보존, 올림피아 노미니 신탁 등 5개 기업이 오염원으로 인정되었다.[12]

환경보호청은 최종적으로 암 다발성의 실체에 문제가 있다고 판단했

---

* 1980년에 제정된 포괄적 환경 대응, 보상, 책임법에 의거한 조치였다. 이 법은 환경보호청이 유해물질로 오염된 지역을 슈퍼펀드 지역으로 지정하여 조사하고 정화할 것을 법제화한 것이다. 미국의 4만여 곳이 슈퍼펀드 지역으로 지정되어 있다.

다.[13] 당시 환경보호청의 포괄적인 검토에서 TCE가 신장암을 일으키기는 하지만 백혈병을 일으킨다는 근거는 확인하지 못했던 것이 문제였다.[14] 따라서 PVC 공장의 염화비닐과 간 혈관 육종의 사례와는 달리, 워번의 식수에 들어 있던 TCE와 소아 백혈병이 관련이 있다는 초기의 암 다발성 주장에 대해서는 확실한 인과관계를 확인하지 못하고 말았다.

소아 백혈병 암 다발성은 네바다 주 팰런에서도 발생했다. 팰런은 현재 해군 항공본부로 알려진 미국 해군의 탑건 학교가 있는 곳이다. 캘리포니아 주에 있던 탑건 학교가 네바다 주로 옮긴 것은 1996년이었다. 어느 영리한 지역 의료인이 2000년 7월 주 정부의 의료관료에게 처칠 카운티의 아동들이 백혈병 진단을 받았다고 알렸다. 2만6,000명의 주민이 살던 이 지역에서는 4년간 2명 이하의 백혈병 사례가 발생할 것으로 예상되는데, 실제로는 10여 명의 아동이 소아 백혈병 진단을 받은 것이다. 암 발병이 증가한 것으로 보였던 이 지역은 지리적으로 다른 곳과 분리되고 폐쇄되어 있었으므로 진정한 암 다발 지역이라고 볼 수 있었다. 이 지역 주민들의 사례는 다른 암 다발 지역처럼 다르게 해석될 가능성도 없었다.

기지에 JP-8 제트유*를 연속적으로 공급하기 위해서 팰런의 도심을 통과하도록 설치된 파이프라인에 의혹이 집중되었다. 실제로 파이프라인에서 제트유의 누출이 일어나거나, 제트유에 백혈병을 일으키는 것으로 알려진 벤젠이 들어 있을 수도 있다는 의혹이 제기되었다.[15] 그러나 이 추정들은 여러 가지 이유로 설득력을 잃었다. 파이프라인 누출은 발견된 적이 없었고, 고도로 정제된 등유인 JP-8에는 벤젠이 거의 또는 전혀 들어 있지 않았다. 벤젠이 급성 골수성 백혈병을 일으키는 것으로 알려져 있기는 했지만, 팰런에서 발생 빈도가 증가한 백혈병은 벤젠에 의해서 발생한다

---

* 부식 방지제와 방빙제(防氷劑)를 첨가한 미군의 제트유.

고 밝혀진 적이 없는 급성 림프성 백혈병이었다. 또한 캘리포니아 대학교 공중보건대학과 네바다 주 카슨에 있는 주 공중보건국의 연구진이 제트유를 사용하는 다른 군용 기지를 살펴보았지만, 소아 백혈병 사례의 증가는 확인되지 않았다.[16]

팰런의 암 다발 지역에서는 자연적인 이유로 비소가 많이 들어 있는 식수, 농약 노출, 2곳의 텅스텐 정제 시설에 의한 대기의 텅스텐 오염도 의심을 받았다. 그러나 그런 물질은 백혈병을 일으키는 것으로 알려져 있지 않았다. 더욱이 그런 노출은 다발성이 확인되기 훨씬 전부터 있었고, 그 후에도 계속되었다. 그런데 팰런의 암 발생은 4년이 지나자 갑자기 사라져버렸다. 질병통제예방센터 연구자들에 따르면, 팰런의 백혈병 발병률이 비정상적으로 높기는 했지만 "그럼에도 불구하고 현대 과학은 환경적 노출이 백혈병 발병에 어떤 역할을 하는지를 확인하기는 어려웠다. 이는 지역 사회에서 특정 물질에의 노출과 암 발병 사이의 관계를 밝혀내는 일이 생각보다 훨씬 복잡하다는 것을 보여준다."[17]

워번과 팰런의 아동들이 백혈병에 걸린 이유는 여전히 분명하게 밝혀지지 않았다. 그런데 독감 유행이 끝나면 소아 백혈병 발병이 증가한다는 보고가 있다.[18] 실제로 일부 바이러스가 암을 일으킬 수 있다는 사실은 널리 알려져 있다. 또 한편으로, 소아 백혈병의 급증은 단기간에 많은 주민들이 유입된 시골 지역에서 반복적으로 발견되는 일이다. 많은 외부인들이 스코틀랜드 원주민과 접촉했던 북해의 원유 시추 지역에서도 이와 같은 일이 있었다. 북잉글랜드의 아일랜드 해에 있는 한적한 마을인 시스케일에 원전이 건설되면서 외부 작업자들이 유입되었을 때에도 암 다발 현상이 발생했다. 시골에서는 외부인의 "유입" 때문에 전염병이 폭증하는 경향이 있다. 원주민들은 노출된 적이 없는 잠복성 감염병을 가진 전입자들이 있기 때문이다. 그런 현상이 소아 백혈병의 감염 증가 가설을 뒷받침해주었다. 심지어 출생 전에 최초의 감염이 일어나는 경우도 있다. 그런 일이 시작되면 반복적인 감염으로 소아 백혈병이 급증한다.[19] 1996년 탑건이 이전을 시작했을 때의 팰런 인구는 약 7,000명에 불과했으나 몇 년 만에 대략 10만 명의 군 인력이 밀어닥쳤다.[20] 현재는 출생 전에 일어나는 유전적 변화와 유아기의 후기보다는 전기에 발생하는 감염이 소아 백혈병의 가장 흔한 원인으로 알려져 있다.[21]

암 다발성, 즉 공통된 주거 환경을 공유하는 사람들에게 발생하는 암 발병의 명시적인 증가 현상을 살펴보는 것이 암의 원인을 직관적으로 찾는 방법으로 보일 수도 있다. 그러나 그런 조사가 언제나 성공적이지는 않다는 사실이 밝혀졌다. 사실 20년간 발생했던 428건의 비(非)산업적 암 다발성 사례에 대한 연구에 따르면, 분명한 원인이 밝혀진 암 발병 증가는 단 1건뿐이었다.[22] 화학물질이 암을 일으키는지를 확인하는 일은 결코 간단하지 않다. 그리고 암 다발성은 언제나 무작위적으로 일어나는 통계적 사건일 수도 있다. 가능성이 매우 낮더라도, 충분히 많은 암 다발성을 연구해보면 우연에 의해서 일어난 경우를 다수 확인할 수 있다.

이 현상을 텍사스 명사수 오류(Texas sharpshooter fallacy)라고 부른다. 텍사스 주의 사람이 헛간의 벽을 향해서 총을 발사한 후에, 탄흔이 밀집된 곳을 중심으로 과녁을 그리고는 자신이 명사수라고 주장했다는 농담에서 유래한 것이다. 이 오류는 반복 실험에서 발생하는 문제를 보여준다. 충분히 많은 통계적 시험을 반복하면, 일부에서는 양성 반응이 나타날 수밖에 없다. 다시 말해서 통계적 시험을 충분히 많이 시행하면, 우연에 의해서 일부가 양성으로 나타난다는 것이다.[23]

그러나 캘리포니아 대학교 버클리 공중보건대학의 연구자들에 따르면, 팰런 소아 백혈병의 경우에 우연에 의해서 그런 다발성이 발생할 확률은 대략 2억3,200만 분의 1이었다.[24] 무엇인가에 의해서 암 다발성이 발생했던 것은 분명했다. 극단적인 수준의 인구 유입이 가장 적절한 가설이었다. 그리고 그런 양성 결과를 텍사스 명사수 오류라고 하지는 않겠지만, 진짜 원인은 화학물질이 아니었던 것으로 보인다.

암 다발성에서 의미 있는 인과관계는, 분명하게 규정되는 작업자집단이 희귀한 간암을 일으키는 염화비닐과 같은 화학물질에 노출되었던 것처럼 긴밀하게 연관된 사례에서만 확인이 가능하다. 우리가 알고 있는 인간에 대한 화학적 독성학에 대한 대부분의 정보는 일반인보다 훨씬 더 많은 화학물질의 노출을 경험하는 작업자에 대한 체계적인 산업 연구에서 얻은 것이다.

암 다발성 연구를 처음 시작했던 미시간 주 공중보건국과 국립 오크리지 연구소의 스테파니 워너와 티머시 올드리치는 암 다발성 이해의 가치와 중요성을 다음과 같이 간결하고 설득력 있게 정리했다. "암 다발성 연구는 일반적으로 병인의 규명에는 큰 효과가 없었으나, 환경 문제에 대한 사회적 우려를 진정시키고 정부 기관에 대한 인식을 개선시키는 대중 교육에는 큰 도움이 되었다."[25] 암 다발성 연구의 이러한 흥미로운 측면은 충분히 검토되지는 못했지만, 이 "기분 좋은" 특징은 공중보건에 긍정적인 영향과 부정적인 영향을 모두 미쳤다.

제2장 비소와 독액에 의한 죽음

진실은 명백할 수 있다

오늘날 우리의 환경에는 산업용 화학물질이 넘쳐나지만, 그런 물질이 개별적으로 사람에게 암을 일으키는지를 밝혀내는 일은 어려울 수 있다. 한편, 자연적으로 발생하는 화학 독이나 발암물질도 있고, 그런 물질이 우리 환경의 어디에나 존재할 수도 있다. 일부 식수원에서 검출되는 비소처럼 천연 독이 질병을 일으킨다는 사실을 증명하려면 대규모의 연구가 필요하다. 천연 독소 중에는 동물이 만들어내는 독액도 있다. 정제한 비소, 독침, 또는 물림이나 쏘임에 의한 분명한 중독의 인과관계는 독소의 정체가 모호한 암 다발성보다 훨씬 더 분명하다.

비소는 피부, 신장, 폐 등에 암을 일으키는 것으로 알려져 있다. 제1장에서 설명했듯이, 염화비닐 작업자에게서 발견되었던 희귀한 간암인 혈관육종을 일으킨다는 보고도 있다.[1] 비소는 지구의 지각에서 20번째, 바닷물에서 14번째, 사람의 몸에서 12번째로 흔한 원소이다. 미국 토양의 평균 비소 농도는 7.5ppm이다. 비소는 다양한 무기물과 유기물로 존재하는데, 유기 비소의 독성이 무기 비소보다 훨씬 약하다. 식품에서는 주로 유기 비소 화합물이 검출되고, 해산물, 육류, 곡물, 특히 쌀에서 가장 높은 농도로 검출된다. 독성학계에서는 기반암과 화산암으로부터 우물물에 녹아들어간 무기 비소에 관심이 높다.[2] 방글라데시를 비롯한 동남아시아의 지하수에서 주로 검출되는 비소의 화학종은 환원적 조건의 지하수에서 만들어지는 아비소산염*이다(기본적으로 퇴적물에 들어 있는 호기성 세균이 지하수에 녹아 있는 산소를 모두 소비해버리기 때문에 환원적 환경이 만들어진다). 칠레는 대기에 노출된 (광산 관련 오염물질이 포함된) 강물을 식수로 사용하는데, 이 강물에 들어 있는 비소는 대부분 산화된 비소산**이다. 아비소산염이 비소산보다 독성이 더 강하다. 방글라데시의 우물물에서 비소를 발견하게 된 것도 그런 이유 때문이었다.[3]

사악한 목적으로 사용된 오랜 역사 때문에 우리는 흔히 무기 비소를 급성 독이라고 생각한다. 그리스 사람들이 비소 중독에 대한 기록을 남겼고, 르네상스 시대에 이탈리아의 보르자 가문이 비소를 이용해서 정적을 살해한 사건도 유명하다. 법독성학은 1836년에 제임스 마시가 비소 분석법을 개발하면서 정립되기 시작했다. 저명한 법독성학자 마티외 오르필라(1787-1853)는 마시의 분석법을 이용해서, 당시에 유명했던 샤를 라파르주 살인 사건이 피해자의 아내였던 마리에 의한 독살 사건이었다는 사실을 밝혀냈다.[4]

그러나 우리에게 중요한 측면은 장기간에 걸친 소량 노출에 의한 비소의 만성 독성이다. 인구 13만 명인 칠레 안토파가스타 주의 아동들에게 1960년대부터 발견되기 시작한 양성 피부병이 비소 농도가 높은 식수를 사용하는 지역에서 확인된 최초의 의학적 사건이었다.[5] 1961년에 청원편이 타이완 남서 해안의 특정 지역에서만 발견되는 풍토병인 오각병(烏脚

---

* 산화수가 +3인 비소의 산화물. 오소-아비소산(AsO_3^{3-})을 비롯하여, 메타와 파이로 아비소산염과 폴리아비소산염 등 다양한 형태가 있다.
** 산화수가 +5인 비소의 산화물. 비소산 이온(AsO_4^{3-})의 염으로 존재한다.

病)을 보고했다. 오각병은 풍토병으로서, 이 병에 걸리면 발을 비롯한 사지(四肢)에 괴저(壞疽)가 일어나는 말초혈관 장애가 나타난다. 오각병에 걸리면 대부분 증상이 나타난 팔이나 다리를 잘라내야만 했다. 이 병은 공중보건 관료들이 표층수에 의한 콜레라를 예방하기 위해서 설치했던 우물의 물 때문에 발생한 것으로 밝혀졌다.

그후에 청원펀은 오각병이 발생한 지역에서는 피부암 발병률도 매우 높다는 사실을 알아냈다.[6] 그것은 새롭게 관찰된 암 다발성이었다. 타이완에서는 피부암이 흔하지 않았다. 국립 타이완 대학교 의과대학 공중보건연구소의 조사에서 피부암뿐만 아니라 폐암과 간암 역시 식수를 통한 비소 섭취량과 관계가 있다는 사실이 밝혀졌다.[7]

지하수에 녹아 있는 무기 비소의 농도가 가장 높았던 오염은 1990년대에 방글라데시에서 확인되었다.[8] 방글라데시에서는 식수로 사용하는 표층수가 사람의 배설물로 오염되었기 때문에 콜레라가 만연했다. 1970년대에 세계은행과 유니세프가 병원체로 오염되지 않은 지하수를 공급하기 위해서 1,000만 정의 우물을 설치하도록 자금을 지원했다. 당시에는 식수에 들어 있는 비소를 문제로 인식하지 않았기 때문에 비소 검사는 하지 않았다. 그러나 그 지역의 강물이 수백만 년간 지하로 스며들어서 형성된 지하수에는 천연광물로부터 녹아 나온 비소가 농축되어 있었다. 우물물에서 높은 농도의 비소가 검출되면서, 방글라데시의 주민들은 표층수의 콜레라에 의한 조기 사망 또는 지하수의 비소에 의한 만성 사망이라는 두 가지 끔찍한 위험에 갇히게 되었다.

방글라데시에서 발생한 비소에 의한 지하수 오염은 수천만 명의 주민들이 노출된 역사상 가장 큰 규모의 집단 중독 사례였다. 1983년에 인도 캘커타 열대병대학 피부학과의 K. C. 사하가 비소에 의한 피부 병변을 처음 확인했다. 처음 진찰한 환자는 인도의 서벵골 출신이었는데, 그의 특징적인 피부 병변은 손바닥과 발바닥의 피부가 변색되면서 딱딱해지는 각화 증상이었다. 1987년에는 서벵골에 이웃한 방글라데시에서도 몇 건의 사례가 확인되었다. 우물의 비소 오염은 1993년에 나왑간즈 지역에서도 확인되었다. 세계보건기구(WHO)의 국가 상황 보고서에는 비소 오염의 심각성을 알리는 여러 실험 결과들이 실렸다.[9]

식수에서 고농도의 비소가 발견된 곳은 칠레, 타이완, 방글라데시만이 아니었다. 중국 북부, 캄보디아, 베트남, 아르헨티나, 멕시코, 미국의 여러 지역에서도 고농도의 비소가 확인되었다. 예를 들어서 네브래스카 대학교 의과대학의 유명한 독성학자 새뮤얼 코언에 따르면, 애리조나 주에서 식수로 사용하는 우물의 약 3퍼센트에서 발암 위험을 증가시킬 수 있을 정도의 비소가 검출되었다. 코언은 식수에서 농도가 리터당 100마이크로그램 이상이면 발암 위험이 높아진다고 주장했다.[10] 캘리포니아, 텍사스, 뉴햄프셔, 메인 주의 일부 지역에서도 가정용 우물에 고농도의 비소가 들어 있는 것으로 밝혀졌다.

· · ·

지금까지는 환경오염과의 인과관계를 확인하기 위해서 본격적인 연구가 필요했던 질병들의 발생 사례를 살펴보았다. 그러나 독성학이 언제나 그런 문제에만 매달리는 것은 아니다. 독성학에서 정반대에 위치하는 다른 극단의 물질을 살펴보자. 뱀을 비롯해서 육지나 바다에서 서식하는 동물들이 만들어내는 독액의 경우에는 중독의 인과관계가 분명하다. 그런 동물에 물리거나 쏘여서 독액에 노출되면 갑자기 사망할 수 있다. 암 다발성의 연구와는 반대로, 이 경우의 독성학은 훨씬 더 직설적이다. 독액을 연구하는 독성학자들은 다음과 같은 질문에 직면한다. 그런 독액이 어떻게 사망을 초래하는가?

나는 1964년경의 어느 아침에 나의 일생에서 가장 긴 단거리 산보를 경험했다. 나는 그날 오스트레일리아 출신의 의사를 만나서 동물의 독액으로부터 단백질을 분리하는 새로운 방법을 배우기로 되어 있었다. 오전 8시까지 병원에 출근해야 했던 그에게 새로운 폴리아크릴아마이드 젤에 대해서 배우고 싶었던 나는 7시 정각까지 그곳에 도착해야만 했다. 그는 서던 캘리포니아 대학교에 있는 핀들레이 러셀 박사의 연구실에서 연구하고 있었다. 나는 러셀 박사의 연구실이 있는 건물로 향하는 문을 열었다. 약 30미터 정도 떨어진 출입문 근처에만 불이 켜져 있었고, 다른 곳은 모두 칠흑처럼 어두웠다. 내가 불이 켜진 문을 향해서 긴 복도를 더듬어가는 동안에 주위에서는 계속 '쉿! 쉿! 쉿! 쉿!' 소리가 들렸다. 나는 이상한 소리에 놀랐지만, 무슨 소리인지는 짐작도 하지 못했다. 나는 신경질적으로 문을 열었다. 연구실에는 나를 따뜻하게 반겨주는 바로 그 사람이 있었다. 인사를 나눈 후에 나는 복도에서 들었던 이상한 소리가 무엇이냐고 물었다. 그는 웃으면서 불을 켰다. 놀랍고 두렵게도, 복도에는 방울뱀이 들어 있는 철망으로 만든 우리가 5칸 높이로 늘어서 있었다.

핀들레이 러셀은 30년 이상 서던 캘리포니아 대학교에서 신경학, 생리학, 생물학 교수를 지낸 의사였다. 그는 세계적으로 유명한 방울뱀 독액 전문가였고, 독성학의 대표적인 교과서인 『캐서릿과 돌의 독성학』에 독과 독소에 대한 내용을 쓰기도 했다. 그는 방울뱀에 물린 사람들에게 해독제와 완화 치료를 제공하는 긴급 대기의사로도 활동했다. 그의 연구실에서 길 건너에 있는 로스앤젤레스 시립병원은 활발하게 응급실을 운영하는 병원이었다. 여러 종의 생물이 독소(toxin)를 만들어내는데, 물거나 쏘는 과정에서 피부로 주입되며 주로 단백질로 구성된 독소를 독액이라고 한다(참고로, "독[poison]"은 "독소"보다 더 일반적으로 사용되는 용어이다. 독에는 위해를 일으키는 인공 화학물질과 천연 광물, 기타 물질 등이 포함된다. 한편, "유독한[poisonous]"이나 "독성의[toxic]"라는 말은 흔히 서로 구분되지 않는다).

독액이 인체에 미치는 효과에 대한 연구는 암 다발성 연구에 필요한 독성학보다 훨씬 단순하다. 일반적으로 독액은 신속하게 작용하고, 효과도 확실하다. 인과관계를 알아내는 데에 통계나 대조군이 필요하지도 않다. 물리거나 쏘인 사람은 거의 즉각적으로 증상이 발현되고, 심지어 사망하기도 한다. 독액의 효과에 대한 독성학을 연구하는 데에는 역학적 실마리를 찾기 위해서 표준화된 암 발생률과 같은 자료를 사용할 필요도 없다. 노출 경로에 대한 연구도 필요하지 않다. 쏘이거나 물리는 것은 대부분 분명하게 확인된다. 독성학의 스펙트럼에서, 독성이 빠르게 나타나는 생물 활성 분자들은 몇 년에 걸려서 노출되어야만 유독한 효과가 나타나는 발암물질과는 완전히 반대쪽 끝에 위치한다.

물려서 독액에 중독되는 일은 암과 같은 공중보건의 주요 대상이 아니다. 그러나 그것도 질병의 명백한 원인이고, 예방이나 적어도 치료가 가능한 일인 것은 분명하다. 독성학자들은 독액이 어떻게 병을 일으키고 죽음에 이르게 만드는지를 이해하는 일에 크게 기여해왔다. 사람들은 죽음에 이를 정도로 강한 독을 가진 동물의 종류에 대해서 수 세기 동안 축적된 지식을 가지고 있다. 최근에 남태평양에서 사람을 쏘는 해파리에 대한 관심이 높아진 것은 사실이다. 그러나 과거와 달리 오늘날에는 뱀에게 물리거나 다양한 생물에 쏘이는 것은 더는 심각한 사형 선고가 아니다.[11] 인공호흡이나 혈압과 심장박동의 유지와 같은 완화 치료를 제공할 수 있게 된 덕분에 독액을 가진 생물에 의한 치사율은 크게 줄었다. 그리고 동물에게 많은 양의 독액을 주입하면 그 동물의 혈액에서 만들어지는, 독액에 대한 항체를 추출해서 제조한 해독제도 있다. 이제 상업적으로 유통되는 해독제를 갖추고 있는 응급실에서는 길을 건너 뛰어가서 환자를 구하는 핀들레이 러셀과 같은 긴급 대기의사가 더 이상 필요하지 않게 되었다.

• • •

우리가 언제나 해양생물의 독성을 지금처럼 잘 이해했던 것은 아니다. 1950년대의 독성학자들은 독액이 어떻게 작동하는지를 알아내기 위해서 노력했다. 독액은 다양한 성질이 결합되어 독성 효과가 극대화된 생물활성물질들의 복잡한 혼합물이다. 독액에는 단백질을 분해하고 혈액의 응고를 막아서, 독액이 조직 사이로 더 빠르게 확산되게 해주는 성분도 들어 있다. 독액의 주성분은 대부분 마비를 일으키거나 심장의 박동 작용에 손상을 일으키는 신경독소이다. 해독제와 치료법의 개발을 비롯한 이 분야의 연구는 대부분 서던 캘리포니아 대학교에서 수행되었다. 1960년에 나는 서던 캘리포니아 대학교 의과대학의 부학장이자 러셀의 절친한 친구였던 폴 손더스 박사와 함께 연구를 시작했다. 손더스는 스톤피시(Stone fish)나 원뿔달팽이와 같은 독성 해양생물을 연구했다. 그와 러셀은 함께 국제독성학회를 창립했고, 「톡시콘(Toxicon)」이라는 학술지도 창간했다. 원뿔달팽이는 해군이 주둔하던 태평양 해변의 사람들을 위협했기 때문에 해군부의 해군연구소가 그의 연구를 지원했다. 원뿔달팽이가 튀어나와서 사람을 물지는 않지만, 달팽이가 살아 있다는 사실을 모르는 사람들이 아름답고 화려한 조개를 주워서 손에 들고 있다가 쏘이고는 했다. 원뿔달팽이의 독액은 매우 강력하고 치명적일 수도 있다.

원뿔달팽이는 가시를 이용해서 먹이를 잡는 흥미로운 해양생물이다. 원뿔달팽이는 바다 밑을 기어 다니다가 먹잇감에 몰래 접근하여 속이 빈 가시로 찔러서 독액을 주입한다. 피하 주사기처럼 생긴 이 가시는 치설(齒

舌) 치아라고 부른다. 달팽이의 입속에 혀처럼 돌출되어 있는 주둥이 끝에 가시가 붙어 있다. 달팽이 내부의 근육질 관이 독액을 주입시키는 힘을 전달한다. 근육질 관과 치설 치아 사이에 독액이 생성되는 독관(毒管)이 있다. 원뿔달팽이는 가시가 붙어 있는 주둥이를 이용해서 힘을 잃어버린 먹잇감을 입 안으로 끌어들인다.

손더스는 호기심으로 수조에서 원뿔달팽이를 키웠다. 남태평양의 그레이트 배리어 리프 근처에서 잡아온 이 달팽이는 식성이 몹시 까다로웠다. 원뿔달팽이는 금붕어를 좋아하지 않았기 때문에 바닷가의 조수 웅덩이에서 살아 있는 먹이를 잡아와야 했다. 원뿔달팽이 중에서 가장 큰 종인 코누스 게오그라푸스(Conus geographus)와 코누스 스트라이투스(Conus straitus)는 살아 있는 물고기를 먹었지만, 코누스 텍스틸레(Conus textile)는 다른 종류의 달팽이를 먹었다. 전 세계의 과학자들을 비롯한 많은 사람들이 원뿔달팽이가 먹이를 먹는 모습을 보려고 찾아와서는 학생들에게 보여줄 동영상을 촬영했다. 캘리포니아 해변의 조수 웅덩이에는 원뿔달팽이가 게걸스럽게 먹어치우는 테굴라 퓨네브랄리스(Tegula funebralis)라는 검은 터번달팽이가 많았다. 원뿔달팽이는 터번달팽이에게 몰래 다가가서 발에 작살 모양의 코를 찔러넣고 독액을 주입해서 죽인 후에 잡아먹는다.

물고기를 먹는 달팽이의 먹이를 구하는 일은 훨씬 더 어려웠다. 원뿔달팽이는 죽은 물고기에는 관심을 보이지 않는다. 아예 먹지 않는 경우도 있다. 그리고 이곳을 방문한 과학자들과 사진작가들은 원뿔달팽이가 단순한 먹이가 아니라 살아 있는 먹이를 잡아먹는 모습을 관찰하고 싶어했다. 조수 웅덩이의 바닥에서 돌아다니는 붉은쏨뱅이를 잡아서 원뿔달팽이의 수조에 넣어주면, 원뿔달팽이는 바닥에 조용히 멈추어 있는 붉은쏨뱅이 위에 기어올라가서 작살을 꽂고 마비를 시켜서 잡아먹는다.

남태평양의 원뿔달팽이는 독액을 연구하는 손더스에게 매우 소중했다.

원뿔달팽이에게서는 뱀처럼 독액을 짜낼 수가 없었기 때문에, 유일한 연구 방법은 껍질을 망치로 부순 후에 독관을 잘라내는 것이었다. 물론 그렇게 하면 달팽이는 죽어버렸다. 다행히 서던 캘리포니아 지역에는 코누스 칼리포르니쿠스(*Conus californicus*)라는 재래종이 있었다. 이 재래종도 강력한 독액이 있는 것으로 확인되었다. 그러나 이상하게도 이 원뿔달팽이에 쏘였다는 사람은 찾아보기 어려웠다. 이 생물은 남태평양에서 발견되는 화려한 원뿔달팽이의 친척이었지만, 작고 검은색에 단조롭게 생겼다. 사람들이 쏘이지 않는 이유도 쉽게 납득이 된다. 이 달팽이는 아무도 수집하고 싶어하지 않았던 것이다. 그리고 이 달팽이는 사람들이 보통 조개를 주우러 가지 않는 해변의 지저분하고 풀이 많은 바다 밑에서 산다. 다행히 나는 캘리포니아 주의 모로 만(灣)에서 이 달팽이들을 많이 찾아서 연구를 계속할 수 있었다.

남태평양의 원뿔달팽이와 같은 새로운 종으로부터 독액을 찾아내면, 독성학자들은 먼저 어떤 동물을 죽이는 데에 얼마나 많은 양의 독액이 필요한지를 측정해서 치사율을 파악한다. 독성학에서 가장 기본적인 용량-반응 시험(dose-response test)은 LD50이라고 하는데, 동물의 50퍼센트를 죽이는 데에 필요한 독액(또는 화학물질)의 양이 어느 정도인지를 측정하는 시험이다. 보통 래트의 꼬리 혈관에 다양한 용량의 독액을 주입하고, 먼저 실험한 동물로부터 관찰된 결과를 고려해서 여러 집단을 대상으로 용량을 단계적으로 늘리거나 감소시킨다. 원뿔달팽이의 독액은 독성이 매우 강한 것으로 밝혀졌다. 남태평양 원뿔달팽이의 초라한 캘리포니아 친척도 물고기를 잡아먹는 가장 큰 원뿔달팽이 또는 미국에서 흔히 발견되는 방울뱀만큼이나 강력한 살상력을 가지고 있었다.[12]

가장 치명적인 원뿔달팽이보다 훨씬 더 치명적인 것은 시낭케야 호리다(*Synanceja horrida*)라는 스톤피시이다. 이 스톤피시는 모래 속에 반쯤

묻혀 있는 돌처럼 보이지만, 등에 독액 주머니가 달린 가시가 있다. 맨발로 이 물고기를 밟은 사람은 대부분 즉사한다. 스톤피시의 독액은 원뿔달팽이의 독액보다 대략 10배 이상 강력하다.[13]

· · ·

1950년대에는 약학과에서 독성학을 연구했다. 그러나 약학은 의약품의 긍정적인 효과(효능)를 연구하지만, 독성학은 정반대로 부정적인 효과를 연구한다. 그 당시에는 대부분의 독성학 연구가 의약품의 독성 효과에 대한 것이었지만, 손더스는 독액을 연구했다. 우리는 마취된 토끼의 혈압, 심장박동 수, 호흡을 관찰하면서 코누스 칼리포르니쿠스의 독액이 어떻게 작동하는지를 연구했다. 원뿔달팽이의 독액은 즉각적으로 혈압과 심장박동 수를 감소시켰다. 호흡 속도는 증가했고, 심장박동의 패턴에는 변화가 없었다. 훨씬 더 많은 용량을 투여하면 부정맥이 발생하다가 결국에는 사망했다.[14] 이 연구의 결과는 1963년에 손더스와 러셀의 학술지 「톡시콘」에 발표되었다.

독액의 활성 성분은 단백질이다. 치사율을 결정한 후에는 독액의 여러 가지 단백질을 분리해서 독성 성분을 찾는 연구를 한다. 실험실 연구에서 단백질이 고온에 노출되면 비활성화된다는 문제가 있었다. 그래서 하루 종일 육류 저장실과 같은 냉동 실험실에서 칼럼 크로마토그래피와 전기영동(泳動) 실험을 해야만 했다. 다행히 훗날 분자 독성학*의 기본적인 도구가 된 폴리아크릴아마이드 젤은 상온에서 사용할 수 있었다. 폴리아크

---

* 독성물질이 인체의 유전물질이나 생리작용을 통해서 독성 효과를 나타내는 과정을 분자 수준에서 설명하는 현대 독성학 분야.

릴아마이드 젤은 독성 효과를 비활성화시키기는 하지만, 독액의 모든 성분을 더 잘 보여준다는 장점이 있었다. 단백질이 전기 전하를 가지도록 만든 후에 비활성 매트릭스에 붙이거나 젤에 전기장을 걸면, 단백질이 전하의 종류와 크기에 따라서 이동하면서 분리된다. 칼럼 크로마토그래피에서는 칼럼의 이온 특성을 변화시키는 여러 가지 용액을 이용하는데, 그러면 독액의 단백질 성분들이 칼럼의 매트릭스에 붙었다가 칼럼을 흐르는 액체와 함께 각각 시차를 두고 방출된다. 칼럼에서 용출된 이 적절한 용액들을 따로 모은 후에 농축시키면 된다. 이 기술을 이용해서 원뿔달팽이의 독액에 20종 이상의 단백질 성분이 들어 있다는 사실을 확인할 수 있었다.[15]

독액의 치명적인 성분은 대부분 신경독소들이다. 신경독소는 신경전달물질에 결합해서 비활성화를 시켜버린다. 예를 들면 아세틸콜린이라는 화학물질은 일부 신경세포가 다른 신경세포에 신호를 보내는 데에 사용되는 신경전달물질이다. 전기 신호에 따라서 한 신경세포의 축삭돌기에서 방출된 아세틸콜린이 신경세포 사이의 간격에 해당하는 시냅스를 가로질러 다음 신경세포의 수용체에 결합하면, 다음 신경세포가 또다른 전기 신호를 발사한다. 아세틸콜린은 신경과 근육 사이의 소통으로 근육을 수축시키는 화학물질이기도 하다. 프랑스와 타이완의 과학자들은 우산뱀이라고 알려진 붕가루스 물티킨크투스(Bungarus multicinctus)의 독액을 연구했다. 이 치명적인 바다뱀은 타이완과 중국 남부의 습지에서 서식한다. 붕가루스 물티킨크투스 독액의 치명적인 성분인 α-붕가로톡신은 아세틸콜린 수용체에 비가역적으로 결합해서 몸의 모든 근육을 완전히 마비시킨다. 그래서 사람을 비롯한 살아 있는 모든 동물은 질식해서 곧바로 사망한다.[16]

독액은 의학 연구에도 유용한 도구이다. 볼티모어에 있는 워싱턴 카네기 연구소 발생학과의 더글러스 팸브러와 존스 홉킨스 대학교 생물학과의 H. 크리스 하첼은 방사성 아이오다인을 결합시킨 α-붕가로톡신을 이용해서 토끼의 횡경막 근육에 있는 아세틸콜린 수용체를 확인하고 그 수를 세었다.[17] 방사성 α-붕가로톡신의 위치는 자동 방사 기록법이라고 부르는 사진 기술을 이용해서 확인할 수 있다. α-붕가로톡신은 아세틸콜린 수용체에만 비가역적이고 선택적으로 결합하기 때문에, 척수와 뇌의 조직 배양에서 시냅스의 위치를 드러낸다. 액체 섬광법이라고 부르는 또다른 기술을 이용하면 세포에 결합된 아세틸콜린 수용체의 수를 셀 수 있고, 수용체에 결합된 독액 분자의 수도 정확하게 알아낼 수 있다.

따라서 독성학자들은 독액과 질병의 인과관계를 군이 확인할 필요가 없다. 인과관계가 명백하기 때문이다. 독성학자의 연구 목표는 동물, 세포, 생화학적 기술을 이용해서 연구실에서 독성의 메커니즘을 이해하는 것이다. 그런 점에서 독성학 연구는 산업용 화학물질이나 비소와 같은 천연 화학물질에 의해서 나타나는, 인과관계가 분명하지 않은 암 다발성 연구와는 확실하게 대비된다. 독액 연구는 일부 신경학적 조건의 메커니즘이나 심지어 신경모세포종*과 같은 암에 대한 실마리를 제공하기도 한다.

---

* 아동의 신경절 또는 부신수질에서 비교적 흔하게 발생하는 악성 종양.

제3장 **파라셀수스**

행동하는 연금술사

독성학의 역사를 이해하려면 중세의 연금술이 의학에 미친 영향부터 살펴보아야만 한다. 단순히 천연 광석에서 금속을 추출하던 고대의 야금술과는 달리, 연금술은 주로 화학적 변환을 다루었다. 납과 같은 비금속(卑金屬)을 "정화해서" 금과 같은 귀금속으로 변환시키려는 시도가 아마도 연금술의 가장 잘 알려진 활동일 것이다. 연금술사는 영생을 가져다주거나 보편적인 용매로 쓸 수 있는 미약(potion)을 찾는 일도 했다. 유럽의 연금술 전통에는 실험실에서의 실용적인 화학적 연구가 기독교·교리를 포함한 심리적이고 신비적인 내용과 혼합되어 있었다. 연금술사의 활동은 목적에 상관없이 난해한 관념적 사고에 빠져 있었다. 중세 연금술사들이 개발한 수백 가지의 절차와 조리법으로부터 현대 화학자들이 인정할 수 있는 의미를 찾기는 어렵다.[1] 그럼에도 불구하고, 화학과 독성학 모두의 기본 개념으로 이어진 연금술의 절차와 발견들이 있었던 것은 분명한 사실이다.

파라셀수스라고 알려진 필리푸스 아우레올루스 테오프라스투스 봄바스투스 폰 호엔하임은 1493년, 즉 콜럼버스가 히스파니올라 섬에 처음으로 상륙하고 1년이 지났으며 구텐베르크가 성서를 처음으로 인쇄하고 40년이 지난 해에 스위스에서 출생했다. 두 사건 모두 파라셀수스의 성공에 중요한 역할을 했다. 탐험가들은 그가 훗날 치료한 매독을 들여왔고, 인쇄기는 그의 아이디어를 널리 확산시켰다. 파라셀수스가 독성학의 아버지로 알려진 것은 그가 질병의 병인학에서 환경적 원인의 중요성과 함께 화학물질의 용량이 부작용의 주요 요인이라는 사실을 처음 확인했기 때문이다. 히포크라테스(기원전 460-기원전 370)까지 거슬러올라가면 다른 의사들도 약물이나 다른 화학물질의 일부 독성을 파악하기는 했다. 그러나 파라셀수스 이전의 의사들은 질병의 치유에 사용하는 약물과 독이 근본적으로 다르다고 생각했다. 파라셀수스는 실제로 약물과 독이 같은 것일 수도 있고 치료용 약물이 독이 될 수도 있다는 뜻에서 "용량이 독을 만든다"라는 사실을 이해한 최초의 인물이었다.

파라셀수스의 아버지는 그에게 아리스토텔레스(기원전 384-기원전 322)의 후계자였던 그리스의 철학자 레스보스 섬 에레수스 출신의 티르타무스 테오프라스토스(기원전 371-기원전 287)를 따라서 테오프라스투스라는 이름을 붙여주었다. 테오프라스토스는 식물학의 아버지로 알려진 인물이었고, 파라셀수스는 약초의 정체를 파악하기 위해서 그의 작품을 연구했다. 결국 그의 이름은 이중적으로 들어맞은 셈이었다. 테오프라스토스가 소요학파라고 불리는 아리스토텔레스 학파의 전통을 물려받았다는 사실도 파라셀수스의 또다른 고상한 특성에 분명히 잘 어울렸다. 그는 방랑자였다.[2]

오스트리아의 빈에서 대학 입학 자격 바칼로레아를 취득한 파라셀수스는 당시의 학자들과 마찬가지로 연금술, 천문학, 종교학, 그리고 고전 과학을 공부했고, 그후에는 페라라 대학교를 비롯한 이탈리아의 여러 대학에서 의학을 공부했다. 그 무렵부터 그는 의사를 위한 백과사전적 문헌인 『의학에 관하여(*De Medicina*)』*를 저술한 로마 초기의 의사 "켈수스(Celsus)를 능가하는(para)"이라는 뜻의 파라셀수스(Paracelsus)라는 이름을 쓰기 시작했다.[3]

파라셀수스 시대의 의학은 전적으로 히포크라테스, 갈레노스, 이븐 시나, 라제스**와 같은 과거 의사들의 업적을 근거로 했다. 로마 시대에 그리스에서 살았던 의사 갈레노스는 그리스의 의사 히포크라테스의 의술에 자신이 동물을 연구하여 얻은 결과를 접목시켰다. 그의 의술은 훗날 이슬람의 의사들에 의해서 개정되었다.

히포크라테스는 환자와의 면담을 통해서 질병에 대한 가정을 체계적으로 연결했다. 그는 질병의 증상, 질병이 나타나기 전 환자의 행동과 환경, 환자의 주거, 식사, 신체 활동에 대해서 질문했다. 다시 말해서 그는 병력을 다루는 기술을 개발했고 그 정보를 이용해서 질병의 원인을 파악했다.[4]

히포크라테스는 지리적 차이, 계절 차이, 인종적 차이에 근거를 둔 생태학적 비교를 이용해서 인구집단에서 질병을 일으키는 원인을 찾으려고 시도했다. 히포크라테스의 의학 이론은 오늘날의 기준으로 보면 거의 완전히 틀렸지만 매우 체계적이었다. 그는 혈액, 담즙, 흑담즙, 황담즙의 결핍이나 과잉이 건강이나 질병을 결정한다고 가정했던 4체액설도 개발했다.[5]

갈레노스는 히포크라테스의 4체액의 균형 이론을 의술의 근거로 삼았다. 그는 동물 연구로부터 유추하여 인체를 이해했고, 직접 확인할 수 없는 사실에는 플라톤의 이데아를 근거로 이론적 구성을 완성했다. 그는 자신의 연구에 토대를 두고 식물 추출물을 이용한 치료약을 제조했다. 기원

---

* 로마의 저술가 아울루스 코르넬리우스 켈수스가 고대 그리스의 문헌을 근거로 편찬한 의학 백과사전. 편찬 당시에는 주목을 받지 못했으나 15세기에 교황 니콜라우스 5세에 의해서 재발견되어 르네상스 시대까지 활발하게 활용되었다.
** 기원후 9-10세기에 활동한 페르시아의 의사.

후 2세기에 개발된 그의 해부학과 생리학의 구조는 그후 1,000년간의 의학을 압도할 정도로 완벽했다. 결과적으로 파라셀수스 시대에 사용되던 치료제는 여전히 히포크라테스와 갈레노스의 체액설에 뿌리를 둔 것이었고, 체액의 균형을 회복시키기 위해서 사용할 수 있는 수없이 다양한 알약과 미약을 설명하는 당시의 의학서는 난해하고 복잡했다.[6]

· · ·

당시의 선구적인 학자 겸 의사들은 전적으로 갈레노스와 같은 사람들에게 의존했지만, 파라셀수스는 자신이 직접 환자를 치료하면서 얻은 질병에 대한 지식을 활용했다. 다른 의사, 연금술사, 주술사, 본초학자, 치료사들로부터 얻은 지식도 자신이 직접 시험해보아야만 한다는 것의 그의 신념이었다. 그는 독일, 이탈리아, 프랑스를 끊임없이 돌아다니면서 진단하고 치료하고 연구하고 가르쳤다.[7]

1515년에 그는 군사적 갈등의 소용돌이 속으로 여행을 떠나 군의관으로 활약하기도 했다. 덴마크와 노르웨이의 국왕이었던 크리스티안 2세는 그를 어의(御醫)로 임명했다. 파라셀수스는 그단스크를 포위했다가 패배한 독일 기사단의 기사들과 함께 프로이센의 쾨니히스베르크로 갔다. 프로이센 독일 기사단의 단장은 러시아 전체를 지배하던 모스크바 대공국의 바실리 3세 대공과 휴전 협정을 맺고자 했고, 이에 따라서 파라셀수스는 비공식 대사의 자격으로 타타르족이 점령하고 있던 모스크바로 갔다. 파라셀수스는 체포되었지만, 타타르 사람들이 치료사를 성인으로 여기는 덕분에 목숨을 구할 수 있었다. 파라셀수스는 자신을 야만인으로 생각했을 사람들과 함께 투옥되었을 때에도 그들에게 의학을 가르치고 그들을 치료해주었다. 그는 그곳에서 여러 해 동안 그들의 약초 치료법을 연구했다. 마침내 1521년에

그는 폴란드 기사단에 의해서 타타르족으로부터 풀려났다.[8]

베네치아로 돌아와서 어느 정도 시간을 보낸 파라셀수스는 다시 베네치아 무역로와 성지 순례로를 따라 나일 강 상류로 여행을 떠났다. 그는 홍해를 건너 아카바 만으로 간 후에, 예루살렘과 오스만 제국이 지배하던 그리스에서 시간을 보냈다. 1523년 그는 콘스탄티노폴리스에 도착했다. 그가 살로몬 트리스모신이라는 독일 연금술사로부터 금을 만드는 연금술 비법을 배웠다는 소문도 있었다. 당시에는 오스만 왕실이 학문의 중심이었고 이슬람교가 기독교와 전쟁을 하고 있기는 했지만, 현대의 갈등과 달리 당시의 전쟁은 정당한 규칙을 지키는 위엄 있는 전쟁이었다. 파라셀수스는 1523년 위험을 무릅쓰고 콘스탄티노폴리스를 떠나서 베네치아로 돌아왔고, 알프스를 넘어서 아버지의 고향인 오스트리아의 필라흐에 도착했다.[9]

파라셀수스의 여행을 되짚어본 것은 직접적인 경험에 대한 그의 갈증을 보여주기 위해서이다. 그는 결국 여행을 통해서 독성학에 결정적인 기여를 했다. 파라셀수스는 선조 히포크라테스와 갈레노스의 가르침에 의존하는 대신, 여행을 통해서 개인적으로 얻은 기술과 지식을 고집했다. 그런 노력이 그를 개혁가로 만들었다. 그는 "나는 의사들의 제왕인 모나르카 메디코룸(*monarcha medicorum*)이고, 당신이 증명할 수 없는 것을 증명할 수 있다"라고 주장했다.[10] 파라셀수스는 "자리를 지키는 사람"과 "책 속에 파묻혀서 바보들의 배를 타고 있는" 의사들을 비난했다. 각 지역의 독특한 특징이 그 지역의 의학을 결정하기 때문에 끊임없는 여행을 통해서만 지식을 얻을 수 있다는 것이 그의 신념이었다.[11]

그는 당시의 전형적인 의사들을 비웃었다. "그들은 점진적이고 느린 속도로 치료하기 시작하고, 시럽, 고무, 설사약과 오트밀 죽, 보리, 호박, 멜론, 물약, 그리고 다른 잡동사니에 대부분의 시간을 보내고, 자주 관장(灌腸)을 실시하고, 자신이 무슨 일을 하는지도 모르고, 그래서 일을 마칠 때까지 시간을 끌면서 점잖은 말만 반복한다." 파라셀수스는 또한 의사를 부패한 사람들이라고 판단했다. "그러나 의학을 통해서 오로지 이익만 추구하겠다고 생각하는 쓸데없는 사람들이 있는데, 내가 어떻게 그들에게 사랑하라고 훈계할 수 있겠으며 그 훈계의 효과를 기대할 수 있겠는가. 내가 보기에 확실히 완전한 속임수가 되어버린 의학을 나는 부끄럽게 생각한다."[12]

· · ·

중세의 연금술은 가톨릭 교회와 긴밀하게 연결되어 있었다. 당시의 연금술은 자연 현상의 세계와는 분리되어 있었다. 교회가 연금술의 과정을 구세주 그리스도의 역사성과 연결시켜주는 비유를 제공했기 때문이었다. 파라셀수스는 가톨릭 교회의 중세적 개념에서 등장한 연금술사를 대표하는 인물이었다. 그러나 그는 신앙에 의존하는 대신, 자연 현상에 대한 직접적인 경험을 통해서 지식을 추구하는 길을 선택했다. 그렇기는 해도, 그 시기의 연금술사들은 여전히 과학과 영성(靈性)의 조화를 추구했다. 파라셀수스와 그 시대의 사람들은 모두 분명히 신실한 기독교인이었다.[13]

파라셀수스는 교회를 떠난 적이 없었다. 그는 자신의 믿음에 따라서 성서의 단순한 진리 이외에는 모든 교리를 멀리해야 한다고 고집했다. 그러나 그의 종교적 믿음은 엄밀히 말하자면 일종의 이단인 신비적 범신론이라고 할 수 있었다. 그는 인간에게는 눈에 보이는 몸 이외에도 자연의 초자연적 힘과 상호작용하는 보이지 않는 몸도 있다고 생각했다.[14] 파라셀수스는 의학에 대한 이단적 입장 때문에 흔히 동시대의 마르틴 루터(1483-1546)와 비교되기도 했다. 그러나 파라셀수스는 그런 비교를 거부했다. 파라셀수스는 1529-1530년에 저술했던 『파라그라눔(*Das Buch Paragranum*)』에서 "정

말 경멸스럽게도 당신은 내가 이단자라는 뜻으로 의사들의 루터라고 주장했다"고 했다.[15]

그는 루터와의 비교를 싫어했지만, 자신의 주장을 거부하는 교황의 칙서를 불태워버렸던 루터에게서 실마리를 찾는 일도 마다하지 않았다. 파라셀수스는 정통 의학의 성서라고 할 수 있는 이븐 시나의 『의학 전범(Canon Medicinae)』을 비롯해서 갈레노스의 의술을 근거로 했던 다른 저술들을 공개적으로 불태우기도 했다.[16] 스위스의 바젤에서는 성 요한의 날마다 인기가 없는 조각상들을 쌓아놓고 불태우는 전통이 있었다. 파라셀수스는 제자들과 함께 1527년 6월 24일을 그런 책을 없애버리는 기회로 삼았다. 그는 "모든 불행이 연기와 함께 허공으로 날아갔을 것"이라고 선언했다.[17] 파라셀수스는 전통적인 체액 의학에 반대했다. 그는 4체액 사이의 불균형이 그가 보았던 다양한 질병을 설명할 수 있다고 믿지 않았다. 파라셀수스는 혈액의 균형을 되찾아준다고 여겨졌던 사혈과 같은 방법으로 몸의 체액을 재조정해서 질병을 치료하려고 노력하는 대신, 화학적 치료법을 사용했다. 풍부한 경험을 가진 그는 질병이 내부의 불균형에 의해서 발생하는 것이 아니라고 믿었다. 오히려 그는 외부 요인이 작용하는 치유와 치료가 몸에 직접적으로 영향을 주며, 체액을 재조정하지 않더라도 원하는 치유 효과를 얻을 수 있다고 확신했다.

연금술에 기반을 둔 파라셀수스의 치료법은 중세와 고대에 사용되던 수백 가지의 처치법이나 치료법과는 전혀 달랐다. 파라셀수스는 갈레노스의 약초 치료법이 대부분 의미가 없다는 사실을 밝혀냈다. 갈레노스의 치료에서는 실제로 무엇이 사용되었다는 흔적이 거의 없었고, 재료의 이름도 대부분 임의적인 것이었다.[18]

그의 첫 번째 걸작이자 "핵심 지혜"라는 뜻의 『아르키독사(Archidoxa)』를 보면, 그는 금을 만드는 일에는 관심이 없었고 그 대신 의약품을 만들고 있었다. 파라셀수스의 업적은 몸의 내부 균형을 조정하는 것이 아니라 화학물질로 몸에 직접 영향을 주어서 질병을 치료하는 화학요법을 시작했다는 데에 있다. 연금술사의 일은 금을 만드는 과정처럼, 완전함을 얻기 위해서 물질을 "죽이는" 것이었지만, 파라셀수스에게 연금술의 근본 원리는 살아 있는 몸에 해당하는 소우주(microcosm)의 변환에 대우주(macrocosm)의 원리를 반영하는 것이었다. 파라셀수스에게 연금술이란 연금술사의 실험실에서 일어나는 일을 포함한 외부 세계의 과정들을 통해서 인체 작동에 관한 통찰을 얻는 것이었다.[19] 철학적으로 보면 연금술은 자연의 생명적이고 치유적인 힘에서 세속적인 실존의 폐기물을 화학적으로 분리해서, 자연의 정화된 순수한 정수를 만들어내는 것이었다.[20]

· · ·

매독은 1494년 나폴리에 주둔하던 프랑스 병사들로부터 시작되었다. 1495년 볼로냐로 빠르게 전파된 매독은 다음 해에는 스위스 병사들에 의해서 제네바로 퍼졌다. 결국 매독은 프랑스와 독일 전체로 빠르게 번졌다. 이 참혹한 성병은 과거 유럽에서는 본 적이 없었던 질병이었다. 파라셀수스는 매독이 오래된 풍토병의 변형이고, 새로운 치료법이 필요하리라고 생각했다. 그러나 매독은 유럽의 새로운 질병이었고, 새로운 치료법이 필요했다. 독일 사람들은 그것을 프랑스병이라고 불렀지만, 스페인의 항구에서 활동하던 어느 스페인 의사가 주장했듯이 콜럼버스의 선원들이 서인도에서 가져온 질병일 수도 있었다.[21]

1기 매독은 음경의 감염 부위에 경성 하감(下疳)*이 발생하면서 시작된

---

* 매독에 의한 무통성의 전염성 궤양.

다. 몇 주일 후에는 광범위한 발진이 나타나는 2기 매독으로 진행된다. 매독의 가시적인 증상은 피부에 나타났는데 몇 세기 전의 아랍 의사들은 피부병에 수은을 사용했기 때문에 매독에도 독성 금속이 전형적인 치료법으로 자리를 잡았다. 그러나 수은의 부작용은 끔찍했다. 환자들은 걷잡을 수 없는 경련, 구강과 혀의 발진, 치아 손실, 악취가 풍기는 잦은 소변에 시달렸다.

수은의 독성이 너무 강했기 때문에 매독 치료에 대안적인 약초 요법이 인기를 얻었다. 선원들은 서인도에서 우리가 유창목(癒瘡木)이라고 알고 있는 과이액(guaiac)의 숲을 발견했고, 매독과 같은 풍토병은 향토적 치료법으로 고쳐야 한다는 믿음에 휩쓸렸다. 환자들은 과이액 나무를 깎아서 만든 가루를 끓일 때에 생기는 거품을 궤양 부위에 바르고 마셨다. 희귀한 상품에 대한 짭짤한 시장이 만들어졌다. 유럽의 유명한 은행가이자 독일 아우크스부르크의 약삭빠른 푸거 가문은 신성 로마 제국의 황제 카를 5세로 등극하기 위해서 뇌물이 필요했던 스페인의 국왕 카를로스 1세에게 자금을 대여해주는 대가로 이 상품의 전매권을 확보했다. 불행하게도 카를로스 1세에게는 그 치료법이 효과가 없었다.[22]

매독에 대한 과이액 치료법을 살펴본 파라셀수스는 그 치료법이 쓸모가 없다고 확신했다. 그 사실을 밝히는 과정에서 그는 의학계는 물론이고 사업으로 번성하던 권력과 영향력을 가진 사람들과 갈등을 겪게 되었다. 그는 또한 자신이 사용하는 의약품의 핵심이 독이라는 사실을 알고 있었다. 그의 연금술 철학에 따르면, 정화를 통해서 그런 독물을 치료약으로 변환시킬 수 있었고 정확한 조제, 용량, 식이요법을 독물에 결합시키면 질병을 효과적으로 치료할 수 있었다.

그는 금속을 가공하는 연금술의 직관에 따라서 문제의 수은 치료에 집중했다. 더욱이 "독은 독으로 치료한다"라고 믿었던 그는 중독 때문에 질병을 일으키는 금속을 정확한 용량으로 사용한다면 이를 통해서 질병을 고칠 수 있다고 추론했다. 사실 수은 중독의 증상은 대부분 3기 매독의 증상과 비슷했다. 수은에 독성이 있는 것은 분명했지만, 파라셀수스는 질병을 치료하기 위해서 지나치게 많은 양을 투여할 필요가 없다는 사실을 알아냈다. 그는 어느 한계를 넘어서면 약의 용량을 증가시켜도 더 이상의 치료 효과는 나타나지 않고, 오히려 독성 효과가 늘어난다는 사실을 발견했다. 또한 정확한 용량을 사용하면 수은이 매독 치료에 효과적이면서도 심각한 독성을 나타내지 않는다는 사실도 발견했다. 이 발견은 용량과 독성 반응의 관계를 이해하기 위한 위대한 돌파구였다. 결국 그가 정해놓은 용량에 근거한 수은 처방은 비소를 이용한 치료법이 개발된 20세기까지 매독의 유일한 치료법으로 활용되었다.[23]

파라셀수스는 독을 독으로 치료한다는 그의 이론 때문에 때로는 동종 요법(homeopathy)*의 창시자로 알려지기도 했다. 동종 요법에서도 용량의 개념은 중요하다. 그러나 실제 동종 요법에서 사용하는 용량은 용량이라고 할 수도 없을 정도로 적은 양이었기 때문에 그런 비교는 피상적인 것이었다. 동종 요법은 치료 효과가 없었고, 그의 치료법에서 나타나는 준(準)독성 효과를 유발하지도 않았다.[24]

파라셀수스는 납, 안티모니, 황, 구리, 비소와 같은 여러 광물질도 치료에 사용했다.[25] 파라셀수스는 적절한 질병에 대해서 용량을 바꾸고 정확한 시기에 조심스럽게 사용함으로써 치명적인 독약을 치료약으로 변환시키는 치료법을 개발했다. 수은을 매독 치료에 성공적으로 사용했던 그는 안티모니를 비롯한 여러 금속들도 사용했다.[26] 그는 안티모니를 먹을 수 있는 "안티모니 버터"로 만들어서 치료약으로 사용하기도 했다. 그는 그리스 로마의 의술에서 유래된 약초 치료약 대신에 대부분 광물로 이루어진 "아르

---

* 몸에 질병의 증상과 비슷한 증상을 인위적으로 유발시켜서 치료하는 방법.

카나(arcana)"의 제조가 의학의 목표가 되어야만 한다고 주장했다. 파라셀수스는 간질, 매독, 수종,* 통풍, 광부병**의 치료에 황산을 사용했다.[27] 질병은 제대로 정의할 수 없는 이른바 내부 체액의 불균형이 아니라 구체적인 대상이고, 정교하게 선택된 아르카나를 통해서 독을 제거하여 치료될 수 있다는 것이 그의 주장이었다. 그에게 연금술 의사의 역할이란 연금술사의 도구인 불과 증류를 이용해서 불순한 것으로부터 순수한 정수를 분리하는 것이었다.[28]

파라셀수스 치료법의 궁극적인 성공은 그가 제안한 치료법과 관련한 독성학을 이해하는 데에 달려 있었다. 그는 모든 독에 독성을 발휘하는 1차 화학적 개체인 톡시콘이 들어 있다고 믿었다.[29] 이 개념은 그가 순수한 것으로부터 불순물을 제거하는 분리 과정이라고 여겼던 연금술과 깊이 관련되어 있었다. 연금술에서는 독성물질의 효능을 농축하기 위해서 증류와 같은 기술을 사용했다.[30]

용량의 개념도 연금술의 원리와 관련된 것이었다. 파라셀수스에 따르면 "약초나 돌이나 나무에서 눈으로 볼 수 있는 것은 치료약이 아니다. 눈으로는 찌꺼기만 볼 수 있다. 그러나 찌꺼기의 내부에 치료약이 숨겨져 있다. 먼저 찌꺼기를 세척하고 나면, 치료약이 남는다. 그것이 연금술이고, 그것이 불카누스 신의 역할이다. 그런 일을 하는 사람이 바로 약제사이고, 의약 화학자이다."[31]

· · ·

화학물질에 대한 독성학적 반응과 약학적 반응의 연구에는 실험이 꼭 필

---

* 조직에서 다량의 체액에 누출되어 나타나는 부종과 같은 증상.
** 석탄 광부들에게 흔히 나타나는 진폐증.

요하다는 입장도 파라셀수스의 유산이다. 그런 실험에서 나타나는 반응의 특이성이 치료 효과와 독성 효과의 차이를 이해하는 데에 핵심이 된다. 이 차이가 화학물질의 치료 특성과 독성 특성의 구분을 이해할 수 있도록 해주고, 그런 특성은 대부분 용량에 의해서 구분된다.[32]

파라셀수스는 체계적이고 과학적이었지만, 매우 종교적이기도 했다. 그는 하느님이 인간에게 독약을 주었고, 독약에는 치료 효과가 있기 때문에 거부하지 말아야 한다고 믿었다. 그는 의사들에게 치료제가 독약이라는 사실에 놀라지 말도록 요구했다. 그는 유명한 말을 남겼다. "모든 것은 독이고, 독이 없는 것은 없다. 용량만으로도 독이 아닌 것으로 만들 수 있다. 예를 들면 모든 음식과 모든 음료는 용량을 넘겨서 먹으면 독이 된다. 결과가 그런 사실을 입증해준다. 나는 또한 독은 독이라는 사실도 인정한다. 그러나 그렇다는 이유만으로 독을 반드시 거부해야만 하는 것은 아니다."[33] 물론 이는 오늘날 우리에게 익숙한 개념이다. 우리는 의약품을 처방받은 양만큼만 먹어야 하고, 너무 많이 복용하면 그 결과를 감수해야 한다는 사실을 알고 있다. 파라셀수스는 의약품의 위험을 예방하기 위해서 조심스럽게 정확한 용량을 처방하려고 노력했다. 따라서 파라셀수스는 독성학의 아버지일 뿐만 아니라, 화학요법의 훌륭한 초기 지지자였고, 약학이라는 현대적 의학 분야의 창시자이기도 했다.[34]

고전적인 의학적 사고방식에 융통성 없이 매달리는 것을 거부했던 탓에 이단자로 알려졌던 파라셀수스는 결국 의학과 질병 치료의 발달에 놀라운 영향을 미쳤다.[35] 파라셀수스의 접근법은 화학요법에 효과적이었고, 독실한 기독교도였던 파라셀수스의 교리는 당시의 종교적 믿음에 매력적이었기 때문에 파라셀수스를 따르는 의사들도 존경을 받았다. 심지어 청교도들도 파라셀수스주의가 갈레노스주의의 야만적 뿌리를 벗겨주었다고 좋아했다.[36]

제4장 광업, 그리고 산업의학의 출발

위험한 직업도 있고, 치명적일 정도로 위험한 직업도 있다. 오늘날에는 벌목공과 어부가 통계적으로 가장 위험한 직업이다. 그러나 오래 전부터 악명 높은 사망(치사율)과 질병(발병률)의 역사를 가진 것으로 알려진 직업은 아마도 광부일 것이다.[1] 광업은 문명과 함께 시작되었지만, 광산의 작업자들은 언제나 사고와 화학물질 노출에 취약했고 지금도 그렇다. 광산의 작업자들은 높은 농도의 화학물질에 장시간 노출된다. 그래서 독성학 지식 가운데 상당 부분은 광업과 같은 산업에 대한 연구에서 나왔다.

광업의 위험은 옛날부터 알려져왔다. 카르타고에 이어 로마가 착취했던 스페인 카르타헤나의 납 광산에서는 4만 명의 인부들이 일했고, 조기 질병과 사망의 악명을 남겼다. 납 광부들에게 특징적으로 나타나는 질병은 납 광산에 노예들을 부렸던 이집트인은 물론이고 훗날 그리스와 로마 사람들에게도 알려져 있었다. 히포크라테스가 납 중독의 증상으로 파악했던 식욕 상실, 배앓이, 창백함, 체중 감소, 피로, 과민성, 신경 경련 등은 현대 독성학에서의 납 중독 증상과 크게 다르지 않다. 광산 근처에서는 소나 말에게 풀을 뜯기지 말아야 하고, 그렇지 않으면 소나 말이 곧바로 병들어 죽는다는 사실도 알려져 있었다. 광산 주변의 마을에서 살던 사람들도 광업 활동에 의한 환경 노출의 피해를 겪었을 것이다.[2]

　광부와 광업 관련 직업에서 발생하는 질병을 비교적 자세하게 정리하려고 처음 시도했던 사람은 파라셀수스였다. 그는 유럽 중부 지역 중에서 독일 남부의 슈바르츠발트, 작센, 또는 (오늘날 체코 공화국의 일부인) 보헤미아 등을 살펴보았다. 그가 1533년에 오스트리아 산악 지역인 티롤의 광부들에게 발생하는 질병을 관찰했을 것이라고 주장하는 사람들도 있다.[3] 1534년에 발간된 『광부의 질병과 다른 질환에 대하여(*Von der Bergsucht und Anderen Bergkrankheiten*)』는 구체적인 지역에 상관없이 특정 산업군에서 일반적으로 관찰되는 폐 질환에 대한 최초의 과학적 기록이고, 오늘날 산업의학이라고 부르는 분야의 첫 지침서로 알려져 있다. 그는 폐 질환을 말라 메탈로룸(mala metallorum)이라고 불렀는데, 이는 오늘날 비소나 방사성 먼지에 의해서 발생한다고 알려진 폐암인 듯하다.[4] 그는 광부, 연금술사, 다른 금속 가공사에 대한 직접적인 관찰을 근거로 이 질병을 설명했다. 그는 자신의 저술을 3권의 책으로 구분했다. 제1권에는 광부의 다양한 질병을 기록했고, 제2권에는 용광로와 야금 작업자의 질병을 다루었고, 제3권에는 수은 때문에 발생하는 질병을 소개했다.

　파라셀수스는 광부병의 원인, 질병의 진행, 증상, 징후, 치료법을 세심하게 기록했다. 그는 노출 이후에 독성 효과가 나타날 때까지의 시간도 기록했다. 그것은 잠복기라는 중요한 독성학적 개념이었다. 그는 노출의 경로에 따라서 잠복기가 다르다는 사실도 관찰했다. 그는 광부가 흡입을 통해서 독소에 노출되었다는 뜻으로 "폐에 병을 일으키는 체소(corpus)는 공기이다"라고 썼다.[5] 그는 공기의 흡입을 다른 노출 경로인 섭취와 대비했다. 그의 기록에 따르면, "예를 들어 비소를 섭취하면 빠르고 급격하게 죽음에 이르지만, 체소가 아니라 기식(spiritus)에 의해서 노출되면 1시간이 1

년으로 늘어난다. 즉, 체소에 의해서는 10시간 걸리는 것이 기식에 의해서는 10년이나 걸린다."[6] 그는 급성 독성과 만성 독성의 차이를 인식하고 있었다. 고용량의 비소를 먹으면 순간적으로 사망에 이르지만, 광물에서 방출되는 비소의 기체를 흡입하면 폐 섬유증, 종양, 또는 폐기종(肺氣腫)과 비슷한 증상이 나타나면서 질병이 느리게 진행된다.[7]

파라셀수스는 또한 화학물질 노출에 의해서 질병이 발생하는 메커니즘을 밝혀내려고 시도했다. 그는 용광로에서 사용되는 제련, 즉 연금술적 공정이 어떻게 공기를 구성 원소들로 분리시켜서 사람의 건강에 해를 끼치는지를 연구했다. 연기에서 응집되어 질병을 일으키는 수은과 고온에 달궈진 황, 그리고 폐에 침전되는 소금이 공기의 구성 원소들이었다. 이세 가지 원소가 파라셀수스의 3대 원소, 즉 트리아 프리마(tria prima)이다. 이 원소들은 오늘날의 수은과 황이라는 원소와 소금이라는 화합물로, 아리스토텔레스의 고대 4원소를 변형시킨 것이다.[8] 파라셀수스에게 황은 사물을 불타게 만드는 보편적인 성분이었고, 수은은 흐르는 성분이었고, 소금은 몸이나 고체의 성분이었다. 몸속의 균형이 깨어지면, 그런 원소들이 폐에 의해서 적절하게 소화되지 못하고 질병을 유발하는 일종의 점액질을 형성한다.[9]

파라셀수스는 광업의 필요성을 부정하지 않았다. 사실 그 역시 연금술에 대한 관심 때문에 다양한 제련과 야금 공정에 참여했다. 그는 "우리에게는 금과 은이 꼭 필요하다"면서 이렇게 말했다.

철, 주석, 구리, 납, 수은과 같은 여러 금속들도 마찬가지이다. 그런 금속을 가지고 싶다면, 우리를 거부하는 다양한 적과의 투쟁에서 우리의 몸과 삶 모두를 위태롭게 하는 일을 감수해야만 한다. 건강한 삶에 필요할 수밖에 없는 또다른 것도 가지고 싶겠지만, 그 자체에 우리의 적이 들어 있지 않은 것은 없

다. 사람들에게 가능할 수 없는 자연적 지식이 너무나 많기 때문에 신은 의사를 창조했다.[10]

그렇다. 파라셀수스는 자신이 신과 광부의 중개자라고 생각했다. 그는 산업적 위험이 존재한다는 사실을 알고 있었지만, 그런 노력으로 얻을 수 있는 편익이 충분히 가치가 있다는 사실도 알고 있었다.

파라셀수스보다 1년 늦은 1494년에 출생한 게오르기우스 아그리콜라도 광부병을 연구했다. 라이프치히 대학교에서 바칼로레아를 취득한 그는 볼로냐, 베네치아, 파도바의 대학교에서 철학, 의학, 자연과학을 공부했다. 개업의였던 아그리콜라는 남는 시간을 모두 광산과 제련소 방문에 썼다. 파라셀수스와 마찬가지로 아그리콜라도 박식한 그리스의 소요학파를 추종했다. 그러나 그는 연금술이나 연금술사에는 흥미가 없었다. 그는 본질적으로 광산 기술자였다. 대략 1533년경에 그는 자신의 걸작인 『금속에 관하여(De Re Metallica)』의 집필을 시작했다. 20년 후에 완성된 그의 책은 그가 사망하고 난 1555년에야 발간되었다.[11]

『금속에 관하여』는 그후 2세기 동안 광업과 제련에 대한 가장 포괄적인 저술로 알려져 있었다. 전문 광산 기술자였다가 제31대 미국 대통령이 된 허버트 클라크 후버와 그의 부인 루 헨리 후버는 『금속에 대하여』를 영어로 번역해서 『금속의 본성에 대하여(On the Nature of Metals)』를 발간했다. 원전은 라틴어로 쓰였다. 당시의 라틴어는 거의 1,000년간 진화하지 않았기 때문에 아그리콜라는 주제를 설명하기 위해서 수백 개의 새로운 라틴어 표현을 개발해야만 했고, 그런 표현의 번역은 골칫거리였다.[12] 아그리콜라는 광업의 특성을 매우 자세하게 설명했고, 그의 책에 소개된 삽화는 르네상스 시대 판화가의 삽화만큼이나 훌륭했다.

의사였던 그는 금속이 광부의 건강에 미치는 영향도 관찰했다. 『금속에 대하여』의 제1권에서 그는 광업을 가치 있는 직업으로 소개하고, 치명적인 공기와 폐의 부패에 의한 사망처럼 그 결과가 위중해지는 경우는 드물게 일어난다고 주장했다.[13] 더욱이 아그리콜라는 제6권에서 광업이 건강에 미치는 다양한 효과도 소개했다. 광부들은 보통 광산의 물에 발을 담그고 서 있어야 했는데, 작센 지역의 광산에서 흔히 발견되는 비소와 코발트 때문에 발에 문제가 생기는 경우가 많았다. 건조한 광산의 먼지는 "기관과 폐로 침투해서 호흡을 어렵게 만들었다." 그에 따르면 "부식성이 있는 먼지는 폐를 침식시키고, 폐병을 일으킨다. 그래서 카르파티아 산맥의 광산에는 남편들이 모두 끔찍한 폐병 때문에 조기에 사망해서 무려 7번이나 결혼을 해야만 했던 여성도 있었다."[14] 광부의 질병에 대한 아그리콜라의 설명은 생생한 경우도 있었지만, 사려 깊고 치밀한 파라셀수스의 서술과는 거리가 멀었다.

· · ·

베르나르디노 라마치니가 광업과 금속 제련을 포함한 여러 산업에서 발생하는 질병에 대해서 훨씬 더 광범위하게 다룬 책을 쓴 것은 17세기에 들어선 이후였다. 라마치니는 1633년 이탈리아의 카르피에서 출생했고, 파르마와 로마에서 의학을 공부했다. 비테르보에서 의사로 활동했던 그는 말라리아를 치료하기 위해서 카르피로 돌아갔다. 그는 인근에 있는 모데나에서 부유한 생활을 하면서 어느 정도 명성을 얻었고, 1694년에는 리날도 데스테 주교의 후원으로 모데나의 작업장에서 연구를 하면서 다양한 산업의 위험에 대한 정보를 수집할 수 있었다.[15]

라마치니는 자신의 환자를 직접 진찰하는 일 이외에도 히포크라테스, 켈수스, 갈레노스, 테오프라스토스와 같은 고전적인 저술가는 물론 파라셀수스와 아그리콜라를 비롯한 르네상스의 문헌에서 얻은 정보도 활용했다. 그는 자신이 직접 정보를 얻을 수 없는 산업에 대한 정보는 의학 문헌에 의존했다. 예를 들면 모데나 근처에는 광산이 없었기 때문에 라마치니는 한 번도 광산에 들어가본 적이 없었다. 결국 그는 광산을 직접 경험한 다른 사람들의 문헌을 인용했다. 그는 6년간의 집중적인 연구를 마친 1700년에 여러 산업에 대한 60개의 장으로 구성된 『작업자들의 질병에 대한 논문(De Morbis Artificum Diatriba)』을 발간했다.[16]

라마치니는 광부들이 호흡 곤란과 폐병에 흔하게 시달린다는 사실에 주목했다. 폐병이라는 질병의 이름은 먼지 흡입에 의한 진폐증은 물론이고 결핵에도 사용했기 때문에 정의가 모호했고, 한 사람이 이 두 가지의 질병 모두에 고통받는 경우가 많았다. 라마치니는 뇌졸중(또는 심장마비), 족부종, 치아 손실, 치주염, 관절통, 그리고 납이나 수은과 같은 금속이 포함된 물질의 흡입에 의한 마비 증상이 자주 발생한다는 사실도 확인했다.[17] 라마치니는 파라셀수스보다 훨씬 더 나아가서 작업자의 질병 예방에도 주목했다. 그는 광부들에게 환풍기를 이용한 신선한 공기의 주입, 호흡기 질병을 예방하기 위한 보호 마스크 착용, 피부가 노출되지 않도록 해주는 특수 복장 등을 추천했다.

라마치니는 특히 수은 광산의 작업자들을 괴롭히는 신경학적 증상에 놀랐다. 그는 광부에 대한 장에서 수은 광부들이 고작 3년간 일을 할 수 있을 뿐이고, 4개월 안에 마비와 현기증을 경험한다는 팔로피오*와 에트밀러**의 기록을 인용했다. 그는 금을 벗겨내는 과정에서 독성 수은 증기에 노출되는 도금공의 질병도 기록했다. 심지어 의사들도 매독 치료용 연

---

 * 16세기 이탈리아의 해부학자.
** 17세기 독일 라이프치히에서 활동했던 의사.

고로 사용하는 수은에 독성 한계를 넘어서는 수준으로 노출되었다. 라마치니는 중독의 원인이 피부 노출이라고 추정했다. 반복적으로 연고를 발라주기 위해서 고용된 가장 낮은 등급의 외과 의사들은 장갑을 착용하더라도 수은에 중독되었다.[18]

라마치니는 광부, 도공, 조합원, 유리 세공인, 금속 작업자들도 공통적으로 납 중독 증세에 시달린다는 사실을 알아냈다. 도공들은 녹인 도자기에 납이 포함된 유약을 칠해서 가마에 넣었다. 라마치니는 손 마비, 신체 마비, 무기력증, 소모성 증후군에 의한 창백한 얼굴과 어두운 안색이 도공들에게 나타나는 납 중독 증상이라고 했다.[19] 도장공들도 페인트는 물론이고 진사(塵沙)와 산화납이 포함된 붉은 납을 통해서 납에 노출되었다.[20]

그런데 라마치나 파라셀수스는 광산 작업자 중에서 석탄 광부의 질병에는 관심을 두지 않았다. 당시 독일이나 이탈리아에서 석탄은 중요한 연료가 아니었다. 석탄 광업은 영국과 스코틀랜드에서 13세기부터 시작된 산업이었다. 당시의 광부들은 지상에서 강독을 따라서 노출된 노두(露頭)에서 석탄을 캐내는 일을 했다. 상당한 깊이의 지하에서 작업을 하는 광산은 효율적인 환기와 유압기 기술이 개발된 이후에야 가능해졌다. 대규모 제철 산업과 증기기관이 등장한 18세기 초까지는 지하에서 석탄을 생산해야 하는 실질적인 유인책이 없었다.[21]

르네 라에네크(1781-1826)는 청진기 발명으로 유명해진 프랑스 의사였다. 그는 석탄 광부에게 발생하는 질병을 흑색증이라고 부르기 시작했다. 폐에 검은 물질의 결정이 침투해서 발생하는 흑색증을 오늘날에는 "흑폐증"이라고 부른다. 훗날 실리카나 석면과 같은 물질을 흡입하는 경우에도 폐에 유사한 손상이 발생한다는 사실이 확인되었고, 선모충병을 발견해서 유명해진 독일의 병리학자 프리드리히 알베르트 폰 첸커(1825-1898)에 의해서 1866년에 "진폐증"이라는 일반 명칭이 도입되었다. 진폐증이란 먼지나 광물 등에 의해서 발생하는 폐섬유증 또는 "먼지투성이 폐"를 뜻한다.[22] 그후에는 석탄 광부들에게 나타나는 질병은 모두 진폐성 탄폐증 또는 줄여서 탄폐증이라고 불렀다.

고대 그리스에서도 채석장 인부들에게 실리카 노출에 의한 진폐증이 있었다. 히포크라테스가 그에 대한 기록을 남겼고, 로마의 자연학자 플리니우스 세쿤두스는 호흡기를 보호하면 병을 예방할 수 있을 것이라고 주장했다. 아그리콜라는 석공에게서 그런 질병을 발견했고, 라마치니는 광부에게서 같은 질병을 확인했다. 실리카를 비롯한 광물의 먼지를 흡입하면 폐에 만성 염증이 발생하고 폐의 섬유화가 진행되고 폐활량이 감소한다. 환자들은 숨 가쁨과 함께 동반되는 기관지염에 의한 만성 기침에 시달린다. 오늘날 우리는 그런 병을 규폐증이라고 부르고, 지금도 예방을 위해서 작업자의 안전 규제를 강화하고 있다.[23]

· · ·

영국에서 석탄에 의한 폐 질환이 사라지게 된 것은 1875년 이후였다. 석탄 탄광의 환기와 위생 시설을 개선하고, 작업 시간을 줄인 결과였다.[24] 그 대신 유해 먼지에 대한 관심은 유리(遊離) 결정성 실리카와 그에 의한 규폐증에 집중되었다. 웨일스 대학교의 예방의학 교수였던 E. L. 콜리스는 1915년의 강연에서 석탄 광부들의 진폐증이 채광 작업 중 사암에서 발생하는 실리카 노출 때문이라고 주장했다. 그는 석탄 자체는 석탄 광부에게 발생하는 진폐증의 원인이 아니라고 믿었다.[25]

그러나 문제는 그렇게 분명하지 않았다. 19세기 말까지도 석탄 광부의 진폐증 증감의 역사는 주로 개업의들이 기록해놓은 경험과 의견에 따라서 결정되었다.[26] 그러나 1896년에 X-선이 발견되면서 새로운 분야가 활짝 열렸다. 빌헬름 콘라트 뢴트겐이 "X-선"이라고 이름 붙인 새로운 종류의 빛을 발견했다고 밝혔다. 처음에 X-선은 골절의 진단이나 방광 결석처럼 방사선으로 불투명한 이물질을 검출하려는 목적에 활용되었다. 그러나 의사들은 곧바로 구조와 조직 검사에 X-선을 사용하기 시작했다. 실제로 X-선은 1907년 오스트레일리아 서부에서 진폐증에 걸린 광부의 폐를 영상으로 촬영하는 데에 사용되었다. 그리고 부두에서 석탄을 선별하거나 손질하는 지상 인부들에게도 비슷한 폐 증상이 발견되었다. X-선 덕분에 석탄 광부병이 다시 중요한 산업 보건 문제로 알려지게 되었다.[27]

진폐증은 석면에 의해서 발생하기도 하므로 석면증(石綿症)이라고도 부른다. 섬유질 광물인 석면은 규소(실리콘)와 함께 마그네슘, 소듐, 철과 같은 원소로 구성되어 있다. 마그네슘이 들어 있는 온석면, 철이 들어 있는 아모사 석면, 철과 소듐이 들어 있는 청석면 등 세 가지 종류의 석면이 알려져 있다. 석면은 이집트, 로마, 프랑스, 중국에서도 사용된 것으로 알려져 있지만, 남아프리카와 캐나다에서 대규모 광산이 발견된 19세기 말부터 대규모로 사용되기 시작했다. 단열성이 뛰어난 석면은 보일러, 증기관, 터빈, 오븐, 가마 등과 같은 고온 장비의 단열재로 매우 뛰어나다는 사실이 밝혀졌다.

1847년에 캐나다의 퀘벡에서 청석면 광산이 발견되었고, 그로부터 30여 년 이후부터 테트포드 남쪽에서 채광이 시작되었다. 또 그로부터 30여 년간 전 세계 석면의 대부분이 캐나다의 이 지역에서 생산되었다. 그후 남아프리카, 러시아, 이탈리아의 광산에서 석면 생산이 시작되면서 캐나다산 석면의 비중이 줄어들었다.[28] 다이아몬드가 발견되던 1880년대 초, 영국과 아프리카너* 식민주의자들이 아프리카를 점령하면서 남아프리카의 고립된 농장들에 대한 석면 탐사와 투기가 시작되었다. 광산 개발자들은 마침내

---

* 남아프리카공화국에 거주하는 네덜란드계 백인.

보츠와나 지역까지 약 386킬로미터나 이어지는 풍부한 청석면 지대를 발견했다. 남아프리카의 석면은 유럽과 북아메리카로 수출되었다. 1905년에는 바버턴 근처에서 온석면 광산이 발견되었고, 1907년경에는 트란스발 북동부의 피터즈버그 평야에서 아모사 석면 광산이 발견되었다.[29]

그러나 남아프리카에서 석면을 채굴하던 영국 회사들은 석면이 폐 질환의 원인이라는 사실을 확인해준 주역이 되었다. 영국인들은 1930년 요하네스버그에서 개최된 국제 규폐증회의에서 석면증을 새로운 산업 질병으로 인정했다. 산업계가 석면의 유해성을 정확하게 언제부터 인식했는지는 확실하지 않지만, 1928년, 1948년, 1959년에 석면 섬유가 각각 석면증, 폐암, 중피종의 원인임을 드러내는 포괄적인 보고서가 발간되었다.[30]

땅속에는 실리카와 금속, 그리고 다른 광물들이 공존하기 때문에 광산에서의 노출은 매우 복잡하다. 의사들이 X-선을 이용하여 폐 질환을 연구하기 직전인 1886년 남아프리카의 비트바테르스란트에서 금이 발견되면서 새로운 범인이 등장했다. 그로부터 몇 년에 걸친 금광에 대한 조사를 통해서 실리카라고 부르는 이산화규소와 비슷한 광물인 수정을 건식 천공하는 작업이 치명적으로 위험하다는 사실이 밝혀졌다.[31] 금광 광부들에게는 훗날 규폐증 이외에 폐암의 발병률도 매우 높다는 사실이 확인되었다. 금 채광과 폐암 사이의 관련성은 1957년 로디지아에서 처음 확인되었다.

로디지아의 금광석에는 비소가 많이 들어 있었기 때문에 금광 광부와 제련소 인부들에게 발생하는 폐암의 원인을 규명하는 일은 훨씬 더 복잡했다. 비소는 은, 납, 구리, 니켈, 안티모니, 코발트, 철이 포함된 200여 종의 복잡한 광석에도 존재한다. 따라서 그런 광석 중 어느 것이라도 채광하거나 제련하면 비소 노출이 발생했고, 비소 자체가 폐암은 물론이고 피부암과 방광암도 일으키는 것으로 확인되었다. 다른 광석들에도 나름대로 특징적인 위험 요인이 있었다. 더욱이 아연 광물의 채광과 제련에서는 인부들이 폐암을 일으키는 카드뮴에 노출되었다. 크로뮴산납(홍연광)과 다이크로뮴산포타슘(로페차이트)의 채광에서는 크로뮴에 의한 폐암이 발생할 수 있다. 니켈도 여러 광물들에 들어 있기 때문에 그런 광물을 채광하고 제련할 때에도 폐, 비강, 비방(鼻旁)에 암이 발생할 수 있다.[32]

규폐증은 지금도 발생하고 있다. 수정은 지구의 지각에서 2번째로 흔한 광물이고, 수정으로 구성된 모래는 내륙에 분포하는 가장 흔한 모래이다. 이 모래는 실리카라고도 알려져 있다. 최근에는 수정으로 만든 조리대 상판이 유행하면서, 상판을 제작하는 작업자들에게 규폐증이 발생했다. 재처리한 수정판을 절단하고 천공할 때에 물을 이용해서 먼지를 제거하지 않으면, 작업장에 많은 양의 실리카 입자들이 배출된다.[33] 나중에 수압 파쇄법(fracturing)으로 알려진 천연가스 생산 기술과 관련된 규폐증을 살펴볼 텐데, 생산 현장의 작업자들은 이 공정에 사용되는 많은 양의 모래에 노출되어왔다.

제5장 **화학의 시대**

질병을 화학적으로 치료한 기록은 기원전 400년까지 거슬러올라간다. 당시 그리스의 의사 히포크라테스는 분만통을 치료하는 데에 버드나무 잎으로 만든 양조 맥주를 추천했다. 영국의 목사 에드워드 스톤도 그로부터 거의 2,000년이 지난 1763년에 류머티즘성 열에 시달리던 교구 주민 50명에게 버드나무 껍질의 가루를 처방했다. 버드나무의 유효성분인 살리실산은 요한 부흐너가 1828년에 처음 발견했다. 살리실산은 현대 합성 유기화학에 의해서 아스피린으로 변환되었고, 오늘날 가장 흔하게 사용되는 가정용 진통제가 되었다.

합성 유기화학 분야의 개발에는 과학자들의 사고의 중요한 변화가 필요했다. 몸에서 일어나는 화학반응은 실험실에서 재현할 수 없을 것이라는 오랜 믿음이 걸림돌이었다. 역설적이게도, 합성 유기화학의 길을 가로막았던 역사적 인물들 중의 한 사람이 바로 독성학의 아버지 파라셀수스였다.

고대 학설에 따르면 "독성물질로부터 몸에 유용한 물질을 분리하는 기능을 수행하는" 초자연적 "생명력"인 아르키우스(Archeus)의 오작동이 인간에게 질병을 일으키는 원인이었다. 르네상스 시기에 파라셀수스는 생기론

(vitalism)의 개념을 부활시켰다. 생기론에 따르면, 생명체의 기능은 무생물계를 지배하는 물리화학적 힘과는 분명하게 구분되는 생명력인 비스 비탈리스(vis vitalis), 스피리투스 비탈리스(spiritus vitalis), 또는 영혼에 의해서 연료를 공급받는다. 생명체에서 일어나는 화학적 과정은 생명력 없이는 일어나지 않는다고 알려져 있었다. 그래서 생명력이 없는 실험실 환경에서는 몸에서 일어나는 유기 합성을 흉내 낼 수가 없었다.[1]

그러나 그런 가설은 단 한 번의 충격으로 창밖으로 내던져졌다. 1828년 독일의 화학자 프리드리히 뵐러가 소변에서 발견되는 유기화합물인 요소(尿素)를 합성했다. 사이안산과 암모니아의 두 가지 무기 분자를 서로 결합시켜서 유기화합물을 처음으로 합성한 것이다. 그는 스웨덴 출신의 지도교수 베르셀리우스에게 자신이 살아 있는 신장을 사용하지 않고 실험실에서 요소를 만드는 방법을 발견했다고 알렸다. 베르셀리우스는 비스 비탈리스 없이는 유기화합물을 생성할 수 없다는 교리를 굳게 믿는 사람이었다. 그럼에도 불구하고 그는 뵐러의 성과를 인정하면서 "진정으로 자네는 불후의 명성을 남기는 기술을 완성했네"라고 축하해주었다.[2] 헤르만 콜베가 이황화탄소에서 아세트산*을 합성한 것이 생기론에 대한 최후의 일격이 되었다. 이 발견은 합성 유기화학 분야의 문을 활짝 열어주었다. 1897년에는 바이어 제약회사의 펠릭스 호프만이 버드나무 껍질의 유효성분인 살리실산으로부터 살리실산 아세틸을 합성했고, 후에 그것을 아스피린이라고 불렀다.

1849년에 찰스 블래치퍼드 맨스필드가 석탄으로부터 순수한 벤젠을 생산하는 분별 증류** 기술을 개발하면서 산업용 화합물의 시대가 시작되었다. 벤젠은 화석연료로부터 최초로 생산된 중요한 화학 소재였다. 맨스필

---

* 유기물의 발효로 만들어지는 유기산의 일종. 식초의 신맛을 내는 성분.
** 분별 증류관을 이용하여 두 가지 이상의 성분이 섞인 액체 혼합물을 반복적으로 증발 및 응축시켜서 분리시키는 기술로, 끓는점의 차이가 적은 액체 성분도 분리할 수 있다.

드는, 빅토리아 여왕이 런던으로 초청했던 독일 과학자이자 콜타르를 연구했던 아우구스트 빌헬름 폰 호프만의 제자였다. 인화성이 매우 강한 벤젠은 가장 간단한 방향성(芳香性) 화합물로, 6개의 탄소가 3개의 이중 결합과 3개의 단일 결합으로 연결된 육각형 구조를 이루고 탄소 원자마다 1개씩의 수소가 연결되어 있다. 벤젠은 유성 물질의 훌륭한 용매일 뿐만 아니라 여러 가지 중요한 합성 화합물들의 출발물질이다. 맨스필드는 비극적이게도 실험실 사고의 첫 희생자가 되었다. 그는 실험실 화재로 심한 화상을 입었고, 그 부상 때문에 사망했다.[3]

염료 산업에 대한 연구는 합성 화학물질이 암을 유발할 수 있다는 최초의 분명한 증거를 확인했다. 유기화학의 중요한 발견은, 역시 호프만의 또다른 제자였던 젊은 영국 화학자 윌리엄 헨리 퍼킨이 벤젠으로부터 키니네를 합성하려고 시도하는 과정에서 이루어졌다. 그는 엉뚱하게도 훌륭한 염료의 특성을 갖춘 푸른색의 물질을 만들었다. 이 물질은 훗날 아닐린 퍼플로 알려졌다. 과거의 염료보다 색이 훨씬 더 오래가고 아름다운 이 모브(mauve) 염료를 시작으로 여러 합성염료가 속속 등장했다. 콜타르의 또다른 성분들도 다른 염료와 화학물질의 생산에 사용되기 시작했다. 아닐린 염료로 알려진 중요한 산업 화학물질의 합성은 그렇게 시작되었다.[4]

의사들은 이 염료들을 연구하면서 화학적 노출로 암이 발생하는 과정과 관련된 중요한 정보들을 발견했다. 1895년 베를린에서 개최된 제24회 독일 의사협회 총회에서 의사 루트비히 렌은 "푹신(Fuchsine, 마젠타)* 작업자들에게 발생하는 방광염"이라는 제목의 강연을 했다. 그는 이 강연에서 회키스트 페인트 공장의 아닐린 작업자 45명 중에서 3명이 방광암에 걸렸다고 밝혔다. 렌은 M. 니체(1848-1906)가 개발한 방광경을 가장 먼저

---

* 아닐린 염료. 생물조직의 현미경 표본을 만들 때에 염색제로 쓴다.

사용한 의사였다. 처음에는 혈뇨 때문에 진찰을 받았던 작업자들의 방광을 직접 살펴본 렌은 2종의 양성 종양과 1종의 암을 발견했다. 런던 대학교 암연구소의 로버트 케이스에 따르면,[5] 렌은 작업자들이 생산 공정에서 노출되었을 것으로 가장 의심되는 물질이 아닐린이라고 판단했다. 그의 추정 때문에 의학 교과서에서 "아닐린 방광 종양"이라는 용어가 사용되기 시작했다. 그러나 사실은 아닐린이 아니라, 질소가 추가된 벤젠 유도체인 다른 방향성 아민들이 범인이었던 것으로 밝혀졌다.

염료 산업에서 사용되던 몇 가지 방향성 아민들이 1920년까지 방광암 의심 물질로 확인되었다. 독일에서 교육을 받은 젊은 병리학자 빌헬름 후퍼는 1930년경에 뉴저지 주 딥워터에 있는 듀퐁 염료공장을 방문해서, 경영진에게 독일 의사들이 비슷한 환경에서 작업하는 염료 작업자들에게서 방광암을 발견했다고 경고했다. 그후 25명의 작업자들이 방광암에 걸렸음이 밝혀졌다. 듀퐁 공장은 조사를 위한 실험실을 만들고, 작업자들에게 방광 종양을 일으킨 화학적 원인을 찾기 위해서 후퍼를 채용했다. 1938년에 후퍼는 의심스러운 화학물질 중의 하나인 베타-나프틸아민이 개에 방광암을 일으킨다는 사실을 보고하는 논문을 발표했다. 그는 실험동물에서 방광암 발암물질을 분명하게 확인한 최초의 연구자가 되었다.[6]

그후 1952년 T. S. 스콧이 영국의 클레이턴 아닐린이라는 염료공장에서 1935-1951년간 방향성 아민인 벤지딘에 노출된 198명의 작업자들 가운데 방광에 양성 종양과 악성 종양이 발생한 23건의 사례를 확인했다.[7] 1954년에 로버트 케이스는 1920-1950년간 영국의 21개 공장의 자료를 분석한 결과를 보고했다.[8] 작업자 4,622명의 코호트(cohort)에서 방광암 사례 298건 가운데 38건이 벤지딘에 노출된 경우로 밝혀졌다. 케이스에 따르면, 벤지딘에 노출되지 않은 4,622명의 일반 인구집단에서 사망 진단서에 방광암이라고 적힐 것으로 예상되는 사례는 단 4건이었다. 그것은 명

백하게 방광암 사례의 극적인 증가였다.[9]

• • •

석탄에서 생산된 벤젠은 제1차 세계대전 이후로 주요 상품이 되었고, 곧이어 모든 산업에서 사용되는 화학 소재가 되었다. 벤젠은 용매로 사용되기도 했고 자동차의 연료로 쓰이기도 했다. 페놀로 변환시킨 벤젠은 페놀-폼알데하이드 수지와 같은 합성수지 제품을 만들거나 나일론 생산에 대량으로 사용되었다. 특히, 제2차 세계대전 중에는 합성 고무 생산을 위한 스타이렌 생산에 점점 더 많은 양의 벤젠이 사용되었다.[10] 1950년까지 벤젠은 거의 대부분, 석탄 가스를 "경유"로 변환시키거나 타르유를 증류해서 만들어진 석탄 탄화 생성물로부터 생산되었다. 1950년대에는 석탄에서 생산한 벤젠의 양이 연간 거의 2억 갤런으로 정점에 이르렀지만, 그후에는 원유에서 생산한 벤젠에 밀려서 급격히 줄어들었다.[11]

벤젠은 석탄에서 벤젠을 생산하거나 벤젠을 사용하는 작업자들의 골수에 독성을 나타내는 것으로 밝혀졌다. 하버드 대학교에서 산업의학을 전공하던 앨리스 해밀턴 박사는 1922년에 가장 먼저 확인된 벤젠의 몇 가지 건강 효과에 대한 논문을 발표했다. 제1차 세계대전 이전에 존스 홉킨스 대학교가, 고무를 녹이기 위해서 벤젠을 사용했던 공장의 사례 몇 건을 보고했지만, 그녀는 가장 많은 수의 벤젠 중독이 독일에서 일어났다고 지적했다. 해밀턴은 골수에 있는 혈액 형성세포가 파괴되어서 순환하는 적혈구, 백혈구, 혈소판의 수가 크게 줄어들고, 때로는 혈액에서 이 성분들이 완전히 없어지기도 한다는 점에 주목했다.[12] 적혈구는 산소 운반에 필요하고 백혈구는 감염에 대항하고 혈소판은 혈액 응고에 관여한다. 이는 심각한 건강 문제였고, 벤젠 중독 사고 직후에 작업자들에게 자주 발생했다.

1939년에 벤젠에 의한 직업병에 대한 2편의 논문이 더 발표되었다. 매사추세츠 노동산업과 직업위생계의 맨프레드 보디치와 허비 엘킨스는 인조가죽으로 구두를 만들면서 벤젠이 포함된 고무 접착제를 매일 사용하는 작업자들의 벤젠 노출을 조사했다. 매사추세츠 일반병원의 프랜시스 헌터 역시 벤젠에 노출된 작업자들의 건강 기록을 검토했다. 그들은 치명적인 중독 10건과 적혈구나 백혈구 수치가 낮은 57건의 사례를 발견했다.[13]

오하이오 주 신시내티에 있는 질병통제예방센터와 국립 산업안전보건연구소의 연구자들이 천연고무를 벤젠에 녹여서 "플리오필름(Pliofilm)"을 생산하는 작업자들의 백혈병 발병에 대한 결정적인 역학조사 결과를 발표한 것은 1977년이었다. 플리오필름은 고무로 만든 방수 시트로, 주로 우비나 포장재로 사용되었다. 당시 백혈병은 희귀질환이 아니었기 때문에, 연구진은 작업자들의 백혈병 발생 비율을 벤젠에 노출되지 않은 사람들에게 예상되는 비율과 비교했다. 작업장의 공기 중 벤젠 농도를 측정했고, 조사집단 중 백혈병에 의한 예상 사망자 수를 비교하기 위한 대조군으로 심각한 벤젠 노출을 경험하지 않은 두 집단을 선택했다. 첫째 집단은 코호트의 연령과 조사 기간을 반영하여 표준화된 미국 백인 일반 남성으로 구성했다. 둘째 집단은 오하이오 주의 다른 공장에서 일하는 1,447명의 남성으로 구성했다. 비교 결과에 따르면, 벤젠에 노출된 플리오필름 작업자들은 벤젠에 노출되지 않은 집단보다 백혈병 발병률이 약 5배나 높았고, 그 결과는 통계적으로 유의미한 것이었다. 같은 연구자들은 두 공장의 과거 노출 사례를 훨씬 더 자세하게 분석한 논문도 발표했다. 두 공장의 여러 구역에서 서로 다른 용매를 사용했지만, (한 공장에서 1936–1949년간 사용했던 클로로폼을 제외하면) 벤젠이 염산고무* 생산에 사용된 유

---

* 천연고무에 염화수소를 첨가하여 클로로폼에 녹도록 만든 플리오필름의 원료.

일한 용매였던 것으로 확인되었다.[14] 더욱이 플리오필름 작업자들의 지나치게 많은 백혈병 사례는 모두 급성 골수성 백혈병이라는 특정한 백혈병이었다는 사실이 확인되었고, 이 결과는 비록 정확성은 떨어졌지만 이탈리아의 윤전 그라비어 인쇄*와 구두 제조 과정에서 벤젠에 노출된 작업자들에 대한 연구 결과와 일치했다.

· · ·

결국에는 석유가 석탄을 넘어서는 벤젠의 주요 원료가 되면서 화학의 시대가 더욱 확장되었다. 사람들이 몽상가라고 비웃었던 에드윈 드레이크는 1859년 펜실베이니아 주에서 최초의 유정을 개발해서 세계의 역사를 바꾸어놓았다. 곧이어 플로리다 주 타이터스빌 전체에 유정들이 세워졌고, 등유의 독특한 특성 덕분에 석유제품이 훨씬 더 많이 팔리면서 다른 모든 조명 기술을 무색하게 만들어버렸다. 첫 번째 유정이 폐쇄되고 2년 후, 거대한 검은 기름 줄기가 하늘로 높이 솟아오르는 최초의 거대한 분유정(噴油井)이 세워졌다. 1863년에 존 D. 록펠러 시니어가 동업자 모리스 클라크와 함께 경쟁에 합류했고, 그후 40년간 록펠러는 등유와 윤활유로 거부가 되었다. 고틀리프 다임러는 자전거, 삼륜자전거, 그리고 결국에는 자동차에 가솔린 엔진을 장착했고, 카를 벤츠가 1886년에 자동차 특허를 받았다. 그때까지는 아무도 휘발유를 소비하지 않았다. 그래서 휘발유를 정유 공정에서 혹은 야밤에 태워버리거나, 시냇물이나 강물로 흘려버리는 일도 있었다.[15] 그렇게 시작된 석유산업이 완전히 꽃을 피우면서 등유, 자동차 오일, 휘발유 이외에도 벤젠, 톨루엔, 크실렌, 에틸벤젠과 같은 석유 화학

---

* 원통형의 실린더에 부착한 요철 필름의 표면에 잉크가 묻어나도록 하는 사진 인쇄술.

제품이 생산되었다. 원유로부터 생산한 벤젠은 1941년부터 상업적으로 생산되기 시작했다. 1950년에는 석유에서 생산된 벤젠 1,000만 갤런이 처음으로 벤젠 생산 통계에 포함되기 시작했다.[16]

화학의 시대가 이제 폭발하고 있었다. 실험실에서 수만 가지의 새로운 화학제품이 개발되었고, 그중에서 수천 가지가 상업적으로 활용되면서 인체의 노출 가능성도 높아지기 시작했다. 원유와 천연가스를 이용해서 생산된 화학제품의 양은 1950년에 140억 파운드에 이르렀다. 이는 1949년에 생산된 석유 화학제품의 2배에 해당하는 양이었다. 1971년 석탄에서 생산한 벤젠의 양은 미국의 생산량 중에 약 12퍼센트로 줄어들었다.[17]

석유 화학제품의 생산이 계속 확대되면서 1950년 이후 20여 년간 현대 독성학도 사회적으로 인정받게 되었고, 대학교와 대학원 학생들도 독성학을 공부하게 되었다. 그전까지 독성학은 주로 독의 효과와 독에 의한 증상을 치료하는 방법에 관심을 두었고 약학의 고약한 쌍둥이 취급을 받았다. 약학자들은 주로 약물의 긍정적인 작용에 관심을 두었지만, 독성학자들은 유해한 효과를 연구했기 때문이다. 그러나 독성학의 범위는 산업 현장과 환경에서 장기간에 걸쳐서 발생하는 화학적 노출의 효과로 확대되었다. 1975년에는 중요한 독성학 교과서가 최초로 발간되었다.[18] 독성물질 관리법(TSCA)에 따라서 발간된 1979년 화학물질 목록에서 당시의 생산자들이 상업적 사용을 보고한 화학물질의 종류는 모두 6만2,000종이었다. 당시에도 이미 일부 화학제품은 암을 일으키는 것으로 알려져 있었다.

이 책에서 이미 설명했듯이, 그런 화학물질 중 하나가 간의 혈관 육종이라는 매우 드문 희귀암과 인과적으로 관련된 것으로 밝혀진 염화비닐이었다. 이 상관성은 PVC 작업자들에게서 분명하게 확인되었다. 석면이 석면 광부에게 발생하는 중피종이라는 희귀 폐암을 일으킨다는 사실도 비교적 쉽게 밝혀낼 수 있었다. 염색 산업에서는 화학물질이 방광암을 훨씬 더 흔하게 일으켰고, 작업자들 가운데 발병률이 매우 높았다.

산업 환경의 화학물질 노출량이 대단히 많았다는 사실을 기억해야만 한다. 염료 작업자들은 대량의 염료 중간물질을 삽으로 퍼서 날랐고, 그 과정에서 먼지를 뒤집어썼다. 최대 절반에 가까운 작업자들이 방광암에 걸렸다. 반응로를 청소하던 염화비닐 작업자들은 증기 때문에 의식을 잃기도 했다. 작업자들에게 노출되는 벤젠의 양도 많았고, 골수 독성의 사례도 많았다.[19] 그런 작업자들은, 몸이 스스로 해독하고 화학물질의 발암성을 극복할 수 있는 한계를 훌쩍 넘어서는 양에 노출되었던 것이 분명했다.

제6장 생체분석의 열풍

화학물질의 독성 효과는 어떻게 연구할까? 사람과 동물 가운데 어느 쪽을 연구해야 하는지는 대체로 연구자가 의사인지, 역학자인지, 또는 실험 과학자인지에 따라서 달라진다. 그렇다면 어떤 방법이 우리에게 가장 쓸모 있는 정보를 제공할까? 그 답도 분야에 따라서 다를 수 있다. 그러나 일반적으로는 두 가지 방법 모두에 의미가 있고, 사람과 동물 연구를 조합해서 얻을 수 있는 정보도 있다. 그럼에도 불구하고 역사를 통틀어 이 주제는 많은 논쟁을 불러왔고, 과학자들은 자신의 취향에 대해서 서로 말싸움을 벌이기도 했다. 의학은 대체로 인간에 대한 연구에 의존하지만, 인체의 해부학, 생리학, 질병의 모형(model)으로 동물을 사용하는 전통은 오랜 역사를 가지고 있다.

고대 그리스의 의사 히포크라테스는 오로지 인간 환자에 대한 연구에만 의존하여 질병과 독소의 의학적 효과를 파악했다. 고대 그리스의 철학자 아리스토텔레스는 동물을 해부했지만, 그의 연구는 인체의 작동에 대한 새로운 이해보다는 동물학의 발전에 더 크게 기여했다. 그는 사람을 해부하지는 않았다. 코스 섬에 있는 히포크라테스 의학학교에서 교육을 받은 후에 이집트의 알렉산드리아로 가서 젊은 의사 에라시스트라투스와 함께 활동했던 헤로필로스(기원전 325−기원전 255)가 사람의 시신에 대한 최초의 과학적 해부를 실시했다. 헤로필로스의 해부학적 발견과 생리학적 발견은 획기적이었다. 그의 성과 덕분에 그는 해부학의 아버지로 알려졌다.[1]

갈레노스는 원숭이, 양, 돼지, 염소를 해부했지만, 사람을 해부하지는 않았다.[2] 갈레노스는 자신의 해부학적 관찰로부터 사람의 몇 가지 해부학적, 생리학적 특징을 추론할 수 있었다. 예를 들면 그는 사람의 소변이 신장에서 요관을 통해서 방광으로 흘러가는 요도의 정확한 모형을 만들었다.[3] 중세에는 인체 해부를 불경하게 여겼다. 기독교가 특별히 엄격했던 시기에는 합리적 사고가 마비되었고, 의사들은 아리스토텔레스나 갈레노스와 같은 저명한 인물이 남긴 과거의 업적을 반복하는 것 이상의 일은 할 수 없었다.[4] 윌리엄 하비(1567−1657)가 갈레노스의 몇 가지 오류를 바로잡을 수 있었던 것은 훗날의 일이었다. 케임브리지 대학교에서 의학박사 학위를 받은 하비는 사람의 시신을 검사하는 대신, 동물에 대한 새로운 관찰을 근거로 갈레노스의 오류를 밝혔다.[5]

인체 해부는 13세기부터 제한적인 범위에서만 허용되었다. 이탈리아의 몬디노 데이 루치는 1316년에 해부학에 대한 책을 썼다. 그러나 그의 발견은 이미 알려져 있던 것과 크게 다르지 않았다. 그후 예술가 레오나르도 다 빈치를 비롯한 여러 해부학자들의 연구가 안드레아스 베살리우스의 완벽한 업적으로 이어졌다.[6] 앞에서 살펴보았듯이, 의학은 16세기 파라셀수스의 연구에 의해서 크게 달라졌고, 18세기에는 라마치니가 인간에 대한 실험이 포함된 연구를 시작했다.

그후 추는 다시 동물 연구 쪽으로 기울어졌다. 루이 파스퇴르(1822−1895)는 질병과 싸우기 위한 실험에 동물을 이용한 최초의 과학자들 중의 한 사람이었다. 파스퇴르는 오늘날 우리가 바이러스나 박테리아라고 알고 있는 이질적 매개체가 몸에 침입해서 감염을 일으킨다는 감염성 질병의 세균 병원설(germ theory)을 정립했다. 파스퇴르는 그런 매개체를 약화시켜서 몸에 주입하면 면역체계를 자극해서 감염을 예방하거나 퇴치할 수 있다고 추정했다. 광견병을 연구하던 그는 감염된 토끼의 건조시킨 척수에 독성이 매우 약화된 미생물이 있으며 이를 주사하면 바이러스에 노출되더라도 광견병을 예방할 수 있다는 사실을 발견했다. 그는 광견병에 걸린 듯한 개에게 15번이나 물린 아이를 치료해달라는 요청 덕분에 광견병 백신을 극적으로 시험해볼 수 있었다. 파스퇴르의 동물 연구에서 얻은 지식을 근거로 14일에 걸쳐서 점점 더 많은 용량의 백신 주사를 맞은 남자 아이는 건강을 유지했다. 파스퇴르는 비슷한 사례에서 두 번째 성공을 거둠으로써 인간 질병에 맞서는 데에 실험동물 연구가 가치가 있음을 입증했다. 이어진 국가적인 관심 덕분에 1888년에 파스퇴르 연구소가 설립되었다.[7]

로베르트 코흐(1843-1910)는 파스퇴르가 백신 개발에 사용했던 탄저 간균을 최초로 분리해냈다. 그는 결핵, 디프테리아, 티푸스, 폐렴, 임질, 수막염, 나병, 흑사병, 파상풍, 매독, 백일해 등의 원인균도 분리했다. 더욱이 코흐는 과학적 방법의 걸작으로 인정받는 코흐 가설(Koch's Postulates)을 정립했다. 유기체를 질병의 원인으로 확인하는 데에 필요한 일련의 원리였다. 그중 하나는 동물의 병원체를 시험하는 것이었다. "질병은 처음 분리한 유기체로부터 여러 세대에 걸친 순수 배양을 통해서, 실험동물에서도 재현될 수 있다."[8]

동물은 인간 질병에 대한 여러 성질의 연구에서 중요한 역할을 했다. 독성학에서는 동물이 핵심이었다. 독소를 의도적으로 투여해서 그 효과를 관찰할 수 있는 것은 동물뿐이었다. 결국 동물 연구는 화학물질이 어떻게 암을 비롯한 인간의 만성 질병을 일으키는지를 이해하는 데에 중요한 수단으로 자리를 잡았다. 그러나 동물실험은 감염 매개체를 분리하거나 독의 치명적인 효과를 확인하는 것만큼 확실하지는 않았다.

• • •

독성학에서 생체분석은 새로 조제된 설파닐아마이드에 의한 중독, 탈리도마이드 기형아 재앙, 의회의 딜레이니 위원회 청문회를 둘러싼 언론보도 등 세 가지의 충격적인 사건 덕분에 널리 알려졌다. 최초의 "설파(sulfa)" 항생제였던 설파닐아마이드는 1930년대에 세균 감염의 치료에 널리 사용되었다. 알약이나 분말 형태로 투여되는 설파닐아마이드는 놀라운 치료 효과가 있었다. 그런데 테네시 주 브리스톨의 S. E. 매센길 제약회사는 액상 형태로 성인과 아동용 제품을 시판하고자 했다. 매센길 제약회사는 실험을 통해서 설파닐아마이드가 새로 개발한 다이에틸렌 글라이콜이라는 용매에 잘 녹는다는 사실을 발견했다. 회사는 엘릭시르 설파닐아마이드라는 제품을 대량으로 생산하여 수백 회에 걸쳐서 전국에 공급했다.[9]

곧이어 갑작스러운 죽음에 대한 끔찍한 보고가 쏟아지기 시작했다. 1937년 한 의사는 다음과 같이 썼다.

나의 환자들 6명이 내가 무심코 조제해준 약을 먹고 갑자기 사망했다. 그중 한 사람은 나의 가장 절친한 친구였다. 몇 년간 아무 문제없이 사용해온 약이었는데, 테네시 주의 훌륭하고 명성이 있는 제약회사가 추천해준 대로 새롭고 가장 현대적인 제품으로 바꾸었더니 갑자기 치명적인 독이 되어버렸다. 그 사실이 나에게 인간이 견딜 수 있다고는 믿을 수 없을 정도의 극심한 정신적, 영적 고통을 밤낮으로 안겨주었다. 나는 이 고통에서 벗어나는 길이 죽음뿐이라는 사실을 알고 있다.[10]

어느 여성은 프랭클린 D. 루스벨트 대통령에게 보낸 편지에서 딸의 죽음을 이렇게 설명했다.

[조앤] 때문에 의사에게 처음 전화를 걸었고, 엘릭시르 설파닐아마이드를 처방받았습니다. 이제 우리에게 남은 일은 딸의 작은 무덤을 돌보는 것뿐입니다. 딸에 대한 기억조차 슬픔으로 뒤죽박죽이 되어버렸고, 저는 작은 몸을 뒤척이면서 작은 목소리로 고통스러운 비명을 지르던 그 아이의 모습만이 기억에 남아서 미쳐버릴 것 같습니다. ……어린 목숨을 빼앗아가고 제가 이 밤에 겪는 고통과 절망적인 미래만을 남기는 그런 의약품은 판매할 수 없도록 제발 조처해주시기를 호소합니다.[11]

당시의 법은 새로운 의약품에 대한 안전 연구를 요구하지 않았다. 그래서 설파닐아마이드의 새로운 제형에 대한 독성도 시험을 받지 않았다. 경고가 올리자 제약회사는 엘릭시르 설파닐아마이드에 대한 동물실험을 진행하여, 설파닐아마이드 약품을 녹이는 데에 사용한 다이에틸렌 글라이콜이 치명적인 독이라는 사실을 발견했다.

엘릭시르 설파닐아마이드의 재앙 때문에 새로운 의약품이 인체에 독성을 나타내는지 여부를 확인하기 위한 동물실험을 법제화한 1938년 연방 식품의약품화장품법(FFDCA)이 제정되었다. 의약품을 관리하는 이 새로운 제도는 그로부터 25년 후 독일과 영국에서 일어난 훨씬 더 심각한 의약품 재앙, 즉 탈리도마이드 재앙으로부터 미국을 지켜주었다.[12]

탈리도마이드의 약리작용을 소개한 최초의 논문은 1956년에 발표되었고, 탈리도마이드는 그다음 해에 독일에서 처음 시판되었다. 탈리도마이드는 실험을 통해서 바르비투르산염과는 다른 방식으로 작용하는 효과적인 수면 진정제로 확인되었다. 탈리도마이드는 운동 실조증(失調症)이나 호흡 억제, 또는 혼수상태를 일으키지 않는다는 점 때문에 독성이 거의 없는 것으로 알려졌다.[13] 독일에서는 시험을 거치지 않은 의약품도 시장에 진입하기가 쉬웠고, 탈리도마이드는 처방전이 필요하지 않은 일반의약품으로 시판되었다. 당시 영국 역시 의약품의 효과나 안전성에 대한 확인을 요구하지 않았다.[14]

탈리도마이드가 독성이 없을 것이라는 판단에는 곧바로 비극적인 의문이 제기되었다. 바이덴바흐라는 어느 소아과 의사는 1959년 12월 독일에서 개최된 학술회의에서 직전 1년 동안 출생한 기형아의 기록을 공개했다. 원인은 유전인 것으로 보인다고 했다. 2명의 다른 의사가 그로부터 9개월 후에 개최된 독일 소아과학회에서 비슷한 기형을 가진 2명의 신생아에 대해서 발표를 했다. 그런 발견에도 불구하고 아무 일도 일어나지 않았다. 그러나 더 많은 사례들을 발견한 바이덴바흐가 다른 극적인 기형과 함께 팔다리가 짧거나 아예 없는 "해표지증" 증상의 사례 13건을 소개하는 과학 논문을 발표했다. 독일에서는 과거 10년간 그런 사례가 보고된 적이 없었다. 이는 명백한 기형아 다발성이었다.

겨우 2개월이 지나고 파이퍼와 코세노가 독일에서 개최된 다른 학술회의에서, 뮌스터의 아동병원에서 22개월 동안 발생한 대골(大骨) 기형 신생아 사례 34건을 보고했다. 회의에 참석했던 함부르크의 비두킨트 렌츠 박사는 이러한 기형이 약물과 관련된 사례일 것으로 의심했다. 그의 조사를 통해서 대부분의 산모들이 입덧 때문에 새로운 진정제인 탈리도마이드를 복용했다는 놀라운 사실이 밝혀졌다.[15] 그는 1961년 11월 16일에 케미 그뤼넨탈 제약업체에 이 문제를 알려야 한다고 확신했다. 렌츠 박사는 11월 18일의 의학 학술회의에서 탈리도마이드가 이런 기형을 일으킬 가능성을 제시했다. 그는 진정제의 영향을 받은 신생아를 낳은 산모들 중의 상당수가 임신 2개월에 진정제를 복용했다는 사실에 주목했다. 바로 태아들의

신체 구조가 활발하게 발달하는 시기였다.[16]

신생아에게 흔하지 않았던 선천적 기형이 서독에서 1961년 1년 동안에만 477건이나 발생했다. 비극은 증폭되었고, 비슷한 기형이 동독, 벨기에, 스위스, 스웨덴, 오스트레일리아, 영국, 스코틀랜드를 비롯한 여러 나라에서 보고되었다. 결국 의료계는 30여 개국에서 입덧 때문에 탈리도마이드를 복용했던 임신부들로부터 약 8,000명의 기형아가 출생했다는 사실을 확인했다.[17]

미국은 식품의약국(FDA)의 프랜시스 O. 켈시라는 의학 분야의 관료가이 약품의 승인을 지연시킨 덕분에 재난을 겨우 면할 수 있었다. 켈시는 식품의약국에 근무하기 시작한 첫 달부터 탈리도마이드에 대해서 부정적인 입장을 취했다. 탈리도마이드는 그녀가 담당한 첫 업무였다. 그녀의 업무는 유럽에서 이미 널리 쓰이는 수면제를 간단하게 검토하는 것이었다. 그러나 그녀는 그 약을 반복적으로 사용한 환자에게 위험한 신경학적 부작용이 나타났다는 제약회사의 정보에 주목했다. 그녀는 계속 승인을 보류했고, 미국의 생산사였던 신시내티의 윌리엄 S. 머럴 제약회사는 그녀의 우려를 해소시키기 위해서 최선을 다했다.[18]

켈시는 식품의약국의 신입 직원이었지만, 신청서의 검토에 필요한 적절한 훈련을 받은 사람이었다. 그녀는 시카고 대학교에서 의학박사와 약학 분야의 이학박사를 취득했다. 켈시는 런던의 「타임스(Times)」와의 인터뷰에서 "나는 안전성 입증 신청을 처리하는 데에 필요한 업무 수준에 충격을 받았다고 말할 수밖에 없다"라고 언급했다. 1938년의 식품의약국 규정은 새로운 의약품에 몇 가지 시험들을 요구했지만, 승인을 거부할 충분한 이유가 없는 한 의약품을 승인해주는, "유죄로 밝혀지기까지는 무죄" 정책을 따르고 있었다.[19] 탈리도마이드의 경우, 사람에 대한 장기적인 사전 승인 연구도 없었고 동물 자료도 어설픈 수준이었다. 그러나 약품이 감각 신경에 영향을 준다는 몇몇 보고들이 있었고, 신경계에 더욱 광범위한 영향을 미친다는 증거도 있었다.[20] 켈시는 그런 사실을 근거로 미국에서의 약품 승인을 보류시켰다. 그녀의 노력 덕분에 미국에서는 고작 17명의 기형아만 발생했다. 그중 7명의 산모는 외국에서 약품을 구했고, 나머지 10명은 약품의 조사 면제 정책에 따라서 약품을 복용했다.[21] 프랜시스 켈시는 1962년 8월 7일에 존 F. 케네디 대통령으로부터 연방 유공자 상을 받았다.[22]

· · ·

유럽에서 벌어진 탈리도마이드 비극 때문에 연방 식품의약품화장품법을 강화하기 위해서 미국 의회에 제출된 법안에 여론이 집중되었다. 그 사이에 의회는 케포버-해리스 수정안을 통과시켰다. 기존의 정부 권고안에도 생식 주기에 있는 동물을 대상으로 한 실험이 포함되어 있기는 했다. 의약품안전위원회는 식품의약국이 사람에 대한 대규모 임상 실험을 하기에 앞서서 반드시 추가적인 동물실험을 실시하도록 요구했다. 여기에는 기형아 출산에 대한 구체적인 실험이 포함되었고, 동물실험이 완료될 때까지 가임기 여성에게는 시험용 신약의 투여를 허용하지 않았다.[23]

　1962년의 의약품법 수정안에서도 신약의 승인에 대한 관리를 강화하는 조처가 도입되었다. 식품의약국은 신약의 시험과 규제를 담당하는 부서를 신설해서 켈시에게 책임을 맡겼다. 그때까지는 의학적 효과에 대한 근거를 입증하지 못한 의약품도 판매될 수 있었다. 그러나 1962년의 의약품법 수정안 때문에 이제 의약품은 시판되기 전에 반드시 법에 정해진 조건에 따라서 효과는 물론이고 안전성까지 입증되어야만 했다. 이 변화는 의학의 역사에서 기념비적이었다. 결과적으로 1962년 이후에는 안전성이나 효과에 대한 증거가 없다는 이유로 수천 종의 처방 의약품이 시장에서 퇴출되거나, 확인된 의학적 사실을 반영하도록 정보 고시를 변경해야 했다. 켈시는 45년간 식품의약국에서 근무하면서 계속 규정을 강화시켰고, 마침내 식품의약국 과학조사부의 책임자가 되었다.[24]

식품의약국은 먼저 식품첨가물에 대한 동물실험을 요구하는 정책을 시행했다. 미국 정부는 20세기 초부터 이물질이 섞인 식품과 약품으로부터 소비자를 보호하기 위한 일을 해왔다. 그러나 식품의약국은 1950년대까지 식품, 의약품, 그리고 일반 환경에서 암을 일으킬 수 있는 물질에는 관심을 두지 않았다. 1949년에 식품의약국의 국장이었던 폴 B. 던바는 위스콘신 주의 하원의원 프랭크 B. 키프를 설득해서 식품에 들어 있는 화학물질을 조사하는 법안을 제출했다.

뉴욕의 민주당 하원의원 제임스 딜레이니가 식품과 화장품에 사용하는 화학물질을 조사하는 특별위원회를 구성했고, 1950년에 식품의 발암물질에 대한 청문회를 개최했다. 딜레이니 위원회 청문회로 알려진 이 위원회의 활동은 발암물질을 확인하기 위한 동물 생체분석을 확대하는 기초가 되었다. 청문회 결과, 곧바로 위원회에 제출된 정보에서 DDT를 비롯해 파라티온, 클로르데인, 헵타클로르와 같은 훨씬 더 강력한 합성 농약에 독성이 있다는 사실이 확인되었다. 의회는 1954년 연방 식품의약품화장품법에 인체 노출을 근거로 농산물의 잔류 농약에 대한 안전 기준을 설정하도록 요구하는 밀러 농약 수정안을 통과시켰다.

강력한 에스트로겐인 다이에틸스틸베스트롤(DES)에 의한 부작용도 특별한 관심사였다. 양계장에서는 닭을 살찌우기 위해서 목에 DES 환약을 삽입했다. 이 에스트로겐이 유방암의 위험을 증가시키는지, 그리고 그렇게 생산된 닭고기에 DES가 남아 있지는 않은지에 대한 의혹이 제기되었다. 딜레이니 위원회의 DES에 대한 청문회를 통해서, 연방 식품의약품화장품법에 실험동물이나 사람에게 발암성이 발견된 식품첨가물의 사용을 금지하는 1958년 식품첨가물 수정안이 통과되었다. 이 개정안 때문에 닭에게 더 이상 DES를 사용할 수 없게 되었지만, DES는 임신부의 유산을 방지하는 목적으로 처방되는 약으로서 여전히 유통되었다. DES는 생식기 암을 발생시키고 DES를 복용한 여성의 아이에게 기형을 일으킨다는 확실한 증거가 밝혀진 1980년대에야 시장에서 퇴출되었다.

딜레이니 위원회는 결국 연방 식품의약품화장품법에 세 가지 수정안을 만들었고, 앞으로 규제 과정이 어떻게 발전해야 하는지를 정리해주었다. 그러나 수정안이 통과되었을 때에 이미 시장에는 수천 종의 의약품과 화학제품이 유통 중이었다. 식품업계는 이 수정안 때문에 식품첨가제, 착색제, 그리고 농약 잔류물을 비롯하여 식품의 안전성을 입증하기 위한 동물실험을 해야만 했다. 식품의약국은 1955년부터 식품첨가제와 착색제의 안전성 평가에 필요한 동물실험 자료를 확보하는 절차를 구체화했고, 1973년에는 사람 대상 신약의 개발과 시판에 필수적으로 요구되는 동물실험에 18개월의 래트 실험과 20개월의 개나 원숭이 실험을 포함시켰다. 결과적으로 제약산업협회는 신약 허가 신청에 필요한 동물실험에 래트와 마우스(mouse)*를 이용한 18개월에서 24개월에 걸친 만성 연구를 포함시키기로 결정했다.[25]

· · ·

딜레이니 위원회가 생체분석 열풍을 일으킨 공개 청문회를 시작한 1950년에 존 와이스버거는 국립 암연구소 공중위생국의 연구원이 되었다. 와

---

* 동물실험에서 가장 많이 사용되는 설치류. 흔히 래트는 마우스보다 몸집이 조금 크다. 실제 생체분석에 사용되는 래트와 마우스는 다양하다.

이스버거는 국립 암연구소의 발암물질 선별과의 과장이었고, 그후에는 생체분석 발암계획의 책임을 맡았다. 그는 아내 엘리자베스와 함께 방향성 아민인 2-아세틸아미노플루오렌(AAF)이 암을 발생시키는 메커니즘을 연구하기 시작했다.

1961년에 발암물질 시험을 시작한 와이스버거는 AAF와 화학적으로 관련된 방향성 아민의 발암성을 독일 염료 작업자들의 방광암과 관련하여 확인한 렌의 1895년 연구와 비교하는 일에 집중했다. 존과 엘리자베스는 동물실험에 대한 절차를 개발했고, 암이 발생하는 과정을 이해하는 데에 도움이 될 수 있는 화학물질의 연구에 우선적으로 생체분석을 사용했다.

얼마 지나지 않아서 정부의 규제가 증가하면서 수백 종의 화학물질을 시험해야 했고, 이는 막 싹트기 시작한 동물실험 산업에 부담이 되는 규모였다.[26] 1947년에 제정되어 농무부가 집행하던 연방 살충제살균제살서제법(FIFRA)은 살충제의 발암성에 대한 동물실험을 요구하는 내용으로 1972년에 개정되었고, 새로 만들어진 환경보호청이 이 법의 집행을 맡게 되었다. 새로운 규제에 따라서 시험해야 할 활성 성분의 수가 600종에 이르렀다.[27]

현재 실시되는 동물 생체분석의 절차는 1970년대에 표준화되었다. 보통 마우스에 대한 시험과 래트에 대한 시험 등 두 가지의 독립된 시험이 필요하다. 각각의 시험에서는 세 가지 서로 다른 용량에 대해서 용량마다 100마리의 동물과 대조군 역할을 하는 다른 100마리의 동물을 활용한다. 최대 용량이란 동물에게 평생 투여하더라도 독성 효과에 의해서 치사율이 심각하게 증가하지 않는 양을 뜻한다. 이를 최대 허용량(maximum tolerated dose, MTD)이라고 부르는데, 실험동물에게 평생 계속되는 주요 실험에 앞서서 실시하는 단기간의 실험 결과로부터 추정해서 얻는다. 한 종류의 화학물질에 대해서 반수 치사량인 LD50에서부터 2년 연구까지에 이르는 모든 단계

를 포함한 생체분석에는 보통 1,000마리가 훨씬 넘는 동물이 사용되고, 몇 년의 시간이 걸린다.[28]

독성 효과를 확인하기 위한 생체분석에서는 독성 효과가 나타날 때까지 용량을 계속 가중시킨다. 발암성 시험을 시작하기 전의 생체분석은 특정한 장기에서 나타나는 독성 효과를 발견하는 것이 주목적이었고, 그런 실험은 의약품과 식품첨가물의 경우에 특히 중요했다. 동물실험은 신약의 독성에 가장 취약한 장기를 찾아낸 이후에, 임상 실험에서 그에 해당하는 사람의 장기에 대한 신체검사와 실험실 시험에 더욱 적극적으로 집중하려는 목적으로 설계되었다. 지금도 사정은 마찬가지이다. 특정 장기가 아니라 동물 전체를 대상으로 하는 경우에는 혈압, 맥박, 호흡 등의 변화처럼 세포의 외부에서 나타나는 증상을 통해서 독성을 파악한다.

그런데 발암성을 확인하기 위한 동물실험에서 고용량을 사용하는 이유는 무엇일까? 그리고 전형적인 인체 노출 수준에서 실험을 수행하지 않는 이유는 무엇일까? 낮은 용량에서는 노출된 동물이나 사람에게 독성 효과가 확인될 가능성이 매우 낮기 때문이다. 원하는 통계적 신뢰도의 수준을 정하고 나면, 독성 효과를 알아내기 위해서 필요한 동물의 최소 숫자를 계산할 수 있다. 통계적으로 신뢰할 수 있는 방법으로 동물의 5퍼센트에 일어날 효과를 확인하기 위해서는 58마리의 실험동물이 필요하다. 동물의 1퍼센트에서 나타나는 효과를 확인하려면 약 300마리가 필요하다.[29] 0.1퍼센트나 0.01퍼센트의 사건 빈도에 대해서는 3,000마리 또는 3만 마리의 동물이 필요한 것으로 추정된다. 암에 대한 대부분의 생체분석에서는 집단마다 50마리의 동물만 사용하기 때문에 충분히 만족스러운 민감도를 얻지 못할 것이 분명하다. 규제 업무를 담당하는 독성학자들은 제한된 수의 동물을 활용하되, 사용하는 용량을 증가시킴으로써 이 어려움을 극복하는 현명한 방법을 찾아냈다. 용량의 효과는 흔히 선형적으로 증가하기 때문이다. 그래서 3만

마리의 동물에 보통 인체 노출에 해당하는 낮은 용량을 투여하는 대신, 인체 노출의 대략 500배에 해당하는 용량을 투여한다. 놀랍게도 용량마다 약 50마리의 동물이면 충분하다. 그러나 그런 고용량으로 동물을 중독시키는 경우 인체 노출 수준에서는 절대 일어나지 않는 뜻밖의 효과가 나타날 수 있다는 점이 문제가 될 수 있다. 그리고 동물의 특정한 장기를 만성적으로 중독시키면, 독성이 없는 경우에는 나타나지 않을 암이 그 장기에서 발생할 수 있는 것도 사실이다.

낮은 노출 수준에서는 항상성(恒常性) 메커니즘 때문에 독성 효과가 나타나지 않는 것이 일반적이다. 예를 들면 독소가 혈압을 떨어뜨리게 만드는 경우, 화학물질이 혈압이 상승하도록 자극을 발생시켜서 독소의 효과를 상쇄하는 생리적 메커니즘을 항상성이라고 한다. 독성에 의해서 손상된 세포가 재생되는 것도 항상성의 예이다. 그러나 인체가 노출될 가능성이 있는 용량의 500배에 해당하는 화학물질을 동물에게 투여하면, 동물의 항상성 메커니즘에 과부하가 걸려서 독성 손상을 예방하거나 회복할 수 있는 능력을 압도해버린다. 사람에게는 환경적인 노출은 물론이거니와 의약품의 치료용 사용이나 화학물질의 산업적 노출에 의해서도, 래트와 마우스에서의 "최대 허용량" 독성 효과가 절대 일어날 수 없다. 동물실험에서 결과를 얻은 후에는 동물에게 사용한 용량을 사람에게 적용했을 때에는 동물과 똑같은 경향이 나타나는지 혹은 그렇지 않은지를 어렵더라도 반드시 확인해야만 한다.

· · ·

1978년에 보건교육복지부에 국립 독성관리체계(NTP)가 설립되었다. 1981년부터 국립 암연구소에서 수행하던 동물 발암성 시험은 대부분 국립 독성

관리체계로 이전되었다. 국립 독성관리체계는 국립 암연구소뿐만 아니라 식품의약국, 국립 산업안전보건 연구소, 국립 환경보건과학 연구소(NIEHS)가 요구하는 동물실험을 수행하는 기관이 되었다. 국립 독성관리체계는 대략 500만 종의 화학물질을 검토하여, 사람에게 노출되는 화학물질이 약 5만 3,000종인 것으로 파악했다. 그중에서 사람에게 고농도로 노출될 수 있어서 국립 독성관리체계가 실제로 시험해야 하는 화학물질은 약 1,000종이라고 추정했다.[30]

그러나 1,000종의 화학물질 시험에 요구되는 동물실험의 규모는 화학물질 생산기업, 제약회사, 국립 독성관리체계 내부의 실험 역량을 넘어섰다. 필요한 실험을 대신 해주는 계약 실험실 활용을 크게 확장해야만 했고, 이에 따라서 그런 산업이 호황을 누렸다. 그런 계약 실험실 중의 하나가 조지프 칼랜드라 박사가 설립한 산업 바이오 테스트 실험실이었다. 식품의약국이 관절염 치료제인 나프로시에 대한 산업 바이오 테스트의 자료가 엉터리였다는 사실을 밝혀낸 후인 1977년에 칼랜드라 박사는 대표직에서 물러났다. 식품의약국은 조사 기록이 적절하지 않았고, 일부 동물의 종양을 보고하지 않았으며, 일부 동물의 경우에는 사체의 부패가 너무 심해서 조사 결과를 신뢰할 수 없다는 사실을 확인했다.[31] 산업 바이오 테스트의 변호사들이 공개한 대배심원 증언에 따르면, 많은 실험동물들이 "습지"라고 알려진, 물에 잠긴 방에서 사육되었다. 실험실의 기술자들은 훗날 연방 조사관들에게 "죽은 래트와 마우스들이 습지에서 너무 빨리 부패해서 철망 우리 바닥으로 사체가 삐져나오고, 받침대에는 걸쭉한 물이 고였다"라고 털어놓았다. 치사율이 너무 높아서 시험하던 화학물질에 의한 효과를 평가하기가 불가능했던 경우도 있었다.[32]

환경보호청은 산업 바이오 테스트의 연구를 근거로 100여 종의 화학제품을 승인했었지만, 결국 그 시험들이 무효였다고 발표하고 생산자들에게 제품을 다시 시험할 것을 요구했다.[33] 약물 시험을 조작했던 산업 바이오 테스트의 직원 3명에게는 최대 30년 징역형이 선고되었고, 산업 바이오 테스트는 1978년에 폐쇄되었다.[34] 미국 정부 기관의 화학물질 시험들은 이러한 문제들 때문에 지연되었다. 3만5,000종의 농약에 사용되는 1,400종의 성분을 1976년까지 모두 시험하겠다는 목표는 1977년에 10년이나 미루어졌다. 사업을 감독하던 상원의 위원회는 제도가 "혼돈 상태"에 빠져버렸다고 평가했다.[35]

산업 바이오 테스트의 대실패 때문에, 의회는 국립 독성관리체계의 다른 계약 실험실들의 관행을 조사하는 케네디 청문회를 열었다. 여러 계약 실험실들의 연구와 시설에 대한 감사에서 부적절한 기획, 부당한 연구 수행, 실험 과정과 결과에 대한 불충분한 기록 등의 심각한 문제가 드러났다. 심지어 실험 중에 죽은 동물을 기록도 남기지 않고 (실험물질로 적절하게 처리도 하지 않은) 새로운 동물로 교체하는 부정을 저질렀던 경우도 있었다. 현미경으로 조직을 검사해야 할 조직병리학자가 병변 시료를 받지 못했다는 이유로 심한 괴사에 대한 관찰 기록을 지워버리기도 했다. 환경보호청은 이 청문회의 결과에 따라서 1976년에 우수 실험실 관리규정(GLP)*의 초안을 작성했고, 1979년 6월에는 최종안을 확정함으로써 실험을 적절하게 수행하도록 규제했다. 결국 환경보호청도 똑같은 시험 절차를 수용했다.[36]

동물 생체분석 산업은 표준화된 실험 설계의 필요성과 GLP 요구에 따른 작업량 증가로 크게 성장했다. 전 세계의 정부가 연간 매출이 1조 달러가 넘는 의약품, 화학제품, 석유 등의 제품에 규제를 시작했다. 2016년

---

* 의약품의 효능이나 독성물질의 독성을 확인하기 위한 동물실험을 수행하는 기관이 반드시 지켜야 하는 윤리적, 과학적 기준을 정해놓은 규정.

에 미국에서 실험에 사용된 동물은 1,200만 마리였던 것으로 추정된다.[37] 그런 연구의 결과는 미국에서만 연간 2,000억 달러의 매출을 올리는 제약산업에 반드시 필요하다. 1년에 100만 마리의 동물을 사용하는 유럽의 시험 비용은 연간 6억2,000만 유로에 이르는 것으로 추정된다. 전 세계적으로 사용하는 비용은 수십억 달러인 것이 분명하다.[38]

지금까지 래트와 마우스를 이용한 GLP 동물 생체분석으로 발암성을 시험한 화학물질은 1,000종이 넘는다. 앞으로 설명하겠지만, 그런 자료를 인간에게 적절하게 적용하는 것은 엄청난 과제였다. 지금도 제약 산업에서는 일상적으로 동물 생체분석을 수행하지만, 다른 종류의 화학물질에 대한 생체분석의 수는 줄어들었다. 예를 들면 국립 독성관리체계는 1976-1985년간 약 300여 건의 발암성 실험 생체분석을 수행했지만, 그다음 10년간에는 140건을 수행했고, 그후 20년간에도 비슷한 수의 분석을 했다. 반면에 퍼브메드(PubMed)* 검색에 따르면, 1976년부터 보고된 역학 연구의 수는 10년마다 크게 증가하는 것으로 보인다. 결과적으로 동물 연구보다 점점 더 많은 인체 자료가 등장하고 있다. 화학물질에 의한 질병의 예측에서는 인체 실험을 더 신뢰할 만하다는 인식이 존재한다는 뜻이다.

---

* 생명과학과 생의학 분야의 학술논문 검색 엔진.

제2부 독성학을 어떻게 연구하고, 우리는 무엇을 알아냈을까

"나를 마셔요"라는 말은 듣기 좋았지만, 지혜로운 꼬마 앨리스는 서둘러서 마시지는 않을 생각이었다. 그녀는 "아니야, 혹시 '독'이라고 적혀 있는지를 먼저 살펴보겠어"라고 말했다. ……그리고 "독"이라고 표시된 병에 들어 있는 것을 너무 많이 마시면, 언젠가 당신의 의견에 동의하지 않게 될 것이 거의 확실하다는 사실을 절대로 잊지 않았다.

―루이스 캐럴, 『이상한 나라의 앨리스(Alice in Wonderland)』

제2부에서는 독성학이 임상이나 생태적 관찰을 이해할 수 있도록 해주었던 두 가지 사례를 소개하는 것으로 시작한다. 첫째는 아동의 납 중독 상황과 중독을 일으킨 납의 출처를 찾아내고, 납이 성장하는 아동에게 미치는 영향을 알아내려는 소아과 의사와 독성학자들의 연구에 대한 것이다. 둘째는 농약의 무차별적 사용과 농약이 야생동물에게 미치는 영향에 대한 레이철 카슨의 연구에 대한 것이다. 그런 후에는 암과 암을 일으키는 화학물질에 대한 연구를 살펴본다. 실험실에서의 연구를 통해서 화학물질이 동물이나 사람에게 종양을 일으키는 것으로 밝혀진 몇 가지 메커니즘이 있다. 그리고 모든 암이 똑같은 과정으로 발생하지 않는다는 사실이 분명하게 밝혀졌다. 일부 화학물질의 경우에는 유전자 독성(genotoxicity)*이 매우 중요하다. 그리고 DNA에 대한 산소의 공격이

---

* 유전물질인 DNA에서 일어난 변이가 개체에 유해한 변화를 유발하고, 그것이 자손에게도 전해지는 현상.

포함된 2차 메커니즘을 통해서 돌연변이를 일으키는 독소도 있다. 결과적으로 독성학은 화학물질이 암을 일으키는 메커니즘에 대한 이해에 크게 기여했다.

그러나 화학물질 때문에 발생하는 암에 대한 가장 중요한 발견은 사람의 폐암에 대한 연구에서 나왔다. 에른스트 빈더, 리처드 돌, 오스틴 브래드퍼드 힐과 그들의 연구진은 역학과 독성학 연구를 통해서 담배가 암의 가장 중요하며 예방 가능한 원인이라는 사실을 밝혀냈다. 비만과 식단, 감염, 직업과 환경 노출도 중요한 발암 원인으로 밝혀졌다. 마지막 장에서는 암을 얼마나 예방할 수 있는지, 또 나이가 들면서 몸에서 일어나는 피할 수 없는 내인성 세포 과정에 의해서 암이 발생하는 경우는 얼마나 되는지를 살펴볼 것이다.

제7장 **납**
뇌를 짓누르는 중금속

납처럼 독성이 강한 물질을 페인트에 사용하는 이유가 궁금할 수 있다. 화가들은 흰색의 납을 기름과 광물 용제(溶劑)와 섞어서 납 함유량이 대략 50퍼센트인 페인트를 만들었다. 그들은 집에서 사용하는 목재에 칠하는 페인트에 들어 있는 납이 목재의 내구성을 강화시켜준다고 믿었다. 예술가들이 유화에 사용하는 연백(鉛白)*이나 크로뮴산납**에도 납이 들어 있었다. 납은 수도관 등 여러 곳에 매우 유용하게 사용되던 물질이었다.

그리스의 의사 히포크라테스가 광부들에게서 처음 확인했고 파라셀수스와 라마치니를 비롯한 계몽기의 많은 의사들이 탐구했던 납 중독은 20세기 초의 미국에서 큰 관심을 끌었다. 일리노이 산업질병위원회의 앨리스 해밀턴이 납 중독을 조사하기 시작했다.[1] 해밀턴은 페인트에 사용하는 흰색 납 안료를 생산하는 작업자들에게서 납 중독 사례를 발견했다. 납과 다른 직업병에 대한 해밀턴의 중요한 조사에 대해서는 나중에 더 소개할 것이다.

---

　* 백색 안료로 사용하는 탄산수산화납.
** 황색 안료인 크롬옐로의 주성분.

1974년에는 주택도시개발부(HUD)가 납 페인트 문제에 관심을 두기 시작했다. 미국에서 가장 큰 규모의 임대주택 사업자였던 주택도시개발부는 납 페인트를 사용한 많은 주택들을 관리하고 있었다. 데이비드 엥글과 진 그레이라는 활기차고 사려 깊은 두 직원이 이 문제를 담당했다. 조용한 성격의 진이 에너지가 넘치고 엄청난 문제를 떠안은 데이비드의 자문 역할을 했다. 저렴한 가격의 주택을 개발하는 전문가였던 데이비드는 주택도시개발부의 납 문제를 해결하기 위해서 열심히 노력했다.

데이비드는 상업용 페인트 제품에 어느 정도의 납을 허용해야 하는지를 알아내야만 했다. 나를 주택도시개발부의 자문위원으로 채용하는 과정에서, 그는 나에게 간단해 보이는 질문을 던졌다. 현재의 기준에서 아동이 납 중독에 걸리지 않고 먹을 수 있는 납 페인트의 양은 얼마인가? 납의 독성에 대한 관심이 높아지면서 1950년대 말부터 미국의 페인트 산업계는 자발적으로 상업용 페인트에 들어 있는 납의 양을 1퍼센트 이하로 제한하기 시작했다.[2] 1974년의 허용량은 0.5퍼센트로 과거의 페인트에 들어 있던 납보다 100배나 적었다.

과거의 페인트가 납 중독을 일으킬 수 있는 것은 분명했지만, 새로운 기준이 적용된 페인트는 아동이 먹어도 안전할까? 나는 페인트의 납 허용량인 0.5퍼센트를 사용하여, 한 아이가 상당한 크기의 페인트 조각을 먹었을 경우에 혈액에서 검출될 납의 농도를 계산했다. 나는 납이 혈액에 남아서 뇌에 축적되면, 뇌의 납 농도가 빠르게 위험할 정도로 높은 수준에 도달할 수 있고, 아이는 곧바로 납에 중독될 수 있다는 사실을 발견했다.

그후, 나는 몇 년 전에 박사후 연구원으로 있었던 국립 보건연구원의 국립 의학도서관을 방문했다. 의학 문헌을 살펴보던 나는 나의 계산에서 상당한 양의 납이 뼈에 저장될 수 있으며 계산 과정에서 뼈에 저장된 납이 혈액에 남아 있는 납과 평형을 이루게 된다는 사실을 무시했다는 사실을 깨달았다. 한 아이가 매일 적은 양의 납을 먹는다면, 처음에는 낮았던 혈액의 납 농도가 모르는 사이에 훨씬 더 높아진다. 나는 또한 볼티모어의 시보건국이 강박적으로 식품이 아닌 물질을 먹는 이식증에 걸린 아동 중에 납 중독이 특히 흔하다는 사실을 발견했음을 알게 되었다.[3] 이식증에 걸린 아동들은 매일 납 페인트를 먹는 셈이다. 그렇다면 페인트에 현재 수준으로 들어 있는 납도 납 중독을 일으킬 수 있기 때문에 기준을 더 낮추어야 한다는 결론을 내렸다.

데이비드는 언제나 납 문제에 대해서 창의적인 해결책을 찾아냈다. 예를 들면 그는 알려진 물질들 중에서 쓴맛이 가장 강한 벤조산데나토늄을 넣어서 맛이 없는 페인트를 개발하자는, 브루클린의 어느 생산자의 아이디어에 마음을 빼앗기기도 했다. 그런 물질을 페인트에 넣어서 아동들이 페인트 조각을 먹지 못하도록 만들자는 발상이었다. 과거의 페인트를 쓴맛이 나는 페인트로 덧칠하면 아동들이 가까이 가지 못하게 만들 수 있다는 것이었다. 주택에서 납 페인트를 제거하는 일에는 여러 어려움이 따랐기 때문에 이 방법이 매력적일 수 있었다. 예컨대 페인트를 사포로 갈아내거나 태워버리는 과정에서 작업자 또는 보호해야 할 아동들이 노출될 수도 있다. 또한 페인트를 칠해놓은 목재나 소석고(燒石膏)의 상태가 나쁘면 페인트를 제거하고 다시 칠하는 복구 작업의 비용이 크게 늘어난다.

그런 페인트를 개발하고 싶었던 우리는 아동에 대한 시험 프로그램을 래트에 대한 독성 연구와 결합시켜서 제품의 안전성과 효능을 확인하고자 했다. 아동들이 페인트에 거부감을 느끼는지를 확인하려면, 실제로 아동들에게 시험을 해보아야만 했다. 나는 이를 시험할 수 있는 완벽한 장소를 갖춘 한 대학교의 소아과 의사를 찾아냈고, 아동들이 페인트가 칠해진 목재 블록을 입에 넣으면서 거부감을 느끼는지를 관찰했다. 시험은 성공적이었다. 이 페인트는 훗날 차일드가드(ChildGuard)라는 상품명으로 시판되었다. 차일드가드는 현재 미국 50개 주 전체에서 사용 승인을 받았다.

데이비드는 손에 들고 사용할 수 있는 소형 X-선 형광(XRF) 검출기에 대한 연구를 지원해서 납 페인트 검출 기술의 발전에 도움을 주기도 했다. 다른 원소와 마찬가지로 납 역시 고에너지 복사에 노출되면 고유한 진동수의 X-선을 방출한다. 방출된 빛의 세기를 측정하면 납의 양을 알아낼 수 있다. 따라서 소형 XRF 기기를 사용하면, 검사원이 시료를 채취해서 시험을 위해서 실험실로 보내지 않아도, 현장에서 실시간으로 납의 존재 여부를 알아낼 수 있었다.

1974년에는 10여 개의 도시에서 납 검출과 개선 정책이 실시되었지만, 영향을 받은 아동의 혈중 납 농도를 낮추는 일에는 어려움이 있었다. 아동의 환경에서 납 페인트를 제거하면 혈중 납 농도가 감소해야만 했다. 그러나 예를 들면 소변 등으로 납이 혈액으로부터 제거되어도 뼈에 들어 있던 많은 양의 납이 빠르게 녹아나온다. 따라서 오염원을 제거해서 몸으로 유입되는 납이 줄어들더라도, 혈중 납 농도는 뼈에 이미 저장된 납 때문에 여전히 높은 수준으로 유지된다.

처음에는 단순히 주택에서 납 페인트를 제거하는 일이 효과가 없다고 생각했다. 그러나 최선의 개선 노력으로도 아동의 혈중 납 농도가 쉽게 줄지 않았다. 그렇다면 무슨 일이 일어나고 있고, 그런 노력에서 무엇이 잘못되었을까? 부분적으로 보면 뼈에 저장된 많은 양의 납이 몸속의 납을 제거하는 속도를 느리게 만드는 것도 사실이었다. 그러나 납 페인트를 완전히 제거하고 1년이 지난 후에도 혈중 납 농도는 여전히 높았고, 심지어는 더 높아지는 경우도 있었다. 버넌 후크가 얼마 지나지 않아 이 수수께끼에 대한 답을 찾아냈다. 그것은 독성학에서 놀라운 "아하"의 순간이었다. 그가 주택도시개발부에 알려준 사실에 따르면, 우리는 아동들이 생활하는 전형적인 환경에 있는 또다른 중요한 납 노출원을 고려하지 않고 있었다. 바로 휘발유였다.

주택도시개발부가 페인트에 얼마나 많은 양의 납을 허용하고 그것을 어떻게 검출할 것인지를 알아내기 위해서 노력하는 동안, 질병통제예방센터의 버넌 후크 박사는 미국 전역에서 유연(有鉛) 페인트의 중독 예방 사업을 개선하기 위해서 노력하고 있었다. 후크는 휘발유에 들어 있는 납이 대기, 먼지, 토양으로 배출되며, 이것이 아동이 납에 노출되는 또다른 주요 원인이라는 사실을 인식한 미국 최초의 보건 관료였다. 그의 발견은 특히 도시 지역의 아동들에게 납 농도가 예상만큼 줄어들지 않는다는 수수께끼를 해결하는 데에 도움이 되었다. 즉, 유연 페인트 중독에 대한 치료를 받던 아동들은 동시에 유연 휘발유를 통해서 환경으로부터 지속적으로 납에 노출되고 있었던 것이다. 우리는 동일한 질병을 일으키는 두 종류의 독성 노출을 동시에 관찰하고 있었던 것이다.

• • •

휘발유의 연소 성능을 나타내는 옥탄가를 끌어올리기 위해서 테트라에틸납의 형태로 휘발유에 납을 첨가하기 시작한 것은 1923년부터였다. 1852년에 독일의 화학자 카를 야코프 뢰비히가 발견한 테트라에틸납은 오랫동안 아무 쓸모가 없는 희귀한 독성물질로 조용히 묻혀 있었다. 한편 제너럴 모터스는 토머스 미즐리 주니어라는 기계 기술자에게 포드의 모델 T를 따라잡기 위한 노력의 일환으로 값싼 연료를 개발하는 임무를 맡겼다. 제너럴 모터스의 자동차는 변변치 않았고, 언덕을 올라갈 때에는 고압축의 실린더 속에서 연료가 너무 일찍 폭발하면서 노킹이 발생했다. 이런 일이 발생하면, 연료에서 발생하는 에너지 중에서 고작 20분의 1만이 실제로 활용되었다. 3년간 수많은 실패를 거듭한 미즐리는 재발견한 테트라에틸납을 휘발유에 첨가했다. 휘발유에 고작 0.05퍼센트의 테트라에틸납을 첨가해서 만든 유연 연료는 엔진 성능에 대한 모든 기대를 훌쩍 넘어섰다.[4]

보건 당국은 처음부터 유연 휘발유가 중독을 일으킬 가능성을 걱정했다. 어쨌든 납의 독성은 2,000년 전부터 알려져왔다. 심지어 미즐리도 교통량이 특히 많은 곳이나 터널에서 자동차 배기 가스의 흡입에 의한 부작용을 걱정했다. 자동차 배기 가스에서 발견되는 무기납의 형태인 산화납과 달리, 테트라에틸납은 유기금속 화합물이기 때문에 피부를 통해서 직접 흡수될 수 있다. 실제로 미즐리와 그의 조수는 실험실에서 작업하는 과정에서 급성 납 중독을 일으키기도 했다. 1924년에는 오하이오 주 데이턴에 있는 테트라에틸 공장의 작업자 2명이 납 중독으로 사망했고, 60명이 병에 걸렸다. 테트라에틸납의 재발견 이후 납 중독은 곧바로 심각한 산업보건 문제로 부상했다. 그러나 자동차 배기 가스가 대중에게 미치는 부작용은 무시되었다. 심지어 자동차 배기 가스에 의한 납 노출에 대해서 보건 연구가 계획되었으나 실제로 시행되지는 않았다.[5]

공적 감시를 받지 않은 테트라에틸납의 판매는 중단되지 않았다. 기업은 첫 홍보 전략으로 테트라에틸납에서 "납"을 빼고, 에틸(Ethyl) 기업의 제품이라는 뜻으로 "에틸"이라고 줄여서 불렀다. 그후에는 젊은 병리학자인 로버트 A. 키호 박사를 영입해서 건강 유해성에 대한 주장을 반박하기 시작했다. 키호 박사는 첨가제가 대중에게 위험하지 않으며 제품을 생산하는 공장의 작업자들에 대한 위험은 몇 가지 간단한 안전 규제만으로 해결할 수 있다고 주장했다.[6] 그런 주장에도 불구하고 독립적인 연구를 통해서 1924-1933년의 10년간 도로 먼지에 포함된 납의 양이 50퍼센트나 증가했다는 사실이 밝혀지기까지는 오랜 시간이 걸리지 않았다. 그러나 그런 결과들은 대체로 무시되었다.[7] 1960년대에는 미국 어디에서나 대기 중 납 오염이 확인되었고, 심지어 실험실에서 납을 연구하는 일마저도 어려워졌다.

1953년에 캘리포니아 공과대학의 지구화학자 클레어 패터슨은 납 동위원소를 이용해서 지구의 나이가 대략 45억 년이라는 신뢰할 수 있는 추정치를 처음 제시했다. 그 과정에서 그는 지극히 낮은 농도의 납을 측정할 수 있게 되었다. 사실 그의 연구에서 가장 큰 어려움은 자신의 실험실 모든 곳이 납으로 오염되어 있다는 사실이었다. 그는 자신의 엄격한 분석 방법을 이용해서 눈과 바닷물을 포함하여 지구의 자연 환경 중 어디에나 납이 존재한다는 사실을 밝혀냈다. 그리고 그 납이 산업에서 배출된 것이라는 사실도 파악했다.[8] 그는 1965년 그린란드 빙하에 대한 연구를 통해서 휘발유에서 배출된 납이 전 세계 대기 중의 납을 위험할 정도로 증가시켰다는 결과를 발표했다. 그의 논문이 「네이처(Nature)」에 발표되고 사흘이 지나자 납 산업 분야의 기업 대표들이 그의 사무실을 방문해서 그를 매수하려고 시도했다. 그는 그들의 제안을 거절했다. 그 직후에 그의 연구에 대한 정부와 기업의 지원은 모두 중단되었다. 테트라에틸납이 들어 있는 휘발유를 판매하는 석유회사의 경영자들로 이루어진 이사회의 한 인사는 캘리포니아 공과대학의 총장 리 듀브리지에게 패터슨이 수행하는 연구를 중단시키도록 압박을 가했다. 다행히 듀브리지는 지구화학자의 연구를 막아달라는 요구를 거절했다.[9]

1975년에 버넌 후크가 자동차 배기 가스에 의한 아동들의 납 중독 가능성을 경고한 덕분에 미국 정부는 결국 새 자동차에는 무연(無鉛) 휘발유*만 쓰도록 의무화했다. 1986년에는 추가적인 규제를 통해서 유연 휘

---

* 노킹 방지제로 유연 휘발유의 테트라에틸납 대신 메틸-t-뷰틸 에터(MTBE)를 사용한 휘발유.

발유를 완전히 퇴출시켰다. 유연 휘발유의 사용량 감소와 주택의 납 경감 노력 덕분에 1976-1980년간 시행된 제2차 국민 보건영양 평가조사에서는 혈중 납 농도가 약 40퍼센트 감소한 것이 확인되었다.[10]

이러한 발전에도 불구하고, 볼티모어에 있는 존스 홉킨스 대학교의 줄리언 키섬 박사는 1979년에 매년 4만 명의 미국 아동들이 여전히 높은 납 농도에 노출되고 있다고 추정했다.[11] 동시에 아동들의 신경학적 손상이 발견되는 노출 농도도 계속 낮아졌다. 납에 의한 건강 장애는 1890년 오스트레일리아의 터너와 깁슨에 의해서 처음 밝혀졌다. 뇌와 위장의 급성 납 중독 증상 때문에 입원하는 환자들이 있었다. 빈혈, 신장 손상, 복통(중증 "배앓이"), 근육 약화, 뇌 손상이 치명적인 수준인 것으로 밝혀졌다.[12] 연구에서 밝혀진 사실에 따르면, 낮은 농도의 노출에 의한 부작용은 덜 심각하지만 신경계에는 치명적인 영향을 미칠 수 있었다.[13]

1960년대부터 1990년대를 지나며 아동에게 허용되는 납의 농도가 크게 줄어들었다. 1960년대에는 "정상적인" 혈중 납 농도의 상한이 혈액 100데시리터당 80마이크로그램이었다. 이는 대략 1ppm에 해당하는 양으로, 흔히 $80\mu g/dL$으로 표시했다. 아동들의 경우에는 허용 기준이 $60\mu g/dL$이었지만, 1970년대에는 더욱 낮아져서 $40\mu g/dL$이 되었다. 그리고 이 기준은 1975년, 1985년, 1991년에 다시 30, 20, $10\mu g/dL$으로 하향 조정되었다. 아동의 신경계 발달에 미치는 납의 영향을 측정하는 방법이 16년간 점점 더 정교해진 덕분이었다.[14] 1980년대 말에는 혈중 납이 $10\mu g/dL$ 이하의 수준에서도 임상적인 주의력 결핍 과잉행동 장애(ADHD)가 일어날 수 있는 것으로 확인되었다.[15] 그후의 지역 조사에 따르면, 심지어 혈중 납의 농도가 $1-10\mu g/dL$ 정도로 낮은 경우에도 아동의 지능지수가 저하되거나 실행 인지능력이 약화되거나 ADHD를 일으킬 수 있는 것으로 확인되었다.[16]

납 노출이 청소년의 학습 결핍뿐만 아니라 성인의 반(反)사회적 행동은 물론이고, 심지어 범죄 행동의 원인이 될 수 있다는 연구 결과도 늘어나고 있다.[17] 관련 연구는 1960-1990년에 나타난 범죄의 증가가 부분적으로는 1940-1980년대에 아동들이 생활환경으로부터 납에 중독되는 사례가 늘어났기 때문이라는 가설에서 비롯되었다. 휘발유와 페인트로 인해서 납에 처음으로 노출된 아동들이 범죄를 주로 저지르는 청년기에 들어선 20년 후부터는 범죄 발생이 치솟았다. 이 가설에 따르면, 1990년대 이후의 범죄 감소는 특히 미국에서 1975-1985년간 휘발유에서 납을 제거하고 환경에서 가장 심각한 납 노출로부터 아동을 보호하려던 노력의 결과라고 할 수 있었다.[18]

여러 연구들이 어린 시절의 납 노출과 범죄에 연관이 있다는 가설을 뒷받침했다. 예를 들어 200명 이상의 집단에 대한 신시내티의 납 연구에 따르면, 태아기(유년기 포함)의 혈중 납 농도를 토대로 성년기에 체포될 가능성을 예측할 수 있었다. 미주리 주 세인트루이스의 인구조사 표준지역들을 대상으로 높은 혈중 납 농도와 범죄의 연관성을 분석한 다른 연구에서는 납 농도가 범죄 행동의 유용한 예측인자라는 사실이 확인되었다. 이런 연구 결과들이 더 큰 규모의 추가 연구에서도 확인될지, 그리고 납의 영향이 거시적인 수준에서 범죄의 경향을 어느 정도까지 설명해줄지는 두고 볼 일이다.[19]

• • •

현대의 가장 심각한 두 가지 납 노출원인 주택용 페인트와 휘발유를 살펴보았다. 다음으로는 이 두 가지보다 훨씬 오랫동안 문제가 되어왔던 식수에 대해서 살펴보자. 로마 시대에는 도시로 물을 끌어오는 도수관에 납을 썼고, 도시 안에서 물을 분배하는 납 파이프 망도 있었다. 현대로 오면서 납 파이프는 사라지고 철 파이프가 사용되기 시작했다. 그러나 철 파이프는 녹이 슬고 막히는 일이 잦았다. 그후에는 녹이 슬지 않고 비교적 가벼운 구리를 사용하게 되었다. 그런데 구리 파이프를 서로 연결하는 가장 뛰어나고 값싼 방법이 납땜이었다.

1989년 「USA 투데이(*USA Today*)」의 한 여성 기자가 1987-1988년에 자기 주변에서 갑자기 증가한 유산(流産) 문제에 관심을 두기 시작했다. 당시 「USA 투데이」의 모든 여성 근로자들은 버지니아 주 로슬린에 있는 22층 사무용 건물의 2개 층에서 함께 일했다. 「USA 투데이」는 1988년 12월에 국립 산업안전보건 연구소에 건강 위해 평가를 요청했다. 국립 산업안전보건 연구소는 대부분의 유산이 건물의 같은 층에서 일하면서 1988년 5월에서 9월 사이에 임신한 8명의 기자들에게 일어났다는 사실을 확인했다. 이들의 100퍼센트 유산율과 건물의 다른 층에서 확인된 유산율의 차이는 통계적으로 의미가 있었다. 분명한 유산 다발성 사례였다. 원인을 파악하는 것이 문제였다. 신문사의 직원들은 최근의 사무실 수리에 사용된 화학물질에의 노출, VDT 증후군,* 심리적 스트레스를 포함한 다양한 직업환경적 요인을 의심했다.

그러나 국립 산업안전보건 연구소는 직원들이 제안한 요인들 중에서 어느 것도 사실이라고 확인하지 못했다. 그 대신 식수에서 납을 검출했다. 그런데 해당 건물에서 「USA 투데이」가 사용하던 층의 식수에서 검출된 납의 농도는 건물의 다른 층보다 오히려 더 낮았다. 더욱이 유산을 경험한 대부분의 여성들의 혈액에서는 납이 검출되지 않았다. 국립 산업안전보건 연구소는 유산과 납의 연관성이 확실하지 않다는 결론을 내렸다. 더욱이 「USA 투데이」의 기자들에게서도 납 노출의 증거를 찾을 수 없었

---

* 컴퓨터 등의 장치를 장시간 사용하여 발생하는 신체적, 정신적 장애.

다.[20] 국립 산업안전보건 연구소는 납의 가능성을 배제했지만, 분명한 유산 다발성의 다른 원인을 찾아내지도 못했다.[21] 건물에서 일하는 사람들은 여전히 납 노출을 걱정했고, 특히 「USA 투데이」에서 근무하는 기자들은 더욱 그러했다.

당시 내가 근무하던 워싱턴 산업보건협회는 「USA 투데이」를 소유한 출판기업 개닛으로부터 연락을 받았다. 우리는 「USA 투데이」 사무실의 물을 오염시키는 납의 출처가 수도꼭지 근처에 있어서, 물에 포함된 납의 농도가 물을 처음 틀었을 때에 가장 높았다가 물이 흐르면서 점점 줄어든다는 사실을 확인했다. 대부분 수도꼭지에서 가까운 곳에 땜질한 연결 부위가 있었기 때문에 구리 파이프를 연결하는 땜질에 사용한 납이 문제의 원인인 듯했다. 납땜질은 1986년 안전식수법 수정안에서 처음 금지되었지만, 그 건물은 그 전에 건설된 것이었다.

건물의 납 문제를 해결하는 것은 어려운 일이었다. 수도관을 모두 제거한 후에 납땜질이 되어 있지 않은 새로운 수도관으로 교체하는 방법이 가능했지만, 상당한 비용이 필요했다. 우리는 주요 수도관에 용수 처리 장치를 추가하고 납이 녹아나오지 않도록 파이프의 내부를 코팅하는 해결책을 추천했다. 납은 산성의 물에서 더 잘 녹기 때문에 유입되는 수돗물에 염기를 넣어서 산성도를 낮추는 방법도 사용했다. 문제는 해결되었다. 추가적인 검사에서도 수돗물에서의 납 농도는 겨우 검출할 수 있는 수준이라는 사실이 확인되었다.

• • •

1980년대 말에는 그동안 도시, 주, 연방 정부의 수준에서 적극적으로 시행했던 모든 노력 덕분에 미국의 납 문제가 잘 해결되고 있는 것처럼 보였다. 실제로 2015년 미시간 주 플린트의 수돗물 공급 논란이 언론에 보도될 때까지 우리는 자기만족에 취해 있었다. 플린트에서의 충격적인 폭로로 납 문제가 여전히 이 나라의 공중보건을 심각하게 위협하고 있다는 사실이 확실하게 드러났다.

플린트의 악몽은 시청의 관리들이 비용을 절감하기 위해서 시의 수원지를 휴런 호에서 플린트 강으로 변경하면서 시작되었다. 플린트 강의 물은 산성이 훨씬 더 강했기 때문에 휴런의 물을 사용할 때보다 더 빠른 속도로 파이프에서 납이 녹아나왔다. 이는 시나 주 정부에 과학을 공부한 사람이 있었더라면 쉽게 알 수 있었던 위험이었다. 게다가 같은 시기에 플린트에서 오래 전부터 사용해오던 부식 방지 시설의 가동도 아무런 사전 검토 없이 중단되고 말았다. 이는 파이프에서 녹아나온 납이 물에 직접 노출되는 결과를 낳았다. 이 두 가지의 불운이 겹치면서 식수에 녹아 있는 납의 농도가 아동에게 위험한 수준으로 높아졌다.[22]

플린트 논란은 다른 도시, 특히 인근 오하이오 주의 가장 큰 도시인 클리블랜드에서 진행되던 납 오염 문제에 대한 관심을 증폭시켰다.[23] 클리블랜드 학교의 수돗물에서 매우 높은 농도의 납이 검출되면서, 60개 건물에 있는 수백 개의 식수대와 수도꼭지를 교체해야 했다.[24] 이 도시에는 납페인트도 여전히 많이 남아 있었다. 플린트의 아동 가운데 7퍼센트가 높은 혈중 납 농도를 보였는데, 클리블랜드에서는 그 비율이 14퍼센트에 달했다. 클리블랜드의 인구는 플린트의 4배였지만 위험군에 속한 아동의 수는 8배나 많았다.

미국이 처한 납 위험의 규모와 지리적 범위는 부담스러운 수준이다. 2014년부터 공개된 추정에 따르면, 전국적으로 2,400만 채의 주택과 아파트에서 위험한 수준으로 오염된 토양, 페인트 조각, 먼지가 확인되었고, 그중 400만 채에 아동들이 살고 있었다. 동부의 애틀랜틱시티, 필라델피아, 앨런타운의 세 도시만 하더라도 의사의 치료를 받아야 할 정도로 혈중 납 농도가 높은 아동들이 500명이나 확인되었다.[25]

최근에는 또다른 형태의 납 오염에 관심이 높아지고 있다. 페인트나 파이프에 사용되는 납을 생산하는 제련소는 전국에 퍼져 있었고 많은 경우에 인구 밀집 지역에 위치해 있었다. 그런 시설들은 오래 전에 폐쇄되었지만, 납으로 오염된 토양은 그대로 남아 있었다. 페인트나 파이프의 납처럼 만연한 문제는 아니지만, 미국에는 과거 제련 시설이 있었던 곳이 수천 곳은 아니더라도 수백 곳에 이른다.[26] 최근에는 이스트 시카고의 시장이 근처에 있던 제련 공장 때문에 납으로 오염된 토양 위에 개발된 주택 단지를 폐쇄하고 주민들을 이주시키기로 결정한 사례에 전국적인 관심이 쏠렸다. 환경보호청이 산업단지의 정화에만 힘을 쏟은 탓에 주변 지역의 상황은 제대로 살펴보지 못했던 것이 분명했다. 시와 주, 그리고 환경보호청의 관료들은 지역 주민들에게 아동들에 대한 위험을 알리지 않은 책임을 인정하지는 않고 서로에게 떠넘겨버렸다.[27]

납의 오염원을 추적하는 문제는 페인트, 토양, 식수, 그리고 유연 휘발유와 제련소에서의 배출물이 포함된 먼지로 끝나지 않았다. 캔을 비롯한 그릇에도 아동의 건강에 해로운 수준의 납이 포함되어 있었다. 땜질 납이 농축 우유와 과일 주스를 저장하는 캔에도 사용되었던 것이다. 1940년대 초의 땜질 납에는 63퍼센트의 납과 37퍼센트 주석이 들어 있었지만, 제2차 세계대전으로 주석이 부족해지자 납 함량이 독성이 매우 강한 98퍼센트까지 높아졌다. 1970년대 초에도 여전히 아동용 캔에 저장된 제품에서 고농도의 납이 검출되었다. 결국 식품의약국은 땜질에 사용하는 납에서 납의 함량을 줄이기 위한 조치를 취했고, 우유와 과일 주스에는 다른 소재의 용기를 사용하도록 권장했다.[28]

가정에서 납 노출이 의심되는 요인들은 매우 많다. 설사와 같은 질병 치료에 사용되는 비(非)서구식 전통 의약품에는 상당한 양의 납이 들어 있는 경우가 많다. 2001년에 발표된 연구에 따르면, 납은 플로리다, 뉴욕, 뉴저지 주의 건강식품점이나 아시아 식품점에서 판매되는 아시아 전통 의약품 시료에서 가장 흔하게 발견되는 중금속 성분 또는 첨가물이었다. 표시된 복용법을 따르더라도 검사했던 의약품 중에서 60퍼센트가 하루 납 허용량인 300mg을 초과하는 것으로 밝혀졌다.[29]

• • •

아동의 납 중독에 대한 연구는 우리에게 독성학의 중요한 교훈 세 가지를 남겨주었다. 하나의 독에 매우 다양한 노출원이 있을 수 있고, 그래서 중독 원인을 찾는 일이 어려울 수 있다는 것이 첫 번째 교훈이었다. 아동의 납 중독을 처음 확인한 후에 문제의 복잡성을 이해하기까지는 수십 년이 걸렸다.

처음에는 아동에게 사소하다고 생각한 정도의 적은 노출이었으나 신경학적 시험 방법이 더욱 정교해지면서 중요한 문제로 부상했다는 것이 또다른 중요한 교훈이었다. 우리는 용량이 독을 만든다는 사실을 이미 알고 있지만, 중독이 발생한 시기를 아는 것도 중요하다. 더욱이 우리가 얻은 정보는 언제나 우리가 사용하는 시험의 민감도에 따라서 제한될 수 있다는 사실 역시 중요하다. 아동의 개별적인 시험 결과에 대한 관찰보다는 대규모의 아동집단에서 납과 신경학적 시험 결과 사이의 상관성을 조사한 연구가 훨씬 더 확실한 정보를 제공한다는 점도 중요한 관찰이다.

마지막으로 순수하게 과학적인 관심을 제쳐두더라도 납 중독과 같은 공중보건 문제는 대중과 독성학자를 포함한 의료 전문가들이 정치인들과 정부 관료들에게 지속적으로 압력을 행사하지 않는 한 효과적으로 해결되지 않는 경향이 있다는 사실을 인정해야만 한다. 그렇지 않으면 공중보건 문제는 무관심에 묻혀버리고 납 중독과 같은 만성적인 문제를 해결하겠다는 의지는 사라진다. 당장 더 시급한 다른 일들이 우선권을 차지하게 되고 예산도 다른 곳에 투자되고 몸속의 납에 의한 부담을 지고 있는 아동들은 잊혀진다.

미국이 특히 사회적 차별로 낙후된 도심 지역에서 사는 아동들을 오랫동안 보호하지 못한 데에는 정부 관료, 선출된 관리, 독성학자들의 책임이 크다. 1995-2004년간 주택도시개발부 건강주택과의 납 위해 관리소소장이었던 데이비드 제이컵스는 "바로잡는 방법을 알고 있다"라고 언급했다. "기술은 개발되어 있다. 예산을 적절하게 배정하겠다는 정치적 의지의 문제일 뿐이다."[30] 제이컵스 박사의 이 언급은 유연납 문제를 지적한 것이지만, 그의 발언은 식수와 토양을 비롯한 다른 곳의 납에도 적용된다. 우리는 실제로 아동들을 보호할 기술을 가지고 있다. 그러나 납 중독 문제의 해결에는 많은 비용과 여러 해에 걸친 안정적이고 지속적인 노력이 필요하다.

제8장 **레이철 카슨**

침묵의 봄이 이제는 시끄러운 여름이다

환경에 납이 배출되는 또다른 통로가 있다. 바로 농산물에 광범위한 오염을 일으키는 납 화합물이다. 농약으로 개발한 비소산납(PbHAsO₄)은 1892년 매사추세츠 주에서 집시나방을 방제하기 위해서 처음으로 살포되었다. 몇 년 후에는 사과 재배 농가들도 파괴적인 해충이었던 코들링나방을 퇴치하기 위해서 비소산납을 사용했다. 비소산납은 독성이 매우 강한 납과 비소라는 두 가지 물질이 조합된 것이다. 그러나 비소산납은 효과가 곧바로 나타나고, 값이 싸고 사용이 쉽고 오래 지속되었기 때문에 농부들에게 인기가 좋았다. 그로부터 60여 년간 비소산납의 사용 빈도와 양은 꾸준히 늘어났고, 그 때문에 해충들은 결국 농약에 내성이 생기고 말았다. 재배 농가에서는 효과가 줄어들자 농약을 더 많이, 더 자주 사용하면서 악순환이 시작되었다.[1] 분명히 새로운 대안이 필요했다.

스위스의 화학자 파울 헤르만 뮐러는 1939년에 최초의 완전한 합성 농약인 다이클로로다이페닐트라이클로로에테인을 발명했다. 이 농약은 DDT로 더 잘 알려져 있다. 미국에서만 연간 1,000만 파운드의 비소산납을 사용한다는 사실을 알았던 뮐러는 1935년부터 농약을 개발하기 시작했다. 뮐러는 우리 속에서 키우던 파리에 무려 349종의 화학물질을 시험했다. 350번째로 시험한 화학물질이 대성공을 거두었다. 몇 분 또는 몇 시간 안에 모든 파리가 속수무책으로 뒤집어져서 떨어져버렸다. 그러나 스위스 바젤에 있는 J. R. 가이기 화학회사에서 일하던 뮐러의 동료들은 놀라지 않았다. 비소산납 역시 거의 즉각적으로 곤충을 죽였기 때문이다. 그러나 DDT는 일관되게 치명적인 효과를 나타냈고, DDT를 살포한 우리에는 몇 달은 물론이고 심지어 몇 년간 치명적인 독성이 남아 있었다. 파리에게만 효과가 있었던 것도 아니었다. 이 새로운 화학물질은 모기, 진딧물, 딱정벌레, 나방을 비롯하여 매우 다양한 곤충에게 치명적인 효과를 내는 것으로 밝혀졌다. 결국 가능성을 확신하게 된 가이기 화학회사는 1940년에 DDT를 살충제로 사용하는 특허를 받았고,[2] 뮐러는 DDT의 발견으로 1948년에 노벨 생리의학상을 받았다.[3]

제2차 세계대전이 시작되면서 DDT는 곧바로 필수품이 되었다. 1943년에 뉴욕에 도착한 400파운드의 DDT가 시험을 위해서 농무부와 신시내티 대학교 의과대학의 케터링 실험실로 보내졌다. DDT는 전쟁 상황에서 티푸스, 말라리아, 황열, 유행성 뇌염에 안전하고 효과적인 것으로 확인되었다. 1943년 미군이 점령 중이던 나폴리에서 실시된 현장 시험에서는 DDT가 이(lice) 퇴치에 기존의 방법보다 훨씬 더 뛰어난 것으로 밝혀졌다. 당시 인구의 90퍼센트에 만연하던 이는 치사율이 25퍼센트에 이르는 티푸스 유행을 일으켰다.

DDT는 페니실린에 버금가는 기적의 물질로 환영을 받았다. 전쟁 기간에는 물론이고 그후에도 수백만 명의 사람들이 DDT를 몸에 뿌렸지만, 부작용은 없었다. 얼마 지나지 않아서 극도로 치명적인 살충제인 비소산납 대신 DDT가 가정, 창고, 숲, 농경지를 비롯해서 모든 곳에 살포되기 시작했다.[4]

1950년대 중반에는 세계보건기구의 최우선 과제가 말라리아 퇴치였고, DDT가 주요 무기였다.[5] 세계보건기구는 이 살충제에 대한 내성이 나타나고 있다는 사실을 알아챘지만, DDT의 사용은 계속 늘어났다.[6] 매년 수십만 명의 사람들이 말라리아 때문에 사망했고 수백만 명이 병들었다. 상원의원 존 F. 케네디와 휴버트 험프리가 제안한 법안에 따라서, DDT를 사용하는 세계보건기구의 말라리아 퇴치 사업에 1억 달러가 지원되었다. 1960년에는 11개국이 말라리아를 퇴치했다. 인도에서는 말라리아에 걸리는 사람의 수가 7,500만 명에서 10만 명 이하로 줄어들었다.[7] 그 사이에 미국에서도 DDT의 사용이 빠르게 늘어났다. 1950년에는 미국에서 생산된 DDT의 약 10퍼센트만이 외국으로 수출되었고 나머지는 미국 내에서 소비되었다. 미국인들은 1959년에만 8,000만 파운드의 DDT를 사용했다.[8]

비소산납과 DDT가 도입되었을 당시에는 농약에 대한 규제가 거의 없었다. 1910년에 제정된 연방 살충제법은 단순히 제품에 잘못된 표시를 금지했을 뿐이다. 의회는 1947년에 연방 살충제살균제살서제법을 통과시켰지만, 그마저도 농약의 효과에만 신경을 썼고 농약의 사용을 규제하지는 않았다. 1954년 연방 식품의약품화장품법에 대한 밀러 농약 수정안에서는 농산물의 농약 잔류량에 대한 한계를 규정했다. 연방 환경농약 관리법이 통과된 1972년에서야 인체 건강과 환경을 보호하기 위해서 농약의 사용을 제한하기 시작했다.[9]

그사이에 DDT를 비롯해서 린데인, 클로르데인, 헵타클로르와 같은 훨씬 더 강력한 유기 염소계 농약과 파라티온과 같은 유기 인산계 농약이 야생동물에게 독성을 나타냈고, 그래서 사람에게도 위험할 수 있다는 사실이 분명하게 밝혀지기 시작했다. 동물학자 조지 J. 월리스는 1955년 봄에 미시간 주립대학교에서 개똥지빠귀가 계속 죽어간다는 사실에 주목했다. 매년 봄 네덜란드 느릅나무병을 퇴지하기 위해서 느릅나무에 농약을 뿌린 후에는 많은 새에게서 중독 증상이 나타나기 시작했다. 1958년이 되자 대학교 캠퍼스와 이스트 랜싱의 일부 지역에서 개똥지빠귀가 자취를 감추었다. 결국 40여 종의 새가 영향을 받은 것으로 밝혀졌다. 리처드 F. 바너드가 미시간 주립대학교에서 죽은 새의 조직으로부터 DDT 잔류물을 검출하면서, 느릅나무 딱정벌레를 퇴치하기 위해서 살포한 DDT와 새의 죽음 사이의 연관성이 더욱 분명해졌다.[10] DDT와 같은 유기 염소계 화합물도 납과 마찬가지로 몸에서 쉽게 제거되지 않는다. 그래서 과학자들은 혈액이나 조직에 노출된 DDT의 양과 DDT가 몸에 미치는 효과 사이의 관계를 쉽게 밝혀낼 수 있었다.

1957년 가을에 뉴욕 롱아일랜드의 주민 14명이 집시나방 퇴치용 DDT 살포의 금지를 위해서 연방 정부를 고발했다. 롱아일랜드에서는 집시나방 퇴치를 위한 DDT 살포 사업으로 2주일 만에 83퍼센트의 새가 죽은 것으로 알려졌다.[11] 미국 어류야생동물관리국에서 일하던 야생동물 생물학자 레이철 카슨은 그 소송에 주목했다. 그녀는 오래 전부터 농약에 관심을 두었고, 농약 문제를 다룬 신문 기사를 수집해왔다. 1958년 초에 재판이 시작되었다. 고소인 중 한 사람인 마저리 스폭은 카슨이 소송에 관심이 있다는 사실을 알고 그녀에게 연락했다. 그해 여름 스폭은 카슨에게 농약 살포 작업이 젖소의 우유를 오염시켰으며 사람들의 건강을 위협한다고 주장하는 많은 양의 소송 관련 자료들을 보내주었다. 고소인 측 전문가 증인은 메이오 클리닉*의 맬컴 하그레이브스 박사였다. 뉴욕 주 정부는 1958년에 살포 사업을 중단하겠다고 밝혔지만, 법원은 살포 사업이 합법적이고 성공적이었다고 판단했다. 소송에 관심이 있었던 카슨이 확보해온 자료들

---

* 미국 미네소타 주 로체스터에 있는 병원으로, 존스 홉킨스 병원과 함께 미국의 양대 병원으로 꼽힌다.

은 결국 기념비적인 책인『침묵의 봄(*Silent Spring*)』으로 완성되었다.[12]

카슨의 작업에 영향을 준 다른 일도 있었다. 하버드 대학교의 진화생물학자 에드워드 O. 윌슨이 카슨의 연구와 저술 계획에 대한 이야기를 전해 듣고는 1958년 10월 7일에 그녀에게 편지를 보냈다. 윌슨은 카슨에게 얼마 전에 발간된 엘턴의『침략의 생태학(*Ecology of Invasions*)』을 참고하라고 제안했다. 카슨은 그 책을 매우 흥미롭게 읽었다. "그 책은 해충과 그 퇴치에 대한 모든 모호한 논의를 날카로운 북풍처럼 관통하고 있었다."[13]

1959년 말 화합물로 오염된 식품 때문에 사람에게 발생하는 암을 둘러싸고 사회적 논란이 일어났다. 아미트롤이라는 농약에 오염된 크랜베리를 먹은 래트에게 갑상선암이 발병한다는 사실이 밝혀졌다. 보고된 갑상선 종양은 대부분 양성으로 보였지만, 일부 병리학자들은 그중 5건을 암으로 판단했다.[14] 그렇다면 아미트롤은 1년 전에 통과된 딜레이니 수정안에 의해서 금지되었어야만 했다. 워싱턴과 오리건 주에서 생산된 크랜베리만 문제였지만, 위스콘신, 매사추세츠, 뉴저지 주의 소비자들도 크랜베리 구입을 중단했다. 나중에는 위스콘신 주의 크랜베리 역시 아미트롤에 오염된 것으로 밝혀졌다. 그해의 추수감사절과 크리스마스 만찬 식탁에는 크랜베리가 오르지 않았다. 화가 난 재배업자들은 보건교육복지부 장관이었던 아서 플레밍의 사임을 요구했다.[15] 결국 아미트롤은 금지되었지만 아미트롤이 실제로 사람의 건강에 영향을 미치는지에 대해서는 아무도 알지 못했다. 매사추세츠 주의 어느 지역 라디오 방송국은 수천 명이 약 4,000리터의 크랜베리 주스를 마시는 행사를 벌이기도 했다. 존 F. 케네디 상원의원도 위스콘신 주에서 크랜베리 주스로 축배를 들었다. 케네디 상원의원에게 지기 싫었던 리처드 닉슨 부통령은 플레밍 장관의 반대에도 불구하고 크랜베리를 4접시나 먹었다.[16] 아미트롤로 오염된 크랜베리는 카슨의 책에 소개된 인간의 암에 대한 이야기의 주역이었다.

1962년에 발간된 『침묵의 봄』은 과학자들에게 산업 오염이 암을 일으키는지를 엄격하게 평가해야 한다고 경종을 울렸다. 카슨은 존경 받는 과학자이자 훌륭한 저술가였고, 이 책에는 복음서적인 의미가 있었다. 카슨은 이 책에 "인간 대 자연"이라는 제목을 붙이고자 했지만, 새의 집단 폐사가 핵심 주제라는 사실이 분명해지면서 『침묵의 봄』이라는 제목이 채택되었다. 일반 독자들에게 독성학을 소개한 최초의 책인 『침묵의 봄』은 1962년 10월에 이달의 북클럽의 책으로 선정되었고 주요 베스트셀러가 되었다.[17]

카슨은 『침묵의 봄』에서 농약 살포로 수백 또는 수천 마리의 동물이 죽은 수많은 사례들을 소개했다. 그녀는 클로르데인, DDT, DDD, 헵타클로르, 엔드린, 디엘드린과 같은 유기 염소계 농약과 파라티온과 같은 유기 인산계 농약에서 관찰된 부작용을 기록했다.[18] 그녀는 새, 물고기, 양서류, 파충류, 포유류의 질병과 죽음을 소개했다. 살충제는 곤충을 죽이기 위한 물질이었기 때문에 먹이를 잃어버린 새와 물고기에게도 치명적인 피해가 발생할 것이라는 사실은 충분히 예상할 수 있었다. 살충제가 야생동물에게 직접적인 독성 효과를 나타내기도 했지만, 그런 효과가 먹이사슬을 거슬러올라가면서 나타날 수 있다는 증거도 있었다.

1954년 일리노이 주 셸던에서 실시했던, 디엘드린을 이용한 일본 딱정벌레 퇴치 사업이 카슨이 소개한 한 가지 사례였다. 디엘드린을 공중에 살포하자 개똥지빠귀를 비롯한 새들이 거의 완전히 사라져버렸다. 땅다람쥐, 사향뒤쥐, 토끼, 그리고 심지어 양도 죽었다. 다음 해에는 알드린으로 퇴치 사업을 했고, 야생동물에게 비슷한 피해가 나타났다. 1954년 캐나다 뉴브런즈윅 주의 미러미시 강의 살포도 또다른 사례였는데, 여러 종류의 상록수를 공격하는 나방의 퇴치가 목표였다. 수백만 에이커의 숲에 DDT를 살포하자 연어와 민물 숭어가 죽었다. 1950년부터 강을 연구해왔던 캐나다의 수산연구위원회가 연어의 떼죽음을 자세하게 기록했다. 연어에게는 다행스럽게도 심한 폭풍이 불어와서 오염의 대부분이 씻겨나갔다. 연어 생태계는 곧바로 회복되었다.

· · ·

유기 염소계 살충제의 살포와 급성 독성 효과 사이의 짧은 시간 간격이 인과관계에 대한 분명한 증거를 제공했다. 독성 효과가 불과 며칠 만에 관찰된 경우도 있었다. 피해를 입은 동물의 수, 사례가 발생한 지리적 위치의 다양성, 여러 환경에서의 다양한 사례들 덕분에 인과관계는 더욱 분명해졌다. 우연의 일치였을 가능성을 배제할 수 있을 듯했다.

카슨은 야생동물 생물학자로서 동물에 대한 이야기를 쓰기에 누구보다도 확실한 기반을 가지고 있었다. 그녀는 『침묵의 봄』을 이용해서 자신의 주장을 인간의 건강 문제로 확대시키고 싶었다. 그녀는 이 기회를 가볍게 여기지 않았다. 그녀는 사람에 대한 논의가 훨씬 더 추론적이어야만 한다는 사실을 분명하게 알고 있었으므로 그 주제를 완전히 포기하는 것도 생각했다. 그러나 그녀는 독자들이 야생동물에 대한 자신의 관찰에서 필연적으로 인간에게 적용 가능한 의미를 추론할 것이라는 점도 알고 있었다. 더욱이 그녀는 『침묵의 봄』을 집필하는 동안 유방암을 앓고 있었다.

카슨은 암에 대한 정보를 어떻게 다루고, 얼마나 강조할 것인지를 고민했다. 그녀는 호턴 미플린 출판사의 일반 단행본 부서의 편집장이자 『침묵의 봄』의 발행인인 폴 브룩스에게 편지를 썼다. "최근까지는 인간에게 미치는 물리적 효과를 소개하는 내용의 한 부분으로 인간의 건강 문제를 다루고자 했습니다. 그러나 이제는 이 문제가 놀라울 정도로 중요해져서 한 장 전체를 할애하려고 합니다. 그리고 이는 이 책의 가장 중요한 장이

될 것입니다."[19] 인간의 건강에 집중하기로 결정한 그녀는 조심스럽게 단계적으로 진행해나갔다. 우선, 카슨은 "보르자 가문의 꿈을 넘어서"라는 장에서 시간 관계가 분명하게 드러난 인간의 급성 중독 사례를 소개했다. 다음에 "네 명 중 한 명"이라는 암에 대한 장에서는 "여기서 우리가 걱정하는 문제는 우리가 자연을 통제하기 위해서 사용하고 있는 화학물질이 암을 일으키는 데에 직접적이거나 간접적인 역할을 하는지에 대한 것"이라고 문제를 제기했다.[20]

카슨은 제초제와 살충제로 사용하는 비소 화합물을 언급하면서 암에 대한 장을 시작했다. 그녀는 빌헬름 후퍼가 1942년에 발간한 『직업병적 종양과 관련 질병(*Occupational Tumors and Allied Diseases*)』을 인용했다. 비소가 들어 있는 금과 은 광석에 노출되어 암을 비롯한 여러 질병에 걸렸던 슐레지엔 지방 라이헨슈타인의 광부들에 대한 연구를 소개한 책이었다.[21] 그녀는 아르헨티나 코르도바 주의 식수에 자연적으로 들어 있는 고농도의 비소 때문에 발병한 피부암도 소개했다. 비소가 포함된 농약을 사용한 사람들에게 발병한 발암 사례는 소개하지 않았지만, "장기간에 걸쳐서 지속적으로 비소 살충제를 사용하면 라이헨슈타인이나 코르도바의 사례와 비슷한 조건이 조성되는 것이 어렵지 않을 것이다"라고 밝혔다. 그녀의 주장이 물론 대단한 과장은 아니었다. 결국 파울 헤르만 뮐러는 극도로 독성이 강하고 널리 사용되던 비소 살충제를 DDT로 대체했다.

다음에 카슨은 자신의 주된 관심의 대상인 DDT에 집중했다. 1952년 의회의 뮐러 위원회에 증인으로 출석한 국립 암연구소의 후퍼는 DDT를 인체 발암성이라고 말할 수는 없고, 그런 사실을 밝혀내려면 10년에서 15년이 걸릴 것이라고 증언했다.[22] 카슨이 제시한 DDT의 발암성에 대한 증거는 대체로 정황적인 것으로, 롱아일랜드 재판의 고소인 측 전문가 증인이었던 하그레이브스의 미발표 임상 관찰과 의견에 근거를 둔 것이었다.

카슨은 메이오 클리닉에서 많이 보았던 백혈병과 림프종 환자들의 질병이 농약 노출에 의해서 발생한 것이라고 믿는다는 하그레이브스의 증언을 소개했다. 그러나 하그레이브스는 자신의 믿음이 엄밀한 연구를 통해서 확인된 것은 아니라는 사실을 인정했다.[23] 레이철 카슨에 대한 최근의 전기에 따르면, 그녀는 클리블랜드 병원에서 자신의 암을 치료해주던 암 전문가 버니 크릴로부터 농약과 인간의 암 사이의 관계는 두렵기는 하지만 이론에 불과하다는 경고를 받았다. 롱아일랜드에서 관찰된 농약 사용과 백혈병과의 상관성에 대한 하그레이브스의 증언은 카슨에게 깊은 인상을 주었지만, 입증되지 않은 관찰과 세포 생물학에 대한 초보적인 이해를 근거로 하는 주장은 추론적일 수밖에 없었다.[24]

카슨의 책에서 암과의 연관성에 대한 그녀의 주장을 구체적으로 뒷받침하는 DDT 노출과 관련된 악성 종양의 사례는 1건뿐이었다. 하그레이브스의 환자 중 한 사람으로 거미를 무서워해서 DDT를 뿌린 가정주부의 사례였다. 그 가정주부는 두어 달 만에 급성 백혈병 진단을 받았다. 그러나 암과 관련하여 그렇게 짧은 잠복기는 알려진 적이 없었다. 카슨도 화학적 노출 이후 백혈병이 발생할 때까지 몇 년이 걸린다는 사실을 인정했다. 그럼에도 불구하고 그녀가 이 가정주부의 사례를 신뢰했던 이유는 무엇이었을까?[25] 그녀는 문헌과 하그레이브스 환자들 중에서 농약에 노출된 다른 사례들을 언급하기는 했지만, 구체적으로 설명하지는 않았다. 하그레이브스가 야생동물연맹에 소개한 다른 백혈병 사례들은 정유공장이나 다른 농약과 관련된 것으로, DDT의 사례는 아니었다.[26]

더 깊이 파고들어야만 한다고 판단한 카슨은 생물학적 타당성에 기초한 논리로 자신의 주장을 보완하려고 노력했다. 그녀는 편집자 폴 브룩스에게 다음과 같은 편지를 보냈다.

진실을 말하자면 처음에 나는 농약과 암의 관련성이 확실하지 않고 기껏해야 정황적이라고 생각했지만, 이제는 정말 확실하다고 느낍니다. 이 농약들이 정상세포를 암세포로 바꾸는 실제 메커니즘을 부분적으로 제시할 수 있다고 생각하기 때문입니다. 이 메커니즘을 알려면 화학은 물론이고 생리학과 생화학, 그리고 유전학의 영역을 깊이 파고들어야만 합니다. 이제 나에게는 조각 그림 맞추기의 수많은 단편적인 조각들이 갑자기 자리를 찾은 것처럼 보입니다. 내가 알기로 다른 어떤 사람도 이를 꿰어맞추지 못했지만, 이제 내가 확실하게 밝혀낼 수 있다고 생각합니다.[27]

그녀는 농약이 암을 일으키는 메커니즘을 제시하기 위해서 독일의 생화학자 오토 바르부르크의 이론을 선택했다. 농약의 독성을 다룬 바르부르크의 이론에 대한 카슨의 해석에 따르면, 농약 노출은 몸 안에서 주로 산소에서 유래되는 세포 에너지인 ATP* 형태로 에너지를 생산하는 세포기관의 기능을 손상시킨다. 카슨은 이 손상이 "상실된 에너지를 복구하기 위한 어려운 투쟁"을 촉발시킨다고 했다. 세포는 그렇게 잃어버린 에너지를 보충하기 위해서 발효를 증가시키는데, "이런 상황에서 정상세포가 암세포로 변화된다고 말할 수 있다"라고 썼다.[28]

오토 바르부르크는 세포 대사에 관한 연구로 노벨상을 받을 정도의 업적을 이룩했지만, 당시는 여전히 생화학의 초창기였다. 그는 암세포에서 미토콘드리아 호흡의 감소와 발효의 증가 사이의 상관관계를 발견하기는 했지만, 둘 사이의 상관관계에 대한 인과성을 증명하지는 못했다. 사실 바르부르크가 설명한 대사적 변화는 암 생성의 원인이 아니라 결과였던 것으로 밝혀졌다. 유전체의 변이에 의해서 이미 발생한 암세포는 정상적인

---

* 아데노신삼인산. 미토콘드리아라는 세포기관에서 생성되는 에너지 전달 물질.

미토콘드리아 호흡이 아니라 발효 에너지의 생성에 의해서 빠르게 성장한다.[29] 그것은 바르부르크 효과로 알려졌고, 오늘날 암 진단에 사용되는 PET 스캔의 원리이다. 그러나 미토콘드리아 호흡의 결핍이 암을 일으키는 원인이라는 주장을 뒷받침하는 증거는 거의 없거나 알려지지 않았다.

· · ·

『침묵의 봄』의 전반부가 「뉴요커(New Yorker)」에 3주일 동안 소개되자 농업용 농약 산업계는 신속하게 반응했다. "침묵의 봄은 이제 시끄러운 여름이다"라는 제목의 「뉴욕 타임스(New York Times)」 논평은 "졸음이 쏟아지던 한여름이 1959년 크랜베리 논란 이후 농약 산업계의 엄청난 소란으로 갑자기 시끌벅적해졌다"라고 주장했다.[30] 농약 생산업체들은 "지독한 상업주의적 또는 이상주의적 깃발 흔들기", "우리는 경악한다", "우리 회원사에 난리가 났다"라며 격하게 반발했다. 그녀의 책에 소개된 사실에 대해서는 논란이 거의 없었다. 그러나 농약 제조사들은 자신들이나 정부가 부주의해서 환경을 파괴하고 있다는 주장에 강하게 반발했다. 완성된 책이 발간되기 몇 주일 전의 상황이었다.

그후에는 연방 정부가 신속하게 대응했다. 『침묵의 봄』이 발간된 이듬해인 1963년에 식품의약국은 마우스에 종양을 일으키는 것으로 확인된 알드린과 디엘드린이라는 농약에 특별히 관심을 기울였다.[31] 태평양 북서지역의 감자에서는 식품의약국의 허용 기준 이상의 알드린이 검출되었다. 관련된 정부 관료들은 "만약 레이철 카슨이 과장을 했다면, 천사의 입장에서 저지른 오류일 것"이라고 언급했다고 한다. 물론, 카슨의 반대쪽인 산업계가 천사의 입장이 아니라는 뜻이다. 1963년 5월 케네디 대통령의 과학자문위원회는 식량 공급을 유지하는 데에는 농약이 필요하다고 주장했지만, 농약의 무분별한 사용에 대해서는 엄중하게 경고했다. 카슨에 따르면, 그것이 정확하게 책의 의도였다.[32]

카슨이 『침묵의 봄』 어디에서도 질병을 극복하기 위한 DDT 사용을 반대하지는 않았다는 사실을 기억해야 한다.[33] 그녀를 비판하는 사람들과 지지하는 사람들 모두가 이 문제에 대해서 카슨이 자신의 의견을 얼마나 조심스럽게 밝혔는지를 무시하고 있는 것처럼 보인다. 그녀의 책 후반부가 「뉴요커」에 소개된 후에 그녀는 질병 퇴치를 위한 농약 사용에 반대하는 입장이라며 잘못된 비난을 받았다.[34] 그러나 그녀는 야생동물의 보호를 위해서 1964년 연방 정부가 소유한 5억5,000만 에이커 이상의 지역에서 농약 사용을 제한하는 엄격한 규제를 새로 도입한 내무부 장관 스튜어트 유돌의 조치를 지지했다.[35]

레이철 카슨은 1964년에 암으로 사망했지만, 그녀의 책이 일으킨 논란은 오히려 증폭되었다. 결국, 리처드 닉슨 대통령은 1970년에 환경보호청을 설립했다. 환경보호청의 첫 정책들 중의 하나는 DDT, 알드린, 디엘드린, 클로르데인, 헵타클로르, 엔드린의 (수출을 위한 생산 허가가 아니라) 농약 등록 자체를 취소하는 것이었다.[36]

카슨의 역사적 중요성은 분명하지만, 인간의 건강에 대한 그녀의 과학적 주장 중에 상당수는 여전히 증명되지 못했다. 제초제 아미트롤과 관련한 크랜베리 논란에 대해서 카슨은 아미트롤 100ppm이 래트에게 갑상선 암을 일으킨다는 실험을 인용했다.[37] 환경보호청은 1971년에 모든 작물에 대해서 아미트롤의 사용을 금지했다. 그러나 환경보호청이나 국제 암연구소는 가장 최근의 검사에서도 아미트롤이 실제로 인체에 암을 일으킨다는 사실을 밝혀내지는 못했다.[38]

카슨은 DDT가 재생 불량성 빈혈과 골수 소모증을 일으킨다고 주장했다. 그러나 독성물질질병등록청(ATSDR)이 2002년에 수행한 가장 최근의 인체 연구에 따르면, 재생 불량성 빈혈을 발생시키는 것으로 알려진 골수가 DDT에 민감한 표적은 아닌 것으로 보인다.[39] 유기 염소계 농약에 노출된 사람들에 대한 수많은 역학조사에서도 여전히 인체 암에 대한 결론은 확인되지 않았다. 국제 암연구소, 환경보호청, 국립 독성관리체계 모두가 DDT를 비롯한 알드린, 디엘드린, 클로르데인, 헵타클로르, 엔드린과 같은 유기 염소계 농약을 인체 발암물질로 분류하지 않는다.

그리고 DDT의 사용에서 얻을 수 있는 편익이 위험보다 큰지에 대한 논란은 지금도 계속되고 있다. 최근에는 말라리아 퇴치를 위해서 강력한 DDT 농약을 사용하는 사례가 늘어나고 있고, 성공 사례도 있다.[40] 남아메리카의 수리남에서는 DDT의 사용 이후 공식 말라리아 발생 빈도가 2003년 1만4,403건에서 2009년 1,371건으로 줄어들었다. 하버드 대학교 국제 개발센터의 아미르 아타란과 라젠드라 마하라지, 그리고 남아프리카 공화국의 보건부는 DDT가 수백만 명의 생명을 구했다고 주장한다. 부작용에 대한 주장은 모두 동물실험을 근거로 한 것이라는 입장이다.[41] 국제 암연구소의 발암물질 평가보고서 사업의 책임자였던 로렌조 토마티스와 그의 동료들은 DDT가 건강에 미치는 영향에 대한 우려가 있기는 하지만 가난한 국가의 모기 퇴치에 유용하다는 사실을 고려하면, 이 농약의 금지를 중단해야 한다고 주장한다.[42] 반면에 세계자연기금(WWF)의 리처드 리로프는 DDT가 야생동물에 미치는 지속적인 영향과 실험동물에 대한 부정적인 연구 결과를 강조한다.[43]

사람뿐만 아니라 야생동물 역시 말라리아 퇴치로 직접적인 혜택을 누린다는 사실은 역설적인 반전이다. 많은 동물들이 기생충에 내성이 있기 때문에 말라리아가 야생동물에는 영향을 미치지 않는다고 알려져 있었다. 그러나 최근의 연구에서는 이 가설에 의문이 제기되고 있다. 개개비에 대한 30년 동안의 연구에 따르면, 말라리아에 걸린 새는 수명이 짧아져서

감염되지 않은 새보다 번식 기간이 대략 절반 정도로 줄어든다.[44]

『침묵의 봄』이 발간되고 수십 년이 지났지만, DDT를 비롯한 농약 사용에 대한 논란은 여전히 계속되고 있고 수많은 생태학적 연구와 의학적 연구가 수행되고 있으며 여러 규제들이 도입되었다가 개정되고 있다. 이 모든 것이 레이철 카슨의 유산이라고 할 수 있다. 그녀의 관찰 덕분에 DDT를 비롯한 많은 농약들을 무분별하게 사용하는 일은 다시 벌어지지 않을 것이 분명하다.

제9장 발암성 연구

파라셀수스는 사람만 연구했다. 그는 갈레노스 방식의 치료 대신 환자에 대한 자신의 관찰을 근거로 치료법을 개발했다. 그는 광부의 질병에 대한 연구에서도 자신이 볼 수 있는 증상과 신호에만 집중했다. 그가 말라 메탈로룸(mala metallorum)이라고 불렀던 질병은 아마도 채광 과정에서 비소나 방사성 먼지 때문에 발생한 폐암이었을 것이다. 그러나 그는 이 질병을 일으킨 원인물질을 확인할 만큼 광부의 노출 상황을 충분히 이해하지는 못했다.

그다음으로 밝혀진 화학물질에 의해서 사람에게 발생하는 암은 뜻밖에도 남성의 음낭에서 발병하는 질병을 연구하다가 발견되었다. 미국 독립혁명이 일어나기 1년 전인 1775년에 런던 성 바살러뮤 병원의 퍼시벌 폿경이 굴뚝 청소부들에게 음낭암이 발생한다고 보고했다. 당시에는 유럽 전역에서 굴뚝 청소에 아동을 고용하는 것이 일반적인 관행이었다. 폿에 따르면, "어릴 때 몹시 잔인한 대우를 받고 추위와 굶주림에 시달렸던 그들은 좁고 때로는 뜨거운 굴뚝 속을 기어오르는 과정에서 상처와 화상을 입으며 거의 질식 상태가 되기도 한다. 그들은 사춘기에 이르면 이상하게도 가장 역겹고 고통스럽고 치명적인 질병에 잘 걸린다." 그는 계속해서 이렇게 밝혔다. "그것은 그들이 이상하게도 잘 걸리는 질병이다. 굴뚝 청소부들은 음낭암과 고환암에 잘 걸린다." 그는 굴뚝 청소부의 음낭 피부가 접히는 부위에 검댕이 달라붙어서 음낭암이 발생한다고 추정했다.[1]

1세기 이상 지난 후에 역시 런던 성 바살러뮤 병원의 헨리 버틀린이 "굴뚝 청소부의 음낭암에 대한 세 번의 강연록"을 발표했다. 1892년에 발간된 첫 번째 강연록에서 그는 영국 이외의 지역에서는 음낭암이 거의 발생하지 않는다는 사실을 지적했다. 1878-1885년의 8년간 베를린에서는 단 1건도 발생하지 않았다. 1861년 파리에서도 사례가 없었고, 1881-1887년에는 보스턴의 시립병원에서 단 1건이 있었다. 그러나 그 기간에 런던에서는 여전히 음낭암 사례가 보고되었다.[2] 발간된 강연록에 따르면, 영국의 굴뚝 청소부는 목욕과 같은 개인위생에 충분히 신경을 쓰지 않았다. 반대로 다른 유럽 지역의 굴뚝 청소부 중에서 음낭암 환자가 상대적으로 없다는 사실은 목욕이나 깨끗한 옷과 같은 더 나은 위생 환경으로 설명할 수도 있었다. 버틀린은 음낭에 달라붙는 검댕에 포함된 타르가 암의 원인이라는 결론을 내렸다.[3] 그러나 타르에 포함된 화학물질이 어떻게 암을 일으키는지에 대한 정확한 설명은 불가능했다. 그 화학물질의 정체가 확인되고, 암의 진행 과정이 더 확실하게 밝혀져야만 했다.

• • •

파리에서 가장 오래된 병원인 오텔 디외 병원의 의사 마리 프랑수아 그자비에 비샤(1771-1802)는 기본적인 조직이 다양하게 분포되어 장기가 만들어진다는 아이디어를 제시했다. 암에는 주로 암이 발생한 장기의 이름을 붙이지만, 사실 암이 발생하는 곳은 장기를 구성하는 특별한 조직이다. 비샤는 현미경을 통해서가 아니라 장기에 대한 화학적 시험의 효과를 관찰함으로써 조직의 발달을 연구했다. 예를 들면 피부의 바깥층인 표피에는 전형적으로 바깥 표면이 있고 그 밑에는 기저막에 해당하는 섬유질 층이 있는데, 이를 상피세포라고 부른다. 기저막 아래에는 피부의 연결조직에 해당하는 진피가 있다. 진피에는 혈관, 림프계, 콜라겐, 그리고 피부를 하나의 층으로 유지시키고 더 깊은 곳의 근육과 신경조직에 연결시켜주는 섬유가 있다. 위와 소화계의 내장은 조직 구조가 훨씬 더 복잡한데, 분해되는 식품과 접촉하는 점액층과 상피, 연결조직, 근육조직이 있다. 그 밑에는 혈관이 들어 있는 점막하 연결조직 층이 있고, 그 밑에는 음식을 소화관으로 밀어보내는 역할을 하는 핵심 외근층이 있는데, 근육질 외대라고 부른다. 마지막으로 복막강과 접촉하는 외부층을 형성하는 연결조직의 막층이 있다.

비샤가 집중적으로 관심을 둔 곳은 심장 조직이었다. 그는 심장에 세 가지 종류의 조직이 있는데, 그 조직들이 각각 외부 막 연결조직의 심막염, 근육의 심근염, 내피세포가 들어 있는 내부 연결조직의 심내막염 등 세 가지 염증에 취약하다는 사실을 발견했다. 그는 또한 장기를 담그거나 말리거나 분해하는 등의 화학적 시험을 통해서 서로 다른 조직들을 구분했다.[4] 비샤는 질병에 대한 초점을 장기 전체로부터 다양한 조직으로 옮기는 데에 성공했다. 그의 시도 덕분에 특정한 질병이 동일한 유형의 조직을 가진 다른 장기에 영향을 미치는 경우를 이해할 수 있게 되었다.[5]

19세기 초에 우세했던 관점에 따르면 종양은 응고되고 퇴화된 림프로 구성된 것으로서, 그런 뜻에서 종양의 성장은 천연두와 같은 일반 질병에서 나타나는 농포와 유사했다. 그런데 요하네스 밀러가 1824년에 무색수차 현미경을 발명하면서 이 관점이 수정되었다. 무색수차 렌즈는 (전형적으로 붉은색과 푸른색의) 두 가지 파장을 같은 평면에 초점이 모아지도록 보정해준다. 과거에는 파장에 따라서 서로 다른 평면에 초점이 모아졌기 때문에 이미지의 왜곡이 발생했다. 사람의 암을 연구하는 병리학자였던 뮐러는 1830년에는 풍부한 경험을 가진 조직학자가 되었고, 1838년에는 질병이 발생한 조직에 대한 최초의 본격적인 현미경 연구를 발표했다. 그의 논문 「암의 본질과 구조적 특징」은 암종(癌腫)의 본질에 대한 현대적 개념의 기초가 되었다.[6] 암에 대한 그의 논문은 사람의 양성 종양과 악성 종양에 대한 현미경적 특징을 체계적으로 분석한 내용을 담고 있었다.

뮐러는 조직에 대한 비샤의 해석을 활용해서 세포의 비정상적 성장 때문에 암이 발생한다는 사실을 입증했다. 뮐러는 암이 세포적이며 특정한 암의 세포적 형태는 성장이 시작된 조직과 유사하다는 사실도 증명했다. 그는 악성 종양을 양성 종양과 분명하게 구분했고, 악성 종양은 제거한 후에도 스스로 재생되는 능력이 있다는 사실도 밝혀냈다. 그는 현미경적으로 보면 암이란 암이 발생한 세포의 특성을 유지하는, 세포의 비정상적 성장이라고 설명했다. 현미경 병리학의 창시자인 뮐러는 모든 독일 과학자들에게 영감을 주었다.[7]

· · ·

동물 연구는 화학물질이 암을 비롯한 사람의 만성적 질병을 일으키는 메커니즘을 이해하는 데에 중요한 수단이 되었다. 분명한 시간 범위 안에서 정해진 용량을 이용하여 실험을 진행할 수 있었기 때문이다. 그러나 동물 실험의 결과를 해석하는 일은 감염성 물질을 파악하거나 동물 독의 치명적 효과를 설명하는 것만큼 단순하지 않았다. 과학자들은 암의 원인을 찾기 위한 실험적 연구를 진전시키기 전에, 다양한 양상으로 나타나는 암이 무엇으로 구성되어 있는지를 먼저 파악해야 했다.

식물 생물학자들은 이미 식물세포가 다른 세포로 번식되는 세포 이분열의 특징을 발견했다. 뮐러의 제자들은 동물의 일생에 관한 세포적 특성을 정의하는 연구를 시작했다. 처음에는 마티아스 슐라이덴과 테오도어 슈반이라는 두 과학자가, 새로운 세포는 세포의 핵에 해당하는 "세포배아"로부터 유래되고 세포의 핵은 세포 바깥의 물질에서 유래된다는 잘못된 이론을 개발했다. 그러나 역시 뮐러의 제자였던 로베르트 레마크가 그들의 이론이 근본적으로 자연 발생설*과 다르지 않다고 지적했다. 1841년부터 닭의 배아 발생을 현미경으로 관찰했던 레마크는 동물에서도 세포 이분열로부터 새로운 세포가 만들어진다는 관점을 제안했다. 그는 1845-1854년간 여러 논문들을 발표했다. 뮐러의 또다른 제자였던 루돌프 피르호는 처음에 그의 이론을 반대했다. 결국 1858년에 피르호는 레마크의 관점을 넘어 「세포 병리학」이라는 논문을 발표했다. 이 논문으로 세포 이분열의 아이디어가 널리 알려졌다. 그는 "모든 세포는 다른 세포에서 만들어진다(Omnis cellula e cellula)"라고 주장했다. 이 말은 생명에서 세포의 중요성을 강조하는 구호가 되었다.[8]

1890년에 피르호의 조수였던 독일의 병리학자 다비트 폰 한세만이 세포의 핵을 연구할 수 있게 해준 염색 기법을 이용하여 인간의 암조직을 연구했다. 이 연구가 암세포의 염색체 이상에 대한 최초의 연구였다. 세포핵의 염색질**을 염색하는 헤마톡실린(hematoxylin)과 세포질을 염색하는 에오신(eosin)이 1860년대에 개발되어 1880년부터는 널리 사용되었다. 헤마톡실린은 멕시코 남부와 중앙아메리카에 서식하는 식물 로그우드에서 추출한 염료였고, 에오신은 합성 아닐린 염료였다. 한세만은 복제되고

---

* 생물이 저절로 등장한다는 아리스토텔레스의 이론으로, 19세기 말에 루이 파스퇴르와 로베르트 코흐가 미생물의 존재를 확인하기 전까지는 서양의 핵심 생명관이었다.
** 호염기성 염료로 쉽게 염색이 되는 DNA-단백질 복합체.

있는 암세포에서 비정상적으로 보이는 핵이 나타나는 퇴형성(anaplasia)*
에 주목했다. 그는 그런 세포를 퇴형성 세포라고 불렀다. 그는 유전물질
에서 나타나는 1차 변형 때문에 정상세포가 암세포가 된다고 주장했다.[9]

한세만의 이론은 7개의 부분으로 구성되어 있었고, 그중 3개는 세월의
시험을 견뎌냈다. 첫째, 암세포는 정상세포의 특화된 기능을 잃어버린다.
둘째, 암세포는 조직에서 독립적으로 존재하기 위한 능력이 있다. 셋째,
분화 능력의 상실이 일어난다. 그는 분화 능력의 상실이 퇴형성의 일부라
고 주장했다. 그는 또한 암세포가 처음 발생된 곳을 벗어나서 다른 장기로
전이되면서 세포와 핵의 형태가 점점 더 이상하게 변한다고 설명했다.[10]

그다음으로, 성게를 연구하는 실험 동물학자가 중요한 기여를 했다. 테
오도어 보베리는 1914년에 발간된 그의 중요한 저술 『악성 종양의 기원
에 대하여(*Zur Frage der Entstehung maligner Tumoren*)』에서 악성 종양의
특징과 기원에 대한 몇 가지 중요한 사실을 설명했다. 그는 중복 수정(授
精)된 성게 알의 발생에 대한 자신의 1902년 실험 결과로부터 악성 종양
이 비정상적인 염색체 구조의 결과일 수 있다고 추론했다.[11]

한세만의 중요한 발견이 자신의 발견과 밀접한 관련이 있다고 인식한
보베리는 퇴형성 세포의 변형된 상태가 환경에 따라서 달라진다고 설명했
다. 보베리에 따르면, 악성 종양은 흔히 발생 부위의 조직과 다른 조직의
세포를 닮았다. 그는 그런 변형된 성질 때문에, 악성이 아닌 세포에게 적
용되는 일반적인 제한을 받지 않고 증식하는 경향이 나타난다고 주장했
다. 보베리는 자신의 관찰을 근거로 악성세포의 결함이 핵의 세포질이 아
니라 핵에서 발생한다고 결론지었다. 그는 전파되고 심지어 전이 과정에
서도 변하지 않고 유지되는 단일세포의 결함에서 악성 종양이 발생한다

---

* 세포가 미숙한 발육 상태에서 자율성 발육을 획득한 상태.

는, 놀라울 정도로 예지적인 가설을 내놓았다.[12]

· · ·

한세만과 보베리의 연구 덕분에, 암은 염색체와 관련된 것으로 생각되었다. 1940년대 말에는 화학물질이 염색체의 유전부호를 변경시킬 수 있을 것이라는 의심이 제기되었다. 그러나 그 방법이 문제였다. 에든버러 대학교의 샤를로테 아우어바흐와 J. M. 롭슨은 화학물질에 의해서 발생하는 돌연변이의 근거를 증명한 최초의 과학자들이었다. 그들이 연구에 사용한 화학물질은 제1차 세계대전에서 사용되었던 유명한 겨자 가스*였다. 그들은 이미 파리를 대상으로 한 실험을 통해서 방사선이 돌연변이와 불임을 일으킨다는 사실을 알고 있었다. 그들이 1941년에 시험했던 겨자 가스에서도 비슷한 효과가 관찰되었다. 염색체 돌연변이의 메커니즘을 밝혀내기 위해서, 그들은 변형된 DNA를 현미경으로 볼 수 있는지를 확인하는 특별한 연구를 설계했다.[13]

연구자들은 염색체의 변화를 연구하기 위해서 식물과 곤충의 연구에 사용되는 기술을 빌려왔다. 우리는 흔히 염색체를 시가(cigar) 모양의 구조로 생각한다. 이는 체세포 분열 과정에서 염색물질이 밀집된 상태의 모습이다. 세포 분열을 하지 않을 때의 염색체는 현미경으로는 볼 수 없는 긴 끈과 같다. 과학자들은 유전적 손상을 찾아내기 위해서 세포가 두 개의 딸세포로 분리되기 전에 염색체들이 모두 정렬한 세포 복제 과정의 한 부분, 즉 중기(metaphase)의 염색체를 살펴본다. 염색체의 중기 분석은 세포 유전학이라고 부르는 분야에 속한다.[14]

---

* 황화 다이크로다이에틸 가스로, 노출된 피부에 수포(水疱)를 발생시키는 독가스.

사람의 체세포에서 23쌍으로 구성된 46개라는 염색체의 수가 정확하게 확인된 것은 1956년이었다.[15] 체세포의 세포 분열에서 2개의 딸세포가 만들어지려면 각각의 염색체가 복제되어야만 한다. 세포 복제의 과정을 보면, 각각의 염색체에는 긴 DNA 사슬이 들어 있고 DNA에는 대략 1,000개 정도의 유전자가 들어 있는데, 시가 모양의 형태가 되어야만 체세포 분열 과정에서 2개의 딸세포로 분리될 수 있다.

유전을 생각할 때 우리는 흔히 부모에게서 자손에게로 전해지는 유전적 특징, 즉 표현형(phenotype)을 생각한다. 획득한 돌연변이도 세대에서 세대로 전해질 수 있다. 이는 "생식세포 계열(germline)" 돌연변이라고 알려져 있다. 한 세대에서 다음 세대로 전해지는 겸상 적혈구 빈혈증의 변형된 헤모글로빈이 그런 사례이다. 최근에 발견된 사례인, 유방암 발생의 가능성이 높은 돌연변이성 BRAC1과 BRAC2 유전자 역시 한 세대에서 다음 세대로 전해진다.

1959년에 맥팔레인 버넷이 정리했듯이, 암은 "체세포"에서 유전되는 변화를 일으킨다. 체세포란 유성생식에 의해서 한 세대에서 다음 세대로 유전자의 전달이 이루어지지 않는 동물의 모든 세포를 말한다. 암의 발생과 관련해서는, 만약 체세포의 결정적인 유전자에서 돌연변이가 일어나면, 이 체세포가 암세포로 변할 가능성이 있다는 사실이 나중에 발견되었다. 이 과정에서 결국 체세포계에서 몇 가지 추가적인 돌연변이가 나타나게 된다.[16]

염색체와 DNA 구조의 발견이 세포 복제에서 일어나는 체세포 돌연변이의 유전을 분자 수준에서 이해하는 데에 필요한 근거를 제공했다. 암세포에서의 돌연변이의 특성과 유전도 이해할 수 있게 되었다. 라이너스 폴링이 밝힌 단백질의 나선 구조를 연구한 프랜시스 크릭과 제임스 왓슨은 로절린드 프랭클린의 X-선 결정학 결과를 근거로 1953년에 DNA의 이중

나선 구조를 제안했다.

그 구조의 골격을 살펴보면, 리보당과 인산기가 교대로 연결된 두 개의 사슬이 있고, 그 사슬의 내부에 고리 구조의 퓨린과 피리미딘 염기들이 약한 수소 결합으로 연결되어 있어서 구조가 유지된다. 크릭과 왓슨은 처음에는 서로 같은 종류의 염기들이 서로를 끌어당길 것이라고 생각했지만, 사실은 퓨린 염기가 피리미딘 염기와 수소 결합을 해서 구아닌(G)은 언제나 사이토신(C)의 짝이 되고, 아데닌(A)은 언제나 티민(T)의 짝이 된다는 결론을 얻었다. 그 결과, 일련의 G-C와 A-T의 염기쌍이 DNA의 상호보완적인 사슬에 유전부호를 만든다. 두 사슬이 서로 분리되면, 상호보완적인 사슬의 DNA 복제가 일어나서 다시 2개의 동일한 이중나선 구조가 만들어진다.[17]

크릭과 왓슨은 자신들의 모형이 DNA 복제에 어떤 의미를 가지고 있는지는 이해했지만, 세포 속 DNA의 구체적인 역할을 파악하지는 못했다. "우리의 DNA 모형은 [복제라는] 첫 과정에 대한 간단한 메커니즘을 제공했지만, 지금으로서는 두 번째 과정이 어떻게 진행되는지는 이해하지 못한다. 그러나 우리는 그 선택성이 염기쌍의 정확한 서열에 의해서 표현된다고 믿는다."[18]

1959년에 프랜시스 크릭은 생화학자 시드니 브레너가 만들어낸 "코돈 (codon)" 개념을 널리 알렸다. 코돈은 단백질 합성에 관여하는 기본 단위를 뜻했지만, 그 단위가 무엇을 의미하는지는 완전히 밝혀지지 않은 상태였다. 국립 보건연구원의 마셜 니렘버그는 독일에서 온 젊은 박사후 연구원인 J. 하인리히 마테이와 함께 합성 RNA를 이용한 일련의 실험을 시작했다. 두 연구자는 RNA가 단백질을 만들기 위해서, 아미노산을 결합하는 DNA 속에 부호화되어 있는 "메시지"를 어떻게 전달하는지 그 과정을 파악했다. 이 실험은 유전부호에 대한 니렘버그의 획기적인 연구의 기초가 되었다. 1961년에 페닐알라닌이라는 아미노산에 해당하는 RNA "부호"를 알아낸 이 과학자들은, 단백질 형성에 사용되는 20개의 아미노산 모두에 대한 고유한 부호를 찾아내는 일을 시작했다.[19] DNA 복제의 구조와 과정에 대한 이 정보는 암의 발생과 전파를 이해하는 데에 기초가 되었다.

예를 들면 X-선이나 겨자 가스가 DNA의 골격을 깨뜨려서 염색체의 일부를 제거해버리는 것처럼, 화학물질은 DNA에도 광범위한 세포 유전학적 손상을 일으킬 수 있다. 염색체 사이에서 유전물질의 교환—염색체 전좌(translocation)—과 같은 손상도 있다. 그런 종류의 화학물질을 클라스토젠(clastogen)*이라고 부르고, 그렇게 발생한 손상은 현미경을 통한 세포 유전학적 분석으로 확인할 수 있다. 샤를로테 아우어바흐와 그녀의 동료들은 초파리의 염색체 분석에서 겨자 가스에 의한 유전학적 손상인 염색체 전좌와 염색체 단절을 확인했다. 이는 제1차 세계대전에서 사용되었던 (그리고 제2차 세계대전에서도 여전히 존재하던) 화학물질이 유전물질에 영향을 줄 수 있다는 사실을 최초로 확인한 것이다. 그러나 그들의 연구 결과는 화학무기 관련 연구에 대한 전시(戰時) 규제 때문에 1946년에서야 발표되었다.[20]

가장 잘 알려진 염색체 전좌는 22번 염색체의 일부가 9번 염색체의 더 짧은 부분과 교환되는 만성 골수성 백혈병의 경우이다. 22번 염색체는 이미 길이가 짧지만, 염색체 전좌로 만들어지는 새로운 22번 염색체는 길이가 더욱 짧다. 이는 펜실베이니아 대학교 의과대학의 피터 노웰이 1960년에 확인했기 때문에 비정상적으로 짧은 새로운 염색체를 "필라델피아 염색체"라고 부르게 되었다. 그런 재배열에 의해서 일반적인 염기서열에서는 함께 있지 않을 두 유전자가 서로 인접한 곳에 위치하게 되고, 합쳐진

---

* 염색체 사슬의 절단을 유발시켜서 염색체에 구조적 변이를 일으키는 화학물질.

유전부호에 의해서 만들어지는 단백질이 세포의 복제를 통제하지 못하게 되어버린다. 그 결과 골수에서 백혈구가 연속적으로 생산되면서 백혈병이 발생한다. 화학물질은 어떤 환경에서도 염색체 전좌를 일으킬 수는 있지만, 지금까지도 필라델피아 염색체나 만성 골수성 백혈병을 일으키는 다른 화학물질이나 원인은 밝혀지지 않았다.

제10장 발암물질은 어떻게 만들어질까

사람에게 발생하는 암에 대한 초기의 이해를 근거로, 퍼시벌 폿이 최초로 설명한 피부암의 발생을 더욱 자세히 파악하기 위해서 동물을 이용한 발암 연구가 시작되었다. 그러나 다음 단계에서는 굴뚝의 검댕 대신에 석탄에서 상업용으로 생산한 제품이 사용되었다. 1845년에는 아우구스트 빌헬름 폰 호프만이라는 독일의 젊은 화학자가 빅토리아 여왕의 부군인 앨버트 공의 개인적인 초청으로 런던으로 이주하여 영국의 실용화학을 발전시킬 목적으로 왕립 화학대학교를 설립했다. 코크스 생산과 조명용 석탄 가스에서 발생하는 석탄의 폐기물인 콜타르를 비롯하여 천연물로부터 성분을 추출하고, 분석하고, 시험하는 것이 그의 주목적이었다. 코크스는 철 생산에 꼭 필요했고, 석탄 가스는 밀랍 양초와 고래기름 램프를 대체한 최초의 물질이었다. 콜타르는 선박이나 지붕의 방수에 쓰는 피치(pitch, 역청)나 목재 침목의 보존에 사용하는 크레오소트(creosote)* 등으로 용도가 다양했다.[1]

---

* 콜타르의 증류에서 얻어지는 페놀류의 혼합물로 의약품이나 보존재로 사용했다.

리하르트 폰 폴크만(1830-1889)과 같은 독일 의사들의 노력 덕분에 콜타르 작업자들에게 피부암이 많이 발생한다는 사실이 널리 알려졌다. 버틀린도 콜타르 피치를 생산하는 작업자들에게 피부암이 발생한다는 사실을 보고했다. 오늘날에는 석유에서 가스와 오일을 비롯한 다양한 화학 소재를 생산하지만, 당시에는 석탄에서 콜타르 피치를 생산했다.[2]

과학자들은 콜타르가 유발하는 암의 구체적인 원인을 이해하기 위해서 실험동물을 사용했다. 당시에는 화학적으로 유발된 상피성 암을 실험적으로 생성한 적이 없었다. 그러나 일본 도쿄제국대학교 의과대학 병리학 연구소의 야마기와 가쓰사부로와 이치카와 고이치는 적절한 조건만 찾으면 실험동물에도 암을 유발시킬 수 있다고 믿었다. 그들은 토끼의 귀에 정제하지 않은 콜타르를 반복적으로 바르는 실험을 통해서, 사람의 암과 유사한 피부암이 발생하는 네 가지의 뚜렷한 단계를 확인할 수 있었다. 제1기에는 상피세포가 부정형으로 성장하면서 곧바로 염증이 발생한 귀가 부어오른다. 이때, 세포 분열이 늘어나고 세포의 수가 비정상적으로 증가하는 "과다형성"으로 이어지는 분열상을 현미경으로 볼 수 있다. 제2기에는 양성 종양으로 확인된 새로운 세포 증식이 나타난다. 제3기에는 현미경 검사에서 이상한 모양의 비정상적으로 크고 어두운 핵을 가진 비정형세포의 고도 증식이 나타난다. 이는 초기 단계 상피성 암의 전조이다. 이것은 결국 악성세포로 성장해서 주변 피하조직의 아래쪽과 측면으로 침범하고, 정맥과 림프관 속으로 성장하면서 귀 연골을 파고들고, 다시 궤양성 성장을 계속한다. 제4기에는 국소 림프절이 부어오르며, 현미경으로 살펴보면 그 속에서 1차 종양으로부터 전이된 종양이 발견된다. 다른 연구자들도 크레오소트를 비롯한 여러 가지 콜타르 증류 성분으로 수행한 실험에서 같은 결과를 얻었다.[3]

런던 암병원연구소의 어니스트 L. 케너웨이(1881-1958)와 그의 연구진을 중심으로 하는 영국의 연구자들이 타르에 포함된 다양한 발암 성분을 조사하는 가장 분명한 시도를 시작했다. 1933년에 제임스 W. 쿡과 케너웨이의 연구진은 런던 암병원연구소에서 개발한 분광학적 방법을 이용하여 다중고리 방향족 탄화수소(PAH) 중의 하나인 벤조피렌을 발견했다. PAH란 불완전 연소에서 형성되는 복잡한 유기화합물이다. 이 PAH가 콜타르의 핵심적인 발암 성분으로 확인되었다. 또한 검댕과 콜타르에서 정제된 다른 PAH의 상대적 발암성을 마우스의 피부 실험을 통해서 체계적으로 비교하는 연구가 진행되었다.[4]

아이작 베런블럼과 필리프 슈비크는 1940년대에 옥스퍼드 대학교에서 일련의 동물실험을 수행했다. 그들은 벤조피렌을 비롯한 PAH를 사용한 동물실험을 통해서 화학물질이 암을 유발하는 생물학적 메커니즘을 연구했다. 그들은 PAH를 한 번만 투여해도 정상세포가 비가역적으로 잠재적 종양세포로 변화되기 "시작한다"는 사실을 밝혀냈다. 다른 화학물질도 세포의 종양화를 촉진할 수 있었지만, 몇 달에 걸쳐서 반복적으로 투여해야만 했다. 구체적으로는 벤조피렌을 한 번 투여한 후에 크로톤 유(油)를 반복적으로 투여하는 것만으로도 종양 발생을 유도할 수 있었다. 크로톤 유는 식물의 씨앗으로부터 생산하는 기름으로 피부에 심한 자극을 준다.[5]

이 연구로 화학물질에 의해서 암이 발생하는 과정을 이해하는 데에 결정적인 돌파구가 마련되었고, 화학물질에 의한 발암 메커니즘이 물질에 따라서 다를 수 있다는 사실이 알려졌다. 개시제(開始劑)의 역할을 하는 화학물질이 결국 세포의 DNA와 반응해서 유전적 변화를 일으키고, 딸세포에게 전달되는 유전적 변화인 돌연변이를 일으킨다는 사실이 밝혀진 것이다. 촉진제 역할을 하는 화학물질이 결과적으로 유전자의 조절에 변화를 일으키고, 유전자의 발현이나 단백질 합성 능력을 변화시키는 것으로 확인되었다.

20세기 전반부에는 화학물질이 돌연변이를 유발시켜서 암을 일으키는지가 분명하지 않았다. 돌연변이 유발물질이지만 발암물질은 아닌 물질도 있고, 발암물질이지만 돌연변이 유발성은 없는 물질도 있었기 때문이었다.[6] 돌연변이를 유발하는 것으로 밝혀진 최초의 물질인 겨자 가스의 경우, 실험동물에서 종양을 발생시키는 가능성에 대한 확실한 증거를 찾지는 못했다. 1962년까지도 데이비드 클레이슨은 암을 일으키는 많은 화학물질이 돌연변이를 일으키지 않고 겨자 가스와 같은 돌연변이성 화학물질은 발암성이 아니라는 것이 현재의 지식 상태라고 보고했다.[7]

1950년대 초에는 제6장에서 소개했던 국립 암연구소의 존과 엘리자베스 와이스버거가 일부 약품을 포함해서 발암성이라고 알려진 화학물질이 그 자체로는 반응성이 없지만 몸속에서는 암을 일으키는 다른 물질로 변환될 가능성을 살펴보고 있었다. 암을 일으키는 대부분의 화학물질은 본질적으로 반응성 물질이 아니다. 반응성인 물질은 환경에서 다른 물질과 반응해서 비활성으로 바뀐다. 그러나 그런 법칙에는 예외가 있다. 반응성이어서 호흡기관의 분자 성분들과 직접 반응하는 폼알데하이드가 그렇다. 그러나 폼알데하이드는 예외였고, 방향성 아민이나 벤조피렌과 같은 PAH처럼 겉으로 보기에는 비활성인 유기물질이 어떻게 암을 일으킬 수 있는지를 알아내는 것이 일반적인 발암 연구의 목표가 되었다.

본래 살충제로 개발되었던 방향성 아민 AAF는 1941년에 마우스, 래트, 햄스터, 토끼, 여러 종류의 가금류에서 암을 일으키는 것으로 밝혀져서 시장에 출시되지 못했다. 그리고 암이 발생하는 부위도 간, 젖샘, 방광, 폐, 눈썹, 피부, 뇌, 갑상선, 부갑상선, 침샘, 췌장, 위장관, 신장, 자궁, 신우(腎盂), 요로, 근육, 가슴샘, 비장, 난소, 부신, 뇌하수체 등으로 매우 다양했다. 그런 전과를 가진 방향성 아민 AAF는 종양 발생학 연구의 유용한 모형이 될 수밖에 없었다.

와이스버거 부부는 AAF를 연구했을 뿐만 아니라 발암물질을 시험하는 표준적 절차를 개발하기도 했다. AAF는 염료 산업에서 방광암을 일으키는 것으로 확인된 방향성 아민의 일종이다. 와이스버거 부부는 그런 종류의 화학물질이 사람에게 방광암을 일으킬지 그 상대적 가능성을 예측하기 위한 동물 모형을 개발했다. 내가 존 와이스버거와 함께 미국 보건재단에서 일했던 것은 행운이었다. 그는 국립 암연구소의 발암성 연구에 대해서 많은 이야기를 알고 있는 유쾌한 사람이었다. 존은 멋진 흰 머리와 부드러운 음성을 가지고 있었다. 그에게서 여러 이야기를 들었던 나의 딸 조애나는 그를 "작은 버니 토끼"라고 불렀다.

와이스버거 부부가 암을 일으키는 화학물질을 활성화시키는 대사의 역할을 처음으로 연구했던 것은 아니었다. 제임스와 엘리자베스 밀러 부부는 위스콘신 대학교 매커들 암연구소를 설립했다. 그들은 방향성 아민과 어느 정도 관련이 있고, 토끼에게 간암을 일으키는 것으로 확인된 발암성 염료인 버터옐로(p-다이메틸아미노아조벤젠)를 연구했다. 1948년에 밀러 부부는 버터옐로를 토끼에게 투여하면 18종의 알려진 대사물질이 만들어지는데, 그중 하나가 간암을 일으키는 4-모노메틸아미노아조벤젠이라는 사실을 밝혀냈다. 그리고 그것이 전구체인 버터옐로와 같은 정도의 발암성을 가진 발암성 대사물질이라는 사실도 확인했다.

영국 북부에 있는 리즈 대학교의 데이비드 클레이슨은 조지아나 본서와 함께 AAF의 여러 가지 대사체의 활성을 조사하고 있었다. 그들은 1953년에 방향성 아민이 대사 과정에서 오소-하이드록실아민으로 변환되고, 그것 때문에 발암성이 나타난다는 가설을 제시했다. 마침내 밀러 부부는 암을 일으키는 AAF의 대사체 형성의 모든 과정을 밝혀냈다. 그들이 연구했던 다른 화학물질은 흡연 과정에서도 발견되고, 방광암 형성과 관련된 것으로 밝혀진 4-아미노바이페닐이었다. 밀러 부부는 1895년에 렌이 독일 작업자들에게 방광암을 일으킨다고 보고했던 염료를 비롯하여 여러 화학물질의 발암성에 대한 연구를 1966년까지 계속했다. 매사추세츠 공과대학의 제리 워건은 자연 상태의 곰팡이에서 발견되고 인체 암의 중요한 원인인 아플라톡신 역시 대사적 활성화가 필요하다는 사실을 발견했다. 담배 연기와 콜타르에서 발견되는 PAH를 연구한 과학자들도 있었다. 그런 물질들은 모두 발암성을 나타내는 데에 반드시 대사 과정이 필요했다. 1960년대 중반까지 여러 종류의 발암물질에서, 발암물질로 대사가 된 후에 DNA와 반응하도록 활성화되는 과정이 밝혀졌다. 엘리자베스와 제임스 밀러는 그렇게 활성화된 화학물질을 "발암 전구물질(proximate carcinogen)"이라고 불렀다.

알려진 인체 발암물질은 대부분 변환이 필요하지만, 그렇지 않은 경우도 있다. 핵 수용체와 상호작용하는 화학물질인 전사 인자(transcription factor)는 일반적으로 발암성을 나타내는 과정에 대사를 필요로 하지 않는다. 래트에게 간암을 일으키는 것으로 확인된 페노바르비탈과 같은 의약품을 비롯해서 폴리염화바이페닐(PCB)과 염화다이옥신이 모두 그런 부류에 속한다. 나중에 소개하겠지만, 역시 그런 부류에 속하는 에스트로겐도 사람에게 유방암을 비롯한 여성암의 위험을 증가시킬 수 있다.

· · ·

활면 소포체라고 부르는 간세포의 세포기관이 다양한 발암물질을 DNA와 반응하는 발암 전구물질로 변환시키는 핵심 대사 체계이다. 세포의 내부에는 핵과 세포질을 구분해주는 핵막, 활면 소포체, 조면 소포제 등 여러 가지막 구조가 있다. 조면 소포체는 세포 내부에서 단백질을 합성하는 곳이고, 활면 소포제는 일반적으로 P450이라고 부르는 광범위한 생체 이물질을 대사시켜주는 효소가 작동하는 곳이다. 철을 함유한 효소는 분광기로 감지할 수 있는 가시광선의 특정 주파수를 흡수한다. 사이토크롬(cytochrome) P450이라는 효소의 이름은 일산화탄소와 결합하면 450밀리미크론의 파장을 가진 치명적인 빛을 강하게 흡수하기 때문에 붙여진 것이다.

후속 연구에서 화학물질들이 바로 이 사이토크롬 P450의 도움을 받아서 발암 과정을 개시시킬 수 있는 돌연변이체로 변환된다는 사실이 밝혀졌다.[8] 간은 몸의 대사 엔진으로서, 몸으로부터 화학물질을 제거하는 것이 1차적인 임무이다. 간의 P450은 화학물질이 물에 더 잘 녹도록 만들어서 소변으로 배출되도록 하는 역할을 한다. 그러나 P450에 의해서 만들어지는 화학적 변화로부터 반응성이 있고 암을 일으키는 발암물질이 만들어질 수도 있다.

사이토크롬 P450 효소는 화학물질에 산소를 결합시켜주는 철-포르피린 착물을 가지고 있지만, 몸의 다른 부분에서는 비슷한 구조의 P450이 화합물질에 산소를 결합시켜서 호르몬을 생성한다. 그런 종류의 효소는 신장 위쪽에 위치해서 염증과 관련된 스테로이드 호르몬을 만들고, 신장에서 배출되는 소듐과 포타슘의 균형을 조절하는 부신(副腎)의 피질에서 처음 연구되었다. 스테로이드 호르몬 생산에 사용되는 원료는 식품의 일부로 섭취하거나 몸속에서 합성되기도 하는 콜레스테롤이다. 콜레스테롤은 세포막과 테스토스테론과 에스트라디올* 등의 호르몬을 비롯한 몸 안의 다양한 화학적 구성물질을 만드는 재료이다. 뉴욕 터카호에 있던 버로스 웰컴 기업의 연구자들이 간에 두 종류의 P450이 있다는 사실을 밝혀냈다.

---

* 에스트로겐 중에서 가장 강력한 여성 호르몬.

한 종류는 동물에 약물 페노바르비탈을 투여하면 늘어나고, 다른 하나는 3-메틸콜란트렌이라는 PAH를 투여하면 늘어난다.[9] 결국 후자는 PCB와 염화다이옥신을 포함한 여러 화학물질의 발암 메커니즘에 관여하는 것으로 알려졌다.

몸에서 중요한 역할을 하는 다른 단백질에는 철-포르피린 착물도 포함된다. 그중 하나가 산소와 반응하여 이산화탄소, 물, 그리고 몸의 중요한 에너지원인 ATP를 생산하는 사이토크롬 산화효소이다. 산소와 결합하는 단백질인 헤모글로빈도 마찬가지이다. 헤모글로빈의 철이 끌어당긴 산소가 혈관을 통해서 폐로부터 몸의 여러 부분까지 운반되어 사이토크롬 산화효소와 반응하면 에너지가 생산된다. 일산화탄소 역시 헤모글로빈에 결합하여 산소를 운반하지 못하도록 만들기 때문에 세포의 질식을 일으킨다.

효소는 촉매이다. 효소는 정상적인 체온에서는 일어나지 않는 화학반응을 실제로 일어나도록 해준다. 몇몇 화학반응이 일어나려면 에너지 장벽*을 극복해야만 하는데, 기질이 효소에 결합하면 분자의 전기적 환경이 변화해서 화학반응이 일어날 수 있게 된다. 효소는 몸 전체에 작용한다. 예를 들면, 술을 마시면 몸에서 일반적인 알코올인 에탄올을 대사시키는 1차 효소인 알코올 탈수소 효소가 아세트알데하이드를 생성시킨다. 차례로, 또다른 효소인 알데하이드 탈수소 효소가 그것을 아세트산으로 빠르게 대사시킨다. 아세트산은 식초에 들어 있는 산이기도 하고, 소변으로 쉽게 배출된다.

이제는 다양한 사이토크롬 P450이 비슷한 메커니즘을 통해서 몸에 유입되는 의약품이나 화학물질을 대사시키는 주요 경로라는 사실도 알려졌다. 이제 그런 효소들은 빛의 흡수와 관련된 옛 용어인 P450 대신 CYP라고

---

* 활성화 에너지(activation energy)라고 부르기도 한다.

부른다. PCB나 다이옥신과 같은 화학물질에 중요한 CYP1A1과 CAP1A2가 생성되어서 설치류의 간 종양이나 인간의 흑색종을 일으키는 역할을 하는 것으로 알려져 있다. 그런 화학물질과 핵 수용체의 상호작용 중에 아릴 탄화수소(aryl hydrocarbon) 수용체를 말하는 Ah 수용체 역시 여러 가지 세포 조절 경로를 변화시킨다. 이제는 화학물질과 의약물질의 제독(除毒), 지방산의 대사, 스테로이드 호르몬 생합성, 담즙산 대사, 비타민 D 변환 등을 포함하는 다양한 기능에 관여하는 것으로 밝혀진 55종의 CYP 효소가 확인되었고, 유전자의 염기서열도 알려졌다. 그중 몇 종류만이 암 생성에 중요한 역할을 한다.[10]

제11장 유전자에 직접 영향을 주는 발암물질

1950년대 말에 왕립 암병원 체스터 비티 연구소의 P. D. 롤리와 P. 브룩스는 겨자 가스가 DNA에 결합해서 만들어지는 DNA 부가물을 연구하여, 겨자 가스가 DNA의 특정한 구아닌에 결합한다는 사실을 발견했다.[1] 그리고 1960년대 초에 롤리와 브룩스는 겨자 가스와 구아닌의 특정한 N7 위치 사이에서 일어나는 반응이 이온화의 상태를 변화시켜서, 구아닌과 사이토신 사이의 정상적인 염기쌍 특성에 영향을 준다고 지적했다. 그들은 DNA의 아데닌이나 사이토신의 N1 위치의 알킬화에서도 똑같은 일이 일어난다면, DNA에 들어 있는 그런 염기들이 수소 결합을 할 수 없게 될 것이라고 주장했다.

이 변화는 DNA의 정상적인 복제를 방해하고, 그 결과 짝짓기 오류에 의한 "점 돌연변이(point mutation)"가 일어나서 유전부호가 변화된다.[2] 점 돌연변이란 유전부호에서 하나의 염기쌍 복제에 변화가 발생한다는 뜻이다. 1964년에 롤리와 브룩스는 그런 화합물들의 발암성을 설명해주는, 마우스 피부에서의 DNA와 화합물의 결합에 대한 연구 결과를 발표했다.[3] 그후에 다른 연구자들도 나이트로소아민, AAF, 아조 염료를 비롯한 몇

가지 다른 종류의 발암성 화학물질들에 대해서 비슷한 결과를 보고했다.[4]

　엘리자베스와 제임스 밀러는 대사성 효소의 활동으로 생성되는 활성화된 화합물에 대해서 "발암 전구물질"이라는 용어를 만들었다. 그들은 퓨린이나 피리미딘의 질소와 같은 DNA의 친핵 중심과 반응하는 반응성 친전자체(electrophile)의 형성이 화학적 성질의 활성화를 일으킨다고 보았다. 카보늄이 그런 친전자체의 한 사례인데, 카보늄은 검댕에 들어 있는 PAH 분자의 일부이면서 양전하를 가지고 반응성이 크고 불안정한 탄소 이온이다. 화합물의 탄소가 양전하 때문에 DNA에서 전자가 풍부한 질소와 결합할 수 있게 된다.[5]

　위스콘신 대학교에서 밀러 부부와 함께 연구했던 프레드 캐들러바가 후속 연구에서 몇 가지 방향성 아민과 PAH가 DNA의 구아닌 염기와 공유결합으로 반응하는 현상을 관찰했다. 그 과정에서 알킬화 부가물의 크기가 작은 메틸이나 에틸기 대신, "부피가 큰" 부가물이 만들어진다. 캐들러바는 DNA 복제 과정에서 일어나는 실제 사건들을 정리하기 위해서 AAF와 벤조피렌과 같은 발암물질의 부가물이 들어 있는 DNA의 공간 채움 분자 모형을 연구했다. 그는 발암물질의 부가물이 구아닌의 염기 짝짓기 영역에 결합하는 과정에서, 부가된 구아닌에 사이토신 대신 다른 구아닌과 짝짓기가 되는 오류가 발생할 수 있다는 사실을 발견했다. 겨자 가스의 영향으로 DNA에 짝짓기 오류가 발생하는 것과 비슷한 일이다. 이 발견은 PAH와 방향성 아민으로 발생하는 점 돌연변이에 대한 분자적 근거가 되었다.[6]

　독성학의 다음 중요한 돌파구는 캘리포니아 대학교 버클리의 미생물학자가 마련했다. 브루스 에임스가 찾아낸 장티푸스 열을 일으키는 살모넬라 티피무리움(*Salmonella typhimurium*)의 돌연변이 변종은 더 이상 필수 아미노산인 히스티딘을 만들지 못하기 때문에, 단백질을 만들어서 생존하려면

이 영양분을 환경으로부터 공급받아야만 했다. 그러나 박테리아가 화학적 노출을 통해서 다시 한번 첫 돌연변이를 되돌리는 돌연변이를 일으키면, 필요한 히스티딘을 다시 생산할 수 있게 된다. 1972년에 에임스는 제임스 밀러와 함께 AAF를 연구했다. 그들은 AAF의 대사체가 모(母)화합물보다 돌연변이성이 더 강하다는 사실을 발견했고, 발암 전구물질을 생산하기 위한 대사의 필요성을 확인했다.[7] 에임스는 그해에 PAH에 대해서도 비슷한 논문을 발표했다.[8] 다음 해에 에임스는 배양 과정에서 간 균질액의 마이크로솜 부분이 포함되도록 자신의 시험 절차를 변경함으로써 대사를 통해서 화합물을 발암 전구물질로 변환시켰다. 결과적으로 아플라톡신, 벤조피렌, 아세틸아미노플루오렌, 벤지딘, 다이메틸아미노-트랜스-스틸벤을 비롯한 18종의 발암물질이 돌연변이성이라는 사실을 발견했다. 그런 화합물들은 더해진 간 균질액으로 활성화되고, 결과적으로는 간의 효소로 만들어진 대사체들이 돌연변이 잠재물질을 형성했다.[9]

몇 년이 지나자, 에임스의 돌연변이성 시험법은 잠재적 유전자 독성을 가진 발암물질을 구별하는 데에 최적의 표준이 되었다. 또한 간 효소 활성화 체계가 추가됨으로써 대사적 활성화가 필요한 돌연변이체와 그렇지 않은 돌연변이체를 구분할 수 있게 되었다. 에임스 검사(Ames assay)는 비교적 쉽게 얻을 수 있는 메커니즘에 대한 정보를 제공했기 때문에, 독성학에서 믿을 수 없을 정도로 중요해졌다. 에임스 검사를 이용하면 동물에서의 발암성에 관한 동물실험보다 훨씬 더 적은 비용으로 잠재적 유전자 독성 발암물질을 구별할 수 있다.

브루스 에임스는 자신의 박테리아 시험 체계에서 발암성 화학물질로 발생한 돌연변이가 박테리아의 유전부호를 변경시킬 수 있다는 결론을 내렸다. 그의 연구는, 화학물질이 DNA 염기쌍과의 상호작용을 통해서 복제 과정에 DNA 염기서열의 염기쌍을 추가하거나 제거하는 "구조 전환(frameshift)" 돌연변이*에 집중되었다. 구조 전환 돌연변이는 "점 돌연변이"의 일종으로, 염기 하나의 변경이 유전부호에 유전 가능한 변화를 발생시킨다. 단순한 알킬화 물질과 같은 다양한 발암물질에 의해서 발생하는 점 돌연변이의 다른 유형으로는 짝짓기 오류에 의해서 발생하는 단순한 염기쌍 치환이 있다. 그런 돌연변이는 간세포질의 마이크로솜에 의해서 더욱 심각해지는 것으로 밝혀졌다.[10]

· · ·

세포는 화학물질 때문에 돌연변이가 일어난 DNA를 복구할 수 있는 몇 가지 효소를 가지고 있다. DNA 복구 효소는 1974년 프랜시스 크릭 연구소의 토마스 린달이 처음 발견했고, 그는 그 공로로 2015년 노벨 화학상을 수상했다. 그의 연구 이후로 다양한 종류의 DNA 복구 효소가 확인되었다. 린달이 발견한 것은 하나의 손상된 염기가 삭제를 통해서 복구되는 과정을 설명하는 "염기 삭제 복구(base excision repair)"였다. 뉴클레오타이드 삭제 복구라고 부르는 복구 효소는 노스 캐롤라이나 대학교의 아지즈 산자르가 발견했고, 그는 노벨상을 수상한 최초의 터키 과학자가 되었다. 2015년 노벨 화학상의 세 번째 수상자는 DNA의 성실한 복제에 문제가 생길 경우에 소환되는 복구 효소를 발견한 듀크 대학교의 폴 모드리치였다. 이 복구 과정은 화학물질 때문에 발생하는 DNA 손상이 아니라, 다양한 조직의 줄기세포에서의 정상적인 DNA 복제 과정에서 흔히 일어나는 "불운(bad luck)" 돌연변이를 바로잡기 위해서 일어난다. 전체적인 과정은

---

* 3의 배수가 아닌 몇 개의 염기가 삽입 또는 결실되어서 전혀 다른 아미노산 배열을 가진 단백질이 합성되는 돌연변이.

부정합 복구(mismatch repair)라고 부른다. 잘못된 염기쌍을 감지해서 DNA의 잘못된 부위를 잘라내버린 후에, DNA 중합효소가 잃어버린 뉴클레오타이드를 되살려주는 것이다. 이 세 가지 복구 메커니즘은 여러 메커니즘 중에서 처음으로 발견된 것이었다.[11]

점 돌연변이는 암으로 발전할 수 있는 유일한 염색체 변이가 아니다. 세포 유전학적 분석을 통해서 염색체에 대량 손상을 일으킬 수 있는 것으로 알려진, 화학물질에 의한 염색체 이상 유발 효과는 다른 종류의 돌연변이도 일으킬 수 있다. 점 돌연변이와는 달리, 이러한 돌연변이는 보통 복구가 불가능하다. 예컨대, 벤젠이 급성 골수성 백혈병을 발생시키는 메커니즘이 그런 경우이다. 벤젠은 간에서 페놀이나 하이드로퀴논 등에 의해서 하이드록시화된 생성물로 대사가 되기 때문에, 대단히 광범위한 시험에서도 돌연변이성이 확인되지는 않았다. 벤젠과 그 대사체의 DNA 부가물을 살펴보기 위해서 과학자들은 두 가지 방법을 사용했다. 방사선 표지를 부착한 벤젠을 사용해서 생화학적으로 분리한 DNA 부분으로부터 방사선을 확인하는 것이 그중 한 가지 방법이었다. 질량 분석기라는 정교한 장비를 이용해서 DNA 부가물을 확인하는 방법도 있었다. 그러나 그 어떤 방법도 DNA 부가물에 대한 확실한 증거를 보여주지는 못했다.

벤젠과 그 대사체들은 점 돌연변이를 일으키는 대신에, 염색체의 절단(break)과 DNA의 두 가닥 모두의 절단, 즉 결손(deletion)을 유발한다. 다른 발암물질들과 마찬가지로 벤젠도 간에서 P450에 의한 대사가 필요하다. 벤젠의 하이드록시화된 대사체는 전체 염색체를 살펴보아야만 관찰할 수 있는 종류의 손상인 염색체 이상 유발성(calstogenicity)에서 양성 반응을 일으킬 수 있다. 더욱이 벤젠의 결과를 다른 염색체 이상 유발체들과 비교해보면, 양성 반응의 패턴이 국소 이성화 효소(topoisomerase) II라고 부르는 효소의 억제제와 가장 많이 닮았다. 벤젠 대사체들도 성공적인 DNA 복제 과정에 꼭 필요한 효소인 국소 이성화 효소 II를 억제하는 것으로 확인되었다.[12]

세포에서 복제가 진행되지 않을 때에는 염색체를 구성하는 두 가닥의 긴 DNA가 상대 가닥과 결합해서 이중나선 구조를 유지한다. 세포 분열의 초기 G1기(GI phase)에는 세포가 뉴클레오타이드를 합성해서 염색체의 새로운 가닥을 만들 준비를 한다. 이 단계의 세포는 그동안 발생했던 DNA 손상을 복구하기 위해서 노력한다. S기(S phase)에는 DNA의 두 가닥이 분리되고, 상보적 염기들이 결합해서 두 개의 동일한 새로운 23쌍의 염색체가 만들어진다. 다음에 DNA의 긴 가닥들이 염색체로 모아지는 M기(M phase)에는 2개의 딸세포가 분리된다. 마지막으로 염색체들이 딸세포 속에서 풀어지면서 DNA가 그 기능을 수행할 수 있게 된다.

휴지(休止) 세포에 들어 있는 긴 가닥의 염색체들은 서로 뒤엉켜서 매듭을 만들기도 한다. 그런데 염색체의 사슬에 매듭이 생기면, 염색체의 복제가 일어날 수 없다. 사슬의 매듭을 푸는 일은 거의 불가능하기 때문에 국소 이성화 효소 II라고 부르는 특별한 효소가 DNA의 두 가닥을 모두 잘라내고, 초나선 부분(supercoiled part)을 풀어헤친 후에 다시 꿰어맞추어 매듭이 풀리도록 한다. 그러나 그런 과정에서 오류가 발생하면, 이중 가닥이 절단되어서 염색체의 일부가 소실되는 일이 벌어진다. 국소 이성화 효소 II는 유방암과 폐암을 비롯한 다양한 암의 첨단 치료법인 에토포사이드(etoposide)와 독소루비신(doxorubicin) (및 그 유도체들) 등의 여러 가지 항암 화학요법의 목표이다. 국소 이성화 효소의 독성은 이중나선의 절단을 일으키고, 그렇게 발생한 손상이 돌연변이, 염색체 전좌 또는 다른 이탈을 촉발할 수 있다.[13]

세포의 복제 과정을 조절하는 결정적인 유전자에서 돌연변이와 같은 DNA 손상이 발생하고, 복구 과정에서 돌연변이를 예방하거나 바로잡지 못하면, 억제되지 않은 세포 분열이 일어나면서 암으로 발전할 수 있다. 1970년대에는 그런 결정적인 유전자 중에서 종양 형성 유전자(oncogene)와 종양 억제 유전자(tumor suppressor gene)가 발견되었다. 종양 형성 유전자는 1950년대에 바이러스에 의해서 발생하는 라우스 육종(Rous sarcoma)*과 일부 마우스의 유방암과 백혈병에서 처음 발견되었다. 이 발견 때문에 처음에는 인체의 암도 바이러스에 의해서 발생한다는 가설이 제기되었다. 오늘날에는 화학물질, 방사선, 감염성 매개체들도 암을 일으킬 수 있지만, 인체의 암에서도 일부 바이러스성 유전자가 실제로 중요한 역할을 하는 것으로 알려져 있다. 그러나 닭과 달걀 중 어느 것이 먼저였는지는 여전히 문제이다. 바이러스가 포유류에게서 훔친 유전자의 돌연변이를 이용해서 그 동물에게 암을 일으킨다는 사실이 밝혀졌다. 암을 일으킬 수 있는 유전자의 본래 형태는 원(原)종양 형성 유전자(proto-oncogene)라고 불렸고, 이 유전자는 포유류의 세포에 들어 있는 복제 장치의 정상적인 일부로 밝혀졌다. 그런 원종양 형성 유전자들에는 *src*, *myc*, *ras*, *jun* 등의 이름이 붙여졌다. 돌연변이가 일어난 종양 형성 유전자에 의해서 세포 분열이 시작되면 세포가 암세포로 변해버린다. 돌연변이가 일어난 *ras*는 인체의 암에서 처음 발견되었다. 유명한 흡연가였던 역학자 에른스트 빈더의 사촌인 매사추세츠 공과대학의 로버트 와인버그가 유전자를 분리한 사람 중의 한 명이었다.[14]

---

* 닭에게 바이러스에 의해서 발생하는 방추형 세포육종.

다른 방향의 실험을 통해서는 종양 억제 유전자라고 부르는 임계 세포 주기 조절 유전자 세트가 발견되었다. 옥스퍼드 대학교의 헨리 해리스는 배양 접시의 세포군을 강제로 접합시키고 있었는데, 암세포를 정상세포와 접합시키는 과정에서 예상하지 못했던 일이 일어났다. 암세포가 접합된 세포를 압도해서 암세포처럼 행동하게 만드는 대신, 그와는 정반대의 일이 일어난 것이다. 암세포는 정상적인 세포처럼 행동하기 시작했고, 새로운 종양을 만드는 능력을 상실해버렸다. 정상세포의 유전자들이 종양세포의 유전자들을 억제시킬 수 있다는 것이 이런 일이 일어날 유일한 가능성이었다.

이 발견은 마침내 사람에게서 보통 세포 분열을 조절하는 역할을 하는 종양 억제 유전자라는 유전자의 발견으로 이어졌다. 이 중요한 유전자들이 돌연변이를 일으키면 그 능력이 상실된다. 망막 아종(芽腫)과 관련된 유전자에서 이러한 종류의 유전자가 처음으로 발견되었다. 소아과 의사 알프레드 너드슨이 처음 발견한 후에 매사추세츠 공과대학의 로버트 와인버그와 하버드 대학교의 타데우스 드리야가 재발견했다. 프린스턴 대학교의 아널드 러빈이 발견한 *p53*이라는 다른 종류의 종양 억제 유전자는 모든 암의 60퍼센트에서 돌연변이를 일으키는 것으로 밝혀졌다.[15]

p53 유전자의 단백질 생성물은 세포 복제의 서곡(序曲)인 유전자 복제 과정을 중단시킬 수 있다. 세포는 이 과정을 통해서, 복제 과정에서 항구적인 돌연변이가 발생하기 전에 화학적 DNA 손상을 복구할 수 있다. 심각한 DNA 손상이 일어난 세포에서 예상할 수 있는 다른 경로는 "세포 자멸사(apoptosis)"라는 예정된 세포사의 과정을 통해서 죽는 것이다. *p53* 종양 억제 유전자는 바로 이 세포 자멸사를 개시하게 함으로써 염증으로 발생하는 부가적 피해를 최소화한다. 그러나 *p53* 유전자가 돌연변이를 일으키면, 세포는 DNA 복구나 자멸하기 위해서 멈추지 않고 복제를 계속한

다. 복제가 계속되면서 점점 더 많은 돌연변이가 누적되면, 결국에는 암이 발생한다.[16]

원종양 형성 유전자와 종양 억제 유전자의 돌연변이는 암 생성 과정을 균형 있는 시각으로 볼 수 있도록 해주었다. 존스 홉킨스 대학교 의과대학의 버트 보겔스타인은 1988년에 인간의 결장과 직장의 암에서 발견되는 네 가지 돌연변이에 대한 연구 결과를 발표했다. 그는 자신의 연구 결과가 결장의 종양 형성 모형과 일치한다고 결론을 내렸다. 결장의 종양 형성 모형에는, 암 생성에 필요한 단계에 몇 가지 종양 억제 유전자의 손실과 결합된 종양 형성 유전자의 돌연변이성 활성화가 포함된다. 이 단계적 과정이 정상적인 결장의 상피조직을 과형성(過形成) 상태로 만들어서 양성 종양을 형성시키고, 최종적으로는 암으로 발전해서 신체의 다른 부분으로 전이될 수 있다.[17] 결장암은 여성보다 남성에게 더 흔한 암이지만, 신체의 화학적 원인이 발견된 적이 없다. 가공육 섭취와 같은 식단은 위험 요인인 것으로 보이지는 않는다. 적어도 지금까지 알려진 메커니즘에서는 이 과정에서의 여러 단계들이 DNA와의 화학적 상호작용 없이도 일어난다.

제12장 방사선 때문에 발생하는 암

화학물질이 유전체에 직접 영향을 미치지 않고도 인체에 암을 일으키는 또다른 메커니즘이 있다. 프로이센의 의사 루돌프 피르호가 주장했던, 자극에 의해서 발생하는 만성 염증은 암 발생에 대한 오래된 이론이다. 그는 이미 존재하는 세포로부터 새로운 세포가 형성된다는 세포론을 옹호하기도 했다. 그는 1863년에 종양을 다룬 전 3권의 야심 찬 저서 『악성 종양(*Die krankhaften Geschwuelste*)』의 집필을 시작했다. 이 책은 1862년과 1863년 겨울에 진행한 강의를 정리한 것으로, 암이 만성 염증 부위에서 시작된다는 가설을 소개했다. 피르호가 확인한 몇 가지 암은 사실 암이 아니었다. 그러나 피르호는 악성 종양이 결핵, 매독, 나병에서 생기는 양성 종양과 구분하기 어렵다는 사실을 알았다. 오늘날 우리는 어떤 병변을 종양으로 진단할 때에 그것이 암인지 아니면 적어도 양성 신생물인지를 확인한다. 그러나 고대에는 "종양(tumor)"이라는 단어가 모든 종류의 부종을 뜻했다.[1]

피르호 시절의 의술은 종양 형성에 국소 요인, 소인(predisposition)*, 이

---

* 병에 걸리기 쉬운 내적 요인을 가진 상태.

혼화(dyscrasias)*의 세 가지 원인이 있다고 보았다. 이혼화는 원소, 질(質), 체액, 장기, 기질의 구조와 관련된 고대 갈레노스의 개념이었다. 따라서 질병은 가래, 혈액, 황담즙, 흑담즙의 네 가지 체액의 불균형 또는 이혼화에 의해서 발생한다고 보았다. 피르호에게는 국소 요인이 다른 모든 것을 능가했다. 피르호는 종양 형성에서 국소적 자극을 계속 강조했다.[2] 그의 가설에 따르면, 자극제가 조직에 상처와 염증을 만들어서 세포의 증식을 증진시킨다. 그는 종양조직의 백혈구에 대한 관찰로부터 염증과 암 사이의 관계를 파악했다. 그는 "림프관 침투"가 만성 염증 부위에서의 암 발생을 나타낸다는 주장을 내놓았다.[3]

피르호의 종양 발생에 관한 책이 발간된 후에 자극에 의한 암의 발생이라는 개념은 암세포의 염색체에 대한 관심에 뒷전으로 밀려나버렸다. 피르호의 제자이자 후에 암세포의 핵을 연구했던 다비트 파울 폰 한세만은 자극이나 염증이 암의 원인인지에 대해서는 의문을 제기했다. 그러나 한세만은 기생충 감염에 의해서 암이 발생할 수도 있을 것이라는 피르호를 비롯한 많은 사람들의 주장에는 동의했다.[4]

아마도 자극에 의해서 발생한 것으로 밝혀진 최초의 암은 기생충에 의한 감염으로 발생하는 방광암이었을 것이다. 방광주혈흡충(*Schistosoma hae-matobium*)에 의한 감염과 방광의 편평상피암 사이의 인과관계에 대한 가설은 1905년에 괴벨이 처음으로 제시했다. 방광주혈흡충은 편형동물 문에 속하는 흡충("디스토마")이다. 민물에 서식하는 달팽이가 중간 숙주 역할을 하고, 일정한 조건에서는 "흡충류"라는 흡충의 유충을 방출하기도 한다. 흡충류는 사람의 피부에 달라붙은 후에 혈액으로 침투해서 방광의 정맥층에 알을 낳는다. 주혈흡충병의 가장 심각한 병리학적 증상은 대부분 알에 대

---

* 신체의 균형이 깨진 상태.

한 숙주의 물리적, 면역학적 반응 때문에 발생한다. 암 부위에는 만성 주혈흡충병에 의한 방광 궤양이 먼저 나타나는데, 주로 심하게 감염된 적이 잇는 사람에게서 발생한다.[5]

현재 전 세계적으로 암의 약 15퍼센트가 감염성 병인에 의한 것이다.[6] 염증이 만성 감염의 주원인이다. 더욱이 악성 종양의 위험은 화학적, 물리적 병인 때문에 발생하는 만성 염증으로 더욱 증가한다.[7] 예를 들면 인간 유두종 바이러스나 B형과 C형 간염 바이러스 때문에 발생하는 만성 감염은 각각 자궁경부암과 간세포암을 일으킨다. 위를 감염시키는 헬리코박터 파일로리(Helicobacter pylori) 군체는 위암의 원인이 된다. 오래된 염증성 장내 질환 역시 대장암과 관련이 있다.

과도한 알코올 섭취와 같은 자극에 의해서 발생하는 것으로 밝혀진 암도 있다. 이미 1910년경의 프랑스 파리에서 식도와 위 상부에 암이 발생한 환자의 약 80퍼센트가 주로 압생트와 같은 독주를 마시는 알코올 중독자였던 것으로 확인되었다.[8] 증류 압생트를 빚는 전통적인 방법은 먼저 쑥이나 말린 아니스와 회향(茴香) 향료를 에탄올에 불리는 것이었는데, 이 과정에서 쑥의 활성 성분인 투욘(thujone)*을 비롯한 방향성 물질이 녹아나온다. 그런 혼합물을 주로 45퍼센트에서 72퍼센트 범위의 다양한 알코올 농도로 증류한다. 20세기가 시작되면서 압생트 소비가 우려될 정도로 과도하게 늘어나자, 유럽의 여러 정부와 미국 연방 정부는 금주령을 내려서 보헤미아풍의 생활을 금지했다. 주로 다양한 신경학적 증상과 정신병이 문제였다.[9]

그러나 압생트의 이국적인 성분은 문제의 일부분에 불과하다는 사실이 밝혀졌다. 역학적 연구에 따르면, 알코올 음료의 과다 섭취가 식도암과

---

* 쑥에 들어 있으며 박하 향기를 가진 모노테르펜 케톤.

인과적으로는 관계가 있었지만, 그 영향이 알코올 음료의 종류에 따라서 달라진다는 증거는 없었다. 알코올 중독자에게 흔히 나타나는 식도 문제 중에는 식도염은 물론이고, 더 일반적으로는 바렛 식도*로 알려진 상피 형성 장애인 전암(前癌) 병변도 있다. 에탄올도 용량에 따라서 실험동물의 구강, 식도, 소화 점막을 자극할 수 있다. 에탄올을 투여하자 래트의 식도 상피에서 세포 증식의 증가가 확인되었다. 에탄올 대사체와 DNA의 반응과 같은 직접적인 유전자 독성 메커니즘의 증거가 거의 없기 때문에, 메커니즘적 원인은 단순히 물리적 염증 때문이라고 할 수 있다.[10]

알코올을 지나치게 많이 섭취하는 사람들에게는 다른 종류의 암도 발견된다. 예를 들어 에탄올이 간에 상처를 입히면, 간 경화가 시작된다. 간 경화가 진행되면 정상적인 세포 구조가 섬유조직으로 대체되는데, 그러면 간세포에 발암 위험이 증가할 가능성이 커진다. 그 결과 간단한 신체검사를 통해서도 확인할 수 있을 정도로 간이 돌처럼 딱딱해지기 때문에 이런 변화를 간 경화라고 부른다. 알코올성 간 경화는 전암 증상으로 파악된다.[11] 간 경화를 동반하지 않는 에탄올 관련 간세포 상피성 암은 드물다.[12]

• • •

감염과 알코올 섭취가 사람에게 암을 일으키는 것은 분명히 심각한 만성 자극과 압도적인 양의 노출 때문이다. 다른 화학물질에 의한 독성은 동물에게도 DNA와 반응하거나 DNA에 직접적인 손상을 일으키지 않고 종양을 발생시킬 수 있다. "비(非)유전자 독성" 메커니즘을 통해서 작용하는 것

---

* 역류성 식도염에 의해서 식도 점막의 편평 상피세포가 원주 상피세포로 변하면서 심한 궤양이 나타나는 질병.

으로 추정되는 화학물질은 몇 가지가 확인되었다. 베런블럼과 슈비크가 "종양 촉진(promotion)"이라는 메커니즘으로 발생시킨 종양들이 그런 경우에 해당한다. 베런블럼과 슈비크는 피부를 심하게 자극하는 파두유*를 이용해서 "발암성 작용(epicarcinogenic action)"이라고 부르는 증상을 발생시켰다. 벤조피렌을 한 번 바른 후에 파두유를 반복적으로 바르는 것만으로도 자극에 의한 종양을 생성시킬 수 있었다.[13]

그런 실험 덕분에, 동물실험에서 화학물질로 유발하는 암에 대한 패러다임에 "개시"와 "촉진"이 포함되었다. 개시제는 보통 DNA와 직접 반응하는 에임스 검사에서 양성이 나타나는 화학물질이다. 한편, 종양 촉진제는 다른 방법으로 암의 발전을 촉진한다. 종양 촉진제는 포유류 분비선의 에스트로겐이나 간의 안드로겐과 같은 호르몬의 효과를 통해서 세포 증식을 촉진할 수 있다. 세포 자멸을 억제하여 DNA 손상으로 죽어야 할 세포를 살아남도록 해주는 것 역시 종양 촉진 메커니즘이다. 정상적인 세포가 양성 종양으로 변했다가 암으로 전환되는 데에는 몇 가지 단계가 있을 수 있다. 그러나 앞에서 소개했던 보겔스타인이 발견한 인체 암의 전개 순서와 달리, 화학물질에 의해서 실험동물에 유발된 종양은 전이되는 경우가 드물다.

· · ·

세포 자멸사, 즉 세포의 예정된 죽음은 신체가 주위 조직에 미치는 손상의 범위를 최소화하면서 손상된 세포들을 폐기하는 방법이다. 세포에 일어난 손상이 너무 커서 세포가 자멸 과정에 필요한 기본적인 에너지조차

---

* 등대풀과의 파두(巴豆)의 열매에서 짠 기름으로, 설사약으로 사용했다.

공급할 수 없을 정도라면, 세포를 소화시키는 효소가 배출되어서 "괴사"가 일어난다. 그리고 백혈구를 비롯한 다른 세포들의 공격으로 수반되는 염증 반응 때문에 흉터조직이 만들어진다. 세포 기반에서의 독성은 DNA보다는 단백질과 막에 대해서 활성화된 화학물질의 반응에 의해서 일어날 수 있다. 그런 독성은 흔히 세포가 에너지 생산에 필요한 ATP나 다른 필수 효소를 생산하는 능력을 비롯한 대사 과정을 억제시킨 결과이다. 화학물질이 세포에 독성을 나타내서 괴사와 같은 변화가 일어날 때에는 리소좀(lysosome)이라고 부르는 세포 속의 세포기관이 DNA, 단백질, 지질(脂質)을 분해하는 효소를 방출한다.[14] 세포 자멸이나 괴사에서는 세포가 죽기 때문에 암이 발생할 수 없다. 그러나 죽은 세포를 대체하기 위해서 새로운 세포가 생성되는 과정에서 암이 발생할 수 있다.

비(非)유전자 독성에 의한 암 발생은 독성의 1차적 효과가 세포 증식을 증가시키는 조직 복구로 이어진다는 인식을 근거로 한다.[15] 그런 종류의 암 발생은 흔히 실험동물이 생체분석에서 매우 많은 양의 독성물질에 노출되는 것으로 시작된다. 예를 들면 실험동물이 매일 섭취하는 많은 양의 독성물질은 해독을 위해서 간으로 곧장 보내지고, 그래서 간암이 발생한다. 동물에게 평생 "최대 허용량"을 투여하는 발암성 생체분석에서 화학물질로 유발되는 종양 사례가 증가하는 이유가 주로 이런 독성 사건 때문이다. 래트나 마우스와 같은 실험동물에서는 이 비유전자 독성에 의한 암 발생이 실험동물의 절반이나 거의 모두에서 나타날 정도로 매우 흔하다.

화학물질에 의한 독성은 이미 높은 수준인 실험동물의 자발적 종양 발생률을 더욱 증가시킨다. 래트와 일부 마우스의 간 종양이 분명히 그런 경우이다. 독성은 DNA에 변화를 발생시키는 대신, 배경 암 발생률이 높은 경우에 흔히 나타나는, 자발적으로 생기는 전암 병변으로부터의 종양 형성을 증가시킨다. 독성으로 세포 증식이 유발되면 세포들이 내인성 DNA

손상을 복구해달라는 요구를 무시하게 되며, 이는 돌연변이로 이어진다. 세포가 DNA 손상을 감지했을 때에 세포 복제를 중단시키는 일을 하는 *p53* 종양 억제 유전자는 독성 효과에 압도될 수 있다. 손상된 세포를 대체해야 하는 상황에서 세포 복제의 요구가 복제를 중단하는 *p53*의 능력에 압도되면, 돌연변이가 늘어나고, 따라서 암 발생이 증가할 수 있다.

화학물질의 유전자 독성 효과는 화학물질의 지속적인 존재에 따라서 처음에는 일시적이고 가역적일 수 있다. 그러나 비유전자 독성 효과가 충분히 높은 수준에서 충분히 오랫동안 지속되면 결국 암을 발생시키는 유전적 변화가 일어나게 된다.[16] 이제는 세포의 증식만으로 암이 발생하지는 않는다는 사실이 분명해졌지만, 염증성 세포, 성장인자, 활성화된 기질, DNA 손상 촉진제가 풍부한 환경에서의 지속적인 세포 증식이 암 발생의 위험을 증가시킨다는 것도 사실이다. 때로는 그런 상황 때문에 몸이 자극과 그에 따른 염증 반응에 대처할 능력을 상실하기도 한다. 실리카와 석면에 의해서 사람에게 발생하는 대부분의 질병들은 화학물질에 의한 이 자극들 때문에 발생한다. 심지어 흡연도 폐암을 일으키는 일에 기여하는 것으로 보이는 자극을 발생시킨다. 그 결과 규폐증, 석면증, 기관지염이 발생한다. 세 가지 요인에 의해서 발생하는 암은 모두 폐암이고, 석면의 경우에는 중피종(中皮腫)도 발생한다.[17]

· · ·

염증이 돌연변이를 일으키는 과정을 이해하는 중요한 실마리는 염증 부위에 모여드는 백혈구의 효과를 연구함으로써 얻은 것이다. 1981년 매사추세츠 종합병원 혈액 종양학과의 지그문트 A. 바이츠만과 하버드 대학교 의과대학 의학과의 토머스 P. 스토셀은 중요한 사실을 발견했다. 에임스 검사를 통해서 사람의 백혈구가 돌연변이를 발생시킨다는 사실을 밝힌 것이다. 염증에는 활성 산소종(ROS)을 발생시키는 것으로 알려진 백혈구가 관여된다. 그들은 염증이 활성 산소를 만들기 때문에 돌연변이가 발생한다고 추론했다. 그들은 이 가설을 시험해보기 위해서 만성 육아종에 걸린 환자로부터 채취한 호중구(neutrophil)*의 돌연변이성을, 정상인 사람으로부터 채취한 호중구와 비교했다. 만성 육아종 환자의 경우에는 활성 산소종 생성 체계의 결함 때문에 호중구가 슈퍼옥사이드 라디칼과 과산화수소를 만들지 못했다. 그럼에도 불구하고 그 호중구는 정상적인 포식세포이다. 바이츠만과 스토셀은 만성 육아종 환자에게서 채취한 세포의 돌연변이성이 정상세포보다 크게 줄어들었다는 사실을 발견했다.[18]

인간의 생존에 꼭 필요한 물질인 산소가 몸속에서는 독성 화학물질의 역할을 한다는 사실이 놀라울 수도 있다. 그러나 지구의 생명은 산소가 없는 혐기성(嫌氣性) 환경에서 살아가는 다양한 혐기성 유기체들로부터 시작되었다. 산소는 이들에 속하는 녹조류의 광합성 과정에서 처음 생산되었다. 대기 중 산소 농도가 증가하면서 혐기성 유기체에게 독성을 나타냈다. 결국 혐기성 유기체들은 반응성이 큰 분자가 닿을 수 없는 깊은 지열 분출구와 같은 곳으로 숨어버리거나, 아니면 산소에 적응하는 방법으로 새로운 환경 변화를 수용해야만 했다. 산소에 의해서 단백질, 지질, DNA가 파괴되지 않도록 항(抗)산화 방어 메커니즘으로 적응한 유기체도 있었다. 그리고 그런 유기체들이 산소의 반응 특성을 이용해서 에너지를 생산하고, ATP를 저장하도록 진화한 덕분에 오늘날의 동물계가 등장했다.

물질이 연소되는 온도에서는 산소가 탄소와 반응해서 이산화탄소를 형

---

* 체내에 침입한 세균 등의 이물질을 과산화수소나 소화효소로 분해시키는 역할을 하는 백혈구.

성한다는 사실은 모두가 아는 상식이다. 산소 자체는 비록 기술적으로는 라디칼이지만 체온에서의 반응성은 그렇게 크지 않다. 그러나 산소는 다양한 메커니즘을 통해서 훨씬 더 반응성이 큰 라디칼인 여러 가지 활성 산소종으로 변환될 수 있다. 이 활성 산소종은 반응성이 커서 다른 원자나 분자들과 빠르게 결합하기 때문에, 오랫동안 존재하지는 못한다. 대부분의 경우 활성 산소종은 아무 해도 끼치지 않고 사라지거나 몸속의 보호용 항산화제와 결합해서 제거된다. 몸속에 있는 주요 항산화제인 글루타티온(glutathione)은 3개의 아미노산으로 구성된 폴리펩타이드이다. 활성 산소종과 반응하거나 글루타티온 농도를 증가시켜주는 다른 항산화제로는 비타민 A, C, E와 다른 효소, 그리고 빌리루빈과 같은 대사 분해 생성물이 있다.

신속하게 제거하지 못한 활성 산소종은 DNA나 세포의 핵심 성분과 반응할 수 있다. 인체의 세포는 DNA를 손상시키는 산소종의 공격을 보통 하루에 1만 번 이상 받는 것으로 추정된다.[19] 대부분의 경우에는 복구되지만, 산화된 DNA 중의 일부에서는 복제 과정에서 짝짓기 오류에 의한 돌연변이가 발생한다. 그런 라디칼 반응이 암을 비롯한 여러 가지 질병의 원인인 것으로 알려져 있다. 그런 라디칼에 의한 지속적인 손상은 노화와도 관련된 것으로 보인다. 다행히 그런 종류의 DNA 손상을 복구하는 효소가 있다. 그런 효소가 없었다면 우리의 세포는 유전적 오류로 벌집처럼 망가졌을 것이다.

제13장 **흡연**
　　　　검은 탄폐증

1948년이었다. 에른스트 빈더라는 의과대학 학생이 42세의 나이에 폐암으로 사망한 남성의 부검에 참여했다. 시신의 가슴을 절개한 빈더는 검은 타르 덩어리로 변해버린 폐를 보고 공포에 떨었다. 그 남성이 하루에 2갑의 담배를 피우던 골초였다는 사실을 알고 있었던 빈더는 곧바로 그의 폐암이 담배 때문에 발생했다고 의심했다.[1]

　지금 생각해보면 빈더가 흡연과 검은 타르로 변한 폐를 연결시킨 것이 놀라울 정도로 당연한 듯하지만, 1948년에 그 추론은 과학에서 위대한 발견을 가능하게 만든 일종의 직관적인 도약이었다. 그 당시에는 흡연이 적어도 남성들에게는 만연했고 전후(戰後) 미국 문화에 깊이 스며들어 있었기 때문에, 의료 종사자들조차 빈더의 생각을 비현실적으로 보았다. 1950년에 42세 남성의 흡연율은 67퍼센트였다. 따라서 환자가 폐암을 앓았는지와는 상관없이 빈더가 시신에서 검은 타르로 변한 폐를 발견할 가능성은 매우 높았다.[2]

　당시에도 담배가 폐암의 발병에 중요할 수도 있다고 추론하는 논문을 발표한 연구자들이 있기는 했지만 대규모의 임상연구는 없었다. 대부분의 의사들은 초기의 흡연 연구를 무시했다. 빈더와 그의 부모는 그가 어렸을 때 독일에서 피난을 왔다. 독일어에 익숙했던 그는 파울 헤르만 뮐러의 독일어 논문을 발견했지만, 그의 세심한 임상연구도 중증 흡연이 폐암의 중요한 원인이라는 사실을 확실하게 밝혔다고 보기에는 한계가 있었다.[3]

자신의 생각에 사로잡힌 빈더는 결국 담배가 폐암의 원인이라는 가설을 직접 시험해보기로 결심했다. 세인트루이스의 워싱턴 대학교에서 외과 회진을 돌던 그는 외과의 주임이었던 에버츠 그레이엄 박사에게 자신의 관찰을 근거로 한 연구에 대해서 자문을 구했다. 그레이엄은 폐암에 대한 외과 수술의 개척에 기여한 유명 흉부외과 의사였다. 그 자신도 흡연자였다. 그는 담배가 폐암을 일으킨다는 사실에는 동의하지 않았지만, 빈더의 연구를 지원해주겠다고 약속했다.[4] 건방진 의과대학 학생에게 교훈을 주고 싶었던 것이 분명하다.

흡연과 같은 요인과 폐암과 같은 건강 문제의 상관성을 파악하는 것은 인과관계를 증명하는 것과는 다른 차원의 문제였다. 빈더는 신선한 시각으로 문제를 살펴볼 수 있다는 장점이 있었지만, 그 문제를 연구하는 데에 필요한 도구는 아직 개발되지 않은 상태였다. 그레이엄과 같은 외과 의사들은 암에 대한 외과 수술을 크게 발전시켰지만, 그런 노력이 암의 원인을 밝혀주지는 못했다. 빈더에게는 인구집단에서 질병의 패턴을 파악하는 과학, 즉 역학의 발전이 필요했다.

빈더와 그레이엄은 연구를 기획하는 단계에서부터 몇 가지 과학적 도전에 직면했다. 가장 적절한 연구 설계를 선택하는 것이 첫 번째 과제였다. 가장 간단한 접근은 장기간에 걸쳐서 흡연자 집단(또는 코호트)을 비흡연자 코호트와 비교하여, 흡연자의 폐암 발생률이 더 높은지를 확인하는 전향적 연구를 수행하는 것이었다. 그런데 전향적 연구는 좋은 자료를 제공하기는 하지만 시간이 오래 걸린다. 두 집단 사이의 차이를 확인할 정도로 많은 암 환자들을 확보하려면 몇 년에 걸쳐서 코호트를 추적해야 한다.

그렇게 많은 시간을 투자하고 싶지 않았던 빈더는 사례대조 연구를 선택하기로 결정했다. 그는 폐암으로 병원에 입원한 환자(사례군)와 폐암에 걸리지는 않았지만 다른 이유로 입원한 환자(대조군) 등 두 집단에서 흡연 습관의 차이를 살펴보았다. 만약 폐암 환자 중에서 흡연자가 대조군보다 더 많거나 폐암 환자가 대조군보다 담배를 더 많이 피우거나 더 오래 피웠다면, 흡연과 폐암 사이의 인과관계를 확인할 수도 있을 것이었다. 소급 적용이 가능하고, 사례군과 대조군의 환자들을 한 번씩만 면담하면 된다는 것이 사례대조 연구의 장점이었다.

1948년에는 역학 분야에서 사례대조 연구 방법이 아직 제대로 정립되기 전이었다. 그 방법을 선택한 빈더와 그레이엄은 자신들의 연구 결과가 신뢰할 수 없다는 평가를 받을 위험을 감수해야만 했다. 이런 소급 연구에서는 대부분 환자에게 직접 물어보는 것이 환자의 과거에 대한 적절한 정보를 확인하는 유일한 방법이다. 자신이 암에 걸렸다는 사실을 알고 있는 환자는 자연히 책임을 떠넘기기 위해서 과거의 노출을 과장한다. 또한 의심스러운 요인이 흡연처럼 행동학적인 요인일 경우에는 그 기억을 축소시켜서 질병을 환자 자신이 통제할 수 없는 다른 요인 탓으로 떠넘기고 싶어한다. 그런 성향을 기억 편향이라고 부른다. 심지어 면담자도 기억 편향의 영향을 받는다. 연구자는 자연스럽게 자신의 가설에 맞는 정보를 원하기 때문에 환자와의 면담을 미묘한 방법으로 왜곡시킨다. 빈더는 면담자에게 제시할 설문을 표준화하고 구체화시켜서 자신의 자료에 미칠 기억 편향의 영향을 최소화하려고 노력했다.[5]

모든 역학 연구에서는 고려하는 요인 이외의 다른 요인들이 최대한 동일하도록 사례군과 대조군을 선정하는 것도 중요하다. 사례군과 대조군은 나이, 성별, 지역 등이 최대한 서로 비슷해야만 한다. 연구하는 질병에 대한 정확한 정의를 마련하는 것도 중요하다. 빈더와 그레이엄의 연구에서는 폐암 사례를 현미경으로 확인했고, 대조군은 참여하는 병원에 입원한 환자들 가운데 나이와 성별을 고려한 후에 무작위로 선정했다. 빈더와 그레이엄은 또한 암 이외의 다른 폐 질환을 가지고 있는 대조군에 대해서 별도의 분석도 수행했다.

빈더와 그레이엄은 이 연구를 통해서 실제로 흡연과 폐암 발생 사이에 인과적이라고 생각할 수 있을 정도의 상관성을 확인했다. 그런 상관성은 흡연 여부는 물론, 흡연의 양에서도 확인되었다. 그들은 그 예비 결과를 1949년 2월 멤피스에서 개최된 국가 암 학술대회에서 발표했다. 1950년 「미국 의학협회보(*Journal of the American Medical Association*)」에 발표된 「기관지 상피성 암의 가능한 병인 요소로서의 담배 흡연: 684건의 확인된 사례 연구」는 오늘날 역학과 독성학 모두에서 기념비적인 논문으로 인정받는다. 그들의 논문은 역학에서 사례대조 연구 방법론을 사용한 최초의 사례가 되었다. 독성학에서는 담배 연기가 가장 중요하고 예방 가능한 인체 발암의 원인으로 확인되었다.[6]

자신들의 연구에 깊은 감명을 받은 에버츠 그레이엄은 1951년부터 금연을 시작했지만, 다른 사람들도 자신들의 연구 결과를 받아들일 것이라는 환상을 품지는 않았다. 빈더는 논문의 최종 원고를 검토하던 그레이엄이 자신에게 해준 말을 다음과 같이 전했다.

그가 말했다. "자네는 많은 어려움을 겪을 것이네. 흡연자들은 자네의 이야기를 좋아하지 않을 거야. 담배와 이해관계가 있는 사람들도 심하게 반발할 것이고. 언론과 정부도 이 결과를 지지하기를 꺼려할 것이네." 그리고 그는 덧붙였다. "그렇지만 자네는 자네에게 이로운 답을 얻었네." 나는 다음 말을 듣기 위해서

자리에서 일어서야만 했다. 그는 "자네가 얻게 된 것은 자네가 옳다는 사실이 지"라고 외쳤다.[7]

그레이엄은 1957년에 폐암으로 사망했다.[8]

빈더와 그레이엄의 논문이 발표되고 몇 개월 후에 리처드 돌과 오스틴 브래드퍼드 힐이 영국에서 사례대조 폐암 연구의 결과를 발표했다.[9] 그들은 런던의 20개 병원에 폐, 위, 대장, 또는 직장에 발생한 암으로 입원한 모든 환자들을 알려달라는 협조 요청을 보냈다. 돌과 힐은 의료복지사(병원의 사회복지사)를 파견해서 환자들을 면담하는 방법으로 환자들의 흡연 이력을 파악했다. 1,732명의 암 환자가 있었고, 743명의 일반 환자와 외과 환자들이 대조군이었다. 암 여부에 상관없이 모든 환자들에게서 흡연율이 매우 높은 것으로 밝혀져서 연구가 상당히 어려웠다. 그러나 돌과 힐은 복잡한 통계적 방법을 이용해서 폐암에 걸린 남성 중 비흡연자는 0.3퍼센트뿐이었지만, 대조군에서는 4.2퍼센트나 된다는 사실을 밝혀냈다. 또한 진단을 받은 시점을 기준으로 보면, 중증 흡연자 중에서 발견된 폐암 환자가 대조군보다 2배나 많았다. 그들의 사례대조 연구의 결과는 사례군과 대조군 모두에서 흡연자의 비율이 높았기 때문에 빈더와 그레이엄의 결과만큼 확실하지는 않았지만, 인과관계를 증명하는 추가 자료로 인정되었다.

돌과 힐은 이어서 영국 의사들에 대한 전향적 연구의 결과도 발표했다. 1951년 말에는 영국의학등록부에 등록된 대략 4만 명의 남성과 여성이 흡연 습관에 대한 설문에 응답을 했다. 그들은 이를 근거로, 설문 당시의 흡연량에 따라서 응답자들을 비흡연자 집단과 3개의 흡연자 집단(과거 흡연자 포함)으로 구분했다. 그 연구의 예비보고서에 따르면, 흡연자에게 폐암 사망률 증가가 확인되었다.[10] 그들이 1956년에 발표한 5년간의 추가 연구의 결과를 보면, 중증 흡연자들이 폐암으로 사망할 비율이 비흡연자의 사망률보다 20배나 높았다.[11] 그들의 연구는 사례대조 연구가 아니라 전향적 연구였기 때문에 특히 상당한 설득력이 있었다. 결과를 예상하지 못한 채 일정 기간 동안 두 집단을 추적했으므로 기억 편향의 영향도 적었다. 아울러 이 연구의 대상자는 모두 의사였기 때문에, 산업적 노출을 포함한 직업적 요인이 흡연에 대한 연구 결과를 혼란스럽게 만들 수 있다는 논란도 피할 수 있었다.[12]

• • •

흡연이 폐암을 일으킨다는 주장에 대해서는 담배 산업계가 끈질기게 반대해왔고, 초기의 연구도 당연히 기대했던 영향을 미치지 못했다. 빈더는 논문을 발표한 후에 세인트루이스를 떠나서 뉴욕에 있는 슬론 케터링 연구소(현재 슬론 케터링 기념 암센터)로 근무지를 옮겼다. 필립 모리스 기업은 슬론 케터링에 기부함으로써 빈더의 연구를 자신들에게 유리한 방향으로 유인하거나 억압하려고 했고, 그후에도 빈더가 이 문제에 대해서 발언하지 못하도록 영향력을 행사했다. 1962년 가을 필즈와 채프먼에 따르면, 호스폴 박사를 비롯한 슬론 케터링의 관리자들은 빈더에게 연구소 명의로 발언을 하려면 훨씬 더 엄격한 검열 절차를 따르도록 요구했다.[13] 또한 담배회사의 지원으로 담배를 연구해서 폐암 위험을 최소화할 수 있는 더 안전한 담배를 개발하도록 강요하기도 했다. 빈더는 몇 년간, 심지어 슬론 케터링을 떠난 이후에도 개발을 계속했는데 대중이 금연하도록 설득하는 일이 현실적으로 어렵다는 사실을 알고 있었기 때문이다.

누구도 흡연이 폐암을 일으킨다는 빈더의 확신을 흔들지 못했다. 그는 가능한 메커니즘을 찾는 연구를 시작했다. 돌과 힐은 담배 연기에서 폐암을 일으키는 것이 비소일 것이라고 제안했다. 담배에 사용하는 화학 첨가물은 엄격한 산업 비밀이었다. 1953년에 빈더는 아델 크로닝어와 함께 흡연 기계를 이용해서 농축된 타르를 만들었다. 그들은 마우스의 털을 면도한 후에 등에 정기적으로 타르를 발라주면서, 타르 때문에 마우스가 사망할 때까지 점진적으로 용량을 증가시켰다. 마우스는 타르의 독성 효과에 빠르게 적응해서, 점점 더 많은 농축 용액을 사용할 수 있었다. 대략 1년 간 물에 녹인 타르 용액을 1주일에 3회씩 마우스의 등에 발랐더니 거의 절반 정도의 마우스에서 피부암이 발생했다. 빈더는 여전히 담배의 타르가 어떻게 암을 일으키는지를 정확하게 알아내지는 못했다. 그러나 그와 동료들은 담배가 사람에게 암을 일으킨다는 주장을 뒷받침하는 최초의 실험 연구를 수행했다는 기록을 남겼다.[14]

1953년 학술지 「암 연구(*Cancer Research*)」에 「담배 타르를 이용한 암종의 실험적 생성」이라는 제목으로 발표된 빈더의 논문은 흡연 기계로 만든 담배 타르 농축액을 이용한 그들의 실험 결과를 담은 5편의 논문 중의 하나였다. 다른 변종의 마우스를 이용한 연구도 있었고 담배의 타르를 이용해서 토끼의 귀에 암을 발생시킨 연구도 있었다. 파이프와 시가에서 만들어지는 타르도 장기간에 걸쳐서 사용하면 피부암을 발생시키는 등 비슷한 결과가 나타났다.

그러나 의과대학에 다니던 빈더에게 바 하버 연구실에서 실험 발암성을 소개해주었던 클래런스 쿡 리틀은 그런 실험 증거조차도 반박했다. 은퇴를 앞두고 있던 리틀은 빈더의 마우스 실험에 대응하기 위해서 설립된 담배산업 연구위원회의 과학 책임자 자리를 1954년에 받아들였다. 암의 바이러스 이론을 믿었던 리틀은 빈더의 연구를 공격했다. 그는 담배 연기에 노출된 실험동물 중에서 폐암 발생 사례가 드문 사실에 대해서 의문을 제기했다. 리틀은 빈더의 실험에서 흡연자의 폐암 발생률이 더 높은 것에

대한 상관성은 확인이 되었지만, 인과성에 대한 증거는 제시하지 못했다고 지적했다.[15]

결국 1956년에 국립 암연구소, 국립 심장연구소, 미국 암협회, 미국 심장연구소가 공동으로 당시의 연구 결과를 검토함으로써 흡연이 폐암을 일으킨다는 결론을 내렸다. 아이젠하워 대통령이 임명한 의무감 리로이 E. 버니는 그런 결과를 근거로 1957년과 1959년에 흡연이 폐암의 원인 물질이라고 밝히는 성명을 발표했다.

케네디 대통령이 임명한 의무감 루터 L. 테리가 이 자료를 검토하기 위해서 구성한 자문위원회는 1964년에 이 문제에 대한 훨씬 더 강력한 성명을 발표했다. 자문위원회의 보고서 「흡연과 건강(Smoking and Health)」에 따르면, 흡연이 남성의 경우에는 사망률의 70퍼센트 증가와 여성의 경우에는 조금 낮은 수준에서의 증가와 연관된다.[16] 중증 흡연자에게는 폐암의 위험이 20배나 증가한다는 추정이 있고, 흡연이 만성 기관지염의 가장 중요한 원인이라는 사실도 밝혀졌다. 이 보고서는 또한 흡연이 대기 오염이나 산업적 노출보다 만성 폐 질환의 훨씬 더 중요한 원인이라고 밝혔다. 흡연은 심혈관계 질환의 치사율 증가와도 관련이 있는 것으로 밝혀졌다.[17]

오스틴 브래드퍼드 힐과 리처드 돌은 공중보건에 기여한 공로로 각각 1961년과 1971년에 작위를 받았지만, 빈더는 여전히 슬론 케터링을 지원하는 담배회사와 갈등을 겪고 있었다. 결국 그는 연구소를 떠나서 1969년에 미국 보건재단을 설립했고, 그의 질병예방 연구소는 국립 암연구소로부터 충분한 지원을 받았다. 미국 보건재단의 핵심 목표는 담배, 식단, 화학물질을 포함하여 질병의 외인성 원인을 확인하는 것이었다. 역설적으로 빈더역시 그의 오랜 적이었던 담배 산업계로부터 계속 지원을 받았다. 이제는 담배에서 암을 일으키는 성분의 양을 줄이기 위해서 노력하라는 것이 지원의 명분이었다. 그 덕분에 그는 담배 연기에서 암을 일으키는 실제 화학 성분을 확인하고자 하는 노력을 계속할 수 있었다.

빈더는 예방적 보건관리 분야에서 거침없이 목소리를 내는 선구자였다. 흡연과 사람의 건강에 대한 평결은 1964년에 확실하게 내려졌지만, 흡연에 대한 광범위한 예방적 보건 대책의 시행에서는 거의 아무런 진전이 없었다. 그는 1975년에 록펠러 대학교에서 이 문제를 논의하기 위한 "영생의 환상"이라는 제목의 학술회를 개최했다. 학술회에는 『여성의 선천적 우월성(*The Natural Superiority of Women*)』의 저자인 애슐리 몬터규와 실존 심리학자인 롤로 메이, 그리고 신학자 윌리엄 슬론 코핀을 비롯한 당시의 선도적 지식인들이 참석했다. 심장 절개수술을 개척한 유명 심장외과의 마이클 드베이키도 참석해서, 수술 후에 회복 중인 자신의 환자들도 다시 담배를 피우기 시작한다는 이야기를 들려주었다. 빈더는 학술회를 마무리하면서 이렇게 말했다. "인간은 내일의 일은 저절로 해결될 거라는 믿음으로 오늘의 순간만을 위해서 사는 경향이 있습니다. 인간은 심한 질병이나 죽음의 가능성을 생각하고 싶어하지 않습니다. ……사람들은 자신의 자동차는 대단하게 여겨서 자동차를 정기적으로 점검합니다. 그런 사람들도 자신의 건강은 대수롭지 않게 여깁니다."[18]

· · ·

에른스트 빈더는 흡연을 연구하는 과정에서 연구 방법론을 개발했고, 그런 접근 방법으로 미국 보건재단의 조직을 구성했다. 그는 다양한 인구집단에서 나타나는 질병의 패턴으로부터 인체 질병의 원인에 대한 중요한 실마리를 발견할 수 있을 것이라고 믿은 최초의 선구적 역학자였다. 그래서 그는 자신의 재단에 역학부를 만들고 스티븐 스텔먼을 책임 역학자로 임명했다. 그의 방법에 따르면, 역학 연구를 진행함으로써 질병의 원인으로 추정되는 요인을 확인할 수 있었다. 그런 후에 역학으로 밝혀진 연관성에 대해서 생물학적 가능성이라고 부르는 것을 찾아내는 데에 실험실 연구가 필요했고, 그래서 재단에 동물실험에 필요한 시설을 갖추었다. 스텔먼에 따르면, 실험 과학자와 역학자를 나란히 배치하면 역학에 대한 새로운 아이디어를 증진시키는 시너지가 창출된다.[19]

그다음에는 실험실 연구의 후속으로 추가 역학 연구를 추진하여 원인 물질의 성질에서 개선이 가능한지를 확인한다. 담배의 사례에서는 흡연자를 상대로 담배의 조성(組成)이나 연기를 여과하는 방법을 개선하여 폐암 발생률을 줄일 수 있는지를 조사했다. 사실상 빈더는 흡연자에게 폐암을 일으키는 타르를 제거하고, 니코틴만 제공하는 전자담배를 예상했다.

미국 보건재단에서 수행한 연구에서 놀라운 결과들이 발견되었다. 1989년에 발표된 연구에서 빈더는 필터담배를 피우면 폐암의 위험이 줄어드는지를 살펴보았다. 역시 이 경우에도 사례대조 연구가 설계되었다. 사례군과 대조군에 대한 면담은 1969–1984년간 미국 9개 도시에 있는 20개 병원에서 흡연 관련 암을 기반으로 하는 연구의 일부로 진행되었다. 그들은 흡연자들이 담배를 필터담배로 바꾸자 매일 피우는 담배의 수가 늘어났고, 그래서 폐암 발생률이 오히려 더 높아졌다는 사실을 확인했다. 다시 말해서 필터는 문제를 더욱 심각하게 악화시켰다.[20]

빈더는 평생 필터담배만 피운 비교적 적은 수의 흡연자들에서는 자신이 처음 연구했던 폐암의 한 종류인 편평 상피암의 위험이 줄어들었다는 사실을 보고했다. 그러나 저타르 필터담배를 피운 흡연자는 담배를 더 자주 피우게 되고 흡입하는 연기의 양도 늘어난다는 것이 밝혀졌다. 담배 연기를 한 번 흡입할 때마다 폐의 더 깊숙한 부위, 즉 공기와 혈관 사이에서 산소와 이산화탄소의 교환이 일어나는 기관지 말단과 폐포까지 연기에 노출되었다는 뜻이었다. 폐의 얕은 부위는 기관지인데, 흡연자의 경우에는 기관지의 정상적인 세포 내벽이 처음에는 피부세포와 같은 편평 상피 세포로 변환된 후에 편평 상피암으로 바뀌게 된다. 폐의 깊은 부위에서는 세포가 편평 상피세포로 바뀌지 않고, 바로 선종성의 암으로 변환된다. 그래서 필터담배의 흡연은 폐의 선암(腺癌)을 증가시킨다.

역학자들은 이 정보를 이용해서 자신들의 연구를 다른 시각으로 살펴보고, 자신들이 얻은 결과의 중요성을 다시 인식할 수 있게 되었다. 그것이 에른스트 빈더의 암 연구에 대한 패러다임이었다. 우선 역학 연구, 특히 다학제간 비교 연구에서 실마리를 찾는다. 다음으로 화학물질이나 생활양식 요소들을 실험실에서 연구해서 암을 발생시키는 메커니즘을 결정하도록 노력한다. 그런 후에 자신들이 얻은 결과의 가능성을 이해함으로써 동물 연구를 기반으로 역학 연구의 중요성을 평가한다. 마지막으로 인과적 관계와 메커니즘을 더 깊이 연구하기 위해서 역학 연구와 실험실 연구를 더욱 발전시킨다.

빈더와 그의 동료들의 놀라운 연구 덕분에, 무엇이 암의 원인이고 암을 어떻게 예방할지를 알아내기 위해서는 역학자와 독성학자의 협력이 중요하다는 사실이 입증되었다. 그때는, 1970년대와 1980년대에 암을 시험하기 위해서 개발되었던 연구 방법을 이용하여 독성학이 놀라운 성과를 자랑하던 시기였다. 독성학자들은 사람과 실험동물에 대한 연구를 통해서 다양한 화학물질 때문에 발생하는 인간의 질병에 대해서 많은 것들을 배웠다.

제14장 무엇이 암을 일으킬까

1970년대의 과학자들은 환경물질로 발생하는 예방 가능한 암의 범위를 결정하고자 했다. 미국 보건재단의 에른스트 빈더와 국립 암연구소의 지오 고리는 1977년의 추정값을 검토해서 90퍼센트의 암이 화학물질, 흡연, 영양 등의 환경적 요인으로 발생한다는 사실을 밝혀냈다. 여기에는 산업적 노출도 포함되어 있었는데, 연관된 암의 1-10퍼센트 정도를 차지하는 것으로 추정되었다.[1] "환경적"이라는 말은 주변 환경에서 발견되는 화학물질을 뜻하는 단어가 되었지만, 이 연구자들에게는 유전적이거나 미지의 물질을 제외한 모든 요인들을 의미했다. 이런 관점으로 보면, 몸 바깥으로부터의 노출을 예방함으로써 암 발생을 피할 수 있다는 뜻이다. 여기에서 "생체 이물질"이라는 말이 등장했다. 이러한 종류의 암은 몸속에서 암으로 발전할 수 있는 유전적인 오류 등 정상적인 과정으로 발생하는 암과는 대비된다.

국립 환경보건과학 연구소와 산업안전 보건국(OSHA)은 1978년에 미국에서 발생한 모든 종류의 암 사망 중에 최소 20퍼센트가 산업적 노출이 원인이라는 보고서를 내놓았다. 이 보고서에 따르면, 가장 큰 위험은 석면 노출이었다. 같은 시기에 연방 의회는, 1950년에 흡연과 폐암에 대한 명백한 보고서를 발표한 영국의 유명 역학자 리처드 돌과 리처드 페토에게 종합보고서를 요청했다. 미국인들에게 예방 가능한 암의 원인에 대한 정보를 파악하기 위함이었다. 놀라운 사실을 담은 그들의 보고서는 독성학 분야의 분수령이 되었다. 그들은 작업장과 환경에서의 산업적 화학물질 노출이 암 발생의 예방 가능한 주요 원인이 아니며, 전반적인 암 발생 사례에서도 훨씬 더 낮은 비율을 차지할 뿐이라는 연구 결과를 보고했다. 돌과 페토가 제출한 보고서는 근거가 튼튼했다. 산업안전 보건국이 그동안 과학적인 고려보다는 정치적인 이유 때문에 훨씬 더 높은 추정치를 보고했다는 것이 그들의 결론이었다.[2]

그렇다면 이 과학자들이 추정한 예방 가능한 암의 원인은 무엇이고, 그들은 이를 어떻게 계산했을까? 암은 노출에서부터 질병이 발생할 때까지의 지연을 뜻하는 잠복기 때문에 연구하기 어려운 질병이다. 다행히 역학자들은 인구집단의 연구를 통해서 서로 다른 국가로부터 다양한 종류의 암에 대한 훌륭한 추정치를 확보한다는 기발한 방법을 개발했다. 그런 후에 그들은 국가별 차이를 비교했다. 그리고 암 발생률이 가장 낮은 국가와 가장 높은 국가의 차이를 정량화하여 회피 가능한 초과량이라고 정의했다. 그들은 또한 인구집단의 이주가 있었을 때와 사회가 오랫동안 안정되었을 때의 발생률 변화도 조사했다.

그다음에는 그런 발암 초과량을 설명할 원인 물질을 조사했다. 흡연자와 비흡연자의 폐암 발생률과 같은 역학조사를 이용해서, 흡연에 의해서 발생하는 폐암의 발생 규모를 계산했다. 산업적 노출의 경우, 서로 다른 화학적 노출에 대해서 똑같은 작업을 진행한 후에 그 결과를 요약했다. 당시의 추정치는 1970년대 후반에 구할 수 있었던 통계치를 사용해서 얻은 값이었지만, 그 결과는 지금도 유효해서 헨리 피토트와 이본 드래건의

2001년 논문에서도 활용되었다.[3] 이 추정치는 블로트와 태런의 2015년 분석에서도 확인되었다.[4]

독성학자들에게는 과거 암 존재량의 고작 1-2퍼센트만이 환경오염에 의한 것이고, 2-4퍼센트가 산업 노출에 의한 것이라는 돌과 페토의 결론이 가장 중요했다.[5] 독성학에서 또다른 중요한 문제는 의약품이었다. 의약품과 의학적 처치가 당시 인체 발암의 약 1퍼센트를 차지한다고 본 돌과 페토의 추정은 시간이 지남에 따라 수정되었다. 그중 대부분은 치료용 이온화 방사선, 에스트로겐, 경구 피임약이었다.[6] 오늘날에는 2차 암, 특히 백혈병을 일으키는 항암제들을 이 목록에 추가할 수 있을 것이다.

돌과 페토가 확인한 암의 중요한 외인성 요인은 담배였다. 지난 세기 동안, 예방 가능한 모든 암의 30퍼센트가 흡연에 의해서 발생한 것으로 추정되었다. 금연 프로그램, 담배회사에 대한 법적 대응, 공공 흡연 금지가 암 발생률을 3분의 1까지 줄여줄 것이라는 희망을 주었다. 뛰어난 연구와 흡연 문제에 도전한 과학자들의 용기가 암 예방에 가장 중요한 기여를 한 것은 분명하다. 그리고 그들의 노력 덕분에 폐암의 발생률이 감소하고 있다. 폐암 위험의 감소는 대기 오염과 산업적 석면 노출의 관리 덕분이기도 하다. 제련소, 발전소, 디젤 배기 가스 등에서 발생하는 대기 오염물질을 제거해온 것도 폐암 감소에 부수적인 기여를 했다.

빈더와 돌의 연구에 따르면, 비교 문화적 역학 연구에서는 식단이 암 발생의 가장 중요한 원인일 수 있음이 확인되었다. 매우 추론적인 것으로 알려지기는 했지만, 비교 역학 연구에 바탕을 둔 추정에서는 식단이 예방 가능한 암 사망의 35퍼센트를 차지한다. 사람의 식단에서 암을 유발할 수 있는 정확한 성분을 파악하는 것은 지금도 여전히 어려운 일이다. 빈더는 일본인과 미국인, 핀란드인과 다른 유럽인들, 또는 안식일 예수재림교인과 다른 미국인처럼 서로 다른 인구집단들을 비교하여 식단 중에 지방,

저섬유질, 육류가 암 발생의 주요 원인인 것으로 확인했다. 비교 문화적 연구에 따르면, 섬유질을 늘리고 지방을 줄이고 칼슘과 비타민 E와 C, 그리고 베타카로틴이 풍부한 과일과 채소를 더 많이 섭취하면 암을 예방할 수 있다.[7]

암 발생과 식단의 차이를 연결하려는 최초의 시도 이후에 영양학적 역학 분야에서 수많은 연구들이 있었다. 2015년에 블로트와 태런은 돌과 페토의 표현을 인용하며 그 당시의 연구들이 "역학자들에게 좌절과 흥분을 안겨준 원천"이었다고 했다. 예를 들면 지방 섭취는 에른스트 빈더가 좋아하는 연구 주제였던 유방암의 위험 요인이 아닌 것으로 밝혀졌다. 유일하게 확인된 식품 관련 발암 위험성은 가공육 섭취와 대장암뿐이었다.

식품의 화학적 오염 또는 지방이나 섬유질 부족과 같은 식단 요인의 위험성 이외에, 과잉영양 역시 주요한 발암 요인으로 밝혀졌다. 실험으로 많이 연구된 비만은 종양 발생을 증가시키는 것으로 밝혀졌다. 위스콘신 대학교 매커들 연구소의 헨리 피토트와 이본 드래건이 지적했듯이, 원하는 만큼 충분히 먹을 수 있는 설치류는 열량 섭취를 제한한 설치류보다 암 발생률이 4배에서 6배나 더 높았다.[8]

비만으로 발생하는 인체 발암 사례는 오늘날 미국에서 발생하는 모든 암의 20퍼센트를 차지하는 것으로 추정되고, 비만과 관련이 높은 것으로 확인된 암은 식도, 위, 결장과 직장, 간, 담낭, 췌장, 폐경 후 유방암, 난소, 신장, 갑상선, 다발성 골수종, 뇌암의 일종인 수막종 등이었다.[9] 비만 여성은 자궁내막암의 위험이 정상 체중의 여성보다 4배나 높으며, 미국의 모든 자궁내막암의 50퍼센트가 비만 때문에 발생한다. 비만은 또한 식도 선암의 35퍼센트, 대장암의 15퍼센트, 폐경 후 유방암의 17퍼센트, 신장암의 24퍼센트를 차지한다.[10]

비만은 성 호르몬 대사, 인슐린과 인슐린형 성장인자(IGF)의 신호, 아디

포카인(adipokine)* 또는 염증 경로 등의 변화를 비롯한 대사와 내분비계 이상과 관련이 있다. 국제 암연구소에 따르면, 비만이 유발하는 성 호르몬 대사와 만성 염증에 대한 발암 위험의 증거는 확실하다.[11] 비만의 그런 효과는 여러 조직에서 세포 증식의 증가를 유발할 수 있다.

발암의 주요 원인으로 밝혀진 감염도 회피할 수 있는 발암 위험 요인이다. 특히 바이러스에 의한 감염이 그렇다. 유두종 바이러스는 자궁경부, 음문, 질, 음경, 항문, 구강, 인두(咽頭), 편도선에 암을 일으킨다. 간염 바이러스는 간암과 비호지킨 림프종을 일으킨다. 인간면역결핍 바이러스(HIV-1)는 카포시 육종, 비호지킨 림프종, 호지킨 림프종, 그리고 자궁경부암, 항문암, 결막암과 연관성이 있다. 헬리코박터 파일로리 박테리아 감염은 위암을 일으키고, 기생충인 방광주혈흡충은 방광암을 발생시킨다.[12]

장기 이식 거부반응을 예방하기 위해서 사용하는 면역 억제제도 비호지킨 림프종의 위험 요인으로 알려져 있다. 2006년에 발표된, 면역 억제 치료와 관련된 암 발생률 증가에 대한 오스트레일리아의 흥미로운 연구에 따르면, 신장을 이식받은 후에 면역 억제요법으로 치료를 받은 환자에게서는 알려진 바이러스에 의한 암 이외에도 침샘, 식도, 결장, 담낭, 폐, 자궁, 갑상선의 암과 백혈병 발생률이 증가하는 것으로 밝혀졌다. 반대로, 이 환자들에게는 1차적으로 호르몬에 의해서 유발되는 것으로 알려졌던 다른 흔한 암의 발생률은 증가하지 않았다. 이 연구는 감염이나 면역 결핍도 이런 부가적인 암의 원인이 될 수 있음을 암시한다.[13]

돌과 페토의 연구 결과에 따르면 지구물리학적 요인이 모든 암 사망의 약 3퍼센트인데, 이온화 배경 방사선과 자외선의 위험이 각각 절반을 차지한다. 자외선은 치명적인 피부암인 악성 흑색종을 일으킨다. 이온화 방

---

* 지방조직에서 분비되는 600여 종의 세포신호물질(cytokine).

사선은 어떤 조직이나 장기에도 염색체 손상을 일으킬 수 있기 때문에 수많은 종류의 암을 일으키는 것으로 밝혀졌다. 그러나 피부암 중에는 비(非)흑색종의 피부암(편평상피와 기저세포)이 가장 흔하고 이 종류의 피부암은 치명적인 경우가 드물기 때문에, 치사율 통계에만 의존하는 것은 경계해야 한다. 돌과 페토는 그런 피부암의 80퍼센트가 자외선 노출에 의한 것으로 추정했다.

• • •

암의 원인을 살펴보는 대신, 서로 다른 종류의 암을 비교해서 위험 요인이 발견되는지를 검토하는 방법도 있다. 유방암이나 방광암, 백혈병, 비호지킨 림프종과 같은 일부 흔한 암의 경우에는 산업적 오염이 감소되었던 지난 20년간 발생률이 크게 변하지 않았다. 일부 뇌암, 자궁내막암, 구강암, 고환암처럼 발생률이 높지 않은 일부 암의 경우에도 마찬가지이다. 이와는 반대로, 여러 가지 흑색종, 갑상선암, 간암은 늘어났다. 따라서 환경오염의 감소가 암 발생률의 변화에 영향을 미치지 않았다는 관찰 결과는, 화학적 오염과 관련된 환경적 원인이 아닌 다른 중요한 원인이 있을 수 있다는 뜻이었다. 몇 가지 대장암, 전립선암, 위암, 난소암, 자궁암은 줄어들었지만, 그런 감소의 대부분은 대장 내시경이나 파파니콜로 도말표본 검사*에 의한 전암 병변의 조기 진단 덕분이며, 자궁암의 경우 유두종 바이러스 백신 덕분이라고 할 수 있다.

전립선암은 남성에게 피부암에 이어서 두 번째로 흔하게 발생하는 암

---

* 자궁경부와 경관 부위의 세포를 도말표본으로 만들고 염색하여 현미경으로 관찰하는, 가장 기본적인 자궁암 검진 방법.

이지만, 독성학자들은 화학적 원인을 아직 찾아내지 못했다. 지금까지 확인된 위험 요인은 나이, 인종, 가족력이다. 비만과 어느 정도 연관되기도 한다. 대장암은 남성과 여성에게 세 번째로 흔하게 나타나는 암이다. 주된 위험 요인은 나이, 비만, 가족력, 염증성 항문 질병 이력, 가공육 섭취 등이다.

유방암의 산업적 원인은 아직도 밝혀내지 못했다. 이 책의 앞부분에서는 18세기의 의사이자 광부를 비롯한 산업계의 질병을 연구해서 산업의학의 아버지로 알려진 베르나르디노 라마치니의 연구를 살펴보았다. 라마치니의 가장 주목할 만한 관찰은 "유모의 질병"이라는 장에 소개되어 있다. 그의 저서에서 가장 종합적인 이 장에는 수유의 관점에서 자궁과 유방의 관계에 대한 논의를 다룬다. 라마치니에 따르면, "우리는 유방과 자궁의 동조(同調)를 인정해야만 한다. 경험에 따르면, 자궁에서 발생한 혼란의 결과로 여성의 유방에 암 종양이 매우 자주 발생하고, 그런 종양은 다른 여성들보다도 수녀들에게 더 많이 발견된다." 그는 이탈리아의 모든 도시에 수녀들의 종교적 공동체가 있으며, 울타리 안에 갇혀서 저주받은 유해동물과 암으로부터 자유로운 수녀원은 찾기 어렵다고 지적했다.[14]

유방암은 여성의 내인성 또는 외인성 에스트로겐 노출 요인과 관련이 있다. 유방암에 대해서 알려진 대부분의 내인성 위험 요인은 의사가 처방해주는 에스트로겐 이외에도 호르몬 경로를 통해서 작동하는 것으로 보인다. 이는 유방암이 여성의 일생에서 에스트로겐 노출의 총량이 늘어나는 조기 초경, 늦은 초산, 늦은 폐경에 따라서 증가한다는 관련성이 분명하게 확인되었다.[15] 하버드 대학교 공중보건대학의 브라이언 맥마흔과 필립 콜, 그리고 4명의 국제 연구자들은 전 세계의 7개 지역에서 유방암과 출산력에 대한 공동연구 결과를 발표했다. 18세 이전에 첫 아이를 출산한 여성의 유방암 위험률은 35세 이후에 첫 아이를 출산한 여성들의 약 3분의 1정도였다.[16] 임신 횟수와 같은 요인도 유방암 위험을 감소시키는 것으로 나타났다. 인도에서의 연구에 따르면, 3회 이상의 임신 경험을 가진 여성들은 유방암 위험이 적어도 절반 정도 줄어든다.[17] 이러한 결과로부터 현대의 유방암 위험 증가가 여성들이 더 오래 살고 더 적은 수의 아이를 출산한다는 두 가지 주요 요인 때문이라는 가설이 제시되었다. 유방암은 여성이 경험하는 생리의 횟수와 관련된다. 초경이 늦어지거나, 폐경이 빨라지거나, 임신을 더 많이 하거나, 수유 기간이 길어지면 생리의 횟수가 줄어들 수 있다.[18] 과도한 체중도 에스트로겐 노출을 증가시키는 요인이다.[19] 유방암 위험을 증가시키는 것으로 확인된 유일한 화학물질은 호르몬 대체 요법과 피임약에 들어 있다.[20]

에스트로겐의 특성을 가진 산업적 화학물질도 발암 증가에 기여한다는 주장이 있었지만 증명된 적은 한 번도 없었다. 사람은 식품에 자연적으로 들어 있는 많은 양의 에스트로겐 물질에 노출되고, 그래서 산업적 화학물질의 기여가 드러나지 않을 수도 있음이 밝혀졌다. 그러나 산업적 화학물질은 에스트로겐 수용체에 결합하더라도 수용체를 충분히 활성화시키지 못하는 약한 에스트로겐 물질이기 때문에, 그 효과는 아마도 반(反)에스트로겐적일 가능성이 더 크다.

암 발생의 원인에 대한 근시안적인 시각이 연구 우선순위와 관련한 판단을 왜곡시켰다고 볼 수도 있다. 헬리코박터 파일로리 감염과 위암이 좋은 예이다. 광범위한 연구에도 불구하고 사람에게 위암을 일으키는 발암물질로 확인된 산업용 화학물질은 하나도 없었다. 그러나 박테리아 감염이 위염과 위암을 일으킬 수 있다는 지적에 대해서는 믿을 수 없을 정도의 반발이 있었다.[21] 오늘날 미국 암협회는 위암의 63퍼센트가 감염에 의해서 발생한다고 추정한다. 1900년에는 위암이 미국에서 가장 흔한 암이었다. 20세기에는 위암이 극적일 정도로 줄어들었다. 이 위암의 감소는 냉장 식품의 증가와 염장이나 훈제의 섭취 감소 때문이라고 알려져 있다.[22] 위암은 여전히 세계적으로 네 번째로 흔한 예방 가능한 암이고, 중국, 일본, 러시아, 그리고 남아메리카의 서해안 국가들에서 많이 발생한다. 이 지역들에서 보존을 위해서 염장한 식품들을 많이 섭취하는 것이 위암의 원인인 것으로 보인다.[23]

위암 연구는 식품에 들어 있는 화학적 원인을 찾는 일에 집중되어왔다. 특히, 다양한 식품첨가물에 대한 연구는 당연하게 여겨졌다. 식품에 넣은 인공 향미, 색소, 변질을 막아주는 항산화제 형태의 산업용 화학물질은 곧바로 위로 들어갔다. 그런 화학물질이 암을 일으킨다는 주장은 설득력이 있었고, 특히 래트에서 위암을 일으키는 것으로 확인된 경우에는 더욱 설득력이 있는 듯했다. 그러나 이 가설에는 문제가 있었다. 첫째, 20세기 동안 첨가제의 사용은 늘어났지만 위암은 오히려 크게 줄어들었다. 둘째, 사람에게 위암을 일으키는 것으로 확인된 화학물질은 없었다. 셋째, 래트에서 위암을 일으키는 것으로 확인된 화학물질은 대부분 사람에게 없고 설치류에게만 있는 전위(前胃)에서 암을 일으킨다.

현재 우리는 간염 바이러스 감염, 알코올 중독, 그리고 온화한 기후 지역의 땅콩이나 옥수수와 같은 저장 식품에서 자라는 아스페르길루스 플라부스(*Aspergillus flavus*)와 아스페르길루스 파라시티쿠스(*Aspergillus parasiticus*)와 같은 곰팡이가 만들어내는 아플라톡신이 사람에게 간암을 일으키는 주요 원인임을 알고 있다. 아플라톡신과 간염 바이러스의 결합으로 발생하는 간암은 중국의 골칫거리이다.[24]

뇌암은 덜 흔하지만 매우 치명적이다. 뇌에서 발생하는 악성 종양에는 세 가지 종류가 있고, 각각은 일생의 세 가지 서로 다른 시기에 많이 나타난다. 아동에게 주로 나타나는 것도 있고, 노인에게 나타나는 것도 있지만, 중년의 남성에게 주로 나타나는 것도 있다. 중년의 남성에게 나타나는 뇌암은 인생의 절정기에 있는 남성의 뇌를 공격해서 활동 능력을 빼앗아 버리고, 결국에는 인생이 망쳐지는 참혹한 일이 벌어지고 만다. 그런 뇌종양이 형성되는 초기 단계에는 *p53* 종양 억제 유전자의 돌연변이가 일어난다. 반면, *p53* 유전자에 돌연변이가 일어나는 대부분의 경우 암의 진행 과정 중에서 후반부에 발생한다. 뇌암을 일으킬 수 있는 화학물질을 확인하기 위한 상당한 연구가 있었지만 지금까지 아무 결과도 얻지 못했다.

　백혈병의 일종인 급성 골수성 백혈병은 집중적인 벤젠 노출과 관련이 있는 것이 분명하지만, 대부분의 백혈병은 벤젠에 의해서 발생하지 않는다. 현재까지 몇 가지 다른 산업용 화학물질이 백혈병이나 림프종을 일으킨다고 보고되었다. 그러나 그런 연구 결과와 산업적 관리에도 불구하고, 백혈병 발생률은 지난 20년간 일정하게 유지되고 있다.[25]

・　・　・

역학자들이 일찍 파악한 발암 위험 요인은 나이이다. 역학에서 비교를 위해서 사용하는 발암 통계는 암과 나이의 관계 때문에 나이에 대한 보정이 필요하다. 국립 암연구소의 감시, 역학, 결과 프로그램(SEER)은 나이, 암의 종류, 지역 등의 요인을 근거로 암 발생과 치사율을 추적한다. 1992-1996년간 수집된 모든 침투성 암에 대한 자료에 따르면, 암의 80퍼센트가 55세 이상의 사람들에게 발생했다. 암 발생률과 치사율은 10세 이후부터 지수함수적으로 증가한 후에 75세 무렵부터는 안정화되지만, 치사율은 계속 높아진다.[26]

　나이와 암의 관계로부터 암의 발생 원인과 관련하여 무엇을 알아낼 수 있을까? 나이 든 사람들은 암세포를 물리칠 능력이 적기 때문에 암이 더 쉽게 성장할 수도 있다. 혹은 나이가 들면서 몸에 발암물질이 누적될 수도 있다. 그러나 암 성장의 생물학적 관점에서 가장 가능성이 높은 메커니즘은 나이에 따라서 암 발생을 일으키는 돌연변이가 누적된다는 점이다. 성장하는 데에 여러 가지 돌연변이가 필요한 다단계의 과정 때문에 암이 발생하는 것으로 알려져 있다.

1988년 존스 홉킨스 대학교 의과대학 병리학과의 버트 보겔스타인은 사람의 대장암과 직장암에서 4개의 돌연변이를 찾아낸 연구 결과를 보고했다. 그는 이 연구 결과가, 암 성장에는 종양의 돌연변이 활성화와 보통 종양 발생을 억제하는 몇 개의 유전자 손실이 포함된다는 결장과 직장의 종양 발생학 모형과 일치한다고 판단했다. 일련의 단계에 시간과 진입 연령이 필요하다는 뜻이었다.[27]

존스 홉킨스 대학교의 종양학과로 옮긴 보겔스타인은 2013년에 생물통계 생물정보학 전공으로 합류한 크리스티안 토마세티와 함께, 몸에서 발생하는 데에 시간이 걸리는 정상적인 생리적 과정의 결과로서 발생하는 암이 얼마나 되는지 파악하는 연구를 2015년부터 시작했다. 그들은 장기의 서로 다른 종류의 세포에서 줄기세포의 분화 속도와 암 발생률을 비교했다. 줄기세포란 조직에서 분화해서 성숙한 세포의 죽음을 대체하여 세포의 수를 비교적 일정하게 유지하도록 해주는 세포이다. 예를 들면 피부의 기저층에는 줄기세포가 들어 있는데, 세포가 성숙해지면 피부 표면 가까이로 이동하다가 결국에는 떨어져나간다. 결장에서는 장내 점막의 일부에 들어 있던 줄기세포가 분화해서, 대변으로 떨어져나가는 점막세포를 채워준다.

보겔스타인과 토마세티는 장기에서 세포 특이성을 가진 몇 가지 줄기세포가 암종으로 변해서 반복적으로 분화하여 그 수가 늘어난다고 추정했다. 다음에 그들은 그런 생성물과 세포들의 발암 위험과의 상관성에 대한 통계적 시험을 했다. 그들의 놀라운 발견은 논란을 불러일으켰다. 그들은 단순히 오랜 시간에 걸친 세포 분화에서 자발적으로 일어나는 돌연변이, 즉 "불운"으로 암 발병의 3분의 2를 설명할 수 있다고 주장했다.[28]

그들의 시각은 암 연구계로부터 심한 반발을 불러일으켰다. 특히 화학적 노출에 대한 암 예방을 위해서 노력했던 독성학자들이 그러했다. 그들은 이 연구 결과를 암의 3분의 1만이 환경물질에 의해서 발생한다는 뜻으로 해석했다. 얼마나 많은 암이 단순한 통계적 사건(불운)에 의해서 발생하고, 얼마나 많은 암이 파악할 수 있는 특정한 원인에 의해서 발생하는지에 대한 의문은 많은 논의와 추정이 필요한 문제였다. 그러나 보겔스타인과 토마세티의 연구 이전에는 아무도 순수한 생물학적 입장에서 이 문제에 대한 수학적 답을 찾으려고 시도하지 않았다.

유전적, 생활 방식, 화학적 요인의 조합을 정량화하려는 과거의 시도에서는 암 발병률이 가장 낮은 국가의 발병률을 "회피할 수 없는 수준"이라고 정의하고, 다른 나라의 더 높은 암 발병률은 외인성이나 유전적 원인에 의한 것이라는 가정을 근거로 두고 서로 다른 국가에서 관찰된 암 발생률을 비교했다. 1981년에 돌과 페토는 암의 75-80퍼센트는 회피할 수 있고, 암의 4분의 1만이 불운이나 유전에 의한 것이라고 추정했다.[29] 이 계산에 따르면, 만약 국립 암연구소가 유전적 요인이 5-10퍼센트라고 결론을 내린다면, 돌과 페토의 분석에서는 20퍼센트 이하가 불운에 의해서 발생한 셈이 된다.[30]

"불운"의 문제에 접근하는 두 가지 방법에 한계가 있다는 사실에 주목해야 한다. 어쨌든 우리는 예방 가능하거나 어쩔 수 없는 원인이 모두 암의 실질적인 원인이라고 결론을 내릴 수 있다. 독성학자로서 우리가 예방 가능한 원인 중에서 특히 화학물질과 담배에 집중하고 있는 것은 옳은 일이다. 영양학적 역학자와 과학자들은 식품, 영양분, 미소(微少) 영양성분을 살펴본다. 감염성 질병 연구자들과 방사선 생물학자들도 자신들의 분야를 연구한다. 우리는 암을 예방하기 위한 노력에 각자의 역할을 하고 있다. 에른스트 빈더에 따르면, "우리가 먹고 마시는 음식, 우리가 피우는 것, 우리의 운동 부족, 성 습관, 불법 약품의 사용, 심지어 과도한 햇빛 노출이 모두 우리를 치유할 수 없는 질병의 위험에 노출시킨다."[31]

제3부　독성학을 어떻게 활용할까

> 사람은 아무것도 두려워하지 말아야 한다,
> 우리에게 해를 끼칠 힘을 가진 것이 아니라면.
> 그러나 무해한 것은 두려워할 필요가 없다.
> ─단테, 「지옥(Inferno)」

제3부는 작업자와 대중을 보호하기 위한 환경과 산업의 규제에 독성학 연구의 결과를 활용하는 이야기로 시작한다. 그런 노력은 잘 작동했고, 특히 용납할 수 없을 정도로 많은 용량에 노출된 작업자들이 그런 규제 덕분에 성공적으로 보호받았다. 기억하겠지만, 파라셀수스는 몇 세기 전에 용량이 독을 만든다는 사실을 깨달았다. 물론 상식적인 해결책을 찾아내지 못한 경우도 있었지만, 독성학의 연구 결과는 오염된 곳을 정화하는 규제에도 유용하게 사용되었다. 화학물질에 대한 규제의 기준과 정화 수준의 역사에서는 화학물질이 어떤 용량 수준에서 사람을 위협하는지를 파악하기 위한 동물 생체분석의 활용에 대한 문제도 제기되었다.

제3부의 마지막 두 장에서는 대부분의 독성학자들과는 상관없는 주제를 소개한다. 첫째는 사람의 질병이나 죽음이 화학적 노출에 의한 것인지를 파악하기 위해서, 법정에서 전문가 증인이 독성학을 활용한 사례이다. 둘째는 군인과

심지어 민간인에게 의도적으로 독성물질을 사용한 전쟁에서의 독성학이다. 이 주제는 보통 교과서에서는 다루지 않고, 독성학 강의에서도 가르치지 않는다. 그러나 독성학자들은 이러한 화학물질의 개발과 독성을 해소하는 제독제의 개발에도 관여했다.

제15장 화학적 질병의 예방

작업자들은 화학물질과 그에 의한 화학적 질병에 많이 노출되어왔다. 앞에서 설명했듯이, 16세기의 의사 파라셀수스와 아그리콜라는 일찍이 광산에서의 심각한 산업적 위해를 지적했다. 아그리콜라는 광산에 적절한 환기 장치를 설치하여 산업적 위해를 줄이기 위해서 최초로 노력한 인물이기도 하다. 17세기의 의사 베르나르디노 라마치니도 다양한 산업에서 발생하는 직업적 노출을 연구하고 위해를 완화하는 방법을 논의하는 등 체계적인 개발을 위해서 노력했다. 퍼시벌 폿과 헨리 버틀린도 굴뚝 청소부의 음낭암을 연구했고, 개인위생의 예방 효과를 지적했다. 몇 세기가 지나면서 "산업위생"이 작업자 보호를 위한 표준 제도가 되었고, 부상과 질병의 원인을 확인하고 예방하는 방법으로 자리를 잡았다.

규폐증은 대부분의 광업에서 가장 일반적인 직업병이었다. 콜로라도 주 덴버의 J. 조지 라이너가 습식 드릴을 발명한 것은 산업 보건의 역사에서 최초의 중요한 개선이었다. 1897년에 특허를 받은 이 개량 드릴은 구멍에 강제로 물을 주입해서 먼지와 드릴의 부스러기가 비산(飛散)하는 대신 무해한 진흙의 형태로 배출되도록 해주었다.[1] 다른 산업에서도 산업 보건의 발전이 있었다. 영국에서는 1889년에 면직물공장법을 제정해서 공기 1,000 부피당 이산화탄소 배출량을 9부피 이하로 제한했다. 면직물공장법 때문에 공장에서는 환풍기로 환기를 해야만 했으며, 이산화탄소를 측정하는 장비가 개발되기 시작했다.[2]

20세기 초에 미국에서는 앨리스 해밀턴 박사가 당시에는 "산업의학"이라고 부르던 직업의학을 개척했다. 해밀턴은 잘 알려진 인물은 아니었지만, 1960년대에 레이철 카슨이 생태독성학에서 유명했던 만큼 산업독성학에서는 중요한 인물이었다. 그녀는 새로 부상한 독성학이라는 실험 과학에서의 발견을 활용해서 산업역학과 산업위생학을 정립했다. 해밀턴은 하버드 대학교 최초의 여성 교수이기도 했다. 그녀는 1919년에 하버드 대학교 산업의학 분야의 조교수로 임용되었다. 그녀는 또한 국제연맹의 보건위원회에서 2번의 임기 동안 활동했고, 미국 근로기준과의 자문위원을 역임했다.[3]

1902년에 장티푸스열과 같은 박테리아 감염과 관련된 몇 가지 일을 했던 해밀턴은 미국에는 직업병을 공중보건 문제로 다룬 논문도 없고, 이에 대한 사회적 이해도 없다는 사실을 깨달았다. 유럽에서는 직업병 문제에 대해서 어느 정도의 논의가 있었지만, 미국의 산업계나 의학계는 모두 산업 현장에서 발생하는 질병에 눈을 감고 있었다. 미국 의학협회가 산업의학에 대한 학술회의를 개최한 적도 없었다. 유럽에서 활발하게 소개되는 일이 미국에서는 당연히 일어나지 않는 일로 여기는 잘못된 인식이 퍼져 있었다.[4]

해밀턴은 미국에 산업적 위험이 없다는 사실을 의심했다. 그녀의 의혹은 유럽에서는 50년 전부터 잘 알려져 있었던 "인(燐)중독 괴사"라는 증상을 존 앤드루스가 1908년에 소개하면서 사실로 밝혀졌다. 심신을 쇠약하게 만드는 이 병은 성냥 제조에 쓰던 백인(白燐)이나 황린(黃燐)의 흡입 때문에 발생했다. 공중에 날아다니는 인이 결함이 있는 치아에 침투해서 턱을 망가뜨리면서 농양이 생긴다. 인의 독성이 나타난 작업자들의 사례는 1845년부터 미국과 유럽에서 발견되기 시작했다. 유럽에서는 이 문제를 활발하게 논의하고 예방 대책을 마련했지만, 미국의 의학계는 침묵했다.[5]

1910년 해밀턴이 일리노이 산업질병위원회에 참여하면서 조사하기 시작했던 질병은 납 중독이었다. 그녀는 금속성 납으로 백색의 납 안료를 생산하는 공장에서 중독 사례를 발견했다. 페인트는 백색의 납 화합물에 테레빈유와 아마유를 혼합해서 만든다. 납에 노출된 작업자들은 대부분 미국으로 이주한 이민자들이었고, 가장 지저분하고 위험한 일을 해야만 했다. 그녀는 6년간 납 페인트를 연마하는 작업을 하면서 구토와 두통을 동반한 산통(疝痛)을 3차례나 앓았던 36세의 헝가리 이민자의 사례를 소개했다. 그녀가 병원에서 만난 그는 뼈만 남아 있었고 나이보다 2배나 늙어 보였고 근육은 쇠퇴한 상태였다. 폴란드 출신의 다른 작업자는 백색 납 페인트 공장의 매우 지저분한 환경에 고작 3주일 동안 노출되었지만 연산통(鉛疝痛), 마비, 그리고 손목 경련 때문에 입원 중이었다.[6]

해밀턴은 작업 환경의 개선을 위해서 작업장의 소유주를 교육시키려고 했다. 그녀의 시도가 성공한 적도 있었다. 납이 질병을 일으킨다는 사실을 깨달은 고용주는 노출을 크게 감소시키도록 노력했다. 그러나 쉽지 않은 경우도 있었다. 도자기의 에나멜 유약에 접합제나 안료제로 납을 넣는 것은 수십 년간 이어진 관행이었다. 해밀턴은 욕조 생산 공장에서 가열된 철에 납을 바르던 작업자들이 납에 중독된 사례를 발견했다. 해밀턴이 소개한 사례를 보면, 18개월 동안 욕조에 에나멜을 칠했던 작업자는 용광로 앞에서 기절해서 나흘 동안 혼수상태로 지냈다. 의식을 회복한 그는 정신이 혼미해졌고, 팔과 다리가 부분적으로 마비되었다.[7]

해밀턴은 제1차 세계대전 중에는 군수 산업을 조사했다. 나이트로셀룰

로스를 비롯한 질산계 폭약을 생산하는 데에는 많은 양의 질산이 필요했다. 질산 유독가스를 폐로 흡입한 작업자들은 자신의 체액에 익사해버렸다. 해밀턴이 1917년에 발표한 2,432건의 산업 중독 사례 목록에서 질산 유독가스가 1,389건이나 되었고, 53명의 사망자 중에는 28명을 차지했다. TNT가 660건과 13명의 사망으로 두 번째였다. 1943년에 발간된 『위험한 직업의 탐구(*Exploring the Dangerous Trades*)』라는 그녀의 자서전에서 해밀턴은 이렇게 썼다. "이렇게 부유하고 안전한 나라가 자신들의 군수 산업 종사자들에게, 목숨을 걸고 싸우는 프랑스와 영국은 당연하게 제공하는 수준의 보호조차 제공하지 않는다는 사실을 믿기 어렵다. 그러나 생산자들의 오만함, 군대의 무관심, 노동조합의 비조합원에 대한 차별을 극복하는 것은 불가능했다."[8]

제1차 세계대전 중에는 기폭 장치에 사용되는 풀민산수은의 수요가 크게 늘어났다. 대부분의 경우에 수은은 진사(辰砂)라고도 알려진 황화수은의 형태로 흙에서 발견되는데, 광부들에게는 비교적 무해하다. 그러나 순수한 수은이나 수은 방울이 포함된 광물도 있고, 온도가 높은 광산에서는 수은 증기 때문에 수은 중독이 발생했다. 해밀턴은 다이너마이트를 장착하기 위해서 암반에 구멍을 뚫는 과정에서, 그리고 이어서 일어나는 폭발에서 작은 수은 방울이 가득한 미세 먼지가 생성된다는 사실을 발견했다. 라마치니 등이 소개했던 "미치광이" 병과 똑같은 증상이 나타나는 중독을 파악하기는 어렵지 않았다. 해밀턴은 광부뿐만 아니라 펠트 모자 생산자, 온도계, 건전지, 치과용 충전제 제작자들에게서도 수은 중독을 발견했다. 수은의 경우에는 개인위생과 의복 세탁만으로도 노출을 어느 정도 줄일 수 있었다.[9]

해밀턴은 제1차 세계대전 이후에는 석탄 광산에서 폭발 작업을 하는 광부들의 일산화탄소 중독을 조사했다. 폭발 작업은 교대가 끝난 후에 실시되었고, 독가스는 시간이 지나면서 흩어졌다. 그러나 가스가 충분히 흩어지지 않는 경우가 자주 발생해서 광부들이 질식으로 사망했다. 일산화탄소는 헤모글로빈과 결합하여, 폐에서 몸의 조직으로 운반되는 산소를 차단해버리기 때문에 독성이 나타난다. 일산화탄소는 산소보다 헤모글로빈에 훨씬 더 강하게 결합하기 때문에 노출된 사람을 매우 효과적으로 질식시킨다. 해밀턴이 조사했던 산업 중에서 석탄으로 만든 코크스를 연료로 사용하는 제철 산업에서도 일산화탄소 중독이 일어났다.[10]

대부분의 작업자들에게 일어나는 일산화탄소 노출의 가장 흔한 원인은 내연기관이었을 것이다. 이 문제가 얼마나 오래 계속되었는지를 보여주는 사례가 뉴욕의 펜실베이니아 역이었다. 펜실베이니아 역은 1960년대에 고전적인 본래의 유리 구조를 해체하고 재건축을 했다. 재설계한 역은 매디슨 스퀘어 가든의 지하에 건설되었다. 역에는 전기로 운행하는 전동차만 운행될 계획이었다. 디젤 기관차는 모두 워싱턴, 뉴헤이번, 크로톤 하먼으로 보내고, 뉴욕에서는 전동차만 운행할 예정이었다. 그러나 기관차의 변경은 비현실적인 것으로 밝혀졌고, 결국 디젤 기관차도 펜실베이니아 역까지 운행되었다. 이에 따라서 디젤 기관차의 배기 가스를 줄이기 위한 환기 시스템이 재시공되었지만, 제대로 작동하지 않는 경우가 많았다. 특히, 일부 터널에서는 고농도의 일산화탄소가 잔류해서 문제가 되었다.

· · ·

작업장에서의 노출을 줄이는 일 이외에도, 화학물질이 작업자에게 미치는 잠재적 효과를 체계적으로 추적하는 일 역시 산업독성학의 영역이다. 1933년 J. C. 브리지는 여전히 비교적 새로운 아이디어였던 의학용 감시 장치가 작업자를 보호하는, 가장 중요하지는 않더라도 매우 중요한 수단이라고 주장했다. 영국의 공장이나 작업장과 계약을 맺은 의사는 공장작업장법에 따라서 일부 질병의 발생 사실을 공장의 감독 책임자에게 통보할 수 있었다.

납 중독은 여전히 가장 심각한 문제였다. 1900-1931년 동안 1,736명이 납 중독에 의한 만성 신장염으로 사망했다. 1931년에 산업 분야에서 납 중독이 가장 많이 발생한 사람들은 납 페인트를 사용하는 건물 페인트 작업자들로, 전체 168명 중에 64명이나 되었다. 브리지 박사는 환기와 청결을 통해서 규폐증의 위험을 개선할 수 있다고 지적했다. 피부염 역시 중요한 직업병이었고 장갑의 사용만으로 예방할 수 있다고 생각되지는 않았다. 실리카와 석면에 노출된 작업자들의 정기 검진도 실시되었다.[11] 검진 과정에서는 작업자들의 결핵 사례도 발견되었다.

염화비닐 작업자에게 치명적인 암인 간의 혈관 육종이 발생한 사례가 확인된 이후에 도입된 예방도 의학적 감시의 최근 사례이다. 공기 질의 허용 기준에 대한 엄격한 규제가 무시되지 않도록 보장하기 위해서, 작업자들은 간 독성의 흔적을 찾아내는 혈액 검사를 정기적으로 받아야만 했다. 염화비닐은 간 독성이 있는데, 작업자가 작업장 출입을 중단해서 노출이 줄어들면 독성도 줄어든다는 가역적 특성이 있다. 간 독성의 생체 지표가 정상으로 회복되고 염화비닐의 농도가 적정 수준으로 바로잡힐 때까지 작업자들의 작업장 복귀가 허용되지 않았다.

미국에서는 1938년 6월 27일 워싱턴 DC에서 전국 정부 산업위생 학술대회가 처음 개최되면서 산업독성학이 조직화되기 시작했다. 이 학술대회에는 24개 주, 3개 시, 1개 대학, 미국 공중보건국, 미국 광업청, 테네시벨리 당국 등에서 76명이 참석했다. 이 회의는 존 J. 블룸필드와 로이드 S. 세이어스가 협력한 결과였다. 블룸필드는 석탄 광부들의 규폐증과 흑폐증에 대한 선구적인 연구를 한 후에 남아메리카로 가서 산업위생 프로그램을 정착시켰다. 세이어스는 1933-1940년간 국립 보건연구원의 산업위생국 국장을 지냈고, 1940-1947년에는 미국 광업청 청장을 맡았다.

1946년에 전국 정부 산업위생 학술대회는 미국 정부 산업위생 학술대회로 이름을 바꿨다. 이 학술대회를 통해서 화학물질위원회가 1941년에 허용한계(Threshold Limit Values, TLV)를 제정한 것이 잘 알려져 있다. 이 위원회는 공기 중 화학물질의 허용한계를 조사하고 이 기준을 권고하며 매년 검토하는 일을 했다. 1944년에는 상설 기구가 되었다. 그로부터 2년 후에는 처음으로 "최대 허용농도"라고 알려진 148개의 노출한계 목록을 승인했다. "허용한계"라는 용어는 1956년에 도입되었고, 『허용한계 목록(*Documentation of the TLVs*)』은 1962년에 처음 발간된 이후로 매년 개정판이 발간된다.[12]

마침내 미국 정부도 산업 분야의 위험한 작업 조건에 대응하는 활동을 시작했다. 리처드 M. 닉슨은 1970년에 양당 합의로 제정된 윌리엄스-스타이거 산업안전 보건법에 서명했다. 이 법에 따라서 산업안전 보건국, 국립 산업안전보건 연구소, 그리고 독립적인 산업안전보건 심사위원회가 발족되었다. 조지 건터가 리처드 닉슨 행정부에서 최초의 노동부 산업안전 보건담당 차관보가 되었다. 그는 1972년 산업안전 보건국의 첫 석면 기준 승인을 지휘했다. 1974년에는 13종의 발암물질에 대한 기준이 제정되었다.[13]

산업안전 보건국은 작업자들에게 미치는 피해를 최소화하기 위해서 작업장의 허용노출한계(PEL)를 제정했다. 이 한계는 정부가 강제할 수 있으며, 한계를 초과한 작업장에서 노출을 낮추지 못하면 작업자들은 반드시 마스크, 장갑, 특수 복장과 같은 개인 보호 장비를 착용해야만 한다. 흰색 방호복을 입고 유출된 유해물질을 정화하는 작업을 하는 작업자의 사진은 누구나 보았을 것이다. 그러나 미국 정부 산업위생 학술대회의 허용한계와 마찬가지로, 산업안전 보건국의 허용노출한계의 1차적인 목표도 작업장의 공기 질을 보호복이 필요하지 않은 수준으로 개선하는 해결책을 제시하는 것이다.

산업안전 보건국의 기준은 작업자가 질병에 걸릴 가능성을 최소화하기 위해서 설계되었다. 질병에 절대로 걸리지 않도록 보호하기 위한 것은 아니었다. 산업안전 보건국의 규제는 너무 엄격한 규제 비용을 감당할 수 없는 상황에 처하게 만들지 않기 위해서 재정적인 문제도 고려해야만 했다. 위험한 직업은 많았고, 작업자의 임금에 위험에 대한 보상이 이미 포함되어 있다고 간주되기도 했다. 어떤 직업이 위험에 대해서 적절한 보상을 받는지는 논란의 여지가 있는 문제이지만, 일반적으로 제2차 세계대전 이후에는 작업 조건으로서 용납되는 위험이 점점 더 줄어든 것이 사실이다.

　현재 산업안전 보건국은 거의 500종의 유해 화학물질에 대해서 허용노출한계를 설정해놓았다. 허용노출한계는 기관이 설립되었던 1971년에 처음 제정되었는데, 주로 1950년대와 1960년대 초에 수행된 연구를 기반으로 했다. 그후에는 훨씬 더 새로운 정보가 마련되었다. 초기의 노출한계가 대부분 구식이었고 작업자를 적절하게 보호해주지 못했다는 뜻이다. 그러나 미국 정부 산업위생 학술대회와는 달리 산업안전 보건국은 새로운 허용노출한계를 설정하는 과정에서 법률적 반론에 직면하게 되었고, 대부분의 경우에는 허용노출한계의 변경이 불가능했다.

　이런 기준을 설정하는 일의 복잡성을 고려하면, 연방 정부가 작업자를 보호하는 일은 쉽지 않다. 다행히 산업계는 보통 미국 정부 산업위생 학술대회의 권고안을 지키려고 노력한다. 그렇지 않으면 작업자들이 반발하거나, 심지어 작업자의 변호사들에게 고소를 당하게 된다. 미국에서는 미국 정부 산업위생 학술대회가 화학물질의 독성 효과로부터 작업자를 보호하는 가장 광범위한 지침이다. 노출한계 자체에 법률적 권위가 있는 것은 아니지만 산업계에서는 광범위하게 사용된다. 또한 노출한계는 정부의 규제가 아니기 때문에, 산업안전 보건국을 괴롭혔던 법적 다툼을 우려하지 않고도 발전되고 수정될 수 있다.

미국 정부 산업위생 학술대회가 정한 148개 노출한계 목록에 처음 등 재된 물질 중의 하나가 벤젠이었다. 1946년의 허용한계는 100ppm이었고, 세월이 흐르면서 몇 차례 줄어들어서 1997년에는 드디어 0.5ppm까지 낮아졌다. 처음에 허용한계의 설정에는 벤젠에 의해서 골수의 혈구세포 생산이 중단되는 재생 불량성 빈혈을 고용량 독성 효과의 근거로 활용했다. 그러나 벤젠의 백혈병 유발성에 대한 정보가 알려지면서, 공기 중 허용 수준을 200분의 1로 줄인다는 최종 결정이 내려졌다. 오늘날의 허용한계 목록에는 700종 이상의 화학물질과 물리적 병인이 포함된다. 미국 정부 산업위생 학술대회는 선별된 화학물질로, "생물학적 노출지표(BEI)"라고 부르는 50종의 노출 생물지표를 추가했다.

· · ·

작업자 보호가 간단하지 않은 경우도 있었다. 공기 중의 베릴륨 기준의 경우가 그러했다. 질병을 일으키는 메커니즘 때문에 만성 베릴륨 중독에 훨씬 더 민감한 사람들이 있다. 2000년 4월 미국 에너지부(DOE)의 장관 빌 리처드슨은 작업자의 베릴륨 노출을 줄이기 위한 산업안전 보건국의 시도를 무산시키기 위해서 과거 에너지부가 베릴륨 산업계와 공모했다는 사실을 인정했다. 리처드슨은 "핵무기 생산이 최우선순위"였고, "그런 무기를 생산하는 작업자들의 안전과 건강은 우선순위가 가장 낮았다"라고 고백했다.[14]

베릴륨은 원자번호가 4인 금속성 원소이다. 베릴륨은 흔하지는 않지만, 남옥이나 에메랄드와 같은 보석에 들어 있다. 값이 싼 광석은 채굴되어 순수한 금속, 합금, 세라믹 등의 다양한 형태로 가공된다. 원소 수준으로 정제한 베릴륨은 금속성 광택이 나는 고운 회색 분말이다. 베릴륨은 원자번호가 작기 때문에 이온 반지름이 작고, 고밀도 전하에서 비롯되는 화학적 성질을 가지고 있다. 베릴륨은 가볍고 철보다 6배나 단단하고 밀도가 낮고 녹는점이 섭씨 1,285도로 높아서 전략적으로 중요한 금속이다.[15]

베릴륨의 가장 중요한 용도는 핵무기 생산이었다. 베릴륨은 핵분열 반응에서 플루토늄을 보완하는 중성자 주개(donor)의 역할을 한다. "팻맨(Fat Man)"으로 알려진 플루토늄 탄은 지금까지 개발된 두 종류의 핵폭탄 중의 하나이고, 나가사키에 투하되었다.[16] 이 폭탄은 베릴륨 노심을 플루토늄으로 둘러싸고, 그 바깥을 우라늄으로 덧씌운 것이다. 그 바깥에는 다시 약 2.5톤 정도의 무게를 가진 폭발성 렌즈가 있다. 내부를 향한 폭발인 기폭이 엄청난 압력으로 플루토늄과 베릴륨을 뒤섞어준다. 그 과정에서 베릴륨에서 방출된 알파 입자와 중성자의 칵테일이 주변의 우라늄에서 핵분열이 일어나게 만든다.[17]

베릴륨을 금속으로 가공하는 기계를 사용할 때에는 작업 환경에 많은 양의 먼지가 발생한다. 미국에서 베릴륨 노출과 관련된 최초의 화학적 폐렴 사례는 1943년 H. S. 반 오드스트랜드가 보고한 것이다. 작업자들이 베릴륨 광물에서 산화베릴륨을 추출하는 과정에서 노출이 일어났다. 연구진은 1945년까지 170건의 급성 베릴륨 중독 사례를 관찰했다. 복합 증상에는 폐렴은 물론 피부염과 만성 피부 궤양도 있었고, 작업자 중에 5명이 사망했다.[18]

원자력위원회는 1950년에 공기 중 베릴륨의 안전 기준을 권고할 전문가 위원회를 구성했다. 사고에 의한 노출 때문에 발생하는 드문 경우를 제외하면 급성 베릴륨 중독은 미국에서 더는 문제가 되지 않았다. 고농도의 베릴륨을 흡입하면 급성 화학적 폐렴에 의해서 호흡 곤란, 기침, 흉통이 발생한다. 그런 급성 증상이 때로는 사망의 원인이 되기도 하지만, 환자가 급성 증상을 극복하면 회복된 것으로 여긴다.[19]

8시간 작업일 평균으로 2μg/m³이라는 베릴륨의 산업적 대기 기준은 1951년에 처음 제시되었다. 이 기준은 베릴륨의 독성이 아니라 비소, 납, 수은과 같은 다른 금속의 독성을 근거로 한 것이었다. 베릴륨의 원자량이 작다는 사실과 더 강한 독성을 고려하여 비교적 낮은 기준이 책정되었다. 당시의 이 기준은 상당히 안전한 수준으로 여겨졌고, 산업안전 보건국은 그로부터 50년이 지난 후에도 이 기준을 작업장에 적용했다.[20] 산업위생의 발전과 함께 2μg/m³의 기준을 도입하면서 급성 베릴륨 중독은 미국에서 거의 사라졌다. 1947년에는 53건이 보고되었던 급성 사례가 1948년에는 28건으로 줄었고, 1949년에는 단 1건이 발생했다.[21]

그러나 베릴륨으로 발병하는 만성 베릴륨 중독이라는 다른 질병이 발견되었다. 이 질병은 낮은 농도의 베릴륨에 장기간 또는 반복적으로 노출될 때에 나타난다. 만성 베릴륨 중독은 결핵과 비슷하다. 베릴륨에 대한 면역 민감성이 몇 달이나 몇 년간 누적되면서 폐에 류머티즘성 육아종(肉芽腫)이 발생하고, 결국에는 폐활량이 줄어든다. 처음에는 산업안전 보건국의 기준이 작업자에게 이러한 질병이 발병하지 않도록 예방하며, 그래서 만성 베릴륨 중독은 이 기준을 초과하는 작업장에서 일어나는 사고라고 여겨졌다. 암과 마찬가지로 만성 베릴륨 중독도 잠복기가 긴 것이 문제였다. 처음 노출되고 수십 년이 지난 후에야 증상이 나타났다.

국립 산업안전보건 연구소는 2004년에 미국에서 13만4,000명의 작업자들이 만성 중독의 위험이 있는 베릴륨에 노출되었다고 추정했다. 산업안전 보건국이 설정한 2μg/m³이라는 공기 중 베릴륨의 허용노출한계는 일부 노출된 작업자를 민감성과 만성 베릴륨 중독으로부터 보호해주지 못한다는 사실이 알려지기 시작했다. 베릴륨에 민감한 작업자를 확인해서 질병이 발생하기 전에 작업장으로부터 격리하기 위한 혈액 검사가 개발되었다. 노출된 작업자들의 유전적 민감성이 베릴륨 중독에 영향을 미친다는 증거도 늘어났다.[22] 산업안전 보건국은 몇 달에 걸친 공개적인 의견 수렴과 며칠 동안의 공개 청문회를 통해서, 2015년 공기 중 베릴륨의 허용노출한계를 $0.2\mu g/m^3$으로 10배나 줄이는 규제안을 제시했다. 강화된 규제는 2017년 5월 20일에 확정되었다.[23]

작업자들을 화학 노출에 의한 질병으로부터 보호하는 일은 지난 100년간 먼 길을 지나왔고, 아마도 독성학의 가장 성공적인 성과였을 것이다. 유해성을 확인하는 일이 암과 같은 건강 문제를 일으키는 유해한 노출을 줄이도록 해주었다는 뜻이다. 산업안전 보건국의 규제와 미국 정부 산업위생 학술대회의 노출한계는 1차적으로 동물실험이나 작업자들에 대한 간접적인 방법이 아닌 연구를 근거로 설정한 것이었다. 독성학이 활용되는 모든 분야 중에서 산업 독성학이 아마도 화학적 노출 때문에 발생하는 중대한 질병의 예방에 가장 성공적인 경우라고 할 수 있다.

제16장 좋은 이름의 중요성

인공 화학물질이 주요 발암물질이라는 것은 흔한 오해이다. 돌과 페토의 추정에서 살펴보았듯이, 역학자들에 따르면 이는 사실이 아니다. 2019년까지 역학자들이 동물의 발암성을 시험하고 사람에 대한 연구를 했던 수천 종의 화학물질 중에서, 세계보건기구의 국제 암연구소가 인체에 확실히 암을 유발할 수 있다고 파악한 물질은 72종의 화학물질과 병인뿐이다. 그중에 공업적 공정으로 합성되거나 생산되는 물질 30종, 자연에 존재하는 물질 6종, 의약품 19종, (검댕과 같은) 혼합물 10종, 산업적 병인 13종이 "인체 발암물질*"로 분류된다. 래드에게 암을 일으키는 것으로 파악되었지만 인체 발암성으로는 분류되지 않은 물질은 그보다 4배나 더 많고, 대부분이 산업용 합성 화학물질이다.[1]

화학물질에 의한 인체 발암성이 낮다고 해서, 우리가 그런 물질에 대한 노출을 경계하거나 자신을 보호할 필요가 없다는 뜻은 아니다. 오히려 암

---

* 흔히 "1군 발암물질(Group 1 carcinogen)"이라고 부른다. 일부 언론과 전문가들이 사용하는 1급 발암물질은 발암성의 강도가 포함된 개념이다.

이 특정한 화학물질에 대한 노출 때문에 발생하는 것인지를 결정해야 하는 독성학자가 흡연, 비만, 감염, 불운을 비롯한 모든 발암 요인을 고려하는 맥락에서 평가를 실시해야만 한다는 뜻이다. 국제 암연구소에 따르면, 인체 발암물질에는 담배와 알코올을 포함한 7가지의 생활양식, 15종의 방사선, 6종의 바이러스, 2종의 기생충, 그리고 1종의 박테리아가 포함되어 있다.[2]

화학물질이 대부분의 암을 일으킨다는 선입견은 인간이 아니라 설치류에게 암을 일으키는 화학물질이 수백 종이나 확인되었다는 사실에서 비롯된 오해이다. 산업용 물질에 의해서 실험동물에게 발생하는 가장 흔한 암은 간암이고, 이 발견이 화학물질을 발암물질로 인식하게 만든 가장 흔한 이유이다.[3] 만약 간암 발생물질에 대한 연구 결과를 근거로 만들어진 규제가 예방 효과가 있을 것이라고 가정한다면, 사람의 간암 발생률이 획기적으로 줄어들었을 것이다. 그러나 사실은 정반대의 일이 일어났다.

설치류에서 발견된 간암의 자료를 근거로 한 규제 때문에 산업용 물질의 오염은 줄어들었지만, 간암은 지난 20여 년간 오히려 늘어났다. 만약 이 증가가 화학물질에 더 많이 노출되었기 때문이 아니라면 반드시 다른 설명이 필요하다. 앞에서 설명했듯이, 미국에서 간암의 주요 위험 요인은 과도한 알코올 섭취와 간염 바이러스 감염이고, 두 가지 모두 증가해왔다.

• • •

지난 세기 동안, 벤젠, 석면, 담배가 암과 같은 질병의 중요한 원인인 것으로 밝혀졌다. 이 물질들이 암을 일으키는 과정에 대한 이해가 독성학 역사의 핵심이었다. 흡연은 폐암은 물론이고 폐기종이나 심장 질환처럼 예방 가능한 질병의 가장 중요한 원인으로 밝혀졌다. 석면은 암과 진폐증을 일으키는 산업적 폐 질환의 가장 중요한 원인으로 알려졌다. 벤젠은 산업용 용매와 합성 화학물질의 원료로 광범위하게 사용되면서 골수 독성과 급성 골수성 백혈병을 발생시켰지만, 이제는 벤젠의 사용이나 제품 오염은 거의 완전히 사라졌다.

그러나 놀랍게도, PCB와 같은 환경적 위험이 화학물질에 대한 대중의 관심을 압도했다. 독일 화학자가 발명한 PCB는 생화학 제조업체 몬산토에 의해서 미국에서 생산되기 시작했다. PCB는 기존에 사용하던 석유보다 불연성이 훨씬 뛰어났기 때문에, 전류가 흐르는 금속 전선을 절연하는 데에 많이 사용되었다. PCB는 전선의 절연 이외에 변압기와 콘덴서에도 사용되었다. 예를 들면 "케이블 왁스"라고 부르는 PCB 혼합물은 제2차 세계대전 시기에 선박과 잠수함의 전선을 절연하는 목적으로 사용되었다. 전쟁이 끝난 후에는 1만 볼트의 송전선을 220볼트나 110볼트로 변환하는 대형 상업용 변압기의 부품을 절연시키는 데에도 PCB를 사용했다. PCB는 훌륭하게 작동했고, 석유를 사용해서 절연시킬 때에 기존의 고압 전기설비에서 발생하던 화재를 크게 줄여주었다.

언론이 PCB에 민감한 이유가 무엇일까? 쉽게 기억할 수 있는 이름을 가지고 있다는 것 이외에도, 생산된 PCB 제품 때문에 일본에서 발생한 사고와 타이완에서 일어난 사고처럼 널리 알려진 사례가 있었기 때문이다. 1968년 일본 규슈 북부 지방의 쌀겨기름 생산공장에서는 열 교환 장치의 가열 코일에 PCB를 사용했다. 그런데 코일에 발생한 균열 때문에 PCB로 오염된 쌀겨기름이 음식에 사용되었다. 몇 달간 쌀겨기름을 섭취한 소비자 중에서 적어도 1,000명이 병들었다. 피부, 신경계, 간, 눈 등에 다양한 유소(類消)* 독성이 나타났고, 특히 노출된 임산부가 낳은 신생아에게서

---

* 갈증으로 물을 자주 마시게 되는 증상.

도 같은 독성이 보고되었다. 1979년 타이완 중부 지역에서도 비슷한 쌀겨기름 중독 사고가 발생했다. 화학 분석과 독성학 조사를 통해서, 열 교환 장치에서 장시간 가열된 PCB가 분해되어 만들어진 폴리염화다이벤조퓨란(PCDF)이 주범이었던 것으로 밝혀졌다. PCDF는 PCB보다 독성이 훨씬 더 강했다.[4]

PCB를 환경적으로 유해하게 만든 특징인 내분해성이 PCB를 공업적으로 유용하게 만들었다. 즉, 토양, 퇴적층, 물, 또는 동물의 몸에 들어간 PCB는 거의 영원히 몸속에 잔류한다는 뜻이다. 예를 들면 물에 들어간 PCB를 다양한 무척추동물이 섭취하고, 무척추동물은 작은 어류의 먹이가 되고, 작은 어류는 더 큰 어류에게 잡아먹힌다. DDT를 비롯한 다른 염소계 농약과 마찬가지로, PCB도 먹이사슬을 따라 올라가면서 점점 더 농축되는 생물 농축이 일어난다는 것이 문제였다. 1971년에는 앨라배마 주의 어류에서 227ppm에 이르는 PCB가 검출되었다. 당시 어류에 대한 식품의약국의 허용한계는 5ppm이었다.[5] 근처에 있던 몬산토 공장에서 배출된 것이 문제였다. 몬산토는 1969년에만 45톤의 PCB를 강물에 배출했다.[6] 1980년에는 미국에서 사료용 어분(魚粉)을 생산하는 양식장의 가공 시설을 통해서 닭이 PCB에 오염된 사실이 밝혀졌다.[7] 당시 식품의약국의 수장이었던 찰스 C. 에드워즈는 대중의 공포를 잠재우려고 노력했다. 그는 "헤드라인을 장식하고 싶어하고 균형을 잃은 정보를 부추기는 소수의 회의론자들" 때문에 사회적인 혼란이 발생하고 있다고 주장했다.

질병통제예방센터의 르네이트 킴브러가 1975년에 PCB가 마우스와 래트에게 간암을 일으킨다는 사실을 밝혀냈다.[8] PCB는 다른 놀라운 생물학적 성질도 가지고 있었다. PCB는 간에서 사이토크롬 P450의 생성을 유발하는 기능이 있었다. 앞에서 살펴보았듯이, 그 기능이 워낙 훌륭해서 브루스 에임스는 PCB를 주입한 래트로부터 추출한 간 효소의 대사 활성화

체계를 돌연변이성 검사에 포함시키기도 했다.

PCB를 유명하게 만들어준 사건이 많이 일어났다. PCB가 불에 타지 않을 것이라는 생각 때문에 PCB를 대형 전기 변압기에 넣는 일이 있었다. 그런데 1981년 2월 5일에 뉴욕 주 빙엄턴의 대형 연방건물에서 PCB가 들어 있는 변압기에 화재가 발생했다. 뉴욕 주지사 캐리는 떠들썩하게 "나는 바로 지금 여기서 빙엄턴이나 그 건물의 어느 곳에라도 걸어 들어가서 PCB 한 잔을 전부 마실 것을 제안한다"라고 선언했다. 그는 또한 "몇 사람이 자원봉사를 해주고 몇 대의 진공청소기만 있다면, 나는 그 건물을 혼자서라도 청소하겠다"라는 주장도 했다.

건물 전체가 PCB는 물론, 쌀겨기름 사고에서 발견되었던 것과 똑같이 독성이 매우 강한 염화퓨란에 의해서 오염되었고, 염화다이옥신도 검출되었다. 이 사고로 다이옥신에 관한 공중보건 문제도 널리 알려지게 되었다. 빙엄턴 사무실 건물을 제독했던 작업자들은 흰색의 방호복과 마스크를 착용하고 엄격한 안전 절차를 따라야만 했다. 주 관료들은 5,300만 달러를 투입해서 13년 8개월 6일 동안의 정화 작업을 끝낸 후에야 마침내 빙엄턴 사무실 건물을 안전하게 재사용할 수 있게 되었다고 선언할 수 있었다. 630명의 직원들이 처음으로 건물에 다시 들어간 것은 1994년 10월 11일이었고, 2명의 판사와 6명의 사무원이 주청구법원에 배정되었다.[9]

허드슨 강의 줄무늬 농어와 온타리오 호의 연어에서도 PCB가 검출되었다.[10] 허드슨 강에서는 상업용 어획이 금지되었고, 지금까지도 재개되지 않았다. PCB는 허드슨 폴스에 위치하여 전기 설비를 생산하는 제너럴 일렉트릭 공장에서부터 흘러들어간 것이었다. 미국에서의 스포츠 낚시 활동은 다른 어떤 오염물질보다도 PCB 때문에 제한되었다. 낚시자문위원회는 사람들에게 물고기를 먹지 말거나 소량만 먹도록 경고했다. 그런데 PCB는 물에 잘 녹지 않는다. PCB가 하천 퇴적층에 오래 잔류하는 것도 이 때문이다. PCB 농도 때문에 낚시꾼이 가져갈 수 있는 줄무늬 농어의 크기도 제한되었다. 뜻밖에도 상업용 어획 금지는 어족 자원에게는 대단한 희소식이었다. 상업용 어획 금지가 시작될 때에는 줄무늬 농어의 개체수가 최저 수준으로 떨어진 상태였는데, 금지 이후부터 개체수가 치솟기 시작했다. 어류는 PCB의 독성에 피해를 입지 않았던 것이 분명했다.

PCB는 언론이 좋아하는 유해물질 중 하나였고, 나의 상관이었던 에른스트 빈더는 "이번 주의 발암물질"이라고 부르기도 했다. 그는 언론이 예를 들어서 흡연에는 그런 이름을 붙이지 않는 이유를 궁금하게 여겼다. 그는 PCB가 실제로 사람에게 질병을 일으킨다는 증거가 어디에 있는지를 물었다. 당시에는 PCB가 염소 여드름* 이외에는 산업적 노출에 의해서 암이나 다른 질병을 일으킨다는 사실을 아무도 증명하지 못했다. 염소 여드름은 PCB에 노출된 소수의 작업자들에게만 발생했는데, 오래 전부터 알려져 있었던 특별히 심하고 상처를 남기는 여드름이었다. 쌀겨기름 사건에서 발견되었던 다른 부작용은 PCB 자체가 아니라, 훨씬 독성이 강한 PCB의 열분해 산물에 노출되어야만 나타났다.

그럼에도 불구하고 PCB가 설치류의 암과 광범위한 오염과 관련된 것으로 알려졌다는 이유 때문에 PCB 연구에는 엄청난 규모의 정부 연구비가 지원되었다. 국립 의학도서관의 퍼브메드 데이터베이스에 따르면, PCB에 대한 1996년까지의 논문은 거의 5,000편이나 된다. 빈더는 그 돈이 미국에서 발생하는 모든 인체 암의 적어도 3분의 1을 일으키는 것으로 증명된 흡연 예방에는 투입되지 않은 것에 분노했다. 이는 담배회사들이 영향력을 행사했거나 아니면 정부가 공중보건보다는 "화젯거리"에 더 많은 신경

---

* 염소 화합물에 노출되어 발생하는 여드름 모양의 발진으로 염소 좌창(座瘡)이라고 부르기도 한다.

을 쓴다는 증거라고 할 수 있다. 빈더는 정부가 속고 있고, 그것은 국민의 목숨이 달려 있는 일이라고 믿었다. 2018년까지 PCB 논문의 수는 2만 편으로 늘어났다. 상대적으로 담배에 대한 논문은 4만 편이 조금 넘었다.

빈더는 미국 보건재단의 게리 윌리엄스의 연구를 지지했다. 그의 연구가 가상적인 인체 발암물질에 대한 지나치게 과열된 열기에 대해서 어느 정도 균형을 잡아줄 것이라고 믿었기 때문이다. 매우 높은 노출에서만 실험동물에게 암과 같은 질병을 일으키는 산업용 물질에 대한 연구가 사람에게 엄청난 발암 부담을 주는 담배에 대한 연구에 그늘을 드리우고 있다. 윌리엄스는 대부분의 동물 발암물질에 대한 환경 노출이 사람의 암 발생에는 영향을 거의 주지 않거나 전혀 주지 않는다는 사실을 증명한 개척자였다. 빈더는 일반 대중에게 산업용 물질의 인간 노출이 흡연에서 발암물질의 직접 흡입보다 영향이 훨씬 적다고 주장했다. 그는 언론이 훌륭한 과학보다는 선정주의에 집착해서, 산업용 물질의 노출에 의한 건강 효과를 지나치게 과장한다고 보았다. 그렇게 함으로써 언론은 반복적으로 우리에게 덜 중요한 건강 문제에 신경을 쓰게 만들었고, 훨씬 더 흔하면서 훨씬 더 중요한 질병의 원인인 흡연, 비만, 감염을 무시하게 만들고 있다.

. . .

암 예방의 중요한 돌파구가 열리던 수십 년 전의 동물실험이 산업 현장에서 일어나는 일부 인체 노출에 대한 연구에서 얻은 증거를 뒷받침해주기도 했다. 인간에 대한 많은 화학물질의 적절한 연구는 불가능했지만, 설치류에 대한 연구가 수백 가지의 "암 유발 화학물질"을 확인할 수 있도록 해주었다. 1970년대와 1980년대의 언론은 러브 운하, 타임스 비치, 허드슨 강, 워번 등과 같은 오염 지역에 대해서 집중적으로 보도했다. 관련된 화학물질의 독성에 대한 우려는 대체로 동물실험을 근거로 한 것이었다. 이 시기의 신문을 읽으면, 거의 매주 인체 암의 새로운 원인이 밝혀지고 있는 것처럼 보인다. 전문가들은 우리가 사과에서 알라*를, 청량음료에서 사카린을, 어류에서 PCB를, 모든 곳에서 다이옥신을 제거할 수만 있다면, 과거와 비슷한 비율로 암에 걸리지는 않을 것이라고 주장하는 듯했다. 좋은 뜻이었지만, 사람이 암에 걸리는 이유가 주변 환경에 있는 저농도의 화학물질에 노출되기 때문인지는 분명하게 밝혀지지 않았다. 사람들은 흡연처럼 자신을 확실하게 죽이는 익숙한 것보다는 자신을 해칠 수도 있는 익숙하지 않은 것을 훨씬 더 두려워한다.

언론은 흡연이 암 이외의 질병을 야기할 수 있다는 위험에 대해서 더 많은 관심을 기울여야만 한다. 질병통제예방센터는 2,400만 명의 미국인이 폐기종을 앓고 있다고 추정한다. 미국에서 폐기종은 사망 원인 4위이고, 흡연은 폐기종의 주요 원인이다. 빈더가 금연을 강조한 것은 그런 이유 때문이기도 했다.

한편, 미국 폐협회에 따르면 "매년 담배가 제2차 세계대전이나, 에이즈 (AIDS), 코카인, 헤로인, 알코올, 교통사고, 자살을 합친 것보다 더 많은 미국인을 죽이고 있다. 매년 대략 44만3,000명의 사람들이 흡연이나 2차 흡연으로 조기에 사망한다."[11] 빈더의 분노는 당연했다. 위험에 대한 대중의 인식을 서로 다른 물질에 의한 과학적으로 확인된 위험과 어떻게 비교해서 설명해줄 것인지는 여전히 어려운 과제이다. 그는 나와 단 둘이 있으면 분노와 열정으로 가득 차지만, 대중을 만나면 훨씬 더 냉정하고 효율적으로 행동한다. 아주 매력적인 유럽풍 억양이 윈더에게 권위를 더해주기도 했다.

---

* 1963년에 미국에서 사용을 허가받은 최초의 식물 성장 촉진제로, 사과 등의 재배에 널리 쓰였던 다미노자이드. 인체 발암성에 대한 우려 때문에 1989년 환경보호청에 의해서 시판이 금지되었다.

우리에게는 다행스럽게도, 빈더의 메시지는 지금도 설득력을 발휘하고 있다. 오늘날 대중과 언론은 흡연, 비만, 감염, 지구 온난화처럼 공중보건에 훨씬 더 중요한 문제들에 집중한다. 산업용 물질의 피해 잠재력을 알아야 할 필요가 없다는 것이 아니다. 오히려 미래를 위해서는 위험에 대한 더욱 훈련된 시각이 필요하다. 오늘날 빈더가 살아 있었다면, 그는 여전히 사람들이 담배로 자초하는 피해를 걱정하고 있을 것이 분명하다.

제17장 화학물질을 정확하게 규제할 수 있을까

세계보건기구 산하의 국제 암연구소는 1969년부터 화학물질, 다른 병인, 직업에 대한 인체 발암성을 평가하는 최초의 사업을 시작했다. 국제 암연구소는 미국의 국립 암연구소와 같은 회원국의 정부 기관으로부터 지원을 받는다. 국제 암연구소는 개별적인 화학물질, 규정된 화학 혼합물, 방사선이나 바이러스와 같은 병인, 그리고 (도장공이나 고무 작업자와 같은) 작업자의 발암 위험성을 평가하는 평가보고서를 작성해서 발간하는 사업 등을 한다. 오늘날 이 평가보고서는 「인체 발암성 위험 평가에 대한 국제 암연구소 발암물질 평가보고서(IARC Monographs on the Evaluation of Carcinogenic Risks)」로 알려져 있다. 평가보고서는 실무위원회가 사람이나 동물에 대한 발암성의 과학적 증거가 얼마나 확실한지를 숫자로 나타내는 군(group)으로 분류하여 전반적인 평가를 내린다. 1군은 인체 발암물질로 확인된 물질이나 직업을 뜻한다.*

평가보고서는 주로 전 세계의 학계와 정부 기관의 과학자들로 구성된 실

---

* 반면, 일부 언론과 전문가들이 사용하는 "급(class)"은 발암성의 강도를 나타낸다.

무위원회에서 작성한다. 국제 암연구소는 규제기관이 아니다. 다만 각국 정부가 발암물질 규제에 사용할 수 있는 정보를 제공하는 역할을 한다. 국제 암연구소의 발암물질 분류를 모두 그대로 받아들이는 국가도 많지만, 나름의 자체 분류 기준을 가진 국가도 있다. 미국에서는 환경보호청과 국립 독성관리체계가 자체적인 규제를 위해서 화학물질을 분류한다. 국립 독성관리체계는 1980년에 『발암물질 총설(Review of Carcinogens)』을 통해서 최초의 화학물질 분류를 발표했고, 환경보호청은 조금 늦은 1980년대에 비슷한 분류를 시작했다.

국제 암연구소, 환경보호청, 국립 독성관리체계가 처음부터 1990년까지 전반적으로 사용했던 암 분류 체계는 과거 연구의 결과에 대한 과학적 평가를 근거로 하여 인체 발암성을 계산한 것이었다. 역학 연구에서 어느 화학물질이 인체에 암을 일으킨다는 사실이 과학적으로 분명하게 밝혀지면, 인체 발암물질로 분류되었다. 그러나 어떤 물질이 암을 일으키는지를 어떻게 확인할까? 벤젠과 백혈병의 예를 살펴보자. 벤젠을 백혈병과 연결시키는 일은 석면을 중피종과 연결시키거나 염화비닐을 간의 혈관 육종과 연결시키는 것보다 훨씬 더 어렵다. 백혈병이 희귀 질병이 아니라는 것도 그렇지만, 작업자들 중에서 백혈병에 걸리는 비율이 낮은 것도 이유가 된다. 독성학자들은 벤젠이 백혈병, 특히 급성 골수성 백혈병을 일으키는지를 증명하는 것이 어렵다는 사실에 직면했다.

벤젠을 사용하는 작업자들에 대한 초기의 백혈병 보고에서부터 의혹이 제기되었지만, 이 현상이 우연히 일어난 사례였을 가능성도 있었다. 1963년 소련의 연구자들이 직업적으로 벤젠에 노출된 작업자들에게서 16건의 백혈병 사례를 확인했다. 같은 시기에, 이탈리아의 밀라노 대학교 라보로 병원의 엔리코 C. 비글리아니 박사와 줄리오 사이타 박사가 1964년에 벤젠 노출과 백혈병의 연관 가능성을 보고했다. 그들이 보고한 47건의 혈관

이상 사례에서 6명이 벤젠 노출을 경험한 백혈병 환자였다. 이탈리아의 도시 파비아의 산업보건연구소도 1961-1963년간 벤젠이 포함된 구두 제조용 접착제에 노출된 작업자들 중에서 (5건의 백혈병을 포함한) 41건의 혈액 이상을 관찰했다.[1] 그러나 비글리아니를 비롯한 연구자들은 흡연과 폐암에 대한 빈더와 돌의 연구에서처럼 이 사례를 대조군과 비교해보지는 않았기 때문에, 그런 발견이 우연한 결과인지 아니면 혹시 다른 원인 때문인지를 아무도 확신할 수 없었다.[2]

흡연과 폐암의 관계에 대한 연구가 그러했듯이, 벤젠에 노출된 작업자들에게 발생한 다수의 암을 벤젠에 노출되지 않은 사람들에게 발생한 암과 비교하는 역학 연구가 필요했다. 리처드 돌의 공동연구자였던 오스틴 브래드퍼드 힐이 역학 연구를 통해서 인과관계를 평가하기 위한 방법론을 정립했다. 힐은 왕립 의학회의 회장 연설에서 흡연과 폐암에 대한 연구에서의 통계적 관련성으로부터 어떻게 인과적 관계를 증명할 수 있는지의 문제를 검토했다. 힐은 "가장 가능성이 높은 해석이 인과적인지를 확인하기 위해서 연관성(association)의 어떤 부분을 특별히 고려해야만 할까?"라는 질문을 던졌다. 흡연이 폐암을 일으킨다는 사실을 증명하기 위해서 힐이 개발한 방법은 예컨대 벤젠과 백혈병처럼 질병의 화학적 원인을 밝혀내기 위한 논거에도 적용할 수 있었다.[3]

힐이 고려했던 첫 번째 문제는 연관성의 **강도**(strength)였다. 예를 들면 그는 퍼시벌 폿이 기록한 굴뚝 청소부의 음낭암 발생의 큰 증가를 지적했다. 힐은 음낭암에 의한 굴뚝 청소부의 치사율이 노출되지 않은 작업자보다 200배나 더 높았다는 사실에 주목했다. 그는 흡연자의 폐암이 10배 증가한 사실도 인용했다. 그러나 그는 흡연자의 관상동맥 혈전증이 2배 증가한 사실은 인정하지 않았다. 역학 연구에서는 관상동맥 혈전증을 일으킬 수 있는 다른 모든 가능한 요인을 적절하게 통제하기 어려웠기 때문이었다.

다음에 힐이 고려했던 요인은 관찰된 연관성의 **일관성(consistency)**이었다. 다시 말해서, 그 연관성은 다른 장소, 상황, 시간에 있었던 다른 사례에서도 반복적으로 관찰되는가? 연구에서의 일관성은 양적 연관성의 원인으로서 통계적 우연을 배제할 것이고, 특징이 다른 연구들 사이의 일관성은 서로 다른 연구들에서 일관되게 나타나는 실수나 오류가 없다는 근거가 될 것이다.[4]

힐이 고려했던 세 번째 특성인 **특이성(specificity)**은 연관성이 특정한 작업자들과 특정한 종류의 질병에 한정되어야 한다는 뜻이었다. 만약 화학물질이 암을 일으킨다면, 오직 한 종류 또는 몇 종류의 암만을 일으킬 것이다. 흡연은 서로 다른 발암물질이 모두 관여되기 때문에 이례적인 경우일 수 있다.

힐의 네 번째 특성은 **시간성(temporality)**이었다. 화학물질의 노출은 질병의 발생보다 먼저 일어났어야만 한다. 공업용 화학물질 노출의 경우에는 보통 병에 걸린 개인의 이력에서 시간성이 명백하게 확인된다. 힐의 다섯 번째 특징은, 나중에는 용량 반응(dose response)이라고 불렸던 **생물학적 기울기(biological gradient)***이다. 예를 들면 에른스트 빈더가 연구한 흡연의 경우, 담배를 더 많이 피울수록 연관성이 더 강해진다는 사실을 확인했다.[5]

힐은 당시에 알려진 지식에 따라서 달라지는 **개연성(plausibility)**은 고려할 수 없을 것이라고 지적했다. 힐은 개연성이 구체적으로 무엇을 뜻하는지를 자세하게 설명하지 않았다. 그러나 실험 연구를 근거로 암이 발생하는 메커니즘을 이해하는 것이 여기에 포함되는 것으로 해석된다. 개연성과 비슷한 특징으로는 **정합성(coherence)**이 있다. 정합성이란 인과관계가

---

* 증상의 강도가 노출량에 비례하는 현상.

질병의 자연사(自然史)에 대해서 알려진 사실과 상충되지 않아야 한다는 뜻이다. 흡연의 경우, 폐암의 시간적 증가는 흡연량의 증가와 일치했다. 대부분의 남성은 흡연을 했지만 대부분의 여성은 그렇지 않았기 때문에 폐암과 흡연의 성 차이에도 정합성이 적용되었다. 담배의 타르가 실험동물에서 피부암을 일으킨다는 빈더의 증명과 담배에서 벤조피렌이 확인된 것은 정합적인 연관성의 사례가 된다고 할 수 있을 것이다. 오늘날에는 그것을 정합성 대신 생물학적 기울기에 해당한다고 말할 수 있다.

반면, 실험(experiment)이 도움이 되는 경우는 드물다. 그러나 노출을 차단하거나 연관된 사건의 빈도가 영향을 받는다면 그런 특징도 가능하다. 힐은 어떤 상황에서는 비유(analogy)를 통해서 판단하는 것이 공정할 수 있다고 믿었다. 그는 탈리도마이드나 홍역에 의한 기형아 출산으로, 임신 중의 다른 의약품이나 바이러스 감염의 노출에 의한 기형아 출산을 고려할 수 있게 되었던 사례를 인용했다. 과거에는 기형아의 가능한 원인이 알려져 있지 않았지만, 이제는 탈리도마이드와 홍역이 기형아 출산의 원인이 될 수 있다는 사실이 알려져 있다. 따라서 탈리도마이드나 홍역뿐만이 아니라 다른 의약품이나 바이러스 감염도 그럴 수 있다는 주장에 신빙성을 더해줄 수 있다.[6]

힐은 "우리가 원인을 규명하기 전에 연관성을 연구해야만 하는 아홉 가지 서로 다른 시각이 있다"고 했다. 그러나 그는 자신이 제시한 이 조건들을 인과관계를 결정하기 전에 반드시 따라야만 하는 증거의 규칙으로 사용하는 것에는 경계했다.[7] 예를 들면 염화비닐과 간의 혈관 육종 사이의 인과적 관계는, 이 질병이 매우 드물었고 작업장에서의 노출이 일관적이었으며 주로 염화비닐에만 한정되어 나타났기 때문에 사례가 고작 2건인 소규모의 연구였음에도 불구하고 결과를 발표한 후에 곧바로 인정을 받을 수 있었다. 그러나 반대로 벤젠과 급성 골수성 백혈병의 경우, 힐이 요구한 분석의 조건을 만족시키는 인과관계를 확정하기 위해서는 여러 가지 추가 연구들이 필요했다.

• • •

발암성 분류 체계에서도 물론 동물실험의 결과를 평가한다. 그러나 실제로 동물실험의 결과가 신뢰할 수 있는 것인지에 대한 과학적 판단은 간단하지 않다. 평가가 간단한 것처럼 보일 수도 있지만 말이다. 만약 독립적이고 잘 수행된 두 가지의 연구에서 동물의 종양이 어느 화학물질에 의해서 통계적으로 유의미하게 증가했다면, 규제기관은 그 결과가 얼마나 많은 연구에서 확인되지 않았는지와는 상관없이 그 화학물질을 "동물 발암성"인 것으로 판단할 것이다.

사람에 대한 연구를 인정하는 데에는 명백한 기준이 필요하다. 그래서 사람과 동물 연구의 평가 사이에는 매우 극적인 차이가 있다. 국제 암연구소에서 수행하는 브래드퍼드-힐 유형의 분석에서는 연구의 질이나 이른바 자료의 교란 변수(confounding factor)의 가능성 그리고 알려진 편견의 가능성을 근거로 많은 역학 연구들을 실질적으로 배제한다. 다시 말해서 사람에 대한 연구의 평가에는 더 많은 판단이 필요하다. 그러나 동물 연구에서는 대부분 수를 세는 정도로도 만족하기 때문에 두 번 적중(two strikes)이면 발암물질로 인정된다. 그런 동물실험의 결과를 근거로 화학물질을 인간에게 "가능한(possible)", "의심스러운(probable)", "가능성이 있는(likely to be)" 발암물질*이라고 부르지만, 많은 경우에는 그런 명칭이 적절하지 않을 수 있다.

---

* 각각 국제 암연구소의 2A군, 2B군, 3군에 해당한다.

이 분류가 만들어진 이후에 미국의 환경보호청과 국립 독성관리체계가 구체적인 발암성 분류를 사용하는 과정에서 흥미로운 일이 일어났다. 어떤 화학물질이 인체 발암성인지 아니면 동물에게만 발암성인지는 문제가 아니었다. 환경 화학물질에 대한 정부 규제에서는 모두 똑같이 취급된다. 정부 기관은 동물에게 암을 일으키는 물질이 어떤 노출 조건에서는 사람에게도 암을 일으킬 수 있다고 예상하는 것이 합리적이고 신중한 자세라고 믿는다. 그러나 그보다는 인체 발암물질로 알려진 1군에 대해서 더 높은 수준의 규제적 감시가 더욱 필요하다고 주장할 수도 있을 것이다.

예를 들면 PCB가 래트와 마우스에게 간암을 일으킨다고 밝혀졌을 때, 환경보호청은 실제로 사람에게 암을 일으키는 것으로 밝혀진 석면, 방향성 아민 염료, 염화비닐과 비슷한 수준의 규제를 PCB에 대해서 실시했다. 1990년대에 환경보호청은 (원소를 포함해서) 대략 20여 종의 화학물질을 인체 발암성이라고 규정했지만, 동물 발암물질은 100종이 훌쩍 넘었다. 결국 발암물질에 대한 정부의 규제 정책은 역사적으로 인체 발암물질로 밝혀진 화학물질이 아니라, 주로 동물 발암물질로 확인된 화학물질에 대한 것이었다.

미국에서의 규제 대부분은 불확실성이 개입된 경우라면 가장 적극적인 보건 예방책을 펴야 한다는 철학적 입장, 즉 사전예방 원칙(precautionary principle)에 따라서 이루어진다. 이는 독일의 "선견지명(Vorsorgeprinzip)"이나 스칸디나비아의 "신중한 회피(prudent avoidance)"에서 시작된 것으로 알려져 있다. 일상생활에서 흔히 사용하는 사전예방 원칙에 일반적으로 별다른 점은 없다. 우리도 언제나 그와 비슷한 입장을 취하고 있었다고 볼 수도 있다.[8] 의사는 어떤 경우에도 해를 끼쳐서는 안 된다는 히포크라테스 선서도 사전예방 원칙의 예라고 할 수 있다. 다시 말해서 환자에게 도움이 되는 것이 확실하지 않은 치료법은 사용하지 말라는 것이다. 그런 원칙을 화학물질의 규제에 적용하면, 동물에서의 독성이 사람에게 나타나지 않는다는 점이 불확실할 경우에 사람에게도 독성을 나타낼 것이라고 가정하라는 말로 바꾸어 쓸 수 있을 것이다.

사전예방 원칙은 지난 수십 년간 지속적으로 강한 설득력을 발휘해왔고, 환경 파괴를 예방하겠다는 입법에서는 더욱 그러했다. 오존층 파괴 물질을 규제하는 1987년 몬트리올 의정서, 1992년 기후 변화 협약, 1992년 환경과 개발에 대한 리우 선언, 1995년 UN 공해 어업 협정은 모두 사전예방 원칙을 구체화한 것이었다. 1998년에 개최된 활동가, 정부 과학자, 다양한 단체 대표들의 워크숍에서 발표한 윙스프레드 성명*은 사전예방 원칙을 가장 강력하고 가장 광범위하게 수용한 경우였다. 이 성명은 "인간의 건강이나 환경에 위해 가능성이 있는 활동에 대해서는 일부 인과관계가 과학적으로 완전히 밝혀져 있지 않았더라도 사전예방 조치를 취해야만 한다"라고 밝혔다.[9]

환경보호청은 암 이외의 독성 효과에 대해서는 장기 특이 독성을 포함한 심층 평가를 실시한다. 독성학적 평가는 "중대 부작용(critical adverse effect)"을 확인하는 것이 목적이다. 동물 독성실험으로부터 최저의 용량에서 나타나는 암 이외의 다른 독성 효과를 확인하겠다는 것이다. 환경보호청의 규제 관료들은 특정한 용량에서 확인한 암 이외의 특정한 독성 효과를 근거로 허용한계를 정할 수 있다. 규제기관은 이 정보를 이용하여 화학물질의 "안전" 기준을 정한다. 중대 부작용 용량은 연구의 설계에 따라서 100배에서 1만 배까지에 이르는 다양한 "불확실성"을 이용하는 사전예방 원칙을 근거로 하여 줄어든다. 불확실성은 예방을 위한다는 핑계에 따

---

* 위스콘신 주 레이신에 있는 존슨 재단 본부인 윙스프레드에서 개최된 학술회의에서 미국, 캐나다, 유럽의 전문가 35명이 사전예방 원칙을 선언한 성명서.

른 허용 노출의 감소를 언제나 포함한다.

· · ·

국제 암연구소가 1992년에 발암 메커니즘 자료를 근거로 동물 발암물질을 상향 또는 하향 지정할 수 있도록 분류 체계를 변경한 것은 발암물질 평가에서의 유일한 예외 사례였다.[10] 유전자 독성 시험의 결과와 실험동물과 인간의 발암 메커니즘의 유사점 또는 차이점은 화학물질이 사람에게 암을 일으킬 수 있다는 의심을 증가시키거나 감소시킬 수 있다. 그러나 처음에는 그렇게 변경된 기준이, 심지어 인체 자료가 "제한적인" 경우에도 인체 발암성 분류를 상향 조정하기 위해서 메커니즘 자료를 인용하는 등 편향된 방식으로 사용되었다. 규정의 서문에서는 상향과 하향 조정 등 두 가지 조정을 허용하고 있었지만, 1992–1998년간 21종의 화학물질이 상향 조정된 반면, 오직 1종만이 하향 조정되었다.[11] 화학물질의 상향 조정이 불필요했던 것은 아니지만, 하향 조정에 대한 충분한 고려가 부족했던 것이다. 이와는 대조적으로, 미국의 환경보호청은 1991년에 수컷 래트의 신장 종양에 대한 일부 발암성을 하향 조정하기로 결정했다. 리모넨*이나 휘발유와 같은 물질을 발암물질로 분류할 필요가 없어졌다는 뜻이다. 국제 암연구소와 달리 미국의 환경보호청은 그런 화학물질을 하향 조정했다.[12]

국제 암연구소의 분류에 형평성이 부족한 이유는 실무위원회가 화학물질을 평가할 뿐만 아니라 평가 대상 화학물질을 선정하기 때문이다. 실무위원회에 누구를 참여시키고 어떤 화학물질을 평가할 것인지는 당시 국제

---

* 소나무나 감귤류 껍질 정유에서 추출되는 무색의 지방족 탄화수소.

암연구소 수장이던 로렌조 토마티스의 권한이었다. 그는 1993년에 은퇴했는데, 그가 퇴임하자 클로피브레이트라는 의약품이 처음으로 하향 조정되었다. 더글라스 맥그레거가 임시로 평가보고서 발간의 책임을 맡고 제리 라이스가 등장하기 전이었던 1996년에, 평가보고서 제66권의 발간을 준비하던 실무위원회는 클로피브레이트에 의한 간 종양은 인체의 암과 무관하다고 결정했다.

1994년에 국제 암연구소의 수장에 취임한 파울 클라이후에스는 자신의 전공인 뇌암에 대한 작업에 적극적으로 참여했고 다른 연구 사업도 관리했다. 그 결과 평가보고서 발간을 관리하는 별도의 직위가 만들어졌다. 미국 국립 암연구소의 제리 라이스가 평가보고서 사업의 첫 책임자가 되었다. 제리 라이스는 발암 메커니즘을 근거로 분류를 상향 또는 하향 조정하는 일에 관심이 많았고, 1997년 11월에 개최된 국제 암연구소 워크숍에서는 실무위원회가 화학물질의 하향 조정을 고려할 때에 사용할 기준을 개발했다. 특정한 종류의 설치류 종양의 증가가 사람에게는 반드시 적절하지는 않다는 입장을 공식적으로 결정한 결정적인 순간이었다.[13] 설치류에게 종양을 일으키는 메커니즘이 전적으로 설치류에게만 특이한 것이거나, 그런 효과에 민감하지 않은 사람에게는 예상할 수 없다고 판단되는 경우에는 인체 발암성을 하향 조정할 수 있게 되었다.

평가보고서 제73권의 실무위원회는 그동안 밀려 있던 화학물질 중에서 구체적으로 동물에게 발생한 종양이 인체 발암성과 무관할 수 있는 경우들을 검토했다. 나도 그 실무위원회에 참여해달라는 요청을 받고는 프랑스 리옹에 있는 국제 암연구소 본부로 갔다. 리옹은 손 강과 론 강이 만나는 곳이고, 과거 로마 제국의 수도였다. 약 50만 명의 인구를 가진 리옹은 프랑스에서 세 번째로 큰 도시이다. 전 세계에서 모인 20-30명의 과학자들이 국제 암연구소의 여러 직원들과 함께하는 실무위원회 회의는 10일간 계속된다. 국제 암연구소는 실무위원회의 위원들을 각자의 전문 영역에 따라서 4개 소위원회 중의 하나에 배정한다. 소위원회는 화학적 노출, 역학, 동물 생체분석, 발암 메커니즘으로 구성된다. 나는 발암 메커니즘 소위원회의 위원장이 되었고, 미국 보건재단의 동료인 고든 하드가 동물 생체분석 소위원회 위원장을 맡았다. 대략 절반 정도의 과학자들은 미국에서 왔고, 이탈리아, 노르웨이, 덴마크, 독일, 오스트리아, 캐나다, 일본, 영국에서도 참여했다.

실무위원회의 결론에 따라서 4종의 화학물질이 발암 메커니즘 자료를 근거로 하향 조정되었다. 프록터 앤드 갬블 기업의 마이애미 벨리 연구소에서 진행된 루이스 리먼-매키먼의 연구를 근거로, 감귤기름에 자연적으로 들어 있는 리모넨에 의한 수컷 래트의 종양이 사람에게는 만들어지지 않고 오직 수컷 래트의 신장에서만 발견되는 단백질과의 결합 때문에 발생하는 것임을 확인했다. 래트의 방광에 종양을 일으킨다는 이유로 발암 물질로 여겨졌던 사카린도 하향 조정되었다. 네브라스카 대학교 의과대학의 새뮤얼 코언은 인상적인 실험 연구를 통해서, 래트의 방광암이 소변에서 만성적인 자극을 일으키는 미세 결정 때문에 일어난다는 사실을 증명했다. 래트의 소변과 사람의 소변에 대한 생리학적 차이를 고려하면, 그런 미세 결정은 사람에게는 나타날 수 없기 때문에 종양도 발생할 수 없다는 것이었다.

평가보고서 제79권의 다른 실무위원들은 래트의 갑상선 종양에 집중했다. 래트와 사람은 갑상선 호르몬 생산의 억제에 대해서 전혀 다른 갑상선 종양 형성 반응을 나타낸다. 크랜베리 논란을 일으켰고, 레이철 카슨이 사람에게 영향을 줄 수 있는 발암물질의 사례로 사용했던 바로 그 화학물질인 아미트롤도 하향 조정되었다. 아미트롤에 의해서 갑상선 과산화효소가 억제되려면, 래트의 경우에 매우 낮은 농도의 아미트롤만으로도 충분하지만, 사람의 경우에는 현실적으로 불가능할 정도의 높은 농도의 아미트롤이 필요한 것으로 드러났다. 갑상선 과산화효소 억제를 유발하여 방광 감염의 치료제로 사용되는 의약품인 설파메타진도 하향 조정되었다.

두 실무위원회가 메커니즘 자료를 근거로 8종의 화학물질을 하향 조정함으로써 어느 정도의 균형이 이루어졌다. 그러나 국제 암연구소의 전(前) 수장 로렌조 토마티스는 실무위원회가 분류 규정에 허용되는 메커니즘 자료를 활용하여 화학물질들을 하향 조정한 것에 반대한다는 입장을 밝혔다. 토마티스의 반대가 워낙 심해서 국제 암연구소의 당시 수장이던 파울 클라이후에스는 여전히 본부 건물에 사무실이 있었던 토마티스의 건물 출입을 금지시켰다.[14]

빈센트 코글리아노가 2003-2011년간 사업의 책임자를 맡았고, 그후에는 커트 스트라이프가 책임자가 되었다. 그들의 재임 기간 중에 많은 화학물질이 상향 조정되었지만, 메커니즘 자료를 근거로 하향 조정된 경우는 없었다. 균형 잡힌 평가에 의한 검토가 빠진 사전예방 원칙이 다시 대권을 장악한 것이다. 코글리아노가 재임한 2008년까지 모두 52종의 물질이 상향 조정되었다. 라이스가 평가보고서 사업을 책임지던 기간에는 11종이 상향 조정되었고, 8종이 하향 조정되었다. 그리고 2008년 이후에는 적어도 8종이 상향 조정되었고, 메커니즘 자료를 근거로 하향 조정된 경우는 없었다.[15]

제18장 **용량이 독을 만든다**

용량이 독을 만든다는 파라셀수스의 개념을 돌이켜보면서, 널리 쓰이지만 간에 심한 독성을 나타내기도 하는 의약품이자, 흔히 타이레놀로 알려져 있는 아세트아미노펜(acetaminophen)을 살펴보자. 아세트아미노펜은 통증과 염증에 대한 훌륭한 치료약이지만, 가장 중요한 용도는 아동의 열을 내리는 것이다. 아세트아미노펜은 체온을 낮추는 데에 매우 효과적이다. 대부분의 사람들은 이 의약품이 치료 효과를 내는 데에 필요한 용량이 독성이 나타나는 용량과 매우 비슷하다는 사실을 알지 못한다.[1] 의약품의 치료지수(therapeutic index)*는 의약품의 독성과 유효 용량의 비율을 뜻하는데, 아세트아미노펜의 경우 그 비율이 독성학자들이 원하는 만큼 높지 않다.

우리가 섭취하는 의약품과 같은 화학물질은 결국 간에서 물에 매우 잘 녹는 황산이나 글루쿠론산**의 염으로 변환된 후에 소변으로 배출된다.

---

 * 의약품은 치료지수가 클수록 안전성이 높다.
** 간에서의 제독 작용에 중요한 역할을 하는 글루코스에서 유도된 산.

이것이 가장 중요한 제독 경로이고, 그 과정에서 독성 생성물이 만들어지는 경우는 드물다. 그러나 제10장에서 살펴보았듯이 간에는 다른 대사 경로도 있다. CYP2E1이라고 부르는 사이토크롬 P450이 아세트아미노펜을 NAPQI라는 생성물로 만들기도 하는데, 그 독성은 간의 괴사를 일으킬 수 있는 정도이다.[2] 아세트아미노펜의 용량이 늘어나면, 제독 경로가 압도되면서 점점 더 많은 약물이 CYP2E1로 활성화되어 간 독성이 점점 더 커진다. 어른의 경우에는 일반적인 치료용 용량인 1그램의 고작 10배에 해당하는 10그램을 한번에 복용하기만 해도 간 독성이 나타날 수 있다. 20그램은 치명적일 수 있다. 약 상자에 들어 있는 타이레놀로 자살을 시도했다가 심각한 간 손상만 입고 살아남은 경우도 있었다.[3] 아동의 경우에는 며칠에 걸쳐서 권장량 2배의 아세트아미노펜을 복용하면 간 독성이 나타날 수 있다.[4]

과거에는 CYP2E1 효소를 알코올 유발성 사이토크롬 P450이라고 불렀다. 일부 화학물질에 노출된 간에서는 유전자 발현이 증가되어 더 많은 효소가 생산됨으로써 사이토크롬 P450의 양이 늘어나는 증상이 나타난다. 화학물질이 에탄올일 경우 유발인자, 즉 에탄올이 핵에서 *CYP2E1* 유전자로부터 메신저 RNA의 생산을 증가시켜서, 효소 활성도를 늘어나게 만드는 CYP2E1 단백질이 더 많이 생성되도록 만든다. 만약 아세트아미노펜이 에탄올을 많이 섭취하는 사람에게 간 독성을 증가시키지 않는다면, 이런 정보는 단순히 흥밋거리에 불과할 것이다. 말하자면 이 경우에는 독성이 단순히 잠재적 독의 용량에 의해서가 아니라, 소비자의 일상적인 알코올 섭취에 의해서 더욱 악화될 수 있다.[5]

에탄올 섭취는 그 자체로 용량과 관련된 효과가 있다. 에탄올은 위장을 통해서 빠르게 흡수된 이후에 간에서 알코올 탈수소 효소에 의해서 어느 정도의 독성을 가진 아세트알데하이드로 대사된다. 그러나 아세트알데하이드는 식초의 유효성분이기도 한 아세트산으로 빠르게 대사되는데, 아세트산 독성은 전혀 높지 않다. 이 대사를 통해서 사람 몸에서 1시간에 10그램의 알코올이 제거된다. 사람은 90분 동안 독주 1잔, 포도주 1잔, 또는 맥주 1캔에 들어 있는 에탄올을 대사시킬 수 있다는 뜻이다. 알코올 섭취 속도가 제거 속도를 넘어서면 혈중 알코올 농도가 높아진다.[6]

용량은 몸으로 섭취한 화학물질의 질량으로 표시하고, 1회 노출은 그램으로 측정한다. 실험 연구에서는 흔히 체중 킬로그램당 그램으로 측정한다. 만성 용량의 경우에는 체중 킬로그램당 하루에 섭취하는 그램이나 밀리그램(1그램의 1,000분의 1)을 사용하기도 한다. 약물의 용량은 특히 소아용 약물의 경우에는 몸의 표면적당 질량을 사용하기도 한다. 약리학이나 독성학 효과의 경우, 목표장기에 존재하는 화학물질의 양이 중요한 척도가 된다. 에탄올의 경우에는 중추신경계나 간이 목표장기이다. 목표장기 용량은 일반적인 용량 단위가 아니라 농도로 표현한다. 그래서 에탄올의 경우 목표장기 용량은 혈액 100밀리리터당 밀리그램으로 측정하고, 에탄올은 뇌혈관 장벽*을 통과할 수 있기 때문에 뇌 농도 대신 혈중 농도를 사용하기도 한다.

에탄올은 최소 농도에서도 쾌감을 주기 때문에 사람들은 알코올 음료를 좋아한다. 법률적 관점에서는 보통 에탄올 농도가 80mg/100ml 이하이면 술에 취하지 않은 것으로 규정한다. 혈중 알코올 농도가 50-150mg/100ml가 되면 조정 능력 결핍, 느린 반응시간, 흐릿한 시야가 나타난다. 150-300mg/100ml에서는 시력 장애, 비틀거림, 불확실한 발음이 발생한다. 300-500mg/100ml에서는 인사불성, 저혈당, 경련이 일어난다. 잠깐이라도

---

* 뇌의 안정적인 기능을 유지하기 위해서 뇌로 유입되는 동맥에서 뇌의 기능에 필요하지 않은 생체 물질이나 이온을 엄격하게 걸러주는 역할을 하는 기관.

500mg/100ml을 넘어서면, 알코올 내성이 가장 높은 사람을 제외한 대부분의 사람이 혼수상태와 죽음에 이른다.[7]

화학물질이 나타내는 서로 다른 효과에 대해서는 서로 다른 역치*가 존재한다. 알코올은 역치 이상의 용량에서 간 독성을 나타내지만, 그 이하의 용량에서는 간 독성의 확실한 증거가 없다. 간 독성을 나타내는 역치보다 더 낮은 역치도 있는데, 이 역치를 넘어선 알코올은 보통 기분을 북돋워준다. 아주 적은 양은 아무 효과도 나타내지 않는다. 역치 이하의 용량에서는 몸의 항상성 또는 자기-조절 메커니즘이 화학물질의 효과를 재조정한다. 사실 저용량의 알코올은 심장병을 예방하고, 심장마비의 위험을 낮춘다. 이는 우리의 몸이 음식이나 음료수에 들어 있는 모든 종류의 "천연" 화학물질에 어느 정도는 끊임없이 노출되지만, 잘못된 것을 너무 많이 섭취하지 않는 한 질병이 발생하지는 않는다는 뜻이다.

화학적 노출에서도 같은 일이 일어난다. 사람은 몸에서 화학물질을 제거할 수 있기 때문에 저용량의 노출은 받아들일 수 있다. 심지어 몸에 효과가 나타날 정도로 충분히 높은 농도일 경우에도, 다른 항상성 메커니즘이 그 효과를 상쇄시킬 수 있다. 예를 들어서 만약 어떤 화학물질이 혈압을 떨어뜨리면, 심혈관계의 수용체들이 그 사실을 감지해서 심장박동 수를 증가시키고 혈관을 수축시키도록 해주는 신호를 보낸다. 그 효과로 혈압이 정상 수준으로 회복된다. DNA가 화학물질에 의해서 손상되는 경우에도, 앞에서 살펴보았듯이 종양 억제 유전자가 DNA를 완전히 복구시키거나 예정된 세포 자멸이 일어날 수 있을 때까지 세포 복제를 중단시키는 p53을 만들어낸다. 다시 말해서 세포가 스스로 복구되거나 염증 반응을 일으키지 않고 조용히 죽어버린다. 항상성 메커니즘은 효과가 나타나기

---

* 외부에서 유입된 화학물질의 생리작용이 나타나기 시작하는 용량.

전에 상쇄시켜야 하는 역치 용량을 결정하여, 효과에 필요한 역치 용량을 도출하는 역할을 한다.

호르메시스(hormesis)는 역치 효과의 또다른 근거이다.* 호르메시스란 저용량에서는 생물학적 활성화가 나타나지만, 고용량에서는 억제 효과가 나타나거나 또는 그 반대의 효과가 나타나는 경우를 말한다. 이 개념은 매사추세츠 대학교의 에드워드 캘러브리스가 제시했다.[8] 호르메시스 효과는 30년 이상 연구되었고, 많은 종류의 독이 낮은 수준의 노출에서는 위해보다 편익을 나타내기도 하는 것으로 밝혀졌다.[9] 다만, 그런 효과가 어떤 경우에는 나타나고 어떤 경우에는 나타나지 않기 때문에 개별적으로 확인해야만 한다. 위스콘신 대학교 매커들 연구소의 헨리 피토트는 다이옥신에 의한 전암 간 병변이 촉진되는 사례들을 연구해서, 호르메시스에서 나타나는 전형적인 U-형의 반응 곡선을 발견했다.[10]

• • •

섭취한 화학물질은 장에서 직접 문맥계(門脈系)를 통해서 간으로 가기 때문에, 간은 섭취한 화학물질에 의한 손상에 특히 취약하다. 문맥이란 위와 장을 포함한 위장관에서 혈액을 심장으로 되돌아가기 전에 간으로 직접 보내주는 혈관이다. 우리의 몸은 이 과정을 통해서 섭취한 영양 성분을 곧장 몸의 대사 엔진인 간으로 보낼 수 있다. 신장 역시 소변에 농축될 수 있는 일부 화학물질의 독성에 취약할 수 있다.

혈관을 둘러싼 세포 사이의 특별히 밀접한 연결로 만들어진 뇌-혈관 장

---

* 소량의 유해 물질이 호르몬처럼 인체에 긍정적인 효과를 내는 경우. 저선량의 방사선이 면역력을 향상시켜서 노화를 억제하는 효과가 나타나는 경우가 호르메시스의 대표적인 사례로 알려져 있다.

벽은 중추신경계를 화학물질의 공격으로부터 보호한다. 예를 들면 동물의 독액은 뇌-혈관 장벽을 통과할 수 없을 정도로 크기가 큰 단백질 분자이다. 그 결과, 독액은 중추신경계에는 영향을 주지 못하고, 대신 말초신경계에 영향을 미친다. 그러나 알코올과 같은 화학물질은 세포막을 통과할 수 있기 때문에 뇌에 쉽게 접근한다. 그래서 지나친 음주는 곧바로 정신활동에 영향을 준다. 반대로, 신경근 접합부와 같은 말초신경계는 어떠한 장벽에 의해서도 보호되지 않기 때문에 독액과 같은 화학물질에 취약하다.

피부와 폐는 환경에 있는 공기와 직접 접촉한다. 산업적 노출의 경우, 치명적이지는 않는 모든 직업병의 4분의 1을 피부병과 폐병이 차지하고, 그중에서도 피부병이 차지하는 비중이 가장 크다. 이런 질병은 대부분 산업용 물질이나 천연물과의 직접적인 접촉에 의해서 발생한다.[11] 접촉 관련 용량은 화학적 화상과 같은 부상을 일으키기도 하지만, 산업적 피부병의 가장 큰 요인은 개인의 민감도나 과거 노출 이력이 용량보다 더 중요한 영향을 미치는 알레르기 반응이다.

폐는 공기 중의 독성물질에 의해서 부작용을 겪을 가능성이 가장 큰 장기이다. 그런 물질은 일반적으로 대사가 일어나지 않고, 세포막과 직접 반응하거나 염증 반응을 일으킨다. 오존은 세포막에 독성을 나타내는 화학물질이고, 주로 도시 환경에서의 스모그에 많은 양이 존재할 수 있다. 고농도의 오존은 독성 효과를 나타내서 산소와 이산화탄소가 교환되는 폐포를 파괴한다. 도시의 공기 중에 존재하는 또다른 화학물질인 이산화황도 기관(氣管)을 자극해서 수축시키기 때문에 천식처럼 숨을 내쉬기 어렵게 만든다. 석탄이나 석면처럼 진폐증을 일으키는 물질은 폐의 섬유화를 일으켜서 폐가 적절하게 팽창하거나 수축하지 못하게 만들어버린다.

흡입된 화학물질은 폐에 직접적인 영향을 미치는 것 이외에도 혈액으로 흡수된 후에 장기나 조직으로 순환되면서 침투성 독성을 나타낼 수 있다. 그런 화학물질은 공기 중에서의 노출을 통해서 혈액에 농축되기도 한다. 보통 화학물질이 전부 흡수되는 것은 아니지만, 일부 화학물질은 세포막을 통과할 수 있기 때문에 흡수율이 100퍼센트에 가까워질 수도 있다. 따라서 일부 화학물질의 경우에는 공기 중 농도가 혈중 농도에 비례할 수도 있다.

면역 체계에 의해서 전파되는 독성 반응은 전통적인 용량-반응 효과와는 다른 특성을 나타내는 대표적인 경우이다. 일부 사람들에게 감작(感作)*을 일으키는 화학물질은 후속 노출에서는 매우 낮은 용량에서도 효과를 나타낼 수 있다. 반면 그런 효과에 저항성이 있는 사람은 후속 저농도 노출이 아무 효과를 나타내지 않을 수 있다. 앞에서 소개한 베릴륨의 산업적 노출에서는 낮은 수준에서도 면역 반응에 의해서 독성이 나타난다. 알레르기성의 접촉성 피부염은 면역이 유발과 유도의 두 가지 후속 단계로 확산되고 전개되는 흔한 피부병이다. 유발 단계에서는 국소 노출에 의해서 개인에게 감작이 일어난다. 후속 노출은 발진 형태의 독성 효과를 일으킨다. 국소 항생제, 고무 제품, 살균제, 금속 등이 접촉성 피부병을 일으키는 가장 흔한 요인이다. 의료 종사자, 미용사, 식품 부문, 금속 산업이 고위험 직업군이다. 수천 종의 화학물질이 원인일 수 있고, 그 부작용이 소비자와 작업자에게 심각한 결과를 낳을 수 있다. 피어싱에 사용되는 니켈이 그런 질병의 가장 흔한 원인이다. 의료 종사자의 경우에는 고무장갑이 접촉성 피부염의 주요 원인이다.

예를 들면 폴리우레탄 플라스틱의 생산에 사용되는 주요 재료 중 하나인 아이소사이안산염은 낮은 용량에서도 극단적인 독성을 나타낼 수 있다. 독일의 라이늘 박사는 1944년 폴리우레탄 제조 과정에서 다이아이소

---

* 생물체에 어떤 항원을 넣어서 그 항원에 대해서 민감한 상태로 만드는 일.

사아인산 톨루엔을 사용하던 남성에게 천식이 발생한 사례를 소개했다. 그 남성은 1952년 만성 기종으로 사망했다. 그러나 후속 연구자들은 호흡기 증상에 대한 진단에 일관성이 없었다는 사실을 확인했다. 공장에 들어간 이후 1시간 이내에 증상이 나타난 작업자도 있었고, 작업을 시작하고 몇 시간이 지난 후에야 증상이 나타난 작업자도 있었으며, 무증상인 경우도 있었다. 증상의 발현과 극심한 민감성이 알레르기성 천식처럼 보였고, 그런 장애에 대한 면역학적 메커니즘도 밝혀졌다.[12]

• • •

암을 일으키는 화학물질에 대한 또다른 용량-반응 관계도 있다. 화학물질의 누적 용량은 화학적 노출에 의한 암 발생에 중요한 결정 요인이 될 수 있다. 짧은 시간에 매우 높은 농도의 공기 중 벤젠에 의해서 골수성 독성이 나타날 수도 있지만, 암의 발생에는 장기간의 노출이 필요하다. 재생 불량성 빈혈을 포함한 중증 골수성 독성이 일어난 고무 작업자를 대상으로 진행된 1930년대의 연구에서 공기 중 벤젠 농도는 짧은 시간만에 500ppm까지 치솟았다.[13] 1980년대에 발표된 플리오필름 작업자에 대한 연구에서는 벤젠 농도가 일반적으로 낮았지만, 훨씬 상기간의 노출이 계속되었다.[14] 백혈병 위험의 경우에는 단순히 노출의 강도가 중요한 것이 아니라, 강도와 노출 기간을 모두 고려한 누적 노출 용량이 결정적인 요인이 된다. 누적 용량은 공기 중 벤젠의 평균 농도에 노출 기간의 햇수를 곱해서 얻는다.[15]

이 용량-반응에는 두 가지 중요한 측면이 있다. 첫째로, 백혈병 위험 증가를 나타내지 않는 수준의 벤젠 노출이 있었다. 따라서 벤젠 노출과 백혈병을 일으키는 메커니즘의 경우 항상성 메커니즘이 저용량에서는 보호 기능을 해주는 것으로 보인다. 만약 국소 이성화 효소 II의 억제가 그 메커니즘이라면, 과도한 것으로 보이는 유전자 독성이 발생하지 않도록 억제되어야만 할 것이다. 둘째로, 벤젠 대사체의 생성은 유전자 독성의 중요한 단계이기 때문에 어느 정도의 대사체가 있어야만 암이 발생한다. 그것은 용량-반응 곡선이, 기울기가 일정하게 증가하기 시작하는 한계치가 있는 준(準)선형 모양이라는 뜻이다. 기울기가 증가하는 이유는 몸의 방어 대책을 극복하기 위한 용량 증가와 관련이 있다. 용량이 증가하면, 방어 메커니즘은 점점 더 심하게 압도된다. 불행하게도, 래트와 마우스는 벤젠 노출로 백혈병에 걸리지 않기 때문에 그런 용량-반응을 확인하기 위한 동물실험은 불가능하다.

발암성 용량-반응의 또다른 예는 산업적 환경에서 일어나는 석면 노출에서 확인되었다. 석면은 값이 싸고, 단열성, 내화재성, 내마찰성과 같은 바람직한 성질이 있어서 산업적으로 광범위하게 사용되어왔다. 수요가 절정에 이르렀을 때에는 석면을 사용하는 제품이 무려 3,000여 종에 이르렀다. 대부분 석면은 포틀랜드 시멘트, 플라스틱, 수지(樹脂)와 같은 물질과 결합해서 사용된다. 석면을 느슨한 섬유상 혼합물이나 직조한 직물로 사용하는 경우도 있다.[16] 조선 산업에서는 주로 파이프 피복으로 사용하거나 판 모양의 석면 내장재로 사용한다. 다양한 분야의 작업자들이 한정된 공간에서 서로의 직업 재해를 공유하면서 작업하는 셈이다.[17]

리처드 돌은 흡연과 관련된 폐암 연구를 평가하면서, 석면증에 걸린 사람들에게서 많은 폐암 사례가 발견된다는 사실에 주목했다. 그는 높은 암 발생률만으로는 폐암이 석면 작업자들의 직업 재해라고 할 수는 없겠지만, 석면증의 빈도를 고려하면 그럴 가능성이 있다는 사실을 지적했다.[18] 여러 국가에서 실시된 연구에 따르면, 석면에 노출된 경험이 있는 광부들은 석면증과 함께 폐암에 걸릴 위험도 있다는 증거가 있었다.

마운트 시나이 의과대학의 어빙 셀리코프와 미국 암협회의 E. 카일러 해먼드는 1966년부터 흡연과 석면 먼지 노출의 결합된 효과가 폐암과 만성 비(非)감염성 폐 질환에 미치는 영향에 관한 정보를 수집하기 시작했다. 그들의 연구는 국제 열서리 단열공 석면공협회의 회원인 미국과 캐나다의 석면 단열 작업자들의 기관지암 위험이 증가한다는 확실한 증거가 되었다. 그들은 석면이 위험을 5배 증가시키고 흡연은 위험을 10배 이상 증가시키는데, 석면 노출과 흡연이 결합되면 위험이 50배 이상 증가한다고 밝혔다.[19]

그런 관계를 승법적(乘法的)이거나 상승적(相乘的)이라고 한다. 독성학에서 시너지란 질병의 두 가지 원인들이 상가적(相加的)인 경우보다 더 크게 나타나는 관계를 뜻한다. 수학적으로 보면 흡연에 의한 폐암의 5배 증가와 석면에 의한 10배의 증가를 합치면 15배 증가가 되어야 하지만, 실제 증가는 50배에 이른다. 고농도에 노출된 단열공에 대한 다른 연구의 역학적 증거도 시너지 모형을 뒷받침해준다. 이 두 가지 요인이 각각 다단계의 발암 과정에서 독립적인 작용을 한다는 뜻이다.[20] 담배 연기의 발암물질이 석면 섬유의 표면에 흡착되어서 (즉, 얇은 막을 형성해서) 발암물질의 흡수와 잔류 시간을 늘리거나 석면에 의해서 목표세포로의 침투를 증가시키는 것이 그런 시너지의 또다른 가능한 메커니즘이다.[21]

석면에 의해서 일어나는 또다른 암은 특히 제2차 세계대전 중에 조선 산업에서 두드러지게 나타났다. 보통 증상이 나타나기까지 30년 이상의 시간이 걸릴 정도로 잠복기가 긴 중피종은 산업 현장에서의 폐암보다 늦게 확인되고 연구되었다. 예를 들면 영국에서 중피종에 의한 사망자의 수는 1968년 연간 약 50명에서 2001년 연간 1,600명으로 늘어났다.[22] 폐암의 경우와 달리, 흡연은 중피종을 일으키지 않고 석면 노출과의 시너지 효과도 나타나지 않는다.[23] 결국 중피종은 단열, 건축, 석면 생산을 비롯한 다양한 산업에서의 석면 노출 때문이거나 석면 생산 지역 근처에 거주했기 때문인 것으로 밝혀졌다.[24]

제19장 오염을 정화할 준비가 되었을까

위험 평가(risk assessment)란 사람들이 화학물질의 노출로 암에 걸리거나 다른 부작용을 겪을지에 대해서 수학적으로 접근하는 것이다. 과거에는 이 질문에 접근하는 방법이 정량적이 아니라 정성적인 것이었다. 즉, 관찰된 화학 노출 상황의 유사점을 근거로 했다. 급성 골수성 백혈병의 위험이 증가한 플리오필름 공장 작업자의 경우, 발견된 공기 중 벤젠의 농도가 발암성의 예가 될 수 있다. 작업자들이 비슷한 기간 동안 비슷한 농도의 공기 중 벤젠에 노출되었다면, 급성 골수성 백혈병 사례가 얼마나 발생할지를 예측할 수 있다. 그러나 작업 중에 발생하는 고농도의 노출이나 설치류 생체분석에서 측정한 위험보다 훨씬 낮은 환경적 노출에 의한 발암 위험성을 추정하는 방법은 아직 개발되지 않았다.

조지 워싱턴 대학교의 교수였던 켄 체이스는 산업의학 전문의 병원에 자문을 제공하는 역할을 하는 워싱턴 산업보건협회를 설립했다. 켄은 자문 활동으로 전국 여객철도 회사 암트랙의 의료 책임자 일도 했다. 암트랙의 가장 심각한 환경 문제는 동부 지역의 전동차와 객차에 사용되는 PCB였다. 켄은 PCB에 노출된 이력이 있는 암트랙 직원들에 대한 잠재적 건강 문제조사를 근거로, 1982년에 「산업의학 저널(*Journal of Occupational Medicine*)」에 논문을 발표했다. 그가 직원들에게 확인한 PCB의 효과는 혈중 PCB와 지질(脂質) 농도 사이의 연관성뿐이었다. 그러나 돌이켜보면, 문제는 훨씬 더 복잡했고 인과관계는 논문에 보고된 것과는 정반대였다. PCB는 지용성(脂溶性)이기 때문에 지방조직에 농축된다. 그러나 혈중 지질의 농도가 높은 사람의 경우에는 PCB가 혈액으로 더 많이 녹아나오기 때문에 혈중 PCB 농도도 높아진다. 인과관계에 관한 통계의 고전적인 문제이다.[1]

1984년, PCB로 오염된 토양의 정화 방법을 파악하기 위해서 에너지 회사인 디트로이트 에디슨과 시카고 코먼웰스 에디슨이 체이스와 계약을 체결했다. 에디슨 에너지 회사는 변압기와 콘덴서에 PCB를 사용했다. 시카고 코먼웰스 에디슨 에너지 회사의 경우, 주상(柱狀) 콘덴서가 폭발하거나 누출될 수가 있었고 주거지역에서도 그런 일이 일어날 수 있다는 것이 문제였다. 매년 그런 장비의 1-2퍼센트에서 PCB 누출이 일어나 주변의 토양이나 다른 표면을 오염시켰다.

나는 거의 10년간 켄과 알고 지냈는데, 그는 아동의 납 중독, 특히 납 노출과 질병의 정량화에 대한 나의 독성학 연구를 잘 알고 있었다. 나는 건강 보호에 도움이 될 정도의 정화 수준을 찾아내는 위험 평가에 필요한 PCB 노출량 계산법을 개발하는 프로젝트와 관련하여 켄에게 자문을 제공하기 시작했다. 당시에 우리는 모르고 있었지만, 코먼웰스 에디슨 회사는 법원의 중재에 따라서 환경보호청의 제5지구 사무소와 함께 PCB 정화 방법을 개발하고 있었다. 환경보호청은 토양 시료를 채취하고 환경에서 PCB의 위험 수준을 개발하는 우리의 방법들을 훗날 토양 정화에 활용했다. 오염 정화 문제의 핵심은 수용 가능한 정화의 수준을 결정하는 것에 있었다. 토양에서는 어느 정도의 PCB 농도가 위험한가? 안전하다고 평가하려면 농도는 얼마나 낮아야 하는가? 산업 현장에서 PCB의 모든 분자나 다른 화학물질들을 완전히 제거하는 일은 물리적으로 불가능하므로 이 질문들이 특히 중요하다. 다시 말해서, 얼마나 깨끗해야 "깨끗한가?" 환경에서 화학물질의 허용 기준을 결정할 때에는 위험 평가 방법론을 사용했는데, 이 방법론은 1980년대 초에 개발된 매우 초보적인 임시방편에 불과했다. 1984년에 미국 과학원의 위원회가 개발한 위험 평가 권고안이 있었다. 그러나 일반적으로 정확한 추정이 어렵고 당시에는 지침이 거의 없었으므로 노출 평가에 가장 큰 어려움을 겪었다.

처음에는 그로부터 8년 전에 있었던 납 중독에 대한 경험이 도움이 되었다. 당시 나는 아동이 얼마나 많은 양의 납 페인트를 먹을 수 있는지, 그리고 그들이 먹은 납의 양에 따라서 혈중 납 농도가 어떻게 달라지는지를 알아내려고 했다. 그러나 PCB의 노출 평가는 훨씬 더 복잡했다. 더욱이 이 작업에서는 동물에 대한 PCB의 발암성 연구를 근거로 발암 위험성을 결정해야만 했다. 인체 역학조사 결과도 있었지만 발암 위험성에 대한 일관된 증거를 찾을 수 없었기 때문에, 우리는 래트 연구의 결과를 사용해서 평가했다.

초기에는 위험 평가의 과학이 초보적인 수준이었다. 사람에 대한 화학물질의 노출과 암 발생에 대한 정량적 정보가 없는 경우가 많았다. 마침내 과학자들은 위험 가능성을 정량화하고 적어도 사람에게 얼마나 위험한지에 대한 상한값을 설정하기 위해서, 동물 연구를 사용하는 위험 평가 방법론을 개발했다. 동물의 생체분석에서는 화학물질의 용량을 통제할 수 있고, 암 발생 사실도 쉽게 확인할 수 있었다. 그러나 설치류의 생체분석에서 인체 발암의 상한을 추정할 수 있다는 최소한의 가정이 필요했다.

불행하게도 당시에는 사람이나 동물에서 용량-반응 정보를 알려주는 PCB에 대한 실험이 없었다. PCB를 1번 투여한 경우에 종양 발생이 증가한다고 밝힌 동물 연구가 몇 건 있었을 뿐이었다. 3번의 투여를 이용한 국립 암연구소의 연구에서는 몇 가지 종양이 밝혀졌지만, 어느 것도 통계적으로 유의미하다고 확인되지는 않았다. 환경보호청은 1번의 투여에 대한 연구로부터 인간 노출에 대한 발암 위험에 사용할 용량-반응을 추정하려고 시도했다. "발암 유효계수(cancer potency factor)"에 인간 노출 추정치를 곱하면, 사람에 대한 발암 위험성을 얻을 수 있었다.[2]

그리고 미국의 규제기관들은 화학적 발암물질의 경우, 앞에서 설명한 사전예방 원칙에 따라서 안전 용량이 존재하지 않는다고 가정하고 있었다. 이 가정은 충분히 낮은 용량에서는 독성 효과가 나타나지 않을 것이라고 가정하는 또다른 독성 효과와는 상반되었다. 또한 미국 환경보호청과는 전혀 다른 접근법으로 비(非)유전자 독성 동물 발암물질에 대해서 역치의 개념을 사용하는 네덜란드나 영국과 같은 국가들도 있었다. 다른 정부는 화학물질을 사례별로 평가했고, 동물 발암물질이나 저용량 사례에 대해서 획일적인 규정을 갖추고 있지는 않았다.[3]

그렇게 빈약한 정보를 근거로 한 용량-반응 추정은 예방적 목적을 위한 것이자 사전예방 원칙을 따른 것이었기 때문에, 잠재적 위험에 대한 상한값만을 기대할 수 있었다. 결정적으로, 이 위험 평가에는 두 가지 심각한 가정이 포함되어 있었다. 첫째는, 래트에서의 간 종양 발견이 인체 빌암의 예고라는 가정이었다. 둘째는, 래트에서 사용한 매우 높은 용량에서의 추정으로부터 훨씬 낮은 용량에서의 인체 발암 위험성을 추정할 수 있다는 가정이었다. 나는 전력회사를 위해서 이 발암 유효계수와 토양의 PCB로부터 추정한 노출 추정치를 이용해서 발암 위험을 계산하는 연구를 진행했다. 예를 들어 토양에 들어 있는 PCB가 10ppm, 즉 토양이나 퇴적물 총량의 0.001퍼센트라면, 사람이 매일 흡수하는 PCB의 양은 얼마이고, 발암 위험성의 상한은 얼마인가?

먼저, 우리는 흡입, 섭취, 또는 피부 접촉과 같은 노출 경로를 파악해야

했다. 여러 가지 가상 상황에서 토양과 표면에 대한 PCB 허용 기준을 알아내기 위해서 나는 스물세 가지의 서로 다른 노출과 위험을 계산했다. 취학 전 아동, 취학 아동, 성인에 대해서 다양한 실내 및 실외 활동을 고려한 피부 흡수도 포함시켰다. 구강을 통한 노출 위험으로는 토양 섭취, 채소 섭취, 오염된 지역에서 기른 가축의 동물성 지방과 우유, 심지어 사냥한 야생동물의 섭취까지 고려했다. 흡입에 대해서는 PCB 증기와 먼지에 붙은 PCB의 흡입과 관련된 위험을 계산했다. 우리는 이런 연구가 처음이었기 때문에 모든 가능성을 고려해야만 한다고 생각했다.

$\bullet\ \bullet\ \bullet$

PCB가 들어 있는 전력 설비의 대부분을 생산한 제너럴 일렉트릭은 PCB 오염으로 어려움을 겪고 있던 두 기업 중 하나였다. 또다른 기업은 1930년부터 전력 설비의 절연재 사용이 금지된 1977년까지 미국에서 사용된 대부분의 PCB를 생산한 몬산토였다. PCB는 2개의 벤젠 고리가 결합되어 있고, 12개의 탄소에 최대 12개의 염소가 결합된 구조를 가지고 있다. 염소의 구체적인 화학적 배열에 따라서 모두 109종류의 PCB 구조가 만들어질 수 있지만, 실제로 몬산토에서 시판한 제품에 혼합된 PCB는 그중 몇 가지뿐이었다. 몬산토가 사용한 PCB의 제품명은 아로클로르였고, 제품의 종류에 따라서 탄소에 서로 다른 수의 염소가 결합되었다.

발암 위험성의 계산 방법을 개선하고 싶었던 제너럴 일렉트릭은, 1958-1977년간 미국에서 판매된 PCB의 92퍼센트를 차지한 몬산토의 아로클로르에 들어 있던 네 가지 종류의 PCB를 모두 시험하겠다는 야심 찬 생체분석 계획을 수립했다. 1,300마리의 수컷과 암컷 래트에게 염소화 정도가 다른 몇 종류의 아로클로르를 서로 다른 용량으로 평생 투여했다. 제너럴 일렉트릭의 연구는 PCB 용량에 따른 동물 발암성의 이해뿐만 아니라 동물 모형에서 간암 발생을 설명하는 발암 메커니즘에 대한 중요한 정보를 제공했다.[4] 초기 용량-반응 연구 이후에 미국 보건재단에서 내가 수행하여 논문으로 발표한 메커니즘 연구를 위해서, 나는 실험에 사용한 래트의 일부 조직을 보관했다.[5]

당시의 연구에 따르면, 염소가 가장 많이 포함된 아로클로르 혼합물을 고용량으로 투여한 수컷 래트에게만 종양 발생이 늘어났다. 당초 킴브러가 실험했던 암컷에서는 거의 모든 노출 동물에서 종양의 증가가 관찰되었다. 그 실험에서 얻은 발암 유효성 추정치는 내가 디트로이트와 시카고 에너지 회사의 실험에서 사용했던 것보다 훨씬 더 정확하고, 훨씬 더 낮고, 덜 보수적이었다. 또한 그 연구는 간 종양 형성의 가능한 메커니즘에 대한 몇 가지 흥미로운 관찰도 제공했다.

위험 평가 방법은 1980년대에도 계속 발전했고, 1989년에는 오염된 현장의 정화에 사용되는 환경보호청의 슈퍼펀드용 위험 평가지침(RAGS)으로도 활용되었다. 이는 기본적으로, 사전예방 원칙을 이용한 과학 연구에서 얻은 수학적 정보를 근거로 위험 평가를 수행하는 지침이었다. 발암 위험 평가를 근거로 규제되는 화학물질의 수는 계속 늘어났고, 식수, 공기, 식품에 대한 화학물질 허용량이 구체화되었다. 동물에 대한 연구를 근거로 특정한 양이 포함된 식수를 섭취했을 때에 발암 위험이 100만 분의 1보다 클 것으로 예상되는 화학물질은 양을 줄이거나 제거해야만 했다.

앞에서 살펴보았듯이 독성 효과에는 보통 역치가 존재하지만, 환경보호청이 위험 평가에 사용한 모형에서는 저용량에서도 역치가 없어서, 아주 적은 용량에서도 언제나 아주 적은 발암 위험이 있다고 가정했다. PCB에 의한 발암 위험이 평생에 걸쳐서 100만 분의 1만큼 증가할 것으로 추정되는 수준을, 식수 오염처럼 일반 인구집단의 광범위한 노출에서 허용될 수 있는 위험 수준이라고 생각했다. 더 적은 수의 사람들에게만 발생하는 한정된 오염에 대해서는 1만 분의 1 정도의 위험도 허용했다. 결국 PCB 노출에 의한 위험은 배경 발암 위험과 비교해보면 아무것도 아닐 정도로 낮은 수준이라는 것이 우리의 최종 결과였다. 이 결과는 발암 위험 평가에서 딜레마가 되었다. 우리가 계산한 위험이 이해하기 어려울 정도로 작았기 때문이다. 이 결과는 가상적인 것이었고, 사람에게 평생에 걸쳐서 암이 발생할 가능성이 3분의 1 이상인 경우와 비교되는 위험의 계산에는 여러 가지 비현실적인 가정이 사용되었기 때문에 더욱 그러했다.

허용할 수 있는 발암 위험성의 수준이 어느 정도인지에 대한 질문은 흥미롭다. 우리는 어떻게 100만 분의 1을 허용할 수 있는 위험이라고 생각하게 되었을까? 실제로 위험 평가는 환경보호청이 아니라 식품의약국에서 시작되었다. 1962년 의약품법의 딜레이니 수정안인 "DES 단서"에서는 식품의약국에서 허용하는 분석 방법으로 검출될 수 있는 발암성 의약품 잔류물을 규제했다.[6] 식품의약국은 DES 단서에 따라서 식용으로 사용하는 조직에 남아 있는 잔류물의 농도가 검출할 수 없을 정도로 낮은 경우에는 소비자의 발암 위험성을 무시할 수 있다는 입장에 근거하여, 발암물질로 밝혀진 의약품도 식용 동물에게 사용하도록 허가했다. 당시의 표준 시험은 충분히 정교하지 못했다. 규제기관들은 식품에 남아 있는 의약품 잔류물이 현존하는 분석 기술로는 측정할 수 없는 수준이라도 인체에 위험할 수 있는 가능성을 걱정했다. 식품의약국의 과학자들은 분석화학의 발전을 이용해서 훨씬 더 낮은 농도의 잔류물을 측정하는 기술을 개발했다. 허용 위험성 기준의 정의는 식품에 남아 있는 오염 의약품의 측정 능력 향상과 연관되어 있다.[7] 실제로 "정화"는 더욱 깨끗해졌다.

식품의약국은 1973년에 1억 분의 1이라는 위험 수준을 채택했지만, 당시의 분석 기술로는 그런 위험 수준에 해당하는 농도의 오염물질은 검출할 수 없었다. 이토록 엄격한 기준은 국립 암연구소의 네이선 맨틀과 W. 헤이 브라이언의 논문을 근거로 채택되었다. 그러나 그들은 99퍼센트 신뢰도 수준에서 이 정도의 위험 수준을 증명하려면, 종양이 없는 동물 4억 6,000만 마리가 필요하다는 사실을 알고 있었다.[8] (동물을 고농도의 화학물질에 노출시킨 결과를 이용해서 수학적으로 저농도의 상황을 추정하는 방법이 개발되기 전의 일이었다.) 결국 무시할 수 있을 정도로 작은 위험은 통계적으로 측정할 수 없는 양의 화학물질과 관련되어 있었던 것이다. 루이스 캐럴의 『거울 나라의 앨리스(*Through the Looking-Glass*)』를 보자.

"길에는 아무도 없는데요." 앨리스가 말했다.

"나도 그런 눈을 가지고 있으면 좋겠다." 왕이 조바심 나는 목소리로 말했다.

"아무도 없는 것이 보이는 눈 말이야! 이렇게 먼 거리에서 말이야! 왜냐하면, 나는 이런 불빛에서는 진짜 사람들만 겨우 볼 수 있을 뿐이거든!"

100만 분의 1이라는 허용 위험 기준은 식품의약국 국장이었던 도널드 케네디가 1977년 공개 청문회에서 처음 채택한 것으로 알려져 있다.[9] 분석 기술의 발전으로 1987년에는 분석의 민감도(sensitivity of method)를 나타내는 SOM 규정이 시행되었다. 이 규정은 무시할 수 있는 발암 위험성의 증가를 100만 분의 1로 정의했고, 잔류물 농도의 측정 방법도 규정했다. 이 허용 위험 기준의 근거는 임의적이었고, 추적하기 어려웠다.[10]

환경보호청은 그렇게 정해진 위험 기준을 채택했다. 환경보호청은 그저 식품의약국이 만들어놓았던 허용 위험 기준을 채택한 것이지만, 실제로 허용 위험 기준을 그렇게 설정한 이유를 밝혀줄 과학적 근거는 찾을 수가 없었다. 환경보호청의 슈퍼펀드 규정에서는 1만 분의 1 수준의 발암 위험도 허용한다. 우리가 때로는 100만 분의 1 이하의 발암 위험성을 기준으로 정하는 이유는 무엇일까? 환경보호청의 자료에 따르면, 100만 분의 1과 10만 분의 1이 모두 일반 인구집단의 허용 위험이 될 수 있다. 규모가 더 작은 집단에 대해서는 1만 분의 1 기준도 허용된다.[11]

발암 위험성을 대중에게 알리는 노력인 "위험 커뮤니케이션"은 힘든 일이다. 발암 위험성 100만 분의 1은 설명하기 어려운 기준이다. 사람들은 당첨 확률이 100만 분의 1보다 작은 복권을 사기 위해서 돈을 쓰는 경우도 있기 때문에 더욱 그렇다. 사람들에게 확실하게 무시할 수 없는 확률이라는 것은 없다. 위험 커뮤니케이션 전문가에게 위험성은 위험의 상한일 뿐이다. 100만 분의 1과 0 사이라는 논리도 가능하다. 40퍼센트의 사람은 암에 걸린다면, 위험의 증가는 40.001퍼센트일 뿐이라는 논리도 사용할 수 있다. 증가된 발암 위험성을 이미 알려진 위험 요인이나 사고율과 비교하는 것도 걱정하는 사람들을 만족시키지 못한다. 보통 위험의 수학적 계산에만 집중하는 대중은 그런 위험성을 단순한 가정이 아니라 사실로 받아들인다.

· · ·

1992년 미국 보건재단에서 우리는 학교를 비롯한 공공건물에서 검출되는 비교적 낮은 수준의 석면이 대중의 건강에 위험이 되는지에 관한 위험 평가 문제와 씨름했다. 나는 이 문제를 해결하기 위해서 위험 커뮤니케이션, 폐 병리학, 약학, 독성학, 역학 분야의 전문가들로 연구진을 구성했다. 그중 한 사람이었던 컬럼비아 대학교 위험 커뮤니케이션 센터의 빈센트 코벨로는 문서나 공개회의에서 대중과 위험을 논의하는 최선의 방법에 대해서 많은 글을 쓴 전문가였다. 마빈 쿠슈너는 뉴욕 주립대학교 스토니 브룩 대학의 병리학과 소속이었다. 당시 마빈은 원로 정치인이었고, 스토니 브룩 의과대학이 설립되었던 1972년부터 1987년까지 학장을 역임했다. 알린 리프킨드는 코넬 대학교 약학과 소속이었고, 나는 다이옥신에 대한 공동의 관심 때문에 그녀를 만난 적이 있었다. 칼 로즈먼은 캔자스 대학교 부속 병원의 약학, 독성학, 임상학과 소속이었다. 마지막으로 게리 윌리엄스와 내가 있었고, 하버드 대학교 공중보건대학의 역학과 주임이자 에른스트 빈더의 가까운 친구인 디미트리오스 트리코풀로스도 연구진에 합류했다.

우리의 목표는 폐암의 위험이 공공건물의 석면 노출 수준과 유의미한 관련이 있는지, 그리고 환경보호청의 석면 방지 정책이 공공건물에 대한 옳은 방향의 대책인지를 확인하는 것이었다. 당시에는 섬유상의 석면 자재를 사용한 상업용과 비주거용 건물이 약 50만 채나 되는 것으로 알려져 있었다. 환경보호청은 해결책으로 석면의 존재를 확인한 후에 석면이 비산되지 않도록 유지 관리하는 "운영과 유지"를 선택했다. 다른 대안으로는 석면을 완전히 제거하는 것이 있었다. 그러나 석면을 정화하는 과정에서 실제로 석면의 비산이 증가한다는 사실을 보여주는 연구도 있었다. 더욱이 1990년에 확인된 모든 건물에서 석면을 완전히 제거하는 비용은 1,500억 달러에 이를 수도 있었다.[12]

PCB를 비롯한 대부분의 화학물질에 적용하던 위험 평가에 동물 연구를 사용하던 것과는 달리, 이번에는 석면의 농도에 대한 정확한 측정을 통해서 석면과 관련된 폐암과 중피종의 발생을 연구한 결과가 많이 있었다. 따라서 역학 연구로부터 발암 유효 계수를 직접 유도하는 것이 가능했다.[13] 이를 통해서 우리는 모든 공공건물에서의 석면 노출로 고작 매년 2건의 폐암과 중피종이 추가로 발생한다는 결론을 내렸다. 이는 석면을 사용한 건물에서 공기 중 농도에 대한, 광범위하게 발표된 조사의 결과나 역치에 대한 가정을 사용하지 않고도 고용량 발암 연구의 결과로부터 저용량의 상황을 추정할 수 있다는 가정을 근거로 한 결론이었다. 다른 가정을 사용해서 더 높게 추정한 결과도 있었지만, 우리의 결론은 모든 공공건물의 석면에 의한 폐암과 중피종 발생은 모든 폐암 사례의 0.01퍼센트에도 미치지 않는다는 것이었다.

현재 상황을 유지하는 것과 달리, 석면을 제거하는 과정에서는 석면 비산에 의한 위험이 높아진다. 그러나 그런 결과만으로는 1993년 여름에 모든 학교 건물에서 석면을 제거하겠다는 뉴욕 시 정부의 정책을 중단시키지 못했다. 나는 언론을 통해서 설득을 시도했고, 우리의 결론을 정리한 논문을 발표하기로 한 「예방의학(*Preventive Medicine*)」으로부터 논문 발표 전에 내용을 미리 공개할 수 있도록 허가를 받아서 석면 제거의 위험을 경고하려고 노력했다. 심지어 나는 교육감 레이먼 C. 코틴스와 함께 지역 텔레비전의 뉴스 프로그램에 출연해서 그와 시민들에게 잠재적으로 위험한 석면 제거 대신 환경보호청의 유지 관리 절차를 채택해야만 한다고 호소했다. 또한 1억 달러 이상으로 추정되는 석면 제거 비용으로 뉴욕의 학교에 더 많은 교사나 보건 상담사를 배치할 수 있을 것이라고도 지적했다. 그러나 소용이 없었다.

여름 방학 중에 끝났어야 할 석면 제거 작업 때문에 뉴욕의 학생 100만 명 중에서 샌프란시스코의 학군 규모에 해당하는 6만 명이 학교를 다니지 못하거나 다른 학교를 다녀야만 했다.[14] 115개 학교가 문을 닫았고 수백 개의 학교가 운영을 중단했으며 1억1,900만 달러가 넘는 비용이 투입되었다. 뉴욕에서 석면 제거 작업 이후에 모든 학교가 완전히 다시 문을 연 것은 1993년 11월 중순이었다. 「뉴욕 타임스」에 따르면, 1993년 초에 딘킨스 시장을 비롯한 일부 관료들이 석면 노출에 지나치게 대응하는 바람에 문제를 파괴적 위기로 만들어버렸다고 시와 학교의 여러 관료들이 지적했다고 한다. 훨씬 더 냉정한 조사를 근거로 석면 제거를 선택했더라면 몇 개월 만에 해결할 수 있는 일이었다는 것이다.[15] 나는 학생들이 도착하기 전에 교사들이 교실 바닥을 비질하는 모습을 보여주는 텔레비전 프로그램을 보았다. 교사들은 마스크도 쓰지 않고 있었다. 우리가 공공건물의 석면에 대해서 밝혀낸, 무시할 수 있을 정도로 작은 위험에 대한 의사 결정 과정은 합리적이지 않았다. 석면을 제거해버리겠다는 잘못된 결정은 공포 분위기 조성 전략과 정치적 압력을 근거로 이루어졌고, 공포 분위기 속에서 과학은 뒷전으로 밀려났다.

제20장 법적 다툼

작업자, 환자, 또는 일반인에 대한 독성 노출을 줄이기 위한 모든 노력이 실패하면 사람들은 마지막으로 법에 의존한다. 사람들은 자신들이 입은 피해를 보상받기 위해서 법원에 소송을 제기한다. 그러면 개인이 과거에 입은 피해나 미래에 나타날 수 있는 피해의 증상을 의학적으로 검토할 필요가 있는지에 대해서 사법적 판단이 내려진다. 이 분야의 법률 행위는 화학물질의 노출이 소송인에게 상해나 질병을 일으켰거나 앞으로 일으킬 수 있다고 주장하는 특정한 유형의 개인 상해 소송으로, 독성 불법행위 제소라고 부른다.

법정에서 피해를 증명하거나 반박하는 과정에는 보통 피해와 관련된 질병을 전문으로 다루는 독성학자, 역학자, 의사들이 전문가 증인으로서 참여한다. 전문가의 증언은 언제나 전문가의 편향 가능성 때문에 논란이 되고, 법원은 전문가들에게 적용할 법률적 기준과 지침을 개발하기 위해서 노력해왔다. 1353년에는 상해로 발생한 상처가 폭력적인 행동에 의한 "상해죄"에 해당하는지를 밝혀줄 증인으로 외과 의사들이 소환되었다. 당시의 전문가들은 법정의 조수로 활동했지만, 17세기에 이르러서는 소송의

어느 한편을 대변하는 증인으로 인정을 받았다.[1]

전문가 증인의 증언에 대한 학술적 근거는 법독성학이라는 학문 분야에 있다. 마티외 오르필라는 유럽 의학계에서 뛰어난 인물이었고, 그의 성과는 그가 전문가 증인으로 활동하기 훨씬 전부터 법의학에 대한 대중 인식의 형성에 상당한 영향을 미쳤다. 그는 파리 의과대학의 학장이었고, 의학원의 창립회원이었으며, 몇 권의 독성학 서적을 저술했고, 영향력 있는 의학 학술지의 편집인이었으며, 여러 유명한 중독 재판의 전문가 증인으로도 활약했다. 1813년 4월 강의를 하던 그는 제자들 앞에서 비소의 특징적인 침전물을 모아서, 죽이나 커피나 포도주와 같은 음료수인 유기물 액체에 넣더라도 똑같은 결과가 나온다는 사실을 단언했다.[2]

오르필라는 개에게 다양한 용량의 독을 여러 경로로 투여하는 실험을 진행했고, 제독제를 시험했으며, 중독 증상에 대한 임상 자료와 인체 부검에서 밝혀낸 해부학적 손상에 대한 자료를 수집했다. 그의 가장 중요한 업적인 『중독과 가사(假死) 상태에서 활용할 수 있는 치료법에 대한 대중서』는 1818년에 발간되었다. 당대의 의술과 독성학에 대한 파라셀수스의 가르침과 마찬가지로 오르필라도 비소, 납, 채소의 독에 대한 "쓸모없거나 위험한" 제독제의 여러 가지 사례를 제공했고, 새로운 제독제를 제안했으며, 자신이 효과를 입증한 전통적인 제독제도 소개했다.[3] 오르필라는 유명한 소송의 전문가 증인으로 활동하면서, 자신이 개발한 비소 검출 방법을 이용해서 1838년의 니콜라 메르시에 사건*과 1840년 샤를 라파르주 살인 사건에 대한 진실을 밝혀내는 일에 도움을 주었다. 그러나 논란에 휩쓸리는 일을 싫어했던 오르필라는 1843년 이후에는 전문가 증인으로 활동하는 일을 거절했다.[4]

---

* 피살자의 간에서 비소를 검출해서 아버지 루이의 유죄를 입증한 사건.

독성학자와 역학자들은 수많은 사건에 증인으로 활동해왔다. 그러나 전문가 증언이 오히려 판사와 배심원들을 혼란스럽게 만들기도 했다. 1858년 미국 대법원은 "경험에 따르면, 전문가라고 주장하는 사람들은 그 어떤 의견이라도 말한다"라고 했다. 법원은 반대 심문에서 전문가들의 증언은 쓸모가 없고, "법원과 배심원의 시간을 낭비하게 만들고, 인내심을 시험하고, 관련된 질문을 규명해주는 대신 훨씬 더 당혹스럽게 만든다"는 냉소적인 입장을 보였다. 그런 인식 때문에 증인들에 대한 반대 심문에 허용되는 시간이 줄어들었다. 대법원은 1923년 프라이가 미국 정부를 상대로 제소한 재판의 확정 판결에서 전문가 증언을 훨씬 더 면밀하게 검토하도록 판결했다. 프라이 재판에는 증언에 거짓말 탐지기가 활용되었고, 대법원은 관련 과학계에서 일반적으로 인정하는 원칙과 방법을 따르는 경우에만 전문가의 증언이 인정된다고 판결했다. 그러나 이 판결은 일반적으로 수용할 수 있는 좋은 과학을 어떻게 파악하는지는 분명하게 정의해주지는 못했다.[5]

• • •

법원이 전문가 증인의 증언에 대한 과학적 원칙을 철저하게 살펴보기까지는 다시 50년의 세월이 걸렸다. 벤덱틴이라는 의약품은 1956년부터 임신 중에 겪는 메스꺼움과 구토의 완화에 유용한 일반 의약품으로 판매되기 시작했다. 이미 시판되고 있던 항히스타민성 독실아민과 비타민 B6를 결합한 의약품이었기 때문에 처음에는 벤덱틴에 대한 대규모의 시험을 하지 않았다. 1969년에 벤덱틴을 복용한 여성이 낳은 기형아에 대한 보고가 알려지면서 안전성에 대한 의문이 제기되었고, 1977년에는 첫 소송이 제기되었다. 사태는 1979년 「내셔널 인콰이어러(National Enquirer)」의 선정적인 보도로 본격적으로 알려졌다. "말로 다 할 수 없는 수천 명의 끔찍한 기형아들이 태어나고 있다. 안구가 없이 태어난 아이가 2명이나 있다. 뇌가 없는 아이도 있다. ……탈리도마이드 재앙보다 훨씬 더 큰 규모일 수도 있는 가공할 논란거리이다."[6] 머렐 다우 제약회사는 재판으로 갔던 소송 중에서 대략 3건을 빼고 모두 승소했지만, 계속 늘어나는 소송 때문에 결국 1983년에 이 약품을 시장에서 철수시켜야만 했다. 1994년까지 머렐 제약회사를 상대로 2,100건이 넘는 소송이 제기되었다.[7]

1984년에는 입덧 때문에 벤덱틴을 복용한 여성 2명이 심각한 기형을 가진 아이를 출산했다. 도버트 소송은 두 가족이 머렐 다우 제약회사를 상대로 제기한 것이었고 윌리엄 도버트는 2명의 산모 중 1명의 남편이었다. 판사는 전문가 9명이 제시한 증거를 검토한 후에 머렐 제약회사의 전문가에게만 증언을 허용했다. 증언했던 의사이자 역학자는 많은 여성집단을 대상으로 벤덱틴의 사용과 건강 효과를 연구한 10여 건의 역학 연구 결과를 검토한 결과 의약품과 기형아 출산 사이의 연관성을 입증하는 자료를 확인할 수 없었다고 주장했다. 고소인 측 전문가는 공식적으로 발표되지는 않았지만 동물 자료와 함께, 의약품의 화학적 구조와 태아에게 피해를 일으키는 물질의 비교, 그리고 의약품이 태아의 기형을 일으킬 수도 있다고 밝힌 역학 연구의 결과를 제시할 예정이었다. 그러나 판사는 13만 명의 여성을 연구한 풍부한 역학 자료가 제시된 상황에서 공식적으로 발표된 결과 이외의 증거는 정당화될 수 없다고 판단했다. 고소인은 대법원에 항소했지만, 대법원은 1993년에 하급심의 판결을 확정해버렸다.[8]

프라이와 도버트의 소송 사이에는 중요한 차이가 있었다. 프라이 재판의 판결에서는 전문가 의견의 내용이 아니라, 전문가들의 방법을 사용한 시험 결과를 일반적으로 수용할 수 있는지가 문제였다. 그러나 도버트의 대법원 판결에서는 대법관들이 직접 과학적 증거를 평가해서 전문가들이 제시한 증거의 과학적 의미를 판단해야만 했다. 또한 도버트의 경우 제출된 증거가 소송에서 논란이 되고 있는 문제와 관련이 있는지도 확인해야 했다. 예를 들어서 어느 과학자가 시험관에 들어 있는 화학물질의 노출로 초파리 DNA에 돌연변이가 발생했음을 밝혀냈다면, 도버트의 사례에서는 이 결과가 특정한 사람에게 암이 발생한 사실을 설명해주는지를 판단해야만 했다.[9]

도버트 판결의 결과로 대법원은 소송 판사들에게 소송에서 신뢰할 수 없거나 설득력이 떨어지는 과학적 증언을 선택하는 데에 더욱 신경을 쓰도록 지시했다.[10] 대법관 블랙먼이 작성한 다수 의견은 과학과 법의 차이 때문에 더욱 선택적인 수용성 기준이 필요하다는 점을 강조했다. 블랙먼에 따르면, "법정과 실험실에서 진리를 추구하는 방법에는 중요한 차이가 있다. 과학적 결론은 끊임없이 수정할 수 있다. 그러나 법정은 논란을 최종적이고 신속하게 해결해야만 한다." 블랙먼은 과학적 절차에서는 광범위한 정보를 고려하는 것이 유용하겠지만, 법적 절차에서는 그렇지 않다고 주장했다. 과학과 법의 분명하게 다른 목적을 고려한다면, 과학적 증거를 법정에서도 유용하게 만드는 과정에 어느 정도 적응해야 한다는 뜻이었다.[11]

도버트 소송에서 궁극적인 시험 중 하나는 여성의 생식계와 관련된 실리콘 유방 삽입술이었다. 외과적으로 유방조직을 제거하는 방법은 과거에도 사용되었다. 1895년 독일에서 시작된 최초의 유방 확대 시도에서는 여성의 등에 생기는 양성 지방 종양을 이용했다. 다양한 물질을 이용한 시도가 이어졌고, 결국 규소와 산소 원소로 만든 실리콘이 최적의 제품으로 확인되었다. 실리콘을 유방에 직접 삽입하면 감염이나 염증과 같은 문제가 생길 수 있다는 사실이 밝혀진 이후인 1961년에 텍사스 주 휴스턴의 성형외과 의사였던 토머스 크로닌과 프랭크 게로가 다우 코닝 화학회사의 지원으로 유방 보형물을 개발했다. 실리콘이 들어 있는 플라스틱 주머니의 삽입은 비교적 간단했고, 이 유방 보형물은 그동안 시도했던 다른 물질보다 훨씬 더 자연스러운 느낌을 주었다. 1992년까지 미국에서 유방 보형물을 사용한 여성의 수가 대략 100만 명까지 늘어났다.[12]

그보다 10년 전인 1982년에 어느 오스트레일리아 의사가 실리콘 충전 유방 보형물을 사용한 여성 3명의 자가면역 결합조직에서 질병을 발견했다. 류머티즘성 관절염, 홍반성 낭창(狼瘡), 피부 경화증, 셰그렌(Sjögren) 증후군 등이 모두 자가면역 질환이었다. 이 유방 보형물은 처음에는 식품의약국의 규제 대상이 아니었기 때문에 의료기기에 대한 일반적인 안전 자료는 찾을 수가 없었다. 1984년부터 오스트레일리아를 비롯해서 미국에서도 소송이 제기되기 시작했다. 한편, 사회 운동가 랠프 네이더가 조직한 소비자 단체인 퍼블릭 시티즌은 1988년에 식품의약국에 유방 보형물 사용을 금지할 것을 청원했다. 1990년에는 코니 정이라는 기자가 텔레비전 프로그램을 통해서 실리콘 유방 보형물이 사실은 어리숙한 여성을 속이는 위험한 의료기기라는 선정적인 보도를 내보내기 시작했다. 그녀는 유방 보형물 때문에 자가면역 질환에 걸렸다고 주장하는 여성들을 인터뷰했고, 위험한 제품을 시장에 내놓을 수 있도록 한 것은 식품의약국의 책임이라고 주장했다. 그리고 1991년 식품의약국의 국장에 취임한 데이비드 케슬러도 강력한 조처를 취해야만 한다고 결정했다. 1992년에는 유방암 복원 연구에 참여하는 여성 이외에는 실리콘 유방 보형물의 사용이 금지되었다.[13]

1984년에 오스트레일리아에서 제기된 첫 소송의 배심원은 마리아 스턴에게 200만 달러의 보상금을 지불하도록 판결했다. 많은 소송들이 제기되었고, 재판이 이루어졌으며, 1991년에 연방 배심원은 메리앤 홉킨스에게 734만 달러를 지급하도록 명령했다. 1992년 식품의약국의 금지 이후 2년간 1만6,000건의 소송 쓰나미가 밀어닥쳤다. 다우 코닝 화학회사는 보형물을 시장에서 철수시켰고, 멘토와 맥건이라는 두 생산자만이 남았다.[14]

자가면역 질환과 실리콘 유방 보형물과의 관계를 밝혀주는 과학적 증거는 소송보다 훨씬 느리게 등장했다. 첫 번째 사례는 1958년 실리콘 삽입을 이용한 유방 확대 시술을 받은 52세의 일본 여성이었다. 1974년까지 건강했던 그녀에게 구강 건조증이 나타나기 시작했다. 3년 후에는 손가락이 부어오르고 뻣뻣해졌고, 관절통과 함께 겨울에는 레이노 증상*이 나타났으며, 결국에는 피부 경화증이 발생했다.[15] 1982년에는 젤을 채운 보형물을 이용한 유방 확대 수술에 따른 자가면역 질환 사례를 다룬 연재 기사가 보도되었다. 식품의약국 청문회가 열렸던 1991년까지 120건의 사례를 다룬 보도가 자가면역 질환과 유방 보형물 사이의 관계를 뒷받침하는 증거로 사용되었다.[16]

1994년 메이오 클리닉의 여러 연구자들이 자가면역 질환과 실리콘 유방 보형물의 위험을 조사한 최초의 역학 연구 결과를 발표했다.[17] 그다음 해에는 유방 보형물을 사용하는 여성 중에서 결합조직 질병의 위험을 정량적으로 평가한 7건의 통제 연구가 보고되었다. 7건의 연구 모두가 유방 보형물을 사용하는 여성에게서 자가면역 조건들 중에서 어떠한 초과 위험도 확인하지 못했다고 밝혔다.[18]

실리콘 젤을 넣은 포장의 누출이나 파열에 의한 부상과 관련하여 연방이나 주 법원에 제소된 소송이 40만 건이 넘었다. 실리콘 젤이 결합조직 질병을 일으키거나 면역계 기능 장애를 악화시키는 범위에 대한 연구가 발달하면서, 그런 소송은 법원의 입장에서 매우 도전적인 과제가 되었다. 그런 연구를 평가하는 데에는 독성학과 역학 이외에도 면역학, 류머티즘

---

* 손가락이나 발가락, 코 등의 말초혈관이 수축을 일으키거나 혈액순환 장애가 일어나는 것.

학, 화학, 통계학을 비롯한 과학의 몇 가지 다른 영역에 대한 이해도 필요했다.

초기의 소송 중에서 대략 70건 정도가 오리곤 홀이 백스터 헬스케어 회사에 제기한 소송으로 병합되어서 재판이 진행되었다. 이 소송의 주심이었던 존스 판사는 병합 재판에 넘겨진 25건의 소송에서 전문가 패널의 조언에 따라서 고소인 측 전문가 증인의 증언을 거부했다. 이의가 제기된 증거의 허용 가능성을 고려한 존스 판사는 전문가 패널에게 도버트 소송의 기준을 근거로 마련한 지침을 제시했다. 존스 판사는, 역학자 머원 R. 그린릭, 류머티즘 전문가 로버트 F. 윌켄스, 면역학과 독성학자 메리 스텐젤-푸어, 생화학자 로널드 매클라드 등 4명의 기술 고문을 임명했다. 판사는 4명 모두에 대해서 잠재적 편견의 흔적을 검토한 후에 양측의 전문가 증언이 신뢰할 수 있는 과학적 방법론을 근거로 했는지를 판단하는 데에 도움을 달라고 요청했다.[19]

1996년 12월 26일, 로버트 E. 존스 판사는 실리콘 젤 유방 보형물이 자가면역 질환을 일으킨다는 취지의 고소인 측 전문가들의 증언을 모두 거부하는 사법적 역사를 기록했다. 법원이 내린 결론의 근거는 과학적 지식의 수준에 대한 4명의 독립적인 전문가들의 조언이었다.[20]

벤덱틴과 실리콘 유방 보형물은 도버트 소송의 기준을 사용했다는 것 이외에도, 인과성 대신 우연의 일치를 고려했다는 또 한 가지의 공통점이 있었다. 벤덱틴과 기형아의 경우에는, 1983년에 전 세계에서 3,300만 명의 임산부가 메스꺼움과 구토를 줄이기 위해서 이 약물을 사용한 것으로 추정된다는 점을 이해하는 것이 중요했다. 당시에 벤덱틴은 미국에서 입덧 치료용으로 승인된 유일한 약품이었고, 1982년에는 미국의 임산부 10명 중 1명이 그 약품을 복용했다. 그리고 미국에서 매년 태어나는 신생아 중 약 5퍼센트가 기형이며, 그중 절반 정도는 심각한 기형인 것으로 추정되었다.[21] 간단한 수학을 사용하면, 우연의 일치만으로도 벤덱틴을 복용한 여성이 출산한 신생아들 중에 심각한 기형인 경우가 거의 100만 명이 되어야만 한다.

실리콘 유방 보형물의 경우에는 많은 수의 여성들이 사용했고, 유방 보형물을 원하거나 필요한 나이의 여성들에게는 자가면역 질환이 자주 발생한다. 메이오 클리닉의 연구는 여성의 8퍼센트 이상이 실리콘 유방 보형물 소송에 연관된 염증성 자가면역 류머티즘 질환에 걸린다고 밝혔다.[22] 다시 간단한 계산을 해보면, 우연의 일치에 의해서 실리콘 유방 보형물을 사용하는 여성 8만 명이 그런 질병에 걸릴 수 있다. 그러므로 질병의 발생이 드물지 않을 때에는 의약품, 용기, 또는 화학적 노출 직후에 발생한 질병의 경우에도 발생 사례만으로 결론을 내리는 것에 매우 주의해야만 한다.

• • •

법원이 마주한 다음 질문은 환경 소송에서 전문가의 증언 활용에 대한 것이었다. 주거 지역의 환경오염과 관련된 소송에서 이런 일이 필요했다. 대중교통의 전철화는 20세기에 시작되었다. 필라델피아의 대중교통 체계인 남동 펜실베이니아 교통국을 시작으로, 나중에는 암트랙도 북동선을 전철화했다. 소송을 제기한 고소인들은 25년 이상 차량 유지보수 시설로 사용된 파올리 펜실베이니아 공작창 근처에서 오랫동안 살았던 주민들이었다. 철도 차량의 전기 엔진과 에어컨에 전력을 공급하는 대형 전기 변압기에는 내화성의 PCB가 사용되었다. 장비를 보수하는 과정에서 공작창의 상당한 부분이 PCB로 오염되었고, 오염된 토양은 주변의 주거지역까지 퍼졌다.

수년간 그 지역에서 살았던 고소인들은 1986년에 공작창의 부지를 소유하고 있던 남동 펜실베이니아 교통국, 암트랙, 펜센트랄과 PCB 생산자인 몬산토, 장비를 생산한 제너럴 일렉트릭을 고소했다. 소송은 펜실베이니아 주 동부지방의 연방 지방법원에 제기되었다. 미래의 피해에 대한 공포로 야기되는 감정적 고통과 미래의 질병 가능성을 감소시키기 위한 의학적 검토를 요구하고, 토양의 PCB에 의한 부동산 가치 하락에 대한 손해를 주장하는 고소인도 있었다. 의학적 검토에는 정기적인 신체검사, 검사실 검사, 여러 진단 절차들이 포함되었다. 켈리 판사는 5일간의 청문 과정을 거친 후에 1명을 제외한 모든 고소인 측 전문가들의 증언을 배제한다는 명령을 내렸다.[23] 이는 대법원에 의한 도버트 지침 이전의 소송이었지만, 판사는 프라이 지침에 따라서 증언을 배제했다. 항소법원은 켈리 판사가 배제한 증언 중 일부를 번복했다. 그러나 그후에는 더 최근의 판례인 도버트 지침을 이용해서 고소인 측 전문가 증언의 대부분을 또다시 배제했다.

항소법원이 하급심의 판결을 기각했기 때문에 재판은 다시 시작되었다. 이 책의 제1장에 소개했으며 영화 「민사 소송」으로 제작된 매사추세츠 주 워번의 소송과 마찬가지로, 재판은 2단계로 나누어졌다. 첫 단계에서 배심원은 고소인들이 일반 인구집단보다 더 높은 수준으로 PCB에 노출되었는지를 판단해야 했다. 고소인들에게 심각한 노출이 없었다는 피고소인의 주장은 혈중 PCB 시험 결과를 근거로 한 것이었다. 미국 보건사회복지부의 독성물질질병등록청이 주민들을 조사했고, 그들의 혈중 PCB 수준은 일반 인구집단의 혈중 농도보다 높지 않은 것으로 밝혀졌다.[24] 제7장에서 소개한 아동들의 납 농도와 마찬가지로, 이 조사는 누출을 평가하기 위해서 지속적인 화학물질의 혈중 농도를 측정했던 또 하나의 사례이다. 납은 뼈에 많은 양이 저장되기 때문에 몸에 잔존하고, PCB는 지방에 많이 저장되기 때문에 몸에 계속 남는다. PCB는 지용성이고, 수용성이 너무 커지도록 대사되지 않기 때문에 몸에서 제거되지 않고 남는다. 파올리 소송 당시 환경 도처에 PCB가 남아 있었기 때문에, 일반 인구집단 모두에서 비교적 높은 혈중 농도의 PCB가 측정되었다. 파올리 주민의 PCB 혈중 농도 수준이 일반 인구집단보다 더 높지 않았기 때문에, 배심원들은 주민들이 토양의 PCB에 심각하게 노출되었다는 증거가 없다는 결론을 내렸다. 주민들이 파올리 공작창의 PCB에 심각하게 노출되지 않았던 것으로 밝혀졌기 때문에 배심원은 소송을 기각했다.

파올리 재판은 유해 화학물질의 노출을 주장하는 사람들이 의학적 검토가 필요한지를 결정하는 중요한 판례가 되었다. 항소법원이 배심원에게 제시한 지침을 통해서 정립된 의학적 검토에 대한 중요한 요소는 다음과 같았다.

1. 고소인은 피고소인의 부주의한 행동에 의해서 유해성이 입증된 유해물질에 심각하게 노출되어야만 한다.
2. 고소인은 노출의 직접적인 결과로 심각한 잠재적 질병에 걸릴 위험의 심각한 증가에 시달려야 한다.
3. 증가된 위험 때문에 정기적 신체검사가 합리적으로 필요해야만 한다.
4. 질병의 조기 확인과 치료를 가능하고 이롭게 만들 수 있는 검토와 검사의 절차가 알려져 있어야 한다.

그후로는 전문가 증언을 허용해야 하는지를 결정하기 위해서 도버트 지침을 활용하는 경우가 늘어났다. 그런 경향은 소송 절차에 분별력을 더해주었다. 배심원들이 법정에서 듣는 증언은 좋은 과학을 근거로 한 것이어야만 한다. 그렇지 않으면 배심원들은 현명한 결정을 내릴 합리적 근거를 갖추지 못하게 된다. 불행하게도 주 법정에서는 여전히 전문가 증언에 제한이 없거나 덜 제한적인 프라이 지침이 사용되고 있다.

어느 법정에 소송을 제기할 것인지를 결정해야 하는 고소인의 변호인들은 전문가 증언을 무제한으로 허용하는 주나 주 안에서의 관할 구역을 찾아다닌다. 그런 과정에서 엄청난 배심원 보상 판결이 내려지기도 하고, 그런 판결이 미국에서의 소송 폭발을 유도하는 유인책으로 작용하는 경우도 있다.

제21장 **전쟁의 독성학**

지금까지 살펴본 독성학은 대중에게 편익을 제공하기 위한 것이었다. 그러나 화학물질의 유해성에 대한 이해는 파괴적인 기술인 화학무기에도 적용될 수 있다. 우리는 피해를 예방하기 위해서 독성학의 어두운 그림자를 이해할 필요가 있다. 더욱 중요한 사실은 독성학자들이 이 독성학의 약점이 앞으로도 계속될 우리 유산의 일부임을 인정해야 한다는 점이다. 예를 들면 미군은 논란이 많은 독성학 실험에서 군인들을 화학무기에 노출시켰다. 적군을 무력화하는 데에 필요한 화학무기용 물질의 용량을 결정하고, 그 용량에 대해서 아군을 지켜줄 보호 장비를 개발하기 위해서 그렇게 어두운 실험이 필요했다.

제1차 세계대전 중에 화학물질을 광범위하게 무기로 사용한 결과, 이러한 실험이 등장했다. 제1차 세계대전 중이던 1915년 7월 벨기에의 도시 이프르 외곽에서 연합국에 대규모 공격을 감행했던 독일군이 염소 가스를 사용하면서 현대적 화학무기의 시대가 시작되었다. 갈등의 양측이 모두 화학적 공격에 대한 방어 기술을 개발했고, 더 효과적인 화학무기를 생산하기 위해서 노력했다. 염소와 포스젠 가스는 최초로 생산된 화학무기였다. 그러나 병사들의 폐를 보호하도록 적절하게 설계된 방독면이 발명되면서 그런 화학무기의 효과가 없어져버렸다.

그후에 개발된 겨자 가스라는 화학물질은 피부, 눈, 폐에 수포를 발생시키는 발포성으로 적을 움직이지 못하게 하기 위해서 사용되었다. 1917년 7월에 독일군이 처음으로 겨자 가스를 사용했다.[1] 겨자 가스는 침투성 독이 아니기 때문에, 혈류 속으로 흡수되어야만 효과가 나타나는 것은 아니다. 겨자 가스는 즉각적이고 지속적인 효과를 냈기 때문에 전쟁터에서는 매우 효율적이었다. 겨자 가스는 전쟁 중에 다른 화학무기보다 훨씬 더 많은, 거의 40만 명의 희생자를 발생시켰다.[2] 제1차 세계대전 중에 사용된 모든 화학무기에 의해서 9만 명의 사망자와 100만 명의 부상자가 발생한 것으로 추정된다. 그중에서 거의 7만 명이 미군이었다.[3]

미국은 제1차 세계대전에 참전한 1917년부터 화학무기를 개발하기 시작했고, 워싱턴 DC에 새로 설립한 아메리칸 대학교와 미국 가톨릭 대학교에 2개의 연구실을 만들었다. 윈프레드 리 루이스가 이 사업을 총괄했다. 그래서 그 이후에 개발된 화학무기는 "루이사이트(lewisite)*"라고 불렸다.[4] 영국에서의 화학무기에 대한 연구와 개발은 미국보다 더 이른 1916년에 포턴 다운에서 시작되었다.

양차 세계대전 사이에 여러 나라들이 나름대로 화학무기 개발 능력을 발전시켰다. 독일, 이탈리아, 일본, 영국, 프랑스, 소련, 미국이 화학무기를 비축했다. 일본은 제1차 세계대전에서는 화학무기를 사용하지 않았지만, 1930년대 중반에는 염소, 포스젠, 겨자 가스를 넣은 엄청난 양의 독가스탄을 생산했다. 이탈리아 군은 1935년 10월 오늘날의 에티오피아 지역으로 진격할 때에 주로 겨자 가스를 비롯한 화학무기를 성공적으로 이용

---

* 수포제와 폐 자극제로 사용되었던 유기비소계 독가스.

했다. 전쟁 중에 발생한 에티오피아의 희생자 5만 명 중에서 1만5,000명이 화학무기에 희생된 것으로 추정된다.[5]

· · ·

미군은 겨자 가스로부터 병사를 보호하는 장비를 어쩔 수 없이 시험해야만 했다. 그런 물질에 노출될 수 있는 병사들을 보호하는 방법을 연구하는 시범 사업은 전쟁부에서 담당했다. 제2차 세계대전 중의 군사 시험 사업에는 대략 6만 명이 참여했다. 피부를 보호하거나 제독하는 능력을 평가하기 위한 연구 방법으로 겨자 가스 패치나 화학물질 방울이 주로 사용되었다. 체임버 실험에서는 병사들을 작은 방에 들여보낸 후에 겨자 가스에 노출시키면서 용량별 반응을 평가했다. 체임버 실험은 호흡기 보호용 마스크와 피부 보호를 위해서 특수 처리한 보호복의 성능 시험에도 활용되었다. 피부에 중간 정도나 심한 홍반이 나타날 때까지, 같은 사람을 매일 또는 하루걸러 한 번씩 반복적으로 체임버에 들여보내기도 했다. 미국의 체임버와 패치 시험은 메릴랜드 주 베인브리지의 에지우드 무기고, 앨라배마 주의 사이버트 훈련소, 버지니아 주의 해군연구소, 노스캐롤라이나 주의 르준 훈련소, 파나마 운하 지대의 새너제이 섬에서 실시되었다. 의학연구소의 기록에 따르면, 전투 상황에서 보호복의 성능을 확인하는 대규모 야전 시험에 1,000명의 미군이 동원되었다.[6]

체임버 실험이나 전투 현장에서의 노출 연구로부터 얻은, 다양한 노출 경로에 대한 용량-반응 결과는 가벼운 효과에서부터 무능화(無能化)까지로 구분되어 기록되었다. 겨자 가스가 피부에 미치는 효과가 열과 습도에 의해서 증폭된다는 사실도 밝혀졌다. 건조한 피부보다 땀에 젖은 피부에서 증상이 10배나 더 심각하게 나타났다. 눈은 눈물샘에서 나오는 수분 때문에 피부보다 훨씬 더 민감했고, 각막이 손상되기도 했다. 급성 폐 손상이 발생하면 폐렴균 등에 의한 세균 감염으로 죽음에 이를 수도 있었다.[7]

마스크, 보호복, 피부 크림, 장갑을 비롯한 다양한 보호 장비도 시험했다. 체임버 실험은 몇 가지 중요한 질문들에 답을 찾고자 했다. 보호 장비의 효과는 얼마나 오래 지속되는가? 환경적 조건은 노출에 어떤 영향을 주는가? 탄소나 다른 화학물질을 채워넣은 보호복은 어떤 농도의 가스까지 중화시킬 수 있는가? 보호 장비를 사용했는데도 항구적인 손상이 발생한 것으로 밝혀지는 경우도 있었다.[8]

독일은 제2차 세계대전에서는 가스를 사용하지 않았다. 그 이유를 두고 여전히 논란이 있지만, 한 가지 확실한 이유는 보복에 대한 두려움이었던 듯하다. 제1차 세계대전 중에 아군의 가스에 노출된 적이 있었던 히틀러가 개인적으로 가스 사용에 반대했다는 이야기도 있다. 그런 무기를 사용하는 동안에 바람의 방향이 바뀔 수도 있어서 사용이 쉽지 않은 것도 사실이었다. 반면에 제1차 세계대전에서 가스에 노출된 경험이 있었던 일부 연합국도 가스 요정을 풀고 싶어하지 않았다. 결과적으로 적이 먼저 사용하지 않는다면 굳이 독가스를 사용하지 않는다는 것이 미국의 정책이었다.[9]

· · ·

독일군은 제2차 세계대전 중에 겨자 가스뿐만 아니라 마비성 신경제도 비축했다. 독일 과학자들은 1930년대와 1940년대에 사린, 소만, 타분을 포함한 유기인산계 신경제를 합성했다. 이 물질들은 처음에는 농업용 살충제로 사용될 예정이었다. 신경제의 존재조차 알지 못했던 연합국은 방어 대책도 마련하지 못했다. 독일이 이 무기들을 사용하지 않았던 것은 정말 다행이었다. 소련은 제2차 세계대전이 끝난 이후 자신들이 점령했던 무기 생산시설(과 인력)을 자국으로 옮겨서 생신을 계속했다. 제2차 세계대전이 끝나고 이 사실이 알려지면서, 미국과 영국도 군사용으로 신경제를 개발하는 대형 연구 사업을 시작했다.[10]

유기인산계 신경제는 무색, 무취, 무미이고 피부에 자극도 없기 때문에, 희생자는 심각한 신호와 증상이 나타날 때까지 그런 물질이 몸에 침투했는지조차 인식하지 못할 수도 있다. 그러나 극도로 높은 급성 독성 때문에 증상이 나타나기 시작하면 곧바로 무능화나 죽음으로 이어진다.[11] 이런 신경제는 농업에서 널리 사용되었던 클로르피리포스(두르스반, 로르스반), 파라티온, 말라티온, 아세페이트(오르텐)와 같은 유기인산계 농약과 화학적으로 비슷했다.[12] 더 늦게 개발된 VX는 모든 신경제 중에서 독성이 가장 강력하다.[13]

유기인산계 신경계는 아세틸콜린 에스터화 효소의 억제를 통해서 신경계에 약리적 효과를 나타낸다. 신경 전달이 일어나는 동안 시냅스 이전의 신경에서 시냅스 간극으로 신경전달 아세틸콜린이 방출된다. 시냅스 이후의 신경막 수용체가 아세틸콜린과 결합해서 신호를 다음 신경세포나 근육으로 전달한다. 제2장에서 설명했듯이, 그런 수용체의 억제는 바다뱀의 독액이 먹이를 마비시키는 효과를 내는 메커니즘과 같다. 아세틸콜린 에스터화 효소는 아세틸콜린을 분해하는 역할을 한다. 그런 효소를 억제하거나 비활성화시키는 화학물질은 신경전달 아세틸콜린을 시냅스 간극에 축적시켜서, 연속적인 신경 자극 상태를 만들어낸다. 연속적인 자극이 신경이나 근육 수용체의 반응 능력을 차단시키면, 결과적으로 호흡기가 마비되어서 죽음에 이른다.[14]

겨자 가스의 독성 효과는 사람의 피부, 눈, 호흡기에만 나타나기 때문에 주로 인체 실험으로 효과를 연구한다. 그러나 신경제의 경우, 아세틸콜린 에스터화 효소의 작용 메커니즘이 인체와 비슷한 실험동물을 활용할 수 있다. 그래서 미국에서는 신경제에 대한 연구에 일부 군인과 민간인뿐만 아니라 동물도 사용했다. 신경제를 인체 실험에 사용하기 전에 적어도 7종의 동물에 다양한 경로로 투여하는 절차도 있었다.[15] 영국의 포턴 다운에서도 비슷한 시험 프로그램이 운영되었고, 제2차 세계대전이 끝난 후에도 오랫동안 계속되었다.[16]

아세틸콜린 에스터화 효소 억제제가 화학무기로 개발된 후에 1960년대와 1970년대 초까지 계속된 군용 시험 프로그램에는 신경가스 중독에 대한 제독제의 개발도 포함되어 있었다. 아트로핀과 같은 약품은 신경가스의 효과를 길항시키지만, 다른 효과에는 작용하지 않았다. 신경제의 효과를 역전시켜서 수용체를 다시 기능하게 만드는 아세틸콜린 에스터화 효소 재활성화제를 사용하는 것도 또다른 치료법이었다.

미국은 화학무기의 시험과 생산 프로그램을 중단했다. 닉슨 대통령은 1969년에 화학-생물학 무기의 생산을 제한하고, 일부 비축 화학무기를 파괴하도록 명령했다. 1974년에는 미국 상원이 1925년에 체결된 화학무기에 대한 제네바 협약을 비준했다.[17] 국방부는 1986년의 국방수권법에 따라서 1994년 9월 30일까지 미국의 치명적인 화학탄과 화학무기를 파괴하도록 지시하고 승인했다.[18]

• • •

겨자 가스는 훨씬 최근에 일어난 다른 갈등에서도 사용되었다. 이집트의 나세르 대통령이 1963-1967년에 예멘에서 겨자 가스를 사용했다.[19] 이라크의 지도자 사담 후세인도 1980-1988년의 이란-이라크 전쟁에서 이란군과 쿠르드족에게 겨자 가스와 신경제를 다시 사용했다. 이라크는 남부이란 군의 공격에도 겨자 가스와 신경제를 사용했다. 1988년 3월에 후세인은 할라브자 근처에서 3,200-5,000명의 쿠르드족을 죽이고 수천 명의 민간인에게 부상을 입혔다.[20]

신경제에 대한 정보는 주로 실험동물과 병사들에 대한 실험을 통해서 밝혀졌다. 신경제의 고농도 노출의 효과에 대한 가장 확실한 기록은 일본에서 테러범들이 사린 가스를 2차례 누출한 사건에서 나왔다. 일본의 테러범들은 1994년 6월 27일 늦은 저녁에 마츠모토 도심의 주택가에서 트럭에 장치한 가열장치와 팬을 이용하여 사린 가스를 살포했다. (주민과 구조대를 포함한) 약 600명의 사람들이 사린 노출에 의한 급성 증상(급성 콜린성 증후군)을 나타냈다. 58명이 입원했고 253명이 의료지원을 받았으며 7명이 사망했다.[21]

1995년 3월 20일 아침에는 사이비 종교집단*이 3개 지하철 노선의 차량 5개에 사린을 뿌리는 테러 공격을 감행했다. 승객들로 붐비는 출근 시간에 맞춘 이 공격은 지하철이 밀집되어 있는 일본 정부 청사의 지하가 목표였다. 출근하던 사람 11명이 사망했고 5,000명 이상이 응급 의료 진단을 받아야만 했다. 공격의 피해자들은 아트로핀과 아세틸콜린 에스터화 재활성화제로 치료를 받았다.[22]

우리는 화학무기라는 독성 요정이 들어 있는 약병의 뚜껑을 열어버린 셈이다. 미국을 비롯한 여러 국가들에서 그런 무기의 비축을 중단한 것은 세계적인 위험을 종료시킨다는 목표를 향한 긴 노력의 시작일 수 있다. 병사를 대상으로 하는 화학무기 실험은 절대 금지되어야만 한다. 그런 실험이 더 많은 수의 병사를 보호하기 위한 것이라고 해도 사정은 마찬가지이다. 그런 물질과 새로운 물질에 대한 동물실험 연구를 발전시키는 것이 병사들에 대한 위험을 완화시키는 방법이다. 최근에 시리아는 비축했던

---

* 1984년에 만들어진 신흥 종교단체 옴 진리교.

화학무기를 파괴했다. 마지막까지 남아 있던 잠재적인 주요 독을 제거한 것으로 보이지만, 여전히 두고 볼 일이다. 화학무기를 통제하기 위한 노력에도 불구하고, 지금도 시리아에서 화학무기가 사용되고 있다는 징조가 계속 확인된다.[23]

제4부 독성학의 미완성 책무

프랭클린. 에! 오! 에! 내가 무엇을 했기에 이 잔인한 고통을 겪어야 하나?
통풍(痛風). 많았지요. 너무 마음대로 먹고 마셨지요.
그리고 당신의 다리를 너무 게으르게 만들었지요.
프랭클린. 나를 모함하는 너는 누구냐?
통풍. 나입니다. 나, 통풍입니다.
—벤저민 프랭클린, 『가난한 리처드의 연감(*Poor Richard's Almanac*)』

마지막으로 오늘날 독성학의 가장 흥미로운 도전들을 역사적 맥락에서 살펴본
다. 우선 현대적 과다 복용 위기의 시초였던 아편제제(opiate)* 중독의 역사에
서 시작한다. 이 주제는 약물 시험을 제외하면 독성학이나 산업의학과는 거의
관련이 없다. 무차별적인 법 집행에 의존하는 것은 분명히 효과가 없으므로 과
학적 근거를 더욱 강조하는, 더 넓고 깊이 있는 논의가 필요하다.

   그다음으로 대기오염의 독성 효과에 대해서 살펴본다. 대기오염은 현재 믿을
수 없을 정도로 중요해진 기후 변화와 관계가 깊다. 독성학자들은 화석연료의
생산과 연소에 의해서 발생하는 기후 변화의 문제가 건강과 서로 결정적으로 얽
혀 있다는 사실을 점점 더 분명하게 인식하기 시작했다. 화석연료의 사용으로
발생하여 건강을 위협하는 대기오염이라는 즉각적이고 명백한 문제가, 장기적

---

* 아편과 같은 환각 작용을 일으키는 마약류의 통칭.

이고 논란이 있으며 상당히 애매한 기후 변화의 효과보다 훨씬 더 쉽고 빠르게 전환시킬 수 있는 변화의 촉매일 수 있다.

나머지 장에서는 사람의 질병을 연구하고 치료하기 위해서 사용되는 동물 모형의 복잡성과 어려움을 소개한다. 이 주제는 이 책 전체를 관통하는 공통의 이야기이다. 제24장에서는 암 발생과 화학치료제를 포함하여 인간 질병의 연구와 관련된 동물 모형의 더욱 일반적인 쟁점들을 살펴본다. 종간 차이에 대한 해석은 여러 경우에 실망스러운 수준이다. 그럼에도 불구하고 동물 연구는 상대적 용이함 때문에 쉽게 포기할 수 없는 형편이다. 제25장과 제26장에서는 화학물질에 의한 인체 발암성과 호르몬 효과를 예측하기 위한, 동물 생체분석과 시험관 세포실험을 살펴본다. 동물실험의 결과를 사람에게 적용하도록 해석하는 데에는 아직도 광범위한 메커니즘 연구가 필요하다. 정부의 여러 규제기관들은 그런 연구의 필요성을 충분히 인식하지 못하고 있다. 그러나 제27장에서 살펴보겠지만, 화학물질을 시험하는 통상의 설치류 생체분석을 대체하는 여러 대안들에서 희망을 찾을 수 있을 것이다. 그러나 그런 대안들도 사람의 질병에 적용하기 위해서는 더욱 확실한 검증이 필요하다. 마지막 장에서는, 아직 해결되지 않은 일부의 공중보건 문제에 독성학을 활용하는 것을 포함하여, 질병 예방의 미래를 살펴본다. 화학물질의 독성 효과에 대한 우리의 연구는 질병의 이해와 그 예방 전략에 놀라운 발전을 가져다주었다. 그러나 불행하게도 그 지식을 활용하는 과정에서 개인적이고 정치적인 장벽을 극복하기 어려운 경우가 적지 않다.

제22장 아편제제와 정치

반론이 있을 수도 있겠지만, 마약 과다 복용과 중독은 아마도 오늘날 우리가 직면한 가장 심각하고 다루기 어려운 공중보건 위기 문제일 것이다. 미국에서 2014년에 마약 과다 복용으로 사망한 사람의 수는 기록이 남아 있는 과거의 어느 해보다도 많았다. 2000–2014년 동안 미국에서 거의 50만 명의 사람들이 마약 과다 복용으로 사망했다. 2014년에는 미국에서 마약 과다 복용으로 사망한 사람들이 자동차 충돌로 사망한 사람들보다 대략 1.5배나 많았다. 2014년에 마약 과다 복용으로 사망한 사람들의 61퍼센트는 헤로인을 포함한 몇 종류의 합성 마약(opioid)*을 복용했다.[1] 어떻게 이런 지경에 이르렀고, 독성학이 이 문제의 해결에 어떻게 도움이 될 수 있을까? 사망자는 계속 늘어나서 2017년에는 2000–2014년의 평균보다 2배나 많은 7만 2,000명이 사망했다. 이는 펜타닐과 같은 합성 마약 때문이었다.[2] 그런데 헤로인 중독이 미국의 도시를 휩쓸고 있는 상황에서 닉슨 대통령이 "마약과의 전쟁"을 선포했던 1970년에는 과다 복용에 의한

---

* 아편 유사제라고 부르기도 한다.

사망자가 3,000명 이하였고, 합성 코카인인 크랙 중독이 절정에 이르렀던 1988년에도 5,000명 이하였다.[3]

독성학에서 약물 남용 정책만큼 정치적 요소가 많은 문제는 없을 것이다. 정치와 관련된 문제는 대부분 유독하다. 마약과 정치의 결합은 특히 그렇다. 여기에는 과다 복용이나 중독과 관련된 범죄자와 마약범들에 대한 고정관념뿐만 아니라 독성학, 사회학, 정신건강, 치안, 정치도 서로 복잡하게 얽혀 있다. 그러나 먼저 합성 마약의 역사와 연구를 살펴보면서 화학물질이 어떻게 독성 효과를 나타내는지 알아보자.

양귀비의 우윳빛 액체를 말린 물질은 고대 이집트 의학의 최초 기록인 에베르스 파피루스(Ebers Papyrus)에 처음 등장했다. 기원전 1500년경에 그보다 1,000년 전의 의술을 기록한 에베르스 파피루스에는 양귀비가 두통에 유용한 마취제라고 쓰여 있다. 에베르스 파피루스에는 "아동이 지나치게 울지 않도록 해주는 치료법"이라는 설명도 있다. 아편 역시 고대 그리스에서부터 사람을 즐겁게 해주는 용도로 사용되었다. 그리스에서 오피온(opion)은 양귀비 액즙을 뜻했다. 호메로스의 『오디세이(*Odyssey*)』에 따르면, "제우스의 딸 헬레네에게 새로운 생각이 떠올랐다. 그녀는 포도주를 따르는 그릇에 모든 슬픔과 분노를 쫓아버리고 모든 어려움에 대한 기억을 사라지게 해주는 약을 넣었다. ……곧이어 그녀는 포도주에 약을 뿌렸고, 그들은 모든 고통과 분노를 달래고 모든 슬픔을 잊기 위해서 포도주를 마셨다."[4] 그리고 파라셀수스가 여러 가지 아편제제를 실험해본 후에 양귀비에 들어 있는 알칼로이드가 물보다 알코올에 훨씬 더 잘 녹는다는 사실을 알아냈고, 통증 완화에 상당히 유용한 특별 양귀비 팅크제*를 찾아냈다. 그는 자신이 만든 약품을 '칭찬하다'라는 뜻의 라틴어 라우다레

---

* 알코올을 이용해서 추출한 생약의 유효성분.

(laudare)에서 따서 라우다눔(laudanum)이라고 불렀다.[5]

아편(opium)은 파파베르 솜니페룸(*Papaver somniferum*)이라는 학명을 가진 양귀비의 열매로부터 얻는데, 열매의 절단면에서 배어나온 수액을 모아서 말린 것이다. 1803년에 독일의 약사 F. W. 제르튀르너가 아편에서 활성 성분을 분리했고, 그리스 신화에서 꿈의 신인 모르페우스의 이름을 따라서 "모르핀"이라고 불렀다. 모르핀은 생아편보다 효능이 10배 정도 더 좋은 것으로 밝혀졌다.[6]

미국에서 아편과 모르핀 사용이 늘어나기 시작한 것은 보통 독립전쟁 시기에 군인들을 치료하던 관행 때문이었다고 알려져 있다. 그러나 사실 당시에는 모르핀 주사가 비교적 드물었다. 연합군에게는 거의 1,000만 정의 아편 알약이 지급되었다. 전쟁이 끝난 후에 주사기의 보급이 늘어나면서 모르핀의 주사가 가능해졌고, 1865-1895년에는 참전용사들의 중독도 늘어났다. 그리고 이 기간에는 아편과 모르핀이 포함된 특허 의약품도 많아졌다.[7]

1874년 C. R. 올더 라이트가 모르핀 유도체를 실험해서, 헤로인으로도 알려진 다이아세틸모르핀을 만들었다. 그러나 1898년 프리드리히 바이어 제약회사에 근무하던 약사 하인리히 드레저가 제70회 독일 자연학자 의사회의에서 헤로인의 합성법을 발표하기 전까지는 그의 발견이 널리 활용되지 않았다. 헤로인은 처음에 분말로 사용되었고, 폐렴이나 결핵과 같은 호흡기 질병의 치료에 경구용으로 쓰였다. 헤로인은 기침을 획기적으로 줄여주었고, 호흡 곤란에 강력한 진정 효과를 나타내는 것으로 밝혀졌다. 헤로인은 치료지수가 모르핀보다 훨씬 더 높고, 치사 용량이 치료 용량보다 100배나 더 큰 것으로 잘못 알려지기도 했다. 헤로인을 모르핀 중독의 치료에 쓸 수 있다는 주장도 있었다. 바이어 제약회사는 자신들의 실험실에서 개발한 또다른 유명한 화합물 아스피린과 함께, 헤로인을 여러 언어로 소개하며 광고했다.[8]

아편은 의약품으로도 쓰였지만, 향정신적* 특성 때문에 인기가 높기도 했다. 미국에서 아편의 환각용 흡연은 1850-1870년에 시작되었고, 주로 오랜 아편 흡연의 전통이 있었던 중국 이민자들이 즐겼다. 1870년 이후에는 중국 이민자가 아닌 사람들, 특히 매춘, 도박, 잡범들에게도 아편 중독이 퍼지기 시작했다. 아편 흡연은 결국 "유한계급"의 상류층에게까지 확산되었다. 1821년 토머스 드퀸시의 자전적 저서 『영국 아편쟁이의 고백 (*Confessions of an English Opium Eater*)』이 발간되면서 지식인들 사이에도 아편 사용이 늘어났다. 그러나 이 책이 미국의 중독 확산에 실제로 얼마나 영향을 미쳤는지는 분명하지 않다.[9]

• • •

뉴햄프셔 주는 1880년에 아편 흡연을 규제하기 위해서 수입 아편의 관세를 인상하는 법률을 제정했다. 미국은 1909년에 모든 아편의 수입과 소지를 금지했지만, 중독자들이 오히려 더 값싼 모르핀과 헤로인을 사용하는 부작용이 나타났다.[10] 결국 20세기 초에는 헤로인의 환각용 사용이 늘어났고, 헤로인 주사도 등장했다. 주사는 환각 효과와 과다 투여에 의한 사망 가능성을 증가시켰다. 1917년 뉴욕 벨뷰 병원의 찰스 스토크스는 헤로인 중독자 18명 중 10명이 약물 투여에 피하 주사기를 사용한다고 보고했다.[11]

1914년의 해리슨 마약법은 아편, 코카 잎, 그리고 유도체에 과세하는 것이 목적이었다. 공인 의사들은 법에 따라서 처방하거나 조제하는 약품

---

* 사람의 중추신경에 작용해서 환각, 각성, 수면, 진정 작용을 일으키는 약물로 대부분 중독 증상을 일으키기 때문에 법률로 사용을 엄격하게 관리한다.

의 기록을 반드시 보관해야만 했다. 소비자연합의 보고서인 『합법과 불법 의약품(*Licit & Illicit Drugs*)』에 따르면, "1914년에는 단 한 사람의 의원도 당시 의회가 통과시킨 법률이 훗날 금주법으로 여겨질 것이라고는 인식하지 못했다. 의사를 보호하기 위한 조항에는 '전문 치료용'이라는 독소 조항이 숨겨져 있었다." 사법당국은 이 조항을 통증에는 아편제제를 처방할 수 있지만, 아편제제의 중독을 유지하는 목적으로는 처방할 수 없다는 뜻으로 해석했다. 법에서는 아편제제 중독을 의학적 증상으로 생각하지 않았다. 이러한 해석 때문에 아편제제로 중독 환자를 치료하려던 의사들은 기소되고 구속되었다.[12]

그러나 해리슨 마약법으로 아편제제의 공급을 제한한 덕분에, 미국에서는 1919년부터 중독을 치료가 필요한 질병으로 여기는 새로운 인식이 싹텄다. 아편제제 중독자들에게 헤로인, 모르핀, 또는 아편을 제공하면서 다른 의학적 문제를 치료하는 이른바 마약 중독 치료소가 등장하기 시작했다. 이 치료소는 대부분 결핵이나 성병, 정신병 치료 시설을 확장한 것이었다. 수요는 엄청났다, 뉴욕의 워스 가(街) 치료소가 문을 연 지 3개월 만에 3,000명의 중독자들이 몰려들었다. 불행하게도 중독자들을 의료 환자가 아니라 범죄자로 여겼던 재무부가 곧바로 마약 중독 치료소를 폐쇄했다.[13]

윌리스 버틀러 박사가 루이지애나 주 슈리브포트의 가장 큰 병원인 슘퍼트 기념 요양원에서 운영하던 치료소가 가장 성공적이었다. 버틀러는 우선 아편제제 중독자들의 금단 증상을 예방한 이후에 의학적 문제에 신경을 쓰는 방법을 사용했다. 그는 기저 질병을 먼저 관리한 이후에 중독 문제에 초점을 맞추었다. 다시 정상 생활을 시작할 능력이 있는 것으로 보이는 환자들에게는 정맥 투여 용량을 서서히 줄이고 나서 경구 아편제제나 진정제로 금단 증상을 치료했다. 마지막으로, 중독에서 벗어난 환자들은 관찰을 위해서 1개월 동안 병원에 머무르게 했다. 의학적 문제가 없는 일부 환자들은 입원과 동시에 제독되었다. 이 치료소는 성공 사례였지만, 재무부는 마약 중독 치료소를 폐쇄했던 1923년까지 버틀러를 괴롭혔다.[14]

그후 미국에서는 40년 이상 마약 유지 요법을 찾아볼 수 없었다. 1964년에 의사 빈센트 돌과 마리 니스원더는 뉴욕 록펠러 연구소의 중독 치료 시범사업에서 대략 24시간 정도 지속되는 합성 아편 메타돈을 활용하여 헤로인 중독에 대한 의학적 치료를 시작했다. 대사 질병 전공이었던 빈센트 돌은 메타돈의 효과를 당뇨병의 인슐린이나 관절염의 코르티손의 효과에 비유했다. 정신과 의사였던 니스원더는 돌의 입장에 동의하면서, 헤로인 중독이 기저 질병이며 중독자들이 반드시 심리적으로 문제가 있는 것은 아니라고 주장했다.

1968년 돌과 니스원더는 4년간 750명의 중독 범죄자들을 치료한 경험을 「미국 의학협회보」에 논문으로 발표했다. 그들은 중독자들이 충분한 메타돈 투여를 통해서 점진적으로 안정화되면, 더는 아편제제 금단 증상을 경험하지 않고 헤로인을 애써 찾지 않게 된다는 관찰 사실을 보고했다. 더욱이 중독자들은 헤로인 주사에도 환각 증상을 나타내지 않았다. 메타돈 차단 이론(Theory of the methadone blockade)은 그렇게 탄생했다. 메타돈은 아편제제 작용제(agonist)이지만, 용량을 점진적으로 늘리면 합성 마약에 대한 내성이 나타난다. 고용량의 메타돈은 헤로인 주사 등 다른 합성 마약의 효과에 대한 "길항제(antagonist)"의 역할도 하기 때문에 헤로인의 과다 복용도 예방해준다. 모르핀 유지 요법과 달리 하루에 한 번만 경구로 투여할 수 있다는 것도 메타돈의 장점이었다.[15]

메타돈 유지 요법은 당시에 유일한 치료법이었던 단순한 헤로인 제독 치료법을 넘어서 의학적, 사회적, 심리학적 재활을 강조했다는 점에서 혁명적이었다. 이 요법은 지난 40년간 이어져온, 반드시 금욕이 선행되어야 하며 어떤 종류이든지 약물에 의존하는 사람에게는 재활이 불가능하다는 그 당시 중독에 대한 인식을 완전히 바꾸었다. 메타돈 유지 요법의 원리는 40년 전 슈리브포트에서 운영되었던 버틀러의 헤로인 중독 치료법과 유사했지만 이보다 훨씬 더 광범위했다. 버틀러는 헤로인에 적응한 환자는 안정적인 일상생활, 직장생활, 가정생활과 공동체에서의 존경, 자존감을 되찾을 수 있다고 믿었다. 헤로인을 중단하고 마약으로부터 자유로운 상태를 회복하는 것이 가능해진다. 반면, 돌과 니스원더는 당뇨 환자의 인슐린 유지 요법과 비슷하게 장기적, 때로는 평생에 걸친 메타돈 유지 요법을 제안했다. 1970년대부터는 제독이 아니라 메타돈 유지 요법이 아편 중독을 치료하는 핵심적인 의학적 치료법으로 알려지기 시작했다.[16]

· · ·

리처드 닉슨 대통령은 1971년 6월 17일에 마약과의 전쟁을 선포하고, 대통령실에 마약남용예방 특별조치 사무소를 설치했다. 그전에는 마약약품 남용 연구센터(CSNDA)의 전문가 10명 정도가 국립 정신건강 연구소에서 연방 정부의 마약 남용 연구를 담당했고, 임상연구는 켄터키 주 렉싱턴의 중독 연구센터에서 수행했다. 마약남용예방 특별조치 사무소는 베트남에서 돌아온 참전 군인들의 헤로인 중독이 늘어나면서 설립되었고, 시카고 대학교의 정신과 의사이자 마약 연구자였던 제롬 야페가 책임자였다. 그러나 이제는 백악관이 중요한 업무를 직접 관리하기 시작했다. 훗날 워터게이트 스캔들의 "배관공 부대*"에서의 역할로 유명해진 에길 (버드) 크로

---

* 닉슨 행정부의 백악관에서 기밀 자료의 언론 유출과 대응을 관리했고, 워터게이트 스캔들의 단초를 제공했던 특별 수사단의 별칭.

그가 개인적으로 마약남용예방 특별조치 사무소의 모든 활동을 감독했다.

마약남용예방 특별조치 사무소의 목표는 5년간 정부 기관과 부처에서 추진하는 마약 남용의 예방, 연구, 치료와 관련된 모든 활동을 조율하는 것이었다. 야페는 마약남용예방 특별조치 사무소에 100명이 넘는 인력을 신속하게 확충해야만 했다. 활용할 수 있는 의사들은 대부분 국립 보건연구원에 있었다. 야페는 국립 정신건강 연구소 공중보건국의 간부였던 앨런 그린을 영입했다.[17] 나도 그로부터 2년 후인 1973년 4월에 국립 보건연구원의 공중보건국을 떠나서, 당시 생의학 연구를 통합하던 앨런의 자리로 옮겼다. 그 시기에는 메타돈 유지 요법이 헤로인 중독 치료의 황금 기준(golden standard)이었다. 연방 정부도 전국에서 메타돈 유지 요법을 비롯하여 마약 치료를 위한 지역 중독 치료 사업과 재향군인 사업의 확장을 지원했다. 더욱이 1973년에 마약남용예방 특별조치 사무소의 노력을 이어받아 국립 마약남용 연구소가 설립되면서 약물 남용 연구와 치료가 더욱 항구적인 사업으로 자리를 잡았다.

마약남용예방 특별조치 사무소의 합성 마약 중독에 대한 연구, 치료, 예방 예산은 1971년 1억4,650만 달러에서 1975년 4억4,680만 달러로 늘어났다.[18] 오늘날의 가치로는 20억 달러가 넘는 규모였다(2017년 국립 마약남용 연구소의 예산은 약 10억 달러였다). 상대적으로 1973년에 새로 설립된 마약단속국(DEA)의 연간 예산은 7,500만 달러였고, 2014년의 마약단속국 예산은 대략 20억 달러였다.[19]

마약남용예방 특별조치 사무소와 국립 마약남용 연구소는 어떤 연구를 지원했을까? 존스 홉킨스 의과대학의 솔로몬 스나이더는 아편 수용체를 발견하는 어려운 일을 해냈다. 그것은 붕가로톡신 바다뱀 독액이나 아세틸콜린 수용체를 다루는 실험만큼이나 쉽지 않은 일이었다. 아편제제의 결합과 선택성의 정도가 달랐다. 독액은 수용체에 선택적이고, 거의 비가

역적으로 결합한다. 그러나 뇌에는 아편제제의 수용체가 많지 않기 때문에 아편제제는 몸 전체의 여러 곳에 있는 수용체에 비(非)선택적으로 결합한다. 한 종류의 아편 수용체에 아편제제보다 훨씬 더 강력하게 결합하는 방사선 표지 길항제인 날록손을 사용한 것이 스나이더 연구의 돌파구였다.[20]

아편 수용체는 통증의 인식을 줄여줄 뿐만 아니라 몸 전체의 다른 기능에도 영향을 미친다. 그중 하나가 자율신경계의 호흡 조절과 관련되어 있다. 아편 수용체 자극이 너무 강하면 호흡이 억제된다. 아편은 신경근육 접합부를 억제하는 독액과 달리, 자율신경계의 호흡 조절에 영향을 미친다. 그러나 과도한 아편제제의 궁극적인 효과는 똑같다. 즉, 질식에 의한 죽음이다.

다음 단계는 아편 수용체가 뇌에 존재하는 이유를 밝혀내는 것이었다. 뇌에서 생산되어 아편 수용체에 결합하는 화학물질의 종류를 알아내는 연구도 있었다. 그런 내인성 물질은 고도로 농축된 독액과 달리 뇌 무게의 아주 작은 일부로 추정될 정도였기 때문에, 찾아내기가 쉽지 않았다. 연구자들은 수많은 뇌를 다루며 물질을 정제한 후에 마취 효과를 나타내는지를 살펴보아야만 했다. 결국 스코틀랜드 애버딘 대학교의 한스 코스털리츠와 존 휴즈가 케임브리지 렌스필드 거리에 있는 대학화학 연구실의 화학자 하워드 모리스와 함께 5개의 아미노산으로 구성된 두 가지 종류의 펩타이드를 찾아냈다. 그 펩타이드는 작은 단백질과 비슷했고, 아편 수용체에 결합하는 엔케팔린(enkephalin)이라고 불렀다. 결국 훨씬 크기가 더 큰 폴리펩타이드인 엔도르핀이 아편 수용체에 결합하고, 엔도르핀이 양귀비, 모르핀, 헤로인과 같은 외인성 등가물과 마찬가지로 몸 전체에서 여러 가지 비슷한 기능을 나타내는 것으로 확인되었다.[21]

메타돈은 효능이 고작 24시간 동안만 지속된다는 것이 심각한 문제였다. 결국 중독자가 매일 중독 치료소를 방문해서 메타돈을 투여받거나 며칠 분을 집으로 가져가야만 했다. 처방에 의해서 집으로 가져가는 메타돈 때문에 불법 거래가 발생했고, 새로 조직된 마약단속국과 지역 경찰은 이를 핑계로 메타돈 중독 치료소를 폐쇄하라는 압력을 가했다. 야페는 다른 연구자들과 함께 1주일에 3회만 투여하면 되고 더 오래 지속되는 아편제제 레보-알파-아세틸메사돌(LAAM)을 개발 중이었다. LAAM은 처방의 실용성을 개선하고, 중독 치료소에서 흘러나간 메타돈이 시중에 유통되는 것을 막을 수 있었다.

국립 암연구소가 개발하던 화학요법제 이외에도, LAAM은 국립 마약남용 연구소를 비롯한 다른 연구소가 개발하려던 "희귀" 의약품이었다. 그들은 어느 대형 제약회사가 3,000명의 환자를 대상으로 연구를 수행해서 식품의약국에 신약 신청을 하는 마지막 단계의 일을 맡아주기를 기대했다. 그런 일을 해주는 제약회사에는 개발한 의약품의 독점권을 주겠다고 제안했다. 안타깝게도 헤로인 중독자의 시장 규모가 너무 작아서 주요 제약회사들은 연구와 그후의 의약품 판매를 떠맡고 싶어하지 않았다. 내가 재직하던 회사 이외에 단 하나의 기업만이 여기에 응찰했다. 그때 나는 정부를 떠나서 납 페인트 중독 예방에 대한 정부 계약 사업을 수행하고 있었다. 그래서 나는 LAAM 계약에 응찰하기로 결정했다. 나의 유일한 경쟁자는 제약회사가 아니었다. 전문성도 없고 연구를 수행할 적절한 계획도 없는 것이 분명한 자문회사였다.[22]

나는 계약 체결에 성공했지만, 연구 수행과는 아무런 상관이 없는 워싱턴의 정치가 심각한 문제가 되었다. 당시 형편없는 기자로 잘 알려져 있던 잭 앤더슨은 「워싱턴 포스트(*Washington Post*)」를 비롯한 전국의 여러 신문에 기사를 기고했다. 그는 이 계약을 감독하던 카터 행정부를 조직적으로 공격하고 있었다. 카터의 백악관 공보비서였던 조디 파월은 "무모할 정도로 무책임한" 앤더슨이 카터 행정부에 "복수"를 하고 있다고 주장했다.[23]

앤더슨은 국립 마약남용 연구소를 조사했고, 1978년 7월 1일에는 LAAM 연구에 대한 기사를 내보냈다. 그 기사의 대부분은 로스앤젤레스의 몇몇 중독 치료소가 환자들에게 적절한 정보를 알려주지 않고, 억지로 연구에 참여시켰다고 모함하는 내용이었다. 나는 중독 치료소를 상대로 그 문제를 점검해보았고 중독 치료 사업에서 헤로인 중독자를 참여시키는 과정에는 약간의 강요가 있을 수밖에 없다는 점을 고려하면 비교적 적절한 절차가 지켜지고 있다는 사실을 확인했다. 앤더슨은 기사의 마지막 부분에 거의 지나가는 말로 내가 부적절하게 계약을 했고, 납세자의 세금으로 마약 뇌물을 받았다고 모함했다.[24]

그 기사는 문제가 되지 않았다. 하원의원 존 모스가 청문회를 개최했지만 이 문제는 기각되었다. 그러나 다음 해에 하원의원 헨리 왁스먼이 보건환경 소위원회의 위원장이 되면서 훨씬 더 심각한 문제가 발생했다. 그의 참모가 (앤더슨의 동료 기자였던) 하위 커츠와 만난 것이다. 1979년 3월 27일에 나의 LAAM 계약에 대한 청문회가 열렸고, 국립 마약남용 연구소의 소장 윌리엄 폴린은 내가 계약을 통해서 연구 비용을 공유하는 대신에 의약품에 대한 권리와 의약품의 마케팅과 유통 권한을 보장받은 이유를 밝히도록 요구받았다. 폴린은 왁스먼의 질문에 답변하면서 국립 마약남용 연구소의 조치를 옹호했다. 청문회 다음날 커츠는 이제는 폐간된 「워싱턴 스타(*Washington Star*)」에 "미국 마약남용 예방청이 보건 패널의 분노를 사다"라는 제목의 첫 연재 기사를 썼다. 결국 정치적 열기가 지나치게 뜨

거워졌다. 우리 계약의 관리자인 잭 블레인과 그의 상관인 피에르 르노와 달리, 보건교육복지부 장관 조지프 캘리파노는 왁스먼의 요구에 굴복해서 연구에 여성을 포함시키는 계약의 수정을 중단하기로 결정했다.

그 당시에 나는 이미 수천 쪽의 보고서와 수백 상자의 환자 자료와 함께, 남성에게 LAAM을 사용하기 위한 신약 신청서(NDA)를 제출한 상태였다. 「워싱턴 포스트」는 "연방 계약 : 경박함의 변명, 낭비"라는 기사를 통해서 나의 어려움을 반박해주었다. 나의 계약을 담당한 잭 블레인은 "일을 망쳐버린 것은 정부의 관료주의였다. 정치가 문제였다. 계약을 맺은 제약회사는 훌륭하게 사업을 수행했다"라고 말한 것으로 보도되었다. 정부는 나와의 계약이 없더라도 사업을 계속할 수 있다고 믿었지만, 그후에 약품 개발은 시들해져버렸다.[25] 수년 후에 국립 마약남용 연구소는 나의 동료 앨릭스 브래드퍼드와 계약을 맺고 나머지 연구를 완료했다. 약품은 신약 신청 승인을 받은 1993년 이후에 시장에 출시되었고 중독 치료소에서 성공적으로 사용되었다.

그후 비정상적인 심전도(EKG)에서 확인되는 치명적인 심실 부정맥을 통해서 LAAM과 메타돈의 잠재적 심혈관계 효능에 대한 우려가 제기되었다. 이 맥락에서 유럽 의약청(EMA)은 2001년에 LAAM의 판매 허가 중단을 권고했고, 미국의 식품의약국은 LAAM의 표식에 "블랙박스" 경고문*을 붙이도록 했다.[26] LAAM이 헤로인 사용의 억제에 탁월한 효과를 보여준다는 연구 결과 덕분에, 심장 부정맥의 잠재적 위험이 정말 LAAM의 편익을 초과하는지에 대한 논란이 되살아났다.[27] 정부가 사람들에게 심전도 검사를 실시하는 데에 막대한 비용이 필요한 것이 문제였다.[28]

---

* 미국 식품의약국의 요구에 따라서 처방 의약품의 포장 속에 삽입하는 심각한 부작용의 가능성을 인쇄한 경고문.

1977년 초에 메타돈 처방을 받은 환자는 9만 명, 마약을 사용하지 않는 재활 치료를 받은 환자는 6만 명이었다. 환자들의 대부분은 재향군인 중독 치료소에서 치료를 받은 재향군인들이었다.[29] 1977년과 비교해서 메타돈 환자의 수가 9만 명에서 1993년에는 고작 11만7,000명으로 늘어난 것은 마약남용예방 특별조치 사무소와 국립 마약남용 연구소의 초기 노력으로 헤로인 중독이 소강상태에 들어선 현실을 반영한 것일 수도 있다.[30] 그러나 2003년에는 그 수가 다시 22만7,000명, 2015년에는 35만7,000명으로 늘어났다. 다른 합성 마약에 의한 중독의 비율이 폭발적으로 늘어났기 때문이다.[31] 메타돈 유지 요법은 지금도 효과적인 치료 방법이지만, 특화된 메타돈 중독 치료소에서만 가능하기 때문에 그 효과는 매우 제한적이다.

합성 마약 중독의 치료에 대한 다른 방법을 살펴보자. 또다른 합성 마약인 부프레노르핀은 부분적인 아편 길항제로, 헤로인이나 다른 합성 마약 진통제의 효과를 차단해서 합성 마약에 대한 집착이나 금단 증상을 제거해준다. 부프레노르핀은 코데인이 포함된 아세트아미노펜과 같은 분류인 III종 규제 약물로 승인받았기 때문에, 의사가 일반 치료에서 제한적으로 처방할 수 있다. 부프레노르핀이 마약 중독 유지 요법에 많이 활용된다는 사실은 최근의 합성 마약 중독의 현실을 고려하면 그나마 다행스러운 일이다.[32]

날트렉손은 아편제제 길항적 유지 요법이라는 다른 종류의 유지 요법에 사용된다. 이 약품은 아편 수용체를 차단해서 길항 효과가 전혀 없거나 최소한의 효과만 있는 날록손(나르칸)의 지속 작용 형태라고 볼 수 있다. 그래서 이 약물은 환자가 합성 마약을 중단한 이후에 사용해야 한다. 이 약물은 국립 마약남용 연구소와 LAAM의 개발을 완료한 조사관 앨릭스 브래드퍼드의 노력으로 승인을 받았다. 중독자가 복용을 중단하고 하루 이틀 후에 헤로인에 취할 수 있었기 때문에, 처음에는 경구 약품이 쓸모가 없었다. 현재 이 약물은 1주일 동안 지속되는 근육주사인 비비트롤로 되살아났다.

2001년 이후에 포르투갈에서 일어난 사건들이 합성 마약 중독 위기에 대한 또다른 해결책과 "범죄적" 중독 때문에 발생하는 사회 문제를 예방하기 위한 청사진을 제공했다. 그해에 포르투갈 의회는 모든 마약의 사용과 단순 소지를 합법화했다. 그 결과, 중독이 더는 범죄가 아니었다. 그러나 마약 판매는 여전히 불법이었다. 그러므로 포르투갈은 미국 재무부 연방마약청의 초대 청장이었던 해리 앤슬린저가 주도한 UN 협정을 어기지는 않았다. 마약 사용을 합법화하면 재앙이 벌어질 것이라는 예측이 널리 퍼져 있었다. 리스본의 마약수사대 대장 조앙 피게이라와 같은 포르투갈의 치안 관료들도 마약 사용이 폭발적으로 늘어날 것이라고 생각했다. 그러나 훗날 피게이라는 "우리가 우려했던 일은 일어나지 않았다"고 인정했다.[33]

실제로 일어났던 일은 치안 관료들뿐만 아니라 새 법을 지지하던 사람들도 놀라게 만들었다. 법적 제한이 없는 마약 사용을 객관적으로 평가할 수 있게 된 것이다. 결과적으로 보면 90퍼센트의 마약 사용자들은 심각한 문제가 없었다. 그런 사람들은 그냥 놓아두고, 확보한 자원을 도움이 필요한 나머지 10퍼센트의 중독자들에게 쓸 수 있었다. 마약 전쟁의 장치들은 중독자들에게 적절한 도움을 주기 위한 중독 치료 사업으로 방향을 바꾸었다. 기존에 마약 사용과 소지를 단속하기 위한 치안 활동에 사용되던 비용도 중독 치료에 투입했다.[34]

이 극단적인 접근의 결과는 어땠을까? 첫째, 중독자의 생활이 바뀌어서 다음 마약을 구하기 위해서 다른 사람을 강도질할 필요가 없어졌다. 문제가 되는 마약 사용자의 수가 줄어들었고, 주사용 마약 사용자의 수는 절반이 되었고, 과다 복용의 사례도 크게 감소했고, 인간면역결핍 바이러스에 걸린 사람의 비율도 처음의 절반 이하로 줄어들었다. 중독자가 메타돈 중독 치료나 중독 재활 치료를 받으면서 마약 사용과 관련된 길거리 범죄도 거의 사라졌다. 정부가 과거의 중독자를 고용하는 사람들에게 상당한 규모의 장기적인 세금 감면을 제공하면서 사정은 더욱 좋아졌다.[35]

합성 마약 중독과 과다 복용 문제에 여러 가지 새로운 해법들이 등장했다. 그러나 사정을 더욱 어렵게 만드는 새로운 과제도 있다. 1991년에 뉴욕에서는 다중 과다 복용에 의한 최악의 사건이 발생했다. 17명이 헤로인으로 판매되던 강력한 합성 마약 펜타닐 때문에 사망한 것이다. 펜타닐은 수십 년간 수술 환자의 마취용으로 사용되었던 약물이다. 펜타닐은 헤로인보다 100배나 더 강력하고, 실험실에서 헤로인보다 더 싸게 합성할 수 있고, 미국으로 밀반입하기도 쉬웠다.[36] 더 최근에는 펜타닐이 경종의 중요한 원인이 되었다. 2013-2014년에 메타돈이 관련된 사망률은 변하지 않고 있었지만, 천연과 반(半)합성 아편 유사 진통제, 헤로인, 메타돈 이외의 합성 마약(예를 들어서 펜타닐)은 각각 9퍼센트, 26퍼센트, 80퍼센트나 늘어났다.[37]

정리하자면, 합성 마약 중독과 과다 복용은 여전히 사회의 가장 성가신 문제이다. 우리는 중독된 사람들이 의학적 장애, 정신적 질병, 또는 사회적 상황과 관련된 문제를 가지고 있다는 전제를 근거로 약물 남용 치료가 이루어진다는 것을 살펴보았다. 마약 중독은 죽음 또는 과다 복용이나 금단 증상에 의한 쇠약으로 이어질 수 있다. 따라서 중독자들을 중독 치료 프로그램에 참여시켜서, 처음에 마약 남용이 시작된 모든 기저 의학적 조건에 대한 적절한 치료를 제공해주는 것이 중요하다. 정부와 사법당국은 중독자를 다시 범죄자로 취급하고, 중독자를 치료하는 의사들에게 의혹의 눈길을 보내고 있다. 그러나 이 문제에 대한 해결책에는 포르투갈이 사용했던 방법과 같은 독창적인 발상이 필요하다.

제23장 기후 변화의 독성학

1970년 내가 소아과 인턴으로 있었던 브롱크스 시립병원의 소아과 응급실은 매일 아동들로 북적였다. 대부분은 천식으로 병원을 찾은 아동들이었다. 어떤 면에서 천식 환자는 가장 쉬운 환자였다. 그 아동들은 대부분 정해진 치료에 익숙하고, 진단과 치료에 저항하지 않았기 때문이다. 아동들은 숨을 쉬기 위해서 애를 쓰고 있었지만, 에피네프린 주사만 맞으면 증상이 완화된다는 사실을 알고 있었다. 어린 천식 환자들은 즉각적으로 치료될 수 있고 치료법도 효과적이었지만, 대부분은 병원으로 다시 돌아온다. 심지어 같은 날에 돌아올 때도 있다.

이 아동들이 아픈 이유는 무엇일까? 천식은 복잡한 질병일 수 있다. 그러나 중요한 위험 요인은 대기 오염이다. 브롱크스의 경우 주로 트럭 연료의 연소와 황이 포함된 난방 연료가 문제였다. 이제 우리는 이산화황과 수증기가 섞이면 황산이 만들어져서 폐의 소기도(小氣道)를 수축시킨다는 사실을 잘 알고 있다. 황산은 상기도의 액체막에 갇히는 경향이 있기 때문에 상황을 더욱 악화시킨다. 그런 메커니즘은 결국 호흡, 특히 날숨을 어렵게 만든다. 뉴욕 대학교의 메리 앰더는 1952년에 마스크를 통해서 남성들을 다양한 농도의 황산에 노출시키는 실험으로 이를 최초로 밝혔다. 그후에 로체스터 대학교의 마크 우텔과 그의 동료들이 체임버 실험을 통해서 천식 환자가 정상인보다 황산 에어로졸에 10배나 더 민감하고, 도시 환경에서 흔히 경험하는 황산 농도 수준에서도 호흡에 심각한 장애를 경험한다는 사실을 밝혀냈다.[1] 워싱턴 대학교의 제인 쾨니히와 그녀의 동료들도 마우스피스를 이용한 이산화황 노출 실험을 통해서 같은 결과를 재확인했다.[2]

이산화황이 포함된 대기 오염이 건강에 영향을 미치는 것은 새로운 현상이 아니었다. 황이 포함된 석탄을 가정용 난방에 사용하던 19세기에 런던에서 살았던 찰스 디킨스를 비롯한 많은 작가들이 심각한 오염에 대해서 기록을 남겼다.[3] 1950년대의 겨울에 런던에서는 오랫동안 심한 안개가 발생해서 가시거리가 약 180미터 이하로 줄어들었다.[4] 성 바살러뮤 병원의 의료진은 안개 속에 높은 농도의 연기와 이산화황이 포함되어 있다고 보고했다. 1952년 12월에 대(大)런던 지역에서는 안개 때문에 대략 4,000명이 사망한 것으로 추정되었다.[5] 1954-1955년의 겨울에도 안개에 의한 사망자의 수가 약 1,000명에 달했다. 기관지염에 의한 사망자 대부분이 신생아와 노인이었다. 그때의 통계는 천식과 오늘날 우리가 기관지염이라고 부르는 것을 구분하지 않았다. 그러나 뒤늦은 깨달음 덕분에 우리는 그 피해의 대부분이 이산화황 때문에 악화된 천식에 의한 것이었음을 알게 되었다.

석탄의 연소는 이산화황 이외에도 다(多)방향성 탄화수소(PAH)도 생성시키고, 니켈, 크로뮴, 비소, 수은과 같은 금속도 배출시킨다. PAH는 퍼시벌 폿이 고환암의 원인으로 지목한 굴뚝 검댕이나 담배 연기에서도 발견되는 것과 똑같은 발암물질이다. 니켈, 크로뮴, 비소와 같은 원소도 인체 발암물질로 알려져 있다. 그런 발암물질은 더 큰 입자상 물질에 흡착시키거나 발전소의 굴뚝 배출 가스를 적절하게 처리하면, 배출량을 허용 수준 이하로 낮출 수 있다. 이 입자를 포획하는 데에는 두 가지 기술이 사용된다. 배출 가스가 반드시 지나가야 하는 통로에 대형 진공청소기의 주머니와 같은 역할을 하는 "집진장치"를 설치하면 배출 가스를 걸러낼 수 있다. 정전기 집진장치에서는 가스가 전극 사이를 지나가면서 입자에 음전하를 유발시킨다. 그러면 입자는 양전하를 가진 집진기에 달라붙는다.

이 기술은 굴뚝 속의 높은 온도에서 기체 상태로 존재하는 수은에는 잘 작동하지 않는다. 그래서 석탄 연소에 의한 오염 관리에서 수은을 제거하는 것은 값비싼 추가 관리가 필요한 도전적 과제이다. 수은이 신경계와 신장에 미치는 영향 때문에 석탄을 사용하는 공장의 공중보건 사업에서는 수은 배출을 줄이는 일이 중요한 과제가 되었다.[6] 대기 중으로 배출된 수은은 민물에서 메틸수은으로 변환될 수 있고, 독성이 훨씬 더 강한 다이메틸수은은 어류 섭취를 통해서 사람에게 영향을 미칠 수 있다. 태아와 아동의 신경계는 다이메틸수은의 독성에 가장 취약하다.[7]

고민해야 할 문제는 석탄 연소에 의한 대기 오염뿐만이 아니다. 석탄 채굴의 유해성도 수백 년간 알려져왔다. 청진기를 개발한 프랑스의 의사 르네 라에네크는 석탄 먼지의 흡입이 치명적인 질병을 일으킨다는 사실을 발견했다. 그는 이 질병을 흑색증이라고 불렀고, 현재는 흑폐증이라고 부른다.[8] 석탄 광부 중에 1990-2013년간 흑폐증에 의한 사망자는 전 세계적으로 연간 2만5,000명에서 3만 명에 달하는 것으로 추정된다.[9]

· · ·

에너지 생산이 기후 변화에 미치는 영향을 분석하는 일은 어쩔 수 없이 정치적이고, 긍정적인 변화는 매우 느리게 나타난다. 미래 예측의 추상적인 성격 때문에 과학적 증거만으로는 사회적 변화를 이끌어내기가 어렵다. 독성학자들은 기후 변화에 기여하는 화석연료의 생산과 연소가 소아과 응급실의 천식처럼 개인 수준에서도 심각하고 즉각적인 악영향을 미칠 수 있음을 알고 있다. 독성학은 대기 오염에 의해서 발생하는 기후 변화와 천식이 겉으로는 아무 관계가 없는 것처럼 보이지만, 사실은 하나의 직접적인 원인을 공유한다는 핵심적인 통찰을 제공한다. 화석연료의 영향을 멀리 떨어진 곳에서 일어나는 극지방 빙하의 감소나 해안 도시의 점진적인 침하로 개념화하기는 어려울 수 있다. 그러나 화석연료의 영향이 사회의 가장 취약한 사람들에게 미치는 질병의 부담을 이해하기는 쉽다. 앞으로 살펴보겠지만, 독성학에 따르면 점점 더 심각해지는 기후 변화가 인과적으로 산업보건과 환경보건 모두에 즉각적인 영향을 미친다.

기후 변화는 기본적으로 대략 다음과 같이 일어난다. 화석연료의 연소는 천식을 일으키는 이산화황 이외에도 여러 가지 화학물질들을 만들어낸다. 가장 많이 만들어지는 것은 대기 중에 누적되는 이산화탄소이다. 대기를 통과하는 햇빛은 열을 발생시키는데, 보통 그 열의 일부가 지구의 표면을 뜨겁게 만들고 나머지는 대기를 통해서 다시 방출된다. 그런데 화석연료 연소에서 발생되어 대기에 누적되는 이산화탄소는 지구에서 외부로 방출되는 열의 일부를 차단한다. 이 과정을 온실 효과라고 부른다. 지구 온난화는 대부분 온실 효과에 의해서 일어난다.

온실 효과에 의한 온도 상승의 결과는 심각한 국제적 관심사이다. 컬럼비아 공중보건대학의 기후보건학과에 따르면, "기후 변화는 대기, 지역 생태계, 사회 구조, 인간 노출과 행동에서의 전 지구적인 변화를 포함하는 복잡한 메커니즘을 통해서 건강에 영향을 미친다." 예를 들면 미래에는 끔찍한 질병을 전파하는 모기가 더 많이 확산될 수 있다. 이런 일이 기후 변화가 초래할 수 있는 문제이다. 지구가 더워지면, 이집트 숲모기(*Aedes aegypti*)와

흰줄 숲모기(*Aedes albopictus*)라는 특정한 두 종의 모기가 서식 영역을 확장한다. 이 모기들은 지카 바이러스는 물론이고 뎅기열, 황열, 웨스트나일열, 치쿤구니야열, 동부형 말[馬] 뇌염을 일으키는 바이러스를 전파하는 아종들이다.

로버트 우드 존슨 의과대학 소속의 버나드 골드스타인과 오리건 주립대학교의 도널드 리드는 1991년에 화석연료의 연소에 의한 이산화탄소의 농도 증가가 건강에 미치는 기후 변화 효과뿐만 아니라, 도심 지역에서 폐 질병을 일으킬 수 있는 여러 대기 오염물질들의 농도도 증가시킬 수 있다는 사실을 지적했다.[10] 화석연료가 건강에 미치는 효과와 기후 변화 사이의 관계에 대한 연구는 1997년 세계자원연구소의 데브라 리 데이비스가 구성한 회의에서 시작되었다.[11] 이 회의에서는 입자상 물질(먼지)이 주요 의제로 선택되었는데, 이 물질이 화석연료의 연소와 관련된, 가장 흔한 상징적 대기 오염이었기 때문이다. 이들은 예상되는 입자상 물질 배출량 "전망치"에 의한 전 지구적 건강 효과를 계산했다. 이를 위해서 이산화탄소 배출량을 선진국의 경우에는 2010년까지 1990년 수준에서 15퍼센트 감축하고 개발도상국의 경우에는 2010년까지 10퍼센트 감축하는 경우와 비교했다. 그런 노력으로 2020년까지 세계적으로 매년 700만 병의 사망을 줄일 수 있을 것이라고 예측했다.[12]

더 최근에는 건강과 기후 변화가 함께 일으키는 질병 사이의 관계에 대한 연구가 늘어나고 있다. 그러나 여전히 기후 변화에 대한 대중적 이해는 턱없이 부족한 것으로 보인다. 2001년에 발표된 보고서에서는 멕시코시티, 산티아고, 상파울루, 뉴욕에서 쉽게 활용할 수 있는 화석연료 배출 가스 감축 기술을 이용하는 온실 가스 완화 정책을 수용하는 경우 잠재적 지역 건강 편익이 어느 정도인지를 연구했다. 그들은 앞으로 20년간 이 정책을 시행한다면 입자상 물질과 오존이 건강에 미치는 영향이 감소할 것이라고 추정했다. 그런 대책에 의해서 대략 6만4,000명의 조기 사망, 6만 5,000명의 만성 기관지염, 연간 3,700만 명의 일자리 감소와 여러 가지 활동의 제한에 의한 손실 등의 피해를 줄일 수 있을 것이다. 대기 오염 감축의 효과는 경제적으로도 중요하다. 2013년의 환경보호청 보고서에 따르면, 미국의 모든 발전소에서 발생되는 화석연료에 의한 건강 피해의 경제적 가치는 연간 3,617억-8,865억 달러로 추정되었다.[13]

• • •

오존도 화석연료 연소에서 발생하는 오염물질이지만, 그 발생 경로는 훨씬 더 복잡하다. 오존은 대기 중에 존재하면서 생명을 유지시켜주는 2개의 산소 원자(O_2)로 된 기체 분자와는 다른, 3개의 산소 원자(O_3)로 구성된 반응성이 큰 산소 분자이다. 대기에는 주로 산소와 질소가 들어 있고, 고온에서 연소가 일어나면 산소의 일부가 질소와 결합해서 산화질소가 만들어진다. 햇빛에 들어 있는 자외선에 의해서 만들어지는 아산화질소가 공기 중의 다른 산소 분자에 산소 원자를 추가시켜서 오존이 만들어지기도 한다. 휘발성 유기물이라고 부르는 연료의 연소에서 배출되는 다른 생성물도 비슷한 과정을 통해서 오존의 생성을 증가시킨다.

숨 쉬는 공기 중의 오존이 폐에서 적절한 호흡에 꼭 필요한 작은 공기 주머니인 폐포를 파괴할 수 있다는 사실은 이제 누구나 알고 있다. 워싱턴 대학교의 연구자들은 환자를 이산화황에 노출시키는 체임버를 이용한 연구와 비슷한 방법으로 오존에 노출된 사람들도 이산화황의 후유증에 훨씬 더 취약하다는 사실을 밝혀냈다.[14] 토론토 대학교의 네스터 몰피노와 그의 동료들은 대기 중의 오존 농도가 높은 날에 천식 환자들이 알레르기 유발물질에 훨씬 더 취약해진다는 사실을 밝혔다.[15] 존스 홉킨스 블룸버

그 공중보건대학에서 수행한 연구에서는 휘발성 유기물질을 방출할 수 있는 수압 파쇄법 역시 펜실베이니아 주의 천식 폭증과 연관되어 있음을 확인했다.[16]

내가 1950년대에 어린 시절을 보냈던 로스앤젤레스에서는 숨을 깊이 들이마시기만 해도 공기 중에 폐를 아프게 만드는 것이 들어 있다는 사실을 곧바로 알 수 있었다. 우리가 느끼는 것은 오존이었지만, 우리는 그것을 스모그라고 알고 있었다. 로스앤젤레스에서의 주범은 석탄 연소가 아니라, 이산화질소를 만들어내서 오존의 생성을 부추기는 자동차 배기 가스였다. 발전소의 천연가스 연소 역시 이산화탄소와 함께 오존을 만들어낸다. 따라서 "최고"의 화석연료라는 명성에도 불구하고, 천연가스는 기후 변화와 함께 즉각적이고 부정적인 건강 효과에 기여한다.[17] 효율이 뛰어난 새 천연가스 발전소에서 연소시키는 천연가스는 전형적인 새 석탄 발전소보다 이산화탄소를 50-60퍼센트 정도 적게 배출한다. 또한 천연가스는 석탄과 달리 이산화황, 입자상 물질, 수은을 배출하지 않기 때문에 건강에는 전체적으로 피해를 적게 준다.[18] 독소와 온실 가스 배출 측면에서 보면 석유는 석탄과 천연가스의 중간에 해당한다.

그러나 천연가스에 의한 새로운 건강 문제가 등장하고 있다. 「뉴욕 타임스」는 수압 파쇄법으로 천연가스를 생산하는 과정에서 발생하는 대기 오염이 와이오밍 주의 한적한 지역을 점점 더 심각하게 위협하고 있다고 보도했다. 와이오밍 주는 2009년에 역사상 처음으로 연방 정부의 대기 질 기준을 만족시키지 못했다. 2000년대부터 채취를 시작한 대략 2만7,000곳의 천연가스 유정에서 생성된 오존이 부분적인 이유였다. 적은 인구에도 불구하고 오존의 농도가 휴스턴과 로스앤젤레스보다 더 높았다. 휘발성 유기물, 그리고 에너지 산업의 트럭 운행에서 방출되는 질소 산화물 때문이었다. 더욱이 천연가스에 포함된 휘발성 유기물 가스는 로스앤젤레스 주변의 산과 마찬가지로 와이오밍 주의 윈드 리버 산맥에 갇혀버린다. 이제는 1제 곱마일당 고작 2명의 주민이 사는 한적한 와이오밍 주에서도 1950년대에 로스앤젤레스에서 겪었던 호흡 곤란을 느낄 수 있게 되었다.[19]

수압 파쇄법은 원유와 천연가스 업계가 유정의 생산량을 늘리기 위해 서 사용하는 공정이다.[20] 새로운 공정은 아니지만, 지난 20년간 천연가스 추출 기술이 발전하면서 그 사용이 획기적으로 증가했다. 수압 파쇄법에 서는 펌프를 이용해서 많은 양의 물과 모래를 고압으로 유정 속에 밀어넣 어서 단단한 돌을 파쇄함으로써, 유정에서 석유와 가스가 흘러나오도록 한다. 이 방법은 유정 하나당 1만 톤에 이를 정도로 많은 양의 모래를 사 용한다. 국립 산업안전보건 연구소의 현장 조사에 따르면, 작업자들은 수 압 파쇄 공정에서 흡입이 가능한 결정성 실리카가 많이 들어 있는 모래에 노출되어서 규폐증이 발병할 수 있다. 그것은 제4장에서 설명했던 광부들 의 폐 질병과 같은 것이다.[21]

수압 파쇄법이나 천연가스를 생산하는 다른 기술들은 메테인 방출이라 는 심각한 문제를 일으키기도 한다. 메테인은 천연가스의 주성분이면서 대기 중에 열을 가두는 능력이 이산화탄소보다 약 30-60배나 더 강력한 온실 가스이다. 모든 천연가스 생산에는 저장 탱크나 천연가스를 수송하 는 파이프라인으로부터 많은 양의 메테인이 누출된다. 파이프라인이나 유 통 시스템에 들어가기도 전에 천연가스의 약 4퍼센트가 대기 중으로 누출 되는 것으로 밝혀진 생산 현장도 있다. 석탄 채굴에서는 많은 양의 메테 인이 방출되지 않기 때문에, 메테인 누출은 천연가스가 석탄보다 편익이 더 많다는 계산을 뒤흔드는 심각한 문제이다.

지역적인 문제로 돌아가서, 수압 파쇄법이 지하수에 미치는 영향도 심 각하다. 유정이 식수를 오염시킬 수 있기 때문이다. 지하에 물과 모래를 주입하는 것 이외에도 수압 파쇄법에는 아이소프로필 알코올(소독용 알코올), 2-뷰톡시에탄올(자동차의 내장용 플라스틱의 보수용으로 사용), 에틸렌 글라이콜(부동액)도 많이 사용된다. 2005-2009년간 석유와 천연가스 생산 기업들은 29종의 화학물질이 포함된 수압 파쇄용 제품을 사용했다. 대부분이 인체 건강에 대한 위험 때문에 안전식수법에 의해서 규제되거나 청정대기법에 유해 대기 오염물질로 등록되어 있는 것이다. 29종의 화학물질은 수압 파쇄법에서 사용되는 650종 이상의 제품에 들어 있다.[22]

• • •

주요 대기 오염물질은 국가 대기질 기준에 의해서 관리된다. 국가 대기질 기준은 이산화황, 질소 산화물, 오존, 입자상 물질, 납, 일산화탄소 등의 대기 농도를 제한하기 위해서 1971년에 처음 개발되었다. 처음에는 오존에 가장 엄격한 기준이 제시되었지만 1971년 이후로는 규제 수준을 크게 변화시키지 않았다. 이산화황과 질소 산화물의 허용 기준이 조금 낮아졌을 뿐이다. 국가 대기질 기준의 가장 큰 변화는 입자상 물질, 특히 미세 먼지의 허용 기준에 대한 것이었다.[23]

대기 중의 입자상 물질은 호흡기 질병의 가장 중요한 원인이고, 미세 먼지는 특히 경유와 같은 화석연료의 연소에서 많이 만들어진다. 미세 먼지는 폐의 깊은 기도까지 침투할 수 있을 정도로 지름이 2.5마이크로미터보다 작다는 뜻에서 PM2.5라고 부른다.[24] 미세 먼지에는 PAH와 발암성 금속도 들어 있기 때문에 폐암을 일으킬 수도 있다. 작은 PM2.5가 심각한 위협이 되기도 하지만, PM10이라고 부르는 대기 중의 더 큰 입자들도 온갖 종류의 환경 먼지로 구성되어 있다. 호흡으로 흡입한 먼지는 폐에 피해를 입히기 전에 상기도에서 대부분 제거된다. 먼지는 점액을 생산하는 세포와 섬모세포들에 의해서 붙잡힌 후에 위쪽으로 밀려 올라가서 삼

켜진다. 먼지를 삼키는 것이 그렇게 매력적이지는 않지만, 다른 대안들보다는 훨씬 더 안전한 처리 방법이다.

브리검 여성병원과 하버드 대학교 의과대학의 연구자들은 미국 전역의 36개 도시에서 병원 입원 환자들을 조사했다. 그들은 입자상 물질과 오존의 단기적 변화가 특히 더운 계절에 폐기종과 폐렴에 의한 입원과 관련이 있다는 사실을 발견했다.[25] 로마 린다 대학교 공중보건대학의 과학자들 역시 폐암과 오존이나 먼지의 농도 증가와의 연관성을 연구했다. 스모그에 대한 그들의 재림교 건강연구(Adventist Health Study)는 흡연이나 음주를 하지 않고 가급적 채식을 선호하는 등의 균일하고 비교적 위험이 적은 생활양식을 가진 사람들에 대한 자세한 건강 기록을 활용했기 때문에 특히 유용했다. 그들의 연구에 따르면, 캘리포니아 주의 주민들 중에서 폐암 발생의 위험 증가는 남녀 모두에게 대기의 입자상 물질과 이산화황, 그리고 남성에게는 오존의 농도가 높은 지역에서 장기간 노출된 것과 관련이 있는 것으로 밝혀졌다. 오존과 입자상 물질에 대한 위험 증가는 3배였고, 이산화황에 대해서는 2배 이상이었다.[26] 하버드 대학교 환경과학과와 공중보건대학의 과학자들에 의한 최근 연구에서는 PM2.5와 오존에 대한 단기 노출, 심지어 현재의 일일 기준보다 훨씬 낮은 수준에서의 노출도 치사율 증가와 관련이 있고, 특히 취약집단의 경우에는 더욱 그렇다는 증거를 밝혀냈다.[27]

카터 행정부는 에너지 위기에 대한 대응으로 미국의 에너지 수요를 충당할 수 있는 실용적인 방법이라고 생각했던 "청정 석탄 기술"을 개발했다. 석탄은 일반적인 종류의 대기 오염물질 이외에도, 국가 대기질 기준에서는 아니지만 일부 주와 지역 규제기관들이 허용 기준을 설정하기 시작한 여러 가지 "공기 독소"를 방출한다. 그중에는 비소, 크로뮴, 니켈, 그리고 벤젠이나 톨루엔과 같은 휘발성 유기물도 포함된다.[28] 1990년에는 대략 10개 주가 수은에 대한 허용 기준을 설정했다. 새로운 발전소의 배출 가스 모형에서는 발전소가 대기 중으로 배출하는 오염물질의 양을 예측해야만 했다.

의회는 1990년에 청정대기법을 개정해서, 환경보호청에 수은, 비소, 카드뮴을 포함한 189종의 독소를 규제하는 권한을 부여했다. 청정대기법은 환경보호청에게 공기 독소의 규제에 대한 근거를 제공했지만, 환경보호청이 수은 배출의 허용 기준을 제시하기까지는 몇 년의 시간이 걸렸다. 그러나 그 기준에 이의가 제기되었고 이는 법정으로까지 번졌다. 그 사안에 대해서 대법원을 상대로 로비를 했던 산업계는 정부가 대략 600만 달러의 편익을 얻기 위해서 기업에 연간 96억 달러의 비용을 부과했다고 주장했다. 환경보호청은 그 비용으로 수백억 달러의 편익을 얻을 수 있다고 반박했다. 비용과 편익에 대한 엄청나게 다른 계산은 공중보건에 대한 결정이 정치적 해석에 따라서 얼마나 영향을 받는지를 보여주었다.[29] 몇 차례의 법정 다툼 끝에 대법원은 2015년 6월에 전국의 석탄 발전소 대부분에서 시행되던 환경 규제를 철폐해버렸다. 법정을 통해서 환경보호청이 평가에 반드시 고려해야 할 비용을 적절하게 포함시키지 않은 것은 정당화될 수 없다는 사실이 밝혀졌고, 법원은 환경보호청에게 그런 비용을 포함시키도록 요구했다.[30] 2018년 말에 환경보호청은 수은 배출량 감축으로 얻을 수 있는 건강 효과의 추정은 800억 달러에서 약 500만 달러로 낮추고, 비용은 80억 달러로 증기시키는 획기적인 수정안을 내놓았다.[31]

• • •

이제 또다른 에너지 생산 기술인 원자력을 살펴보자. 원자력은 수력, 태양광, 풍력과 함께 지구 온난화에 기여하지 않는다는 특징이 있다. 원자력은 미국에서 가장 큰 규모의 저탄소 전력 생산 수단이고, 세계적으로는 수력에 이어 두 번째로 많은 발전량을 차지한다.[32] 원자력과 수력에도 내재된 문제가 없는 것은 아니다. 수력에는 확실하게 인식할 수 있는 독성학적 또는 보건학적 이슈가 없는 것이 사실이다. 수력 발전의 문제는 주로 인구의 이동, 생태계에 미치는 영향, 건설 과정에서의 사고 등과 관련된 것이다.

원자력에 대한 중요한 우려는 사고에 인한 방사선이다. 안타깝게도 우리가 아는 대부분의 지식은 과거 사고에 의한 오염으로부터 얻은 것이다. 오늘날까지 가장 심각한 방사선 사고에 대한 연구로부터 우리는 원자력 발전소의 재앙적인 실패에 의한 발암 위험을 추정할 수 있었다. 우크라이나의 체르노빌 원자력 발전소에서 1986년 4월 26일에 짧은 반감기를 가진 I-131과 반감기가 긴 Cs-134와 Cs-137을 포함한 여러 종류의 방사성 핵종이 누출되는 사고가 일어났다. 이들을 포함한 다른 방사성 핵종의 장거리 이동으로 벨라루스, 우크라이나, 러시아연방의 서부, 그리고 유럽의 여러 지역에 심각한 오염이 발생했다. 체르노빌 사고는 20세기의 가장 큰 규모의 기술적 재난으로 알려져 있다.[33]

관련 연구에 따르면, 체르노빌 사고는 2006년까지 유럽에서 대략 1,000명의 갑상선암과 4,000명의 다른 암을 일으켰다. 이는 유럽에서 발생한 전체 암의 약 0.01퍼센트를 차지한 것으로 추정된다. 모형에 따르면, 2065년까지 체르노빌 사고로 약 1만6,000명의 갑상선암과 2만5,000명의 다른 암이 발생할 것으로 예상된다. 앞에서 PCB 정화 기준에 대한 위험 평가에서 보았듯이, 이 추정에는 용량에 관련된 것뿐만 아니라 영향을 받은 인구집단에 대한 적용 가능성과 관련한 가정이 개입된다.

추정에는 상당한 수준의 불확실성이 포함된다. 체르노빌 추정에서의 불확실성은 갑상선에 대해서 3,400명에서 7만2,000명까지에 이르고, 다른 모든 암에는 1만1,000명에서 5만9,000명까지나 된다.[34] 그런 위험 추징에는 체르노빌 현장에 즉시 출동했던 인력의 급성 노출은 포함되지 않는다. 『체르노빌의 목소리(*Чернобыльская молитва*)』를 통해서 끔찍한 현장 모습을 기록으로 남긴 스베틀라나 알렉시예비치는 그 공로로 2015년에 노벨 문학상을 수상했다. 원자로 부지의 정화에 동원된 34만 명의 군인들은 장비를 제대로 갖추지 못했기 때문에 상당한 양의 방사선에 노출되었다. 원자로의 지붕에서 연료, 흑연, 콘크리트를 제거하는 작업을 했던 3,600명은 최악의 노출을 경험했다.

원자로가 3-5메가톤 폭탄의 규모로 폭발해서, 키예프와 민스크를 포함하여 유럽의 대부분을 사람이 살 수 없는 곳으로 만들기에 충분할 정도로 넓은 범위에 방사선을 확산시킬 위험이 있었다. 그래서 잠수부들이 방사성 물질이 들어 있는 수조로 들어가서 우라늄과 흑연이 들어 있는 곳으로 물이 들어가지 않도록 안전밸브의 볼트를 열어야만 했다. 결국 그들은 폭발을 막아내는 데에 성공했다. 그러나 알렉시예비치가 기록했듯이 "이 사람들은 더는 살아 있지 않다."[35]

원자력의 독성에 대해서는 오래 전부터 건강 문제와 관련이 있는 것으로 알려져 있던 다른 문제가 있다. 우라늄 채광이다. 우라늄이 농축된 광물에서 방출된 라돈 가스의 자손 입자들이 지하 광산의 에어로졸에 흡착되어서 폐암을 일으킨다. 미국에서 가장 큰 규모의 우라늄 생산 지역인 뉴멕시코 주 그랜츠의 우라늄 광산에서 초과 폐암 치사율에 의한 보건비용에 대한 연구에서는 1955-1990년의 채광 기간 중에 발생한 총 보건비용이 2,240만-1억6,580만 달러에 이른 것으로 밝혀졌다.[36]

화석연료와의 비교를 위해서 태양광이나 풍력과 같은 재생 에너지원과 관련된 위험도 고려해볼 가치가 있다. 오늘날 풍력과 태양광 기술은 흔히 기후와 보건에 피해를 주지 않는다고 알려져 있다. 그러나 그런 기술의 개발은 풍력 터빈의 부품에 꼭 필요한 희토류 금속에 의존한다. 재생 에너지 발전에는 에너지 저장 기술도 필요하다. 흐름 전지(flow battery)에도 바나듐이라는 희토류 원소가 사용된다. 희망을 가져본다면, 언젠가는 철을 포함한 전해질인 페로사이아나이드와 같은 대안이 바나듐의 사용을 대체할 수 있을 것이다.[37]

중국은 전 세계 희토류 중금속 수요의 99퍼센트를 생산한다. 중국 남부의 범죄조직들이 소유한 불법 광산이 공급의 절반을 생산하고, 합법적인 정부 소유의 광산이 중국 생산량의 나머지를 차지한다. 이런 산업의 보건 위험에 대한 정보는 얻기가 쉽지 않다. 광물을 처리하는 과정에서 황산을 비롯한 화학물질 수 톤을 강물에 버리는 것에 감히 불평하는 마을 사람들은 범죄조직의 협박을 감수해야만 한다.[38]

태양 전지의 생산 과정을 살펴보면, 태양광 에너지에서도 비슷한 문제를 볼 수 있다. 태양 전지의 대부분은 원소 상태의 실리콘으로 정제되는 수정(水晶)에서 만들어진다. 그런데 수정의 채광은 규폐증을 일으킬 수 있다. 수정을 야금학적 수준의 실리콘으로 변환시키는 공정은 거대한 용광로 속에서 진행된다. 용광로를 뜨겁게 유지하는 데에도 많은 양의 에너지가 필요하다. 다음으로, 야금학적 수준의 실리콘을 폴리실리콘이라고 부르는 더욱 순수한 형태로 변환시키는 과정에서는 극도로 독성이 강한 사염화실리콘이 생산된다. 어느 중국 기업이 이 물질을 폐기해버린 인근 농지에서는 농작물을 재배할 수 없었고, 주변 주민들은 눈과 목의 염증에 시달렸다. 실리콘은 웨이퍼 형태로 만들어지는데, 제조사들은 웨이퍼 세척에 플루오린산(불화수소산)을 써야만 한다. 플루오린산이 피부에 닿으면 부식성이 강한 이 액체는 조직을 파괴시키고 뼈에서 석회질을 제거시킨다. 여기서 비용-편익 분석을 고려하려면, 직업병을 다른 에너지 분야의 경우와 비교해야만 한다. 최소한으로 잡더라도 태양 전지에는 많은 에너지가 필요하지만, 2년 정도 운영하면 에너지에 관한 한 초기의 투자를 회수할 수 있는 것으로 추정된다.[39]

$$\cdot \ \cdot \ \cdot$$

작업자나 환경에 보건 문제를 전혀 일으키지 않고, 더 광범위한 인구집단의 보건에도 영향을 미치지 않는 에너지 생산 기술은 없다는 것이 핵심이다. 독성학자의 역할은 모든 에너지 생산 방법을 분석해서 정부와 대중이 합리적인 선택을 할 수 있도록 돕는 것이다. 나의 발견에 따르면, 풍력과 태양광과 같은 에너지원의 선택이 화석연료보다 보건과 환경적 편익이 있다. 원자력도 발전소를 적절하게 설계하고 체르노빌에서와 같은 재앙적인 실패의 위험을 충분히 낮출 수 있다면 가능한 선택이 될 수 있다. 우리의 기술이 더욱 정교해지면 원자력 사고 위험을 최소화할 수 있을 것이고, 더욱 안전하게 생산할 수 있는 소재 자원을 이용하는 태양광과 풍력을 개발할 수 있을 것이다.

전기를 생산하는 가장 좋은 방법에 대한 논란의 역사적, 정치적 맥락은 흔히 과학적 이슈를 압도하는 것처럼 보인다. 예를 들면 체르노빌 사고와 미국의 스리마일 섬 사고, 그리고 일본의 후쿠시마 사고가 일어나기 전과 후의 원자력 에너지에 대한 인식을 생각해보라. 그런 사고가 일어나기 전에는 원자력이 번성했고, 그런 사고가 일어나지 않았더라면 원자력은 일반 대중에게 훨씬 더 현실적으로 보였을 것이다. 사고나 사용 후 핵연료에 대한 가상적인 우려가 있었겠지만, 대기 오염과 기후 변화에 대한 부작용이 없다는 측면에서 원자력은 우리의 에너지 수요를 해결해주는 최적의 해결책으로 보였을 것이다. 스리마일 섬이나 후쿠시마 사고는 체르노빌에서 일어났던 것과 같은 광범위한 보건 문제를 일으키지는 않았지만,

그럼에도 불구하고 그런 사고가 대중의 여론과 정치적 입장에 결정적인 영향을 주었던 것이 분명하다. 스리마일 섬 사고 이후에 미국에서는 원자력 발전소 건설을 시도하지 않았다. 그리고 후쿠시마 사고 이후에는 일본과 독일이 모두 기존의 발전소까지 폐쇄하기로 결정했다. 그러나 독성학이나 기후 변화의 관점에서 보면 그런 결정은 의문스럽다. 우리는 그런 사고로부터 교훈을 얻고 위험을 통제할 수 있기 때문이다. 심지어 체르노빌까지 고려하더라도, 원자력에 의한 발암성과 사망은 화석연료의 생산과 사용에 의한 보건 문제와 비교하면 사소하다.

요약하자면, 화석연료의 사용은 세계적으로 조기 사망의 가장 중요한 원인이자 기후 변화의 가장 중요한 원인이다. 세계보건기구에 따르면, 화석연료의 연소에 의한 대기 오염과 기후 변화는 세계적 보건 위협의 목록에서 가장 심각한 문제이다. 기후 변화는 영양 부족, 말라리아, 설사, 열 스트레스 등으로 전 세계적으로 매년 25만 명의 사망을 초래하는 것으로 추정된다. 그러나 이는 대기 오염에 의한 암, 심장마비, 심장 및 폐 질환으로 조기 사망하는 700만 명과 비교하면 사소한 것이다. 세계적으로 대기 오염은 폐암, 심장마비, 국소 빈혈성 심장 질환, 폐기종에 의한 사망자의 각각 29퍼센트, 24퍼센트, 25퍼센트, 43퍼센트를 일으킨다.[40] 세계보건기구 사무총장은 2018년에 대기 오염이 "새로운 담배"라고 주장했다.[41] 우리의 에너지 정책에는 우리의 에너지 소비와 기후 변화에 의한 건강 문제가 반드시 고려되어야만 한다.

제24장 인간 질병에 대한 동물 모형

이 책 전체에서 소개했듯이, 질병의 연구에서 인간에 대한 연구와 동물에 대한 연구 사이에는 언제나 역사적인 긴장이 계속되었다. 파라셀수스와 라마치니에 의한 인간 연구는 현대의 역학자들에게까지 계속 이어져왔다. 이런 연구는 사람과 직접 관련된다. 반대로 동물 연구는 독액이나 검댕과 같은 다양한 혼합물로부터 우리에게 유독한 성분을 확인하고 이해하는 데에 중요한 도움이 되어왔다. 그러나 실험동물을 이용한 연구로 축적된 엄청난 양의 정보에도 불구하고, 동물실험의 결과가 인간의 질병에 대한 이해에 얼마나 도움이 되었는지는 여전히 의문이다. 설치류 모형을 사용하려면, 사람, 마우스, 래트가 모두 화학물질에 똑같은 방법으로 반응한다는 전제가 필요하다. 그러나 설치류는 화학적으로 발생하는 질병의 취약성을 예측할 정도로 인간과 충분히 닮았는가? 암을 비롯한 질병은 극도로 복잡하고 유전적인 이유로 유발되기 때문에 규제 관련 전문가들이 인정하고 싶은 것보다 훨씬 더 종(種) 선택적일 수 있다.

1998년에 발표된 유전자 분석에 따르면, 영장류와 설치류는 대략 1억 년 전부터 서로 다른 경로를 따라서 진화하기 시작했다. 그후에 영장류는 더욱 진화해서 인간이 되었고, 래트와 마우스는 그후에 등장한 조상 래트로부터 진화했다.[1] 세포의 순환조절을 관리하는 다양한 유전자 생성물의 "배선(wiring)"에 이르면, 설치류와 인간의 유전체에서 시작되는 기본적인 차이는 더욱 분명하다.[2] 이는 결국 세포 분열과 성장 조절 경로에서의 중요한 차이를 낳는다. 따라서 화학물질이 사람에게 암이나 다른 질병을 일으키는지를 래트나 마우스에서의 실험 결과로부터 증명하거나 부정할 수 있는지가 불확실하다. 지금까지 드러난 증거에 따르면, 마우스와 사람에서의 종양 형성의 과정에는 근본적인 차이가 있다.[3]

우리가 설치류와 인간에게서 관찰할 수 있는 자발적 질병과 종양의 종류로부터 그런 차이에 대한 중요한 힌트를 찾을 수 있다. 만성 진행성 신장병이 그 차이를 보여주는 중요한 예이다. 이 신장병은 생체분석에 사용되는 래트에게는 매우 흔하게 발생하지만, 사람에서는 만성 진행성 신장병의 독특한 특징을 가진 질병 단위를 찾을 수 없다. 미국에서는 사람에게 나타나는 신부전증의 가장 흔한 원인은 당뇨이지만, 오스트랄라시아*에서는 사구체 신염(腎炎)이 주요 원인이다. 개발도상국에서는 여전히 감염에 의한 사구체 신염이 말기 신부전증의 가장 일반적이고 유일한 원인이다. 당뇨, 고혈압, 사구체 신염은 사람의 말기 신부전증의 4분의 3에 해당하지만, 래트의 경우에는 만성 진행성 신장병이 유일한 원인이다.[4]

구체적인 화학적이나 환경적 원인을 떠나서, 세포조직의 노화에 의해서 사람에게 발생하는 자발적 암의 발생률을 래트와 비교하면 어떨까? 2006년까지 국립 독성관리체계에서 사용했던 수컷 피셔 344 래트의 경우에는 수명이 다하면 90퍼센트는 고환 종양, 50퍼센트는 단핵 백혈병, 30퍼센트는 부신 종양, 30퍼센트는 뇌하수체 종양이 나타났다. 그런 종양은 모두

---

* 오스트레일리아, 뉴질랜드, 서남태평양 제도를 포함하는 지역.

사람에게는 흔하게 나타나지 않는 희귀한 종양이다. 국립 독성관리체계에서 지금도 사용하는 B6C3F1 마우스의 경우에는 간 종양이 가장 흔하게 발생한다. 간 종양은 미국인에게는 흔하지 않지만, 세계의 일부 지역에서는 흔한 경우도 있다.[5]

• • •

2004년의 연구에서는 인간의 질병 유전자들이 질병의 체계와 종류에 따라서 래트나 마우스의 유전자와 매우 다르다는 증거가 밝혀졌다. 그러나 신경 기능과 관련된 유전자는 설치류와 인간 사이에 진화적 유사성이 매우 크다. 이는 신경성 질병에 대한 설치류 모형이 인간 질병의 과정을 가장 충실하게 나타내줄 수 있다는 뜻일 수도 있다. 그와는 반대로 면역 체계는 유전적 유사성이 가장 낮고, 그다음으로 혈액, 폐, 간-췌장 등의 순서이다.[6] 인간과 설치류의 면역 체계가 유사성이 가장 낮은 이유는 일반적인 진화와 결국에는 종 분화의 결과로 나타나는 선택 압력이, 기관이 환경에 적응한 결과로서 일어나기 때문이다. 기관의 환경 적응에서 중요한 요소는 기관이 노출되는 병원체가 면역 체계를 진화시켜서 감염과 보조를 맞추도록 하는 압력을 가한다는 것이다. 그런 개념이 "숙주 병원체 군비경쟁(host pathogen arms race)"의 근거이고, 동물이 면역계 연구의 좋은 모형이 될 수 없는 이유이기도 하다.[7]

화학물질의 대사 역시 종에 따라서 다를 수 있다. 마우스, 래트, 개, 원숭이, 사람의 약물 대사에서 종간 차이에 대한 연구에 따르면, 간의 약물 대사 효소의 종 선택적 동형 단백질의 활성에서 상당한 종간 차이가 나타난다. 따라서 동물 모형의 대사 자료에서 사람의 결과를 추정할 때에는 매우 신중해야 한다. 반대로 여러 산업용 물질을 대사시키는 CYP2E1은 종간 차이를 나타내지 않기 때문에 종간의 추정이 상당히 잘 성립하는 것으로 보인다. CYP2E1에 의한 대사적 활성화가, 다양하게 나타나는 산업용 물질과 에탄올에 의한 발암성의 원인이 된다는 사실은 설치류 연구에 좋은 소식이다. 예를 들면 염화비닐에 의해서 간에서 발생하는 혈관 육종이 래트와 사람 사이에 유사성이 상당히 높다는 사실은 종양의 발생을 일으키는 용량을 알아보는 데에까지 확장될 수 있다.[8]

사람과 설치류의 생식 계열 돌연변이에 의해서 발생하는 다양한 암의 유사성과 차이점을 이해하는 데에도 주의가 필요하다. 화이트헤드 바이오메디컬 연구소 소속이자 매사추세츠 공과대학에서도 연구했던 윌리엄 한과 로버트 와인버그는 유전성 암 취약 증후군을 나타내는 마우스 모형의 평가를 연구했다. 와인버그는 종양 형성 유전자가 세포성 원종양 형성 유전자에서 유래된다는 사실을 증명하여 노벨상을 받은 마이클 비숍과 해럴드 바머스의 연구 결과를 발판으로 삼아서 인간세포의 종양 형성 유전자 효과를 발견했다. 한과 와인버그의 연구는 유전자의 분자적 회로가 어떻게 종 사이에 큰 차이를 만들어내는지를 밝혀냈다. 그들은 *p53* 종양 억제 유전자-유전성 돌연변이를 조사하여, 이 유전자 돌연변이로부터 유래된 뇌암, 유방암, 백혈병이 사람에게서는 발견되지만, 마우스에서는 발견되지 않는다는 사실을 밝혀냈다. 반대로 유전적으로 *p53* 유전자가 변형된 마우스에서는 림프종과 연조직 육종이 발생한다. *p53* 유전자는 암 예방에 중요한 역할을 한다. 이 유전자는 지나치게 많은 유전적 손상이 있을 경우에 세포 복제를 중단시켜서 돌연변이를 막는다. 마우스와 인간의 다른 차이에는 *p53* 유전자를 둘러싼 유전자 네트워크도 포함된다. 인체 암의 50퍼센트에서는 *p53*이 돌연변이를 일으켰지만, 사람에게는 *p53*과 중복되어 추가적 보호 기능을 제공하는 다른 경로가 있다. 이 중복된 경로가 없는 마우스의 경우에는 단 한 번의 돌연변이 사건에 의한 유전적 손상도 복구하지 못해서 세포가 무한히 복제되고 만다. *p53* 유전자 이외에도 다른 유전성 유전자 돌연변이 역시 특정한 발암 위험 패턴을 가지고 있다. 마우스에서 망막 아종(*Rb*) 유전자가 포함된 유전성 증후군의 경우에는 뇌와 뇌하수체 종양이 발생하지만, 사람에게는 망막과 골종양이 나타난다. 사람에서 발견되는 *BRAC 1*과 *BRAC 2* 유방암 취약 유전자의 돌연변이의 경우에는 마우스에서 비슷한 경우를 확인할 수 없다.[9]

암 연구자들은 실험실에서 정상세포를 보통의 제한에서 해방시켜서, 죽거나 세포 분열을 중단하지 않고 배양액 속에서 끊임없이 분열하는 불멸세포(immortal cell)를 만들 수 있다. 한과 와인버그는 설치류의 세포가 인체의 세포보다 더 쉽게 불멸세포로 변환된다는 사실을 관찰했다. 정상세포는 몇 차례 분열한 후에 분열을 멈추지만, 암세포는 계속 분열하기 때문에 불멸세포라고 불린다. 인체 세포는 적어도 4번에서 6번의 돌연변이를 거쳐야만 불멸세포가 되지만, 마우스의 세포는 2번의 돌연변이만 일어나도 불멸세포가 될 수 있다. 사실 배양액에서 불멸의 인체 세포를 만드는 것은 매우 어려운 일이지만, 마우스의 세포의 경우에는 배양액을 반복적으로 교체해주기만 해도 비교적 쉽게 불멸세포로 만들 수 있다.

이런 종간 차이가 나타나는 이유는, 염색체의 말단에서 염색체를 보호하고 세포 계통의 수명을 조절하는 반복적인 DNA 서열인 텔로미어(telomer)와 관계가 있다. DNA 복제는 염색체의 말단까지 계속될 수가 없기 때문에 세포 분열이 반복될 때마다 텔로미어가 점점 더 짧아진다. 인체 세포가 암세포처럼 분열을 계속하려면 DNA 서열의 말단을 추가해서 텔로미어의 길이를 유지시키는 효소, 즉 텔로머레이스(telomerase)를 계속 확보해야만 한다. 그러나 동물 모형에 쓰기 위해서 근친 교배한 마우스의 텔로미어는 길이가 인체 세포의 텔로미어보다 3-10배나 길기 때문에 군이 텔로머레이스의 활성을 확보할 필요가 없다. 결국 마우스의 세포는 인체 세포보다 암

발생 가능성이 훨씬 높다.[10]

암 발생을 제외한 다른 종류의 독성 효과에서도 종 선택성이 나타난다. 한 다국적 제약회사는 사람에게서 관찰된 약품의 독성과 실험동물에서 관찰된 독성의 상관성을 파악하기 위한 조사를 시도했다. 조사의 주요 목표는 인체 독성을 예측하는 데에 쓰이는 래트, 마우스, 개, 원숭이의 장점과 단점을 검토하는 것이었다. 당연히 원숭이가 최고였고, 그다음이 개, 그리고 래트의 순이었다. 마우스는 인체 독성의 예측에 관한 한 최악이었다.[11] 그리고 의약품에 대해서는 단순히 독성만이 아니라 효과도 관심의 대상이다. 의약품 연구에서 널리 쓰이는 마우스의 경우 인간 질병의 치료를 위한 모형으로서의 신뢰도에 대한 의문이 여전히 남아 있다. 임상 전 시험에서 마우스에게는 잘 작용하지만 사람에 대한 임상 실험에서는 효과가 없는 것으로 밝혀진 의약품도 많다.[12]

· · ·

미국 보건재단의 에른스트 빈더가 수행한 역학 연구에서는 비교적 고지방의 식단이 유방암 위험 증가와 관련된 것으로 밝혀졌다. 재단의 다른 연구자들은 화학물질에 의해서 쥐에 유발된 유방암을 이용해서, 암 형성에 미치는 지방의 효과를 연구했다. 나는 그런 유방암 연구가 진행되던 시기에 재단에서 화학 발암 현상을 조사하고 있었다. 나는 슬론 케터링 암센터의 의약부 고형 종양과 과장이자 유방암 전문가였던 래리 노턴 박사에게 식이(食餌) 지방의 문제를 제기했다. 나는 그에게 실험동물의 식이 지방에 대한 미국 보건재단의 연구와 그들의 연구 결과를 근거로, 불포화 지방을 비롯한 다양한 지방이 유방암에 "나쁜" 것으로 판단해야 하는 문제에 대해서 설명했다. 나는 그의 갑작스러운 반응을 절대 잊지 못할 것이다. "우리에게는 길고 털 없는 꼬리가 없습니다."

나는 깜짝 놀랐고 그의 태도가 비과학적이라고 생각했다. 유방암에 대한 가장 존경받는 연구자가, 미국 보건재단의 실험 연구가 사람과 상관이 없다고 일축한 것이다. 나중에 그 문제를 더 깊이 생각해본 나는 노턴이 말했던 것이 임상연구자의 동물 연구에 대한 회의론이라는 사실을 깨달았다. 래리 노턴은 임상 실험에서 인체 암을 실험하는 임상연구자, 즉 "실험자(trialist)"였다. 그는 인체 암세포를 죽이는 일에 관심이 있었다. 그것이 이미 발생한 암을 치료하는 우리의 방법이기 때문이다.

그의 발언 덕분에 나는 인체 암을 연구하기 위한 화학물질 유발 동물 모형이 대부분 다른 방법들과 달리 중간에 실패해버렸다는 사실을 깨달았다. 부분적으로 동물 모형으로 어떤 약물이 사람의 암을 치료할 수 있는지를 예측하는 것은 대부분 실망스러웠기 때문이다. 나와 나의 동료들은 노턴의 투철한 실용주의를 갖추지 못했다. 우리는 우리의 실험 연구에 매몰되어 있었다. 우리는 동물 모형이 우리에게 답을 제공해줄 수 있는 가설을 시험하는 명백한 실험 방법이라는 이유로 그것에 집착하고 있었다. 그러나 동물실험에서 얻은 답은 설치류에게만 적용된다. 훗날 지방과 유방암 위험에 대한 연구가 사람에게는 확인되지 않는다는 사실이 확인되었고, 결국 동물 모형에 대한 노턴의 의혹도 확인되었다. 오히려 포화 지방이 유방암 위험에 기여할 수도 있는 것으로 밝혀졌다.

특정한 약물이 사람에게 항종양 활성과 허용 가능한 독성을 가지는지를 설치류 종양 모형을 통해서 신뢰할 수 있을 정도로 예측하지 못한다는 사실은 새로운 항암 약물을 개발하고 평가하는 연구자들이 직면한 가장 심각한 어려움이다. 그렇다면 연구자들은 실험동물에서 화학적으로 유발되는 암을, 사람에게 발생하는 암에 대한 치료법을 시험하는 모형으로서 활용해야 할까? 그 답은 암의 종류와 화학물질에 따라서 달라진다. 예를 들면 다이에틸 나이트로사민은 인체 간암에서 발견되는 것과 똑같은 유전적 비활성화 기능의 일부를 가진 설치류에게 간 종양을 발생시킬 수 있다. 우레탄에 의해서 마우스에 유발되는 폐암 모형은 인체의 폐암 연구에도 쓸모가 있는 것으로 밝혀졌다.[13] 그러나 화학물질 모형은 그 자체로 인체의 소세포암을 포함한 여러 종류의 암에 대해서 그 유효성이 증명되지는 않았다.[14]

오늘날 인체 암 연구에 사용하는 방법은 독성학자들이 "암 유발" 화학물질을 가려내기 위해서 사용하는 전통적인 설치류 생체분석과는 다르다. 예를 들면, 종양학자들은 인체 간암의 치료에 사용할 화학요법제를 연구하는 데에 PCB-유발 간암을 사용하지는 않는다. 인체에서 시작된 종양을 이식한 동물이 더 흔하게 사용된다. 유전공학적으로 인체 암과 훨씬 더 많이 닮은 암을 형성하도록 만든 실험동물도 사용한다. 유전적으로 변형시킨 이른바 형질 전환 마우스 모형에는 $p53$과 같은 특정 유전자를 비활성화시킨 배아를 형성해주는 유전물질을 삽입한다. 지금 당장은 그런 방법이 이식 가능한 인체 종양 모형보다 더 좋은 것인지가 어느 쪽으로도 판단하기 어렵다.[15]

1971년에 하버드 대학교 의과대학과 소아병원 메디컬센터의 주다 포크먼은 사람과 동물의 고형 종양이 모세관 세포를 종양으로 성장하게 만드는 종양 혈관 형성인자를 공유한다는 사실을 보고했다. 포크먼은 그런 인자의 차단(혈관 형성인자 억제)으로 고형 종양을 예방할 수 있을 것이라고 제안했다.[16] 포크먼은 1980년에 인체에서 안지오스타틴*과 엔도스타틴**이라고 부르는 혈관 형성인자 억제제가 자연적으로 조금씩 만들어진다는 사실을 밝혀냈다. 그들은 마우스에서 혈관의 형성을 중단시켜서 종양의

---

 * 악성 종양에서 새로운 혈관의 성장을 저지하는 화학물질.
** 콜라겐으로부터 합성되는 안지오스타틴과 유사한 기능을 하는 화학물질.

성장을 제한해준다. 더욱이 이런 억제제는 종양세포에 대한 직접적인 독성 효과나 숙주에게 단기적 독성을 나타내지 않는 것으로 보인다.[17] 포크먼은 모든 종양이 이런 약물에 똑같이 반응한다는 사실도 발견했다. 골수의 성장에도 새로운 혈관의 형성이 필요하기 때문에 이런 약물은 백혈병에도 효과가 있다. 포크먼은 이 치료법에 대해서 조심스럽게 낙관하면서, "암에 걸린 당신이 만약 마우스라면 우리가 당신을 잘 치료해줄 수 있을 것이다"라고 말했다.[18]

그러나 사람에게 13년간 실험해본 결과에 따르면, 엔도스타틴의 유일하게 확인된 효과는 인체 폐암 환자의 생존을 2개월 연장시킨다는 것뿐이었다. 유방암을 비롯한 다른 암에서도 마우스 연구를 기반으로 한 효과는 발견되지 않았다.[19] 그래서 초기에 마우스에서 희망적으로 보였던 포크먼의 항암 비법이 인체에는 거의 효과가 없다는 사실 때문에 의학계는 크게 실망했다. 결국 항혈관 형성 억제 요법에 반응하는 암도 있다는 징후를 확인했지만, 포크먼이 기대했던 만병통치약은 아닌 것이 확실해졌다.[20] 사람에서의 성공률에 대한 문제는, 유방암과 같은 인체 암의 진행 단계가 최대 6종의 친(親)혈관 형성 억제 단백질로 발현될 수 있다는 것이다. 세포종에서는 7종의 혈관 형성 억제 단백질의 발현이 발견되었고, 인체 전립선암은 적어도 4종의 혈관 형성 억제 단백질로 발현될 수 있다. 여러 단백질을 다루는 것은 마우스에서의 혈관 형성 억제 반응보다 훨씬 더 복잡하다.[21]

혈관 형성 억제제에 대해서 30여 년 이상 연구한 오스트레일리아에서는 2003년에 혈관 형성 억제 요법을 실험실에서 임상으로 전환시키는 작업이 시작되었다. 1950년대에 기형아 출산의 주요 원인이었던 탈리도마이드는 오스트레일리아에서 승인을 받은 최초의 항혈관 형성 억제 약물이었다. 탈리도마이드는 항체를 생성하는 림프구가 관여되는 백혈병인 다발성 골수종을 치료해준다. 그후 2004년과 2005년에 아바스틴이 미국과 유럽 26개국에서 대장암 치료제로 승인을 받았다. 시력 감퇴와 폐암의 치료제도 등장했다.[22]

• • •

의약품 개발을 위한 동물 연구에서는 동물과 인간 사이의 근본적인 차이 이외에도 재현성 결여에 대한 면밀한 검토도 필요하다. 바이오테크 기업 암젠의 과학자들은 2012년에 53편의 잘 알려진 암 연구 논문 중에서 재현할 수 있었던 것이 고작 6편뿐이었다고 밝혔다. 바이어 제약회사는 전(前) 임상 암 연구의 재현성은 실패율이 무려 79퍼센트에 이른다고 밝혔다. 암젠은 재현 불가능한 동물 연구가 약품 개발비를 낭비하게 만들고, 임상 실험을 실패하게 하는 요인이라고 주장했다.[23] 그런 실패는 부분적으로 연구에 사용되는 마우스의 변종이나 심지어 집단의 차이 때문일 수도 있었다. 서로 다른 실험 결과가 나오는 원인은 온도, 깔개의 종류, 선반의 높이, 심지어 실험에서 약물을 투여하는 시간 등 동물 사육 시설의 환경적 변수에서 비롯될 수도 있다.

이 문제를 해결하기 위한 시도가 있었다. 2010년 영국의 연구용 동물의 대체, 개선, 감축을 위한 국립 센터는 동물 연구 논문에 포함시켜야 하는 정보에 대한 지침을 개발했다. "동물 연구 : 생체 실험 보고하기(Animal Research : Reporting of In Vivo Experiments)"를 뜻하는 ARRIVE 지침은 1,000종 과학 학술지와 20여 개의 지원기관의 지지를 받았다. 그러나 대부분의 연구자들은 여전히 그런 지침을 무시하거나 충분히 잘 알지 못하고 있다.

개선이 가장 절실한 문제는 실험집단에서 동물의 무작위화, 실험집단에 대한 연구자의 맹검화(盲劍化), 일부 동물을 실험에서 제외시킨 이유의 식별, 그리고 실험에 필요한 집단의 표본 크기의 정확한 계산 등이다.[24] 그런 지침을 따르지 않으면 동물실험을 수행하고 결과를 발표하는 과정에 편견이 개입될 수 있다. 인체에 대한 실험과 역학 연구에서도 비슷한 기준을 따르는 것이 일반적인 관행이고, 그 덕분에 인체 실험은 훨씬 더 신뢰할 수 있게 되었다.

동물실험 재현성의 또다른 문제는 마이크로바이옴(microbiome)이라고 알려진, 마우스 내장에 서식하는 박테리아 집단의 차이와 관련된 것이다. 같은 공급원에서 확보한 같은 품종의 마우스를 사용하는 연구에서도 마이크로바이옴이 재현성을 방해하는 것으로 밝혀졌다. 미시간 주립대학교의 로라 매케이브는 자신의 첫 실험에서 마우스에게 신약을 투여하면 골 손실이 발생한다는 사실을 발견했다. 그러나 동일한 곳에서 구한 마우스를 이용해서 동일한 조건에서 반복한 실험에서는 골 밀도의 증가가 관찰되었다. 세 번째 실험에서는 아무 변화가 나타나지 않았다. 3번의 실험에서 사용한 마우스의 마이크로바이옴이 서로 달랐기 때문이었던 것으로 밝혀졌다.[25]

시카고 대학교 의과대학의 로버트 펄먼은 인체 질병에 대한 마우스 모형과 관련된 상황을 다음과 같이 정리했다.

마우스 연구의 결과를 사람에게 활용하려는 여러 시도에도 불구하고, 불행하게도 우리는 여전히 어떤 마우스 실험이 인간 생물학과 보건에 도움이 되거나 길을 알려줄 것이라고 확신하지 못한다. 대부분의 경우에 우리는 인간에게 적용되거나 적용되지 않은 마우스 연구에 대해서 일회성 정보만을 가지고 있다. 우리는 아직도 어떤 것이 작동하고, 어떤 것이 작동하지 않는지를 알아내기 위해서 마우스 연구에 대한 더욱 체계적인 자료 수집, 보고, 분석(그리고 다른 "모형

유기체"에 대한 연구)이 필요하다. 우리가 그런 정보를 갖추기 전까지는 마우스 연구를 수행하고 그런 연구의 결과를 사람에게 적용하자는 주장에 더욱 비판석이어야만 한다.

래리 노턴과 마찬가지로 펄먼도 임상학자와 연구자의 입장에서 인체 질병에 대한 설치류 연구의 결과를 비교하고 있다. 다음 장에서 살펴보겠지만, 설치류 생체분석을 이용해서 인체 암을 예측하는 경우에도 사정은 마찬가지이다.[26]

제25장 동물 발암성 생체분석은 신뢰할 수 있을까

어떤 화학물질이 "발암물질" 또는 "암 유발"이라는 이야기를 들으면, 우리는 흔히 그 물질이 인간에게 즉각적으로 위험하고 치명적인 질병을 일으키는 것으로 증명되었다는 의미로 받아들인다. 그러나 "발암물질"이라는 용어는 보통 그렇게 명백하게 정의된 위험을 뜻하지는 않는다. 흔히 발암물질이라는 표현은 래트나 마우스에게 생후 8주일부터 죽는 날까지 엄청난 양의 화학물질을 먹였을 때에 암을 발생시킬 수 있는 물질에 적용된다. 앞에서 우리는 래트와 마우스가 사람과 비교해서 분명하게 구분되는 진화적, 대사적, 유전적, 분자적 생리 회로를 가지고 있다는 사실을 살펴보았다. 결과적으로 래트와 마우스에서는 우리와는 다른 자발적 암이 발생되고, 화학물질에 대해서도 다르게 반응할 것으로 예상할 수 있다. "발암물질"이라고 알려진 화학물질이 모두 사람에게 암을 일으킨다고 증명된 것은 아니다.

국제 암연구소에 의해서 인체 발암물질로 확인된 의약품은 고작 20여 종뿐이다. 그런데도 정부는 제약회사들에게 제품을 시장에 내놓을 수 있도록 승인하기 전에 모든 제품에 대해서 발암성에 대한 대규모 설치류 생체석을 수행하도록 요구하고, 정부가 그 실험의 결과를 반드시 검토한다. 합성 화학물질도 마찬가지로 화학산업계와 정부 모두에 의해서 광범위한 실험을 거치지만, 약 30종만이 인체 발암물질로 분류되어 있다. 반면 약 300종의 합성화합물이 동물 생체분석에서의 발견 때문에 더 낮은 등급의 발암성 분류에 포함되어 있다. 모든 동물실험과 규제 활동에 의해서 암 발생률이 획기적으로 개선되었을까? 낮은 흡연율과 작업장에서의 일부 화학물질의 더 낮은 수준의 노출과 같이 다른 요인에 의해서 설명되는 몇 가지 예외를 제외하면 그 답은 부정적이다. 그렇다고 내가 일반적으로 동물실험에 반대하는 것은 아니다. 동물의 적절한 활용은 독성학의 발전에 반드시 필요하다.

먼저 화학물질이 사람에게 암을 일으킬 수 있는 가능성을 예측하기 위해서 실시하는 래트와 마우스를 이용한 생체분석의 발전을 살펴보자. 40년 전 국립 암연구소의 와이스버거 부부에 의해서 고안된 설치류 생체분석의 기본적인 설계는 그동안 조금도 변하지 않았다. 전통적으로는 래트나 마우스와 같은 설치류의 실험집단에게 평생 동안 화학물질을 투여해서 대조군보다 더 많은 종양이 발생하거나 더 빠른 속도로 종양이 형성되는지를 살펴본다. 인체 수준의 용량에서 통계적 차이가 나타날 정도로 충분히 많은 수의 동물집단을 사용하는 것은 금지되어 있기 때문에, 우리는 보통 성별이나 용량마다 50마리의 동물집단에 "최대 허용량"이라고 부르는 매우 높은 용량의 화학물질을 투여한다. 생체분석에서는 보통 먹이나 식수를 통해서 화학물질을 투여하기 때문에 노출 빈도는 설치류의 먹이와 물 마시는 습관에 따라서 결정된다. 휘발성이 큰 화학물질은 보통 하루 8시간, 1주일당 5일의 흡입 노출의 경로를 활용한다.

설치류 발암성 생체분석이 인체 암을 연구하는 방법으로 처음 채택된 이유는 거의 모든 인체 발암물질이 설치류에게도 암을 일으키는 것으로 확인되었기 때문이다. 그러나 대부분의 인체 발암물질은 유전자 독성이기 때문에 그런 결과는 인간과 설치류 모두에게 DNA 손상이라는 발암 메커니즘이 작동하는 경우에만 적용되었다. 데이비드 롤은 1971-1990년간 국립 환경보건과학 연구소의 초대 소장을 역임했고, 1978년에는 국립 독성 관리체계의 초대 소장을 맡기도 했다. 그는 1979년에 뉴욕 대학교의 버나드 알트슐러가 수행한 337종의 물질에 대한 미발표 연구를 13권의 「국제 암연구소 발암물질 평가보고서」로 발간했다. 알트슐러는 동물에서의 발암성에 대한 확실한 증거가 확인된 81종 중에서 22종은 인체 발암성에 대해서 "명백한" 증거가 확인되었고, 59종은 "덜 명백한" 증거가 확인되었다는 사실을 파악했다. 이에 따라서 그는 자신이 수행한 검사의 민감도가 98퍼센트이고, 특이성은 100퍼센트라고 확신했다.[1]

그에 반해서, 이 책을 쓰고 있는 현재에도 국제 암연구소가 인체 발암물질로 공식 확인한 물질은 약 60여 종의 순화학물질(원소 포함)뿐이다. 여기에는 산업용 물질, 의약품, 천연물이 모두 포함된다.[2] 그런 물질들은 대부분 설치류에서도 암을 일으키는 것으로 확인되었고, 대부분이 유전자 독성이지만 면역 억제나 에스트로겐 효과를 통해서 작용하는 경우도 있다.[3] 대부분의 경우에 화학물질의 발암성은 먼저 인체에서 확인된 후에 설치류에서도 확인된다. 동물의 발암성 확인에 상당한 어려움이 있는 경우도 있었다. 예를 들면 2004년까지도 국제 암연구소는 생체분석 종양을 분명하게 발견하지 못했기 때문에 비소에 대한 발암성 증거가 부족하다고 판단했다.[4] 국제 암연구소가 실험동물에서의 증거가 충분하다고 결정한 것은 2012년이었다. 그러나 암컷 래트나 마우스에서는 비소산 갈륨의 흡입에 의해서 폐종양의 증가가 확인되었지만, 수컷에서는 그렇지 않았다.[5]

인체 발암물질은 보통 유전자 독성이기 때문에 대부분 동물에서도 암을 일으킬 수 있다. 그러나 유전자 독성이 아닌 동물 발암물질이 반드시 사람에게도 위험할 것이라는 가정에는 흔히 상당한 논리적 비약이 있다. 동물 모형의 유효성은 역학 연구에서 사용되는 힐 방법(Hill method)과 비슷한 비판적 분석에 의한 것이 아니라, 단순한 가정이었던 것으로 보인다. 그러나 과학계와 규제 분야의 전문가들은 그 유효성이 확인되지 않았고 오류일 수 있다는 증거에도 불구하고 동물 모형을 계속 신뢰하고 있다. 제17장과 제18장에서 그런 문제를 살펴보았다.

설치류와 사람보다 진화적으로 훨씬 더 가까운 관계인 래트와 마우스 사이의 발암성 생체분석 결과의 차이를 보더라도 그런 사실이 확인된다. 어느 화학물질에 대한 생체분석을 래트와 마우스에 대해서 똑같은 방법으로 수행하면, 마우스와 래트에서 똑같은 종류의 암이 확인될 가능성은 50퍼센트 이하이다. 1993년에 국립 환경보건과학 연구소의 조지프 K. 헤이스먼과 앤-마리 록하트는 국립 암연구소나 국립 독성관리체계에서 수행했던 379건의 생체분석 결과를 검토했다. 어떤 화학물질이 래트의 특정한 부위에 발암성이면서 마우스의 같은 부위에 발암성(또는 그 역)일 가능성은 고작 36퍼센트였다는 사실을 확인했다.[6]

인간과 설치류 유전체를 비교해보면 그 차이가 래트와 마우스의 차이보다 훨씬 더 크다는 명백한 사실을 확인할 수 있다. 유전체 서열 자료에 따르면, 설치류 혈통은 1,200만 년에서 2,400만 년 전에 래트와 마우스 혈통으로 분리되었다. 반대로 인간과 설치류는 8,000만 년 전에 분리되었다.[7] 따라서 우리는 설치류 연구로부터 인체 암에 대한 예측 가능성이 36퍼센트 이하일 것이라고 기대하게 된다. 그렇지 않다고 증명되기 전까지는 설치류의 암이 인체 암을 예측해줄 것이라고 가정하는 태도는 과학이 아니라 믿음에 의한 기대일 뿐이다.

인간에게는 흔하지 않지만 (또는 발생하지 않지만) 설치류의 부위에서는 화학물질에 의해서 증가하는 종양에는 고환과 흉선(胸腺)의 종양에 더해서 사람에게는 없는 전위(前胃), 짐벌 샘(Zymbal gland), 하르더 샘(Harderian gland) 등 세 곳의 부위에서 발생하는 종양이 있다. 그런데 단핵 백혈병, 고환암, 유방암, 간암의 자연발생률이 설치류에서는 래트나 마우스 또는 변종(아종)에 따라서 상당히 다르다고 알려져 있다. 마찬가지로 전립선이나 대장암처럼 사람에게 흔하게 발생하는 암이 설치류에서는 흔하게 발생하지 않는다.[8]

돌연변이 유발성에 대한 선도적 연구자 브루스 에임스와 그의 동료인 로이스 골드는 표준적인 고용량 설치류 생체분석으로 시험한 350종의 산업용 합성물질의 거의 절반이 설치류 발암물질이라는 사실을 알아냈다. 그들은 또한 식물에서 채취한 77종의 천연물에 대한 실험에서도 절반이 설치류 발암성이라는 사실도 밝혀냈다. 그중 상당수가 식품에 들어간다는 사실은 사람의 전형적인 식단이 보통 발암성이라는 뜻일까? 그렇지 않다. 오히려 채소나 과일과 같은 식품은 건강을 증진하는 것으로 알려져 있다.[9] 에임스와 골드는 생체분석에서 양성 반응이 많이 나타나는 것은 실험에 사용한 독성물질의 용량이 지나치게 많기 때문일 것이라고 했다. 연구들 간에 재현성이 없다는 것도 생체분석의 신뢰도에 대한 또다른 문제이다. 오스트리아 암연구소의 연구자들은 미국의 국립 암연구소나 국립 독성관리체계가 보고하거나 동료 평가 학술지에 발표한 발암성 생체분석들 간의 차이를 연구했다. 그들은 화학물질을 발암물질로 분류하기 위한 생체분석의 일치 비율이 57퍼센트에 지나지 않는다는 사실을 밝혀냈다.[10]

· · ·

위험 평가사와 제약회사들은 동물 생체분석의 결과를 이용해서 사람의 건강을 걸고 도박을 한다. 이 도박에서는 동물실험에서 나타나는 "위양성

(false positive)"의 명백한 부정적 결과를 충분히 고려하지 않는다. 예를 들어 만약 심장 질환 치료에 기대되는 약품이 래트에게 종양을 일으키는 것으로 확인되면, 이 약품으로 환자가 편익을 얻을 수 있고 심지어 생명을 구할 수 있더라도 약품을 시장에 내놓지 못할 수 있다. 초기의 고혈압 치료제로 널리 쓰였던, 인도 사목(蛇木)에서 추출한 레세르핀의 경우에 그런 일이 일어날 뻔했다. 레세르핀은 암컷 마우스의 유방 종양과 수컷 마우스의 정낭 종양, 래트에게는 부신 종양의 발생을 증가시킨다. 다행히 1980년 국제 암연구소는 국립 독성관리체계의 동물실험으로부터 발견된 증거가 매우 "제한적"이라는 결론을 내리며 이 약품을 승인했다.[11]

과거의 분류 방법과 단절한 또다른 사례도 있다. 국제 암연구소는 1994년 래트에서의 간 종양을 보여주는 3건의 연구로는 인체 발암물질이라는 것을 증명하지 못한다는 이유로 콜레스테롤 저하 약물인 클로피브레이트의 분류를 변경하기로 결정했다.[12] 이 종양은 간세포에서 일부 지질을 산화시키는 세포 내 소기관인 퍼옥시좀*의 증식과 관련이 있는 것으로 밝혀졌다. 이 증식은 설치류의 간에서만 일어난다. 따라서 이 약물을 투여해도 인체 간세포에는 퍼옥시좀이 증식하지 않는다.[13] 클로피브레이트에서 발견된 것과 비슷하게, 래트에서 퍼옥시좀의 증식에 의해서 간암을 일으키는 약품과 화학물질은 대단히 많다. 여기에는 콜레스테롤 저하에 중요한 저지혈증 약품은 물론이고 널리 사용되는 몇 가지 산업용 물질도 포함된다. 또한 지금까지 알려진 연구에 따르면 인체에서의 간암은 그런 물질에 의해서 생성되지 않는다.[14]

연구자들은 천연 감귤기름의 성분인 리모넨이 수컷 래트에서만 신장 종양을 일으키고, 수컷이나 암컷 마우스에서는 그렇지 않다는 사실도 밝

---

* 과산화수소를 생성, 분해하는 효소를 함유한 세포질 내의 작은 입자.

혀냈다. 리모넨은 향수, 비누, 식품, 음료의 향기와 향수 첨가제로 50년 이상 널리 사용되어왔다. 리모넨은 오렌지, 레몬, 자몽의 껍질에 들어 있는 주요 휘발성 향기 성분이라서 그런 이름이 붙었다. 리모넨은 또한 의학용으로 담석 치료에 사용되었고, 유방, 피부, 간, 폐, 그리고 설치류의 전위에 생긴 종양을 축소시키는 효능에 대한 연구도 진행되어왔다.[15] 이제는 리모넨이 수컷 래트에게 신장 종양을 일으키는 메커니즘이 밝혀졌다. 이 종양은 유리질(hyaline) 방울 신장병이라고 부르는, 래트 신장의 특정한 독성 때문에 나타나는데 근위 세뇨관세포의 세포질에 붉은 방울이 나타나는 것이 특징이다. 수컷 래트는 그런 세포들이 소변으로부터 알파 2u-글로불린이라는 단백질을 흡수해서 아미노산으로 대사시킨다. 리모넨이 이 단백질을 세포 속에 대량으로 축적되도록 만들어서, 유리질 방울이 형성된다. 보통 화학적 성(性) 유인자, 즉 페로몬이 수컷 래트의 소변으로 분비될 때에 알파 2u-글로불린 단백질에 결합된다. 그후에 단백질에서 휘발성 페로몬이 방출되어서 암컷에게 신호를 보낸다. 그러나 페로몬 대신 리모넨 등 잘못된 화학물질이 알파 2u-글로불린 단백질에 결합하면, 결합된 글로불린이 신장의 세뇨관세포에 축적되어서 신장 독성이 발생하고 종양이 생기게 된다. 수컷 래트처럼 간에서 알파 2u-글로불린 단백질이 대량 축적되지 않는다면 리모넨이 신장암을 일으킬 수 없다. 그리고 사람에게는 그런 단백질이 없다.

가장 논란이 많은 동물 발암물질 중의 하나가 사카린이다. 사카린은 100년 넘게 인공 감미료로 사용되었지만, 1970년에 사이클라메이트*의 사용이 금지되면서 인기가 폭발적으로 높아졌다. 사카린은 식품의약국이 1940

---

* 1937년 미국에서 개발된, 설탕보다 30배 단맛을 가진 인공 감미료. 래트에게 방광암을 일으킨다는 사실이 밝혀져서 한동안 사용이 금지되었으나 인체에는 문제가 없음이 밝혀졌다.

년대에 개발해서 1951년에 설치류 생체분석을 했던 최초의 화학물질이었다.[16] 최대 5퍼센트의 사카린이 포함된 식단으로 래트의 수명 한계에 가까운 2년간 시험을 했지만 종양의 증가는 확인되지 않았다. 그러나 식품의약국이 모체의 (자궁 속) 태아 상태에서부터 노출을 시험하도록 권고하자 새끼들에게서 방광 종양이 낮은 수준으로 발생한다는 점이 밝혀졌다.[17]

동물에게 종양을 일으키는 화학물질을 식품첨가물로 사용하는 것을 금지하는 식품의약품법의 딜레이니 수정안에 따라 식품의약국이 1977년에 사카린의 사용을 금지시키면서 논란이 시작되었다. 사카린은 설탕을 섭취할 수 없는 사람들에게 유일한 대안이었기 때문에 당뇨 환자와 그들을 치료하는 의사들이 사카린의 금지 조치에 맹렬하게 반발했다. 또한 사카린은 열에 안정적이기 때문에 구운 식품에 사용할 수 있는 유일한 인공 감미료였다. 더욱이 10여 건의 역학 연구에서도 방광염에 대한 증거를 확인할 수 없었다. 결국 의회는 새 규제를 5년간 보류시켰고, 사카린을 딜레이니 수정안에서 면제하는 흔하지 않은 조치를 취했다. 이 면제 조치는 1997년에 딜레이니 수정안이 폐지될 때까지 5년마다 갱신되었다. 따라서 사카린은 실제로 시장에서 한 번도 금지되지 않았다.

그러나 사카린은 지금도 동물의 발암물질이고, 인체에도 암 발생의 가능성이 있다고 알려져 있다. 네브래스카 대학교 의과대학의 새뮤얼 코언은 사카린이 래트의 방광에서 작은 돌과 같은 결정을 만들고, 그런 결정이 결국 종양을 일으키는 자극제가 된다는 사실을 입증했다.[18] 래트에게 평생 동안 사카린의 소듐염을 초고용량으로 투여하면 소변의 화학적 조성이 변화해서 결정이 만들어지지만, 산성 형태의 사카린에서는 그런 일이 발생하지 않는다. 따라서 종양을 일으키는 것은 단순히 사카린이 아니라 많은 양의 소듐염이었다. 염화 소듐(소금), 아스코브산 염(비타민 C), 탄산수소 소듐을 비롯한 화학물질 역시 그런 종양을 일으키는 것으로 밝혀졌다. 결정에 의해서 발생하는 자극이 종양을 발생시키는 메커니즘이었다. 나고야 시립대학교 의과대학의 과학자들은 사카린에 노출된 마우스, 햄스터, 기니피그에서 방광에서의 세포 분열 증가가 일어나지 않는다는 사실을 확인했다. 따라서 그 효과는 래트에게만 특징적으로 나타나는 것으로 보인다. 결과적으로 국제 암연구소와 국립 환경보건과학 연구소는 사카린에 의해서 발생하는 방광 종양이 인체 암에는 적용되지 않는다는 결론을 내렸다.[19]

사람과 실험동물 모두에서 상당한 수준의 간암을 일으키는 것으로 밝혀진 유일한 화학물질은 적절하게 보관되지 못한 곡물이나 견과류에서 자라는 곰팡이가 배출하는 독소인 아플라톡신(aflatoxin)이다. 아플라톡신이 유발하는 간암은 다양한 종류의 곡물의 아플라톡신으로 오염될 가능성이 높은 일부 아시아와 아프리카 국가, 특히 중국에서 발견된다. 간암은 미국인에게 14번째로 많이 발생하는 종양일 뿐이다.[20] 미국에서 인체 간암의 주요 위험 요인은 B형과 C형 간염 바이러스와 만성적인 알코올 대량 섭취이다.[21] 그러나 간 종양은 설치류 생체분석에서 화학물질에 의해서 가장 많이 발생하는 암이다.[22] 이 차이는 생체분석에서 설치류에게 화학물질을 보통 경구로 투여하고 초고용량으로 투여해서 간에 만성 독성을 일으키기 때문이다. 전형적인 인체 노출 수준의 낮은 용량에서는 독성 효과가 나타나지 않기 때문에 피르호가 처음 제기했던 종류의 발암 메커니즘은 작동하지 않는다.

페노바르비탈은 수십 년간 간질에 널리 사용되어온 의약품으로, 래트에게는 양성 간 종양을 일으키고 마우스에게는 악성 간종양을 일으킨다. 페노바르비탈과 간 종양 사이의 관련성은 덴마크 암학회의 요르겐 올센의 연구에서 역학적으로 근거가 있는 것처럼 보였다. 페노바르비탈로 치료를 받는 간질 환자는 간암 발생이 증가하는 것으로 밝혀졌다. 그러나 미국 보건재단에서 우리는 그런 증가가 페노바르비탈이 아니라, 간질의 병변 위치를 파악하기 위해서 사용하는 방사성 뇌 조영제(造影劑)인 토로트래스트 때문에 발생한다는 사실을 확인했다. 조영제에는 간암을 일으키는 것으로 알려진 방사성 토륨이 들어 있었다. 토륨에 노출된 소수의 환자들을 연구에서 제외시키면 간 종양의 증가가 배경 비율 이상으로 나타나지 않았다.[23]

한동안 수술용 마취제, 유기 용매, 드라이클리닝 오염 제거제로 사용되었던 클로로폼도 설치류에게 간암을 일으키는 화학물질이다. 클로로폼은 병원체로부터 식수를 보호하기 위한 염소 소독에서 매우 낮은 농도로 만들어진다. 위관 영양 공급(강제 급식)으로 옥수수기름과 함께 투여되는 고농도의 클로로폼은 독성 메커니즘을 통해서 간 종양을 발생시킨다. 그러나 저용량의 클로로폼의 경우에는, 클로로폼이 유발하는 독성 과정이 세포에서 정상적으로 발견되는 항산화제인 글루타치온에 의해서 억제되기 때문에 어떠한 피해도 일으키지 않는다는 실험적 증거가 확실하다. 고용량 연구를 분석한 결과, 래트에게 매일 한 덩어리의 옥수수기름으로 클로로폼을 투여했기 때문에 종양이 인위적으로 발생한 것이었다. 클로로폼을 식수를 통해서 지속적으로 투여하면 종양이 발생하지 않는다.[24] 환경보호청은 "세포 독성이나 세포 재생을 일으키지 않는 노출 조건에서는 클로로폼이 어떠한 노출 경로에 의해서도 인체 발암성일 가능성이 없다"는 입장이다.[25] 따라서 감염성 물질을 차단하기 위해서 수돗물을 염소화하는 과정에서 발생하는 적은 양의 클로로폼은 식수에 허용될 수 있다.

• • •

클로피브레이트, 리모넨, 사카린, 페노바르비탈, 클로로폼에 대한 연구는 우리가 동물 생체분석의 신뢰도 문제에 대해서 노력해야 할 필요가 있다는 사실을 보여준다. 연구자들은 수십 년간 화학물질에 의해서 설치류에 유발되는 암 형성 메커니즘을 연구해왔지만, 국립 독성관리체계나 식품의 약국처럼 가장 많은 사례를 경험한 기관에조차 동물에서의 암이 사람에서와 같은 방법으로 생기는지를 확인하기 위한 체계적인 시스템은 존재하지 않는다. 다소 단편적이더라도 그런 시스템이 있다면, 사람에 대한 자료가 없거나 적절하지 않은 경우일지라도 설치류로부터 얻은 발암 메커니즘을 암이 인체에서 어떻게 발생할 수 있는지를 확인하는 데에 사용할 수 있을 것이다. 그러나 이는 까다로운 노력이다. 이러한 접근은 근본적으로 국제 암연구소의 실무위원회가 과거에 발암 메커니즘 자료를 근거로 일부 동물의 암이 사람에게는 적용되지 않는다는 것을 증명하려고 했던 시도의 거울상이다. 최근 국제 생명과학 연구소와 같은 기관은 동물 생체분석 자료가 사람에게 적절한지를 결정하는 지침을 준비하고 있다.[26]

결과가 입증되지 않았기 때문에 생체분석 방법론을 변경했던 경우는 거의 없었다. 칭찬할 만하게도 국립 독성관리체계는 2006년에 발암성 생체분석에서 흔하지 않은 단핵 백혈병과 라이디히 세포 고환 종양과 함께, 음낭의 고환 집낭이 관련된 또다른 종양이 자연발생률이 높고 가변적이라는 이유로 F344 래트의 사용을 중단했다. 국립 독성관리체계는 종양의 자연발생률의 가변성이 화학물질에 의한 발생 사례의 증가와 구분하기 어렵다고 결정했다. 종양의 이 증가 메커니즘은 또한 사람에게 적용할 수 있는 메커니즘과는 다른 것으로 보였다.[27] 한 가지 구체적인 래트 변종에 대한 국립 독성관리체계의 현명한 결정에도 불구하고, 우리는 여전히 래트를 이용해서 수행한 50년 이상의 생체분석 결과에 의존하고 있고, 암 분류에 래트 생체분석 결과를 사용하는 것과 관련된 지침은 거의 없는 형편이다. 이는 국제 암연구소의 분류에서 인체 발암물질보다 확인된 설치류 발암물질이 10배나 더 많은 이유 중의 하나이다.

어떤 동물 자료가 인체 발암성에 적절하다는 양성의 입증은 음성을 증명하는 것보다 훨씬 더 어려울 수 있지만, 위험이 매우 높기 때문에 시도해보아야만 한다. 지금 우리는 많은 양의 두 가지 정보를 가지고 있다. 하나는 인체 암의 형성에 대한 정보이고, 다른 하나는 화학물질이 설치류에게 어떻게 암을 일으키는지를 알려주는 정보이다. 이러한 정보들을 모으는 데에는 많은 비용과 노력이 투자되었지만, 어떤 정보가 다른 것보다 더 적절한지를 결정하기 위한 연구의 양은 상대적으로 매우 적었다.

제26장 호르몬 모방과 교란

의과대학 학생들은 산부인과에 근무하는 동안 최대 30명의 아이의 탄생에 참여하며 더 많은 아이의 탄생을 보조한다. 많은 학생들에게 이는 의과대학에서 경험하는 가장 좋은 순간이다. 새로운 생명이 세상에 탄생하도록 도와줄 때에 느끼는 흥분은 거의 종교적인 경험이다. 물론, 보통은 적어도 2번의 순산 경험이 있는 산모의 태아가 이미 좋은 위치의 산도(産道)에 있는 것으로 확인된 경우에만 의과대학 학생들이 참여한다. 그런 산모라면 보통 출산에 대해서 학생들보다 훨씬 더 잘 알고 있다.

의과대학 학생들은 생식계가 적절하게 작동하도록 정교한 조화를 이루게 하는 양성과 음성 조절의 복잡계에 대해서도 배운다. 그런 조절의 핵심에는 뇌의 바깥에 가까이 위치한 시상하부와 뇌하수체가 있다. 시상하부의 가장 중요한 기능 중의 하나는 뇌하수체를 통해서 신경계를 내분비계와 연결시키는 것이다. 시상하부는 작은 혈관을 통해서 뇌하수체로 직접 분비하는 호르몬 방출인자를 생산하여 이 기능을 수행한다. 호르몬 방출인자는 뇌하수체로부터 난포 자극 호르몬과 황체 형성 호르몬을 분비하도록 만들어서, 난소가 에스트로겐과 테스토스테론의 분비를 조절하도록 한다. 뇌하수체에서 생산되는 다른 호르몬도 출산 과정에서 자궁과 모유가 나오도록 유방을 자극하지만, 그런 호르몬이 분비되게 해주는 시상하부와 뇌하수체 사이에도 직접적인 신경 연결이 있다.

난소는 간에서 화학물질을 대사하는 것과 같은 종류의 효소인 다양한 사이토크롬 P450 효소가 관여하는 생화학적 반응을 통해서, 콜레스테롤에서부터 에스트로겐과 테스토스테론을 생산한다. 테스토스테론과 같은 안드로겐이 먼저 생산된 후에, P450 방향화 효소에 의해서 에스트로겐으로 변환된다. 월경주기 동안에는 난포 자극 호르몬에 자극을 받은 난소에서 생산된 점점 더 많은 양의 에스트로겐이 난포 자극 호르몬과 황체 형성 호르몬 모두에 의해서 양성 피드백을 일으킨다. 그런 "황체 형성 호르몬 급증"으로 난포에서 난자가 방출되고, 난포는 프로게스테론을 생산하는 황체로 변환된다. 난자가 정자와 수정되면, 황체세포는 뇌하수체 황체 형성 호르몬의 조절에 의해서 프로게스테론을 생산해서 임신이 계속되도록 해준다. 임신 기간 중에는 프로게스테론과 에스트로겐 모두의 농도가 급격하게 증가하고, 에스트로겐은 수유관(輸乳管) 시스템을 자극해서 성장과 분화를 시켜준다. 반면에 프로게스테론은 유방에서 형성되는 유선세포를 자극하여 모유가 나오도록 한다.

"호르몬 모방물질(hormone mimics)" 또는 "호르몬 교란물질(hormone disrupter)"이라고 부르는 화학물질은 에스트로겐처럼 작용하거나 에스트로겐의 효과를 길항시킴으로써 여성 생식계의 정상적인 생리학을 변화시킬 수 있다. 피임약이나 에스트로겐과 프로게스테론이 포함된 폐경기 호르몬 대체 요법과 같은 약품이 호르몬 모방물질이다. 그런 종류의 의약품은 모두 줄기세포의 증식을 자극해서 유방암이나 자궁내막암을 발생시키는 인체 발암물질이 될 수 있다. 반대로 타목시펜과 같은 항에스트로겐은 유방암의 발생을 치료하거나 예방할 수 있다.

여성 생식의 생물학적 이해는 20세기 초에 크게 발전했다. 1900년에 오스트리아의 빈에 있는 서로 다른 병원의 산부인과에 근무하던 요제프 할반과 에밀 크나우어는, 각각 토끼와 돼지의 난소 이식을 통해서 그런 장기가 생리 활성물질을 혈관으로 분비함으로써 자궁의 성장을 자극한다는 결론을 얻었다. 1905년에는 프랜시스 마셜과 윌리엄 졸리가, 난소세포가 설치류의 발정을 유발하는 물질을 분비한다는 가설을 제시했다.[1] 세인트루이스에서는 에드워드 A. 도이지가 1929년에 임신한 여성의 소변으로부터 난소 호르몬 "폴리큘린(folliculin)"을 분리했고, 이후에는 난소 호르몬인 에스트론과 에스트라다이올을 정제했다.[2]

미국 여성의 7명 중 1명은 유방암에 걸릴 위험이 있다. 유방암은 모든 여성에게 심각한 걱정거리일 뿐만 아니라 중요한 공중보건 문제이기도 하다. 마우스에게 에스트로겐을 투여하면 유방암이 발생한다는 사실을 밝혀낸 연구 덕분에, 호르몬 모방물질에 대한 관심이 모이기 시작했다. 파리의 앙투안-마르슬랭-베르나르 라카사뉴가 암컷 마우스의 소변으로부터 발정 호르몬을 정제해서 주사하는 방법으로 수컷 마우스에게 유방암을 유발시켰다. 1938년에 라카사뉴는 런던의 에드워드 찰스 도즈가 합성한 강력한 새 합성 에스트로겐인 다이에틸스틸베스트롤(DES)을 사용해서 마우스에게 악성 유방 종양을 발생시켰다.[3]

유산을 방지하고 임신 부작용을 줄이기 위해서, 미국의 의사들은 1938-1971년간 임산부에게 DES를 처방했다. DES로 치료를 받은 여성이 출산한 여아들에게 드문 종류의 질암이 발생하는 것으로 밝혀지면서 DES의 사용은 중단되었다. 1970년에 매사추세츠 종합병원의 아서 허브스트와 로버트 스컬리가 처음으로 15-22세의 젊은 여성들의 질에서 희귀한 투명세포 암종의 사례 7건을 확인했다. 7건은 그때까지 전 세계적으로 그 연령대에서 보고된 암 발생 사례의 총 숫자를 넘어서는 규모였다. 임상연구자들은 8명의 환자 중에 7명의 어머니가 유산 위험이나 과거의 유산 경험 때문에 임신 중에 DES 치료를 받았다는 사실을 확인했다. 결과적으로는 200건이 넘는 사례가 알려졌다.[4]

• • •

초기의 연구를 통해서 에스트로겐이 마우스에게 유방 종양을 유발할 수 있다는 사실이 밝혀졌다. 그러나 인체 유방암의 생성에서 에스트로겐의 구체적인 역할은 1979년까지도 여전히 확실하게 밝혀지지 않았다. 성인 여성에게 (DES를 포함한) 에스트로겐 투여가 자궁내막암 발생 증가와 인과적으로 관련되어 있다는 사실이 밝혀졌다. 자궁의 내인성 에스트로겐 노출 기간을 확대시켜주는 비만과 같은 요인이 자궁내막암과 아마도 유방암의 발생 위험을 증가시킨다는 사실도 알려져 있다.[5]

외과적 또는 자연적 이유로 조기 폐경에 이른 여성에게 임상적으로 에스트로겐을 사용하기 시작한 것은 1930년대부터였다. 임신한 암말의 소변에서 채취한 에스트로겐의 임상 실험은 1941년에 시작되었다. 미국에서는 1943년부터 이 방법으로 생산된 약물을 폐경 후의 경구 에스트로겐 요법에 사용하기 시작했고, 1956년에는 영국에도 소개되었다. 폐경 후 에스트로겐 요법은 1960년대에 미국에서 널리 사용되었다. 미국에서는 45-64세의 여성 중에 약 13퍼센트가 폐경 후 에스트로겐 치료를 받았다.[6]

1976년에 역학자 R. 후버, L. A. 그레이 시니어, 필립 콜, 브라이언 맥마흔이 폐경 후 증상에 에스트로겐을 투여한 여성에 대한 전향적 연구 결과를 발표했다. 여성을 대상으로 12년간 유방암 발생 여부를 추적한 연구자들은 유방암 위험의 증가가 경계선상 통계적 유의성이 확인될 정도로 증가한다는 사실을 보고했다. 그 이후의 많은 연구에서 유방암 위험 증가가 폐경 후 에스트로겐 보충 요법과 관련이 있다는 사실이 확인되었고, 에스트로겐-프로게스테론 경구 피임약의 사용에 대한 자료에서도 비교적 일관되게, 45세 이전의 여성들은 물론이고 특히 35세 이전의 여성들에게 발생하는 유방암 위험을 증가시키는 것으로 밝혀졌다.[7] 1999년에 국제 암연구소는 에스트로겐과 에스트로겐-프로게스테론 결합 폐경 후 의약품과 경구 피임약이 유방암을 일으킨다는 결론을 발표했다. 더욱이 자궁내막암 역시 폐경 후 에스트로겐 보충 요법에 의해서 발생한다는 사실이 밝혀졌다.[8]

• • •

제2차 세계대전 시기에 시카고 대학교에서 화학무기를 연구하던 화학자 엘우드 젠슨은 격렬한 반응에 노출되어 2번 입원한 후에 스테로이드 호르몬을 연구하기 시작했다. 전쟁이 끝난 후에 젠슨은, 거세가 전립선암의 진행을 늦춘다는 사실을 발견하여 1966년에 노벨상을 받은 찰스 허긴스와 함께 연구를 진행했다. 젠슨은 래트의 생식조직이 방사성 에스트로겐을 선택적으로 흡수한다는 사실을 발견했다. 젠슨은 1962년에 에스트로겐이 수용체에 결합되고, 그런 결합은 에스트로겐의 효과를 억제하는 화학물질에 의해서 억제될 수 있다는 사실을 밝혀냈다.[9] 그렇게 발견된 최초의 수용체를 알파 에스트로겐 수용체라고 부르게 되었고, 곧이어 베타 수용체를 비롯한 다른 수용체들의 존재도 밝혀졌다. 알파 에스트로겐 수용체는 유방, 자궁, 시상하부, 난소 등에 위치하고, 베타 수용체는 신장, 전립선, 심장, 폐, 장, 뼈에서 발견된다.

터프츠 대학교 의과대학의 애나 소토와 칼로스 소넌샤인은 1980년대에, 배양한 인체 유방암 세포에서 일어나는 세포 분열을 연구했다. 그들은 연속적으로 분열하던 세포의 배양액에 인체의 혈액을 넣으면 분열이 중단된다는 사실을 발견했다. 여성에게 발견되는 에스트로겐의 주요 성분인 에스트라다이올을 넣으면 그런 억제가 반전되어서 세포가 다시 분열을 계속한다.[10] 그런데 갑자기 무엇인가가 잘못되어서 그 세포가 더는 인체 혈청의 억제 인자에 반응하지 않는 일이 발생했다. 몇 개월 동안 가능한 원인을 찾던 그들은 배양액을 처리하는 과정에서 사용한 플라스틱 시험관의 성분이 문제였다는 사실을 알아냈다.[11] 1991년에 소토와 그녀의 연구진은 말썽을 부린 화학물질이 원심분리용 폴리스타이렌 시험관에서 녹아나온 노닐페놀이라는 사실을 확인했다. 그들은 배양한 인체 유방암 세포의 에스트로겐 수용체가 노닐페놀과 상호작용을 하는 것으로 밝혀졌다고 보고했다. 노닐페놀은 항산화 특성 때문에 플라스틱에 첨가된 물질이었다. 상업적으로 판매되는 원심분리용 플라스틱 시험관에 존재하는 노닐페놀의 에스트로겐 효과는 래트의 자궁내막에서 나타나는 에스트로겐에 의한 변화를 통해서도 확인되었다.[12]

소토는 같은 해에 세계자연기금의 테오 콜번이 위스콘신 주 러신에서 개최한 첫 윙스프레드 학술대회에 참석했던 학계와 정부의 과학자 20명 중의 한 사람이었다. 그들은 이 모임의 합의서를 발표했고, 광범위한 생물학적 효과를 포괄하는 "호르몬 교란물질"이라는 용어를 만들었다. 합의서에 따르면, 호르몬 교란물질에는 몇 가지 농약을 비롯한 화학물질, PCB, 다이옥신, 카드뮴, 납, 수은, 대두 제품, 실험동물과 반려동물의 사료 제품이 포함된다. 그 회의가 개최될 무렵에, 소토와 그의 동료들은 자신들의 검사 절차를 더욱 표준화시켜서 E-SCREEN이라고 불렀다. 검사했던 산업용 화학물질 중에서 노닐페놀이 가장 효과가 컸지만, 여전히 에스트라다이올보다는 10만 분의 1에 지나지 않았다. 농약 중에서 DDT와 케폰은 에스트라다이올의 100만 분의 1로 더욱 효과가 약했고, PCB나 클로르데인과 같은 물질은 효과가 더욱 약했다. 검사한 화학물질 중에서 에스트라다이올의 효력에 버금가는 것은 일부 곡물을 오염시키는 곰팡이에서 유래되는 천연물인 아플라톡신으로, 에스트라디올의 100분의 1 정도의 효력이 있다.[13] 1995년까지 소토와 그녀의 동료들은 E-SCREEN에서 양성 반응을 나타내는 농약인 디엘드린, 엔도설판, 톡사펜과 플라스틱 성분인 프탈레이트와 비스페놀 A를 자신들의 목록에 포함시켰다.[14]

다음 해에 테오 콜번은 『도둑맞은 미래(Our Stolen Future)』라는 책을 통해서 환경에 존재하는 "에스트로겐"과 다른 호르몬 효과를 가진 소량의 화학물질이 야생동물과 인간에게 광범위한 부작용을 나타낸다고 주장하며 사람들에게 경종을 울렸다. 농약의 무차별적인 사용이 야생동물을 중독시킨다는 주장을 설득력 있게 내놓았던 레이첼 카슨과는 반대로, 콜번의 주장은 대부분 이론적이었고 소토의 E-SCREEN 검사에 근거를 둔 것이었다. 농약과 PCB가 유방암과 같은 암을 일으킨다는 콜번의 주장은 사회적으로 큰 논란을 야기했다.[15] 그러나 다른 과학자들은 설득되지 않았다. 학계와 국립 과학원 산하 국립 연구위원회의 쟁쟁한 과학자들이 당시 문헌에 대한 포괄적인 총설을 발표했고, 환경에 존재하는 산업용 물질의 농도에서 발생하는 호르몬 교란에 대한 과학적 증거는 거의 없다고 밝혔다.[16] 스웨덴 화학물질 조사단의 로베르트 닐손도 여성의 몸에 자연적으로 존재하는 강력한 에스트로겐이 다양하게 존재하는 상황에서 약한 에스트로겐이 부작용을 일으킬 수 있다는 주장에 이의를 제기했다.[17]

소토의 보고서가 PCB와 유방암의 연관성을 지적하자, 연구자들은 가능한 관련성을 평가하도록 상당한 압력을 받았다. 1984년과 1992년에 발표된 2건의 역학 연구는 체지방에 들어 있는 PCB와 유방암의 관련에 대한 상반된 결과를 보고했다. 당시의 동물 연구 역시 혼란스러웠다. PCB는 간 종양을 증가시키는 것으로 밝혀졌지만, 암컷 래트에서 유방 종양의 발생은 늘어나기는커녕 오히려 줄어들 가능성도 있었다. 150명의 유방암 환자와 150명의 여성 대조군에 대한 최초의 대규모 연구에서는 진단 당시에 채취한 혈중 PCB와 DDT의 농도를 검토했다. 1994년에 보고된 카이저 재단의 낸시 크리거와 뉴욕 마운트 시나이 병원의 메리 울프의 연구에서는 두 물질과의 연관성을 발견하지 못했다. 240명의 여성을 대상으로 한 하버드 대학교의 그다음 연구는 1997년에 발표되었고, PCB와 함께 DDT의 주요 대사물질인 DDE의 높은 농도가 오히려 보호 효과를 나타낸다는 사실을 밝혀냈다.

그러나 예방을 강조하는 정치적 입장이 그런 결과를 무시해버렸다. 뉴욕 주 롱아일랜드의 유방암 발생률이 다른 지역보다 훨씬 더 높다고 알려졌던 1990년대에는 오히려 PCB에 대해서 더 많은 연구를 요구하는 목소리가 터져나오기 시작했다. 결국 롱아일랜드 여성의 유방암을 구체적으로 연구하는 과제를 포함해서 많은 연구비가 투입된 약 20건의 대규모 연구가 수행되었다. 그런 연구에서도 PCB가 유방암을 일으킨다는 증거는 발견되지 않았다. 2002년 미국 암협회의 과학자들이 밝힌 결론에 따르면, "관련성을 입증하는 증거는 없다. 그런 결론은 특히 DDT, DDE, 그리고 모든 PCB를 결합한 경우에도 적용된다."[18]

더욱이 1998년에 보고된 동물 연구에서는 PCB가 유방 종양의 발생을 막아준다는 사실이 밝혀졌다. 대규모 생체분석에서는 PCB를 투여한 동물이 간암에 걸리기는 하지만 더 오래 산다는 역설적인 사실이 확인되기도 했다. 어떻게 그런 일이 가능할까? 생체분석에 사용한 암컷 래트는 치명적인 유방 종양의 자연발생률이 매우 높았고, PCB를 투여한 동물은 대조군의 동물보다 유방암 발생률이 훨씬 낮았기 때문에 더 오래 살았다. 약리학적 원리를 근거로 하는 가장 가능성이 높은 설명은, PCB가 애나 소토의 E-SCREEN에서는 에스트로겐성 효과를 나타내는 것으로 밝혀졌지만, 사실 그 효과는 래트의 몸에서 순환하는 에스트로겐보다 훨씬 약했다는 것이다. PCB는 똑같은 에스트로겐 수용체에 결합하고 더 약한 효과를 나타내기 때문에, 실질적으로 고위험군의 여성에게 유방암 예방을 위해서 사용하는 항에스트로겐처럼 작용했다.

아트라진도 설치류에 유방암을 일으키는 화학물질이다. 아트라진은 옥수수, 수수, 사탕수수 밭의 잡초 제거에 사용되는 제초제이다. 결과적으로 아트라진은 강, 호수, 지하수의 수질 오염을 일으키는 것으로 알려졌다. 아트라진이 래트에게 유방암을 일으킨다고 알려지면서 환경보호청이 그 사용을 금지하거나 심각하게 제한해야 할 가능성이 있는지를 검토하기 시작했다. 포유류에서와 마찬가지로 래트에서의 유방암은 에스트로겐과 연관되어 있다. 에스트로겐의 농도 증가가 유방조직의 증식을 일으킨다. 아트라진 연구에 사용된 스프라그-돌리 변종의 래트는 PCB 생체분석에 사용된 것과 같은 종이었는데, 특히 유방 종양의 자연발생률이 높았다. PCB와 달리 아트라진 노출은 이미 높았던 유방 종양 발생률을 더욱 증가시켰다.

그런 변종 래트의 유방암 발생률이 매우 높은 이유는, 이 래트가 여성의 폐경기와 비슷한 생식 노화기에 들어서면 난소에서 에스트로겐 생성이 증가하기 때문이었다. 반대로 사람을 포함한 대부분의 포유류에서는 폐경 후에 에스트로겐 생산이 크게 줄어든다. 아트라진은 자궁내막에 영향을 미쳐서, 더 일찍 폐경이 시작되도록 만들면서 난소 에스트로겐 생산을 증가시키도록 뇌하수체 샘에 신호를 보낸다. 결과적으로 아트라진은 이 변종 래트가 오랫동안 훨씬 더 고농도의 에스트로겐을 받아들이도록 만들어서 유방 종양을 발생시킨다. 그런 효과는 다른 변종의 래트에게는 나타나지 않아서 아트라진에 노출되어도 종양 증가가 나타나지 않았다. 그러나 특정한 래트 변종과 달리 여성은 폐경 후에 에스트로겐 농도가 낮아지기 때문에 아트라진이 유방암을 발생시키지 않는다는 결론이 합리적이다.[19]

오늘날까지도 우리는 여전히 설치류에 유방 종양을 일으키는 경우가 많은 산업용 화학물질이 실제로 사람에게도 유방암을 일으키는지를 정확하게 알지 못한다. 국립 독성관리체계는 동물에 유방 종양의 발생을 증가시키는 48종의 화학물질을 발견했지만, 그중 어느 것도 여성에게 유방암을 일으킨다고 밝혀내지는 못했다. 여성의 유방암 위험 증가와 관련된 것으로 알려진 유일한 화학물질은 여전히 피임이나 대체 요법에 사용되는 호르몬 제제뿐이다.

오스트레일리아에서는 1940년대와 1950년대에 매우 다른 종류의 에스트로겐이 다른 문제와 연관된 것으로 알려졌다. 성적으로 성숙한 양(羊)이 불임이 되면서 유방 확대 증상에 시달렸고, 그들의 새끼도 여러 종류의 발달 이상을 나타냈다. 질, 자궁, 자궁경부의 발달 이상과 함께 배란 주기 이상과 조기 생식 노화도 발견되었다. 양이 먹는 클로버에 곰팡이의 공격을 막아주는 천연 에스트로겐 화학물질인 몇 가지 식물성 에스트로겐 물질이 들어 있었던 것이 문제였다.[20]

사람 역시 음식을 통해서 에스트로겐에 노출된다. 대략 300여 종의 식물이 에스트로겐을 생산한다. 에스트로겐의 양은 식물의 생장 조건에 따라서 달라진다. 식물성 에스트로겐은 다양한 형태로 나타난다. 식물성 물질에는 에스트로겐의 구조를 흉내 낸 쿠메스탄도 존재한다. 대두(大豆)에도 역시 병아리콩이나 땅콩에 들어 있는 주요 식이 식물성 에스트로겐인 제니스타인과 같은 이소플라본이 포함되어 있다. 가장 강력한 식물성 에스트로겐 중의 일부는 PCB와 비슷한 방법으로 사람의 내인성 에스트로겐 반응을 억제한다. 따라서 그런 물질도 유방암 위험을 증가시키는 것으로 보이지는 않는다.[21]

• • •

콜번의 책에서는 농약과 PCB가 남성의 생식 기능에도 결정적인 피해를 입히는 것으로 소개되었다. 그녀는 "호르몬 교란이 이미 심각한 피해를 주었다는 가장 극적이고 난처한 징조는 인류의 역사에서 눈 깜짝할 시간인 지난 반세기 동안 남성의 정자 수가 크게 줄어들었다는 것"이라고 주장했다. 그러나 국립 과학원 산하 국립 연구위원회의 환경 내 호르몬 활성제위원회가 검토한 자료에 따르면, 정자의 수가 실제로 줄어들었는지는 분명하지 않았다. 아마도 콜번의 연구가 의존했던 다양한 연구의 자료들에 결함이 있었던 것으로 보인다.[22] 그런 결론을 얻은 총설도 있지만,[23] 그렇지 않은 경우도 있다.[24]

의심스러운 자료와 달리, 오르후스 대학교 병원 덴마크 라마치니 센터의 연구자들은 1988-1989년간 덴마크 임신 집단을 모집해서 그들이 출산한 아들을 연구했다. 임신 기간의 모체 혈청 중 PCB와 DDE 농도도 조사했다. 그리고 20년 후에 그들이 출산한 아들을 대상으로 정자의 농도, 총정자 수, 운동성, 형태, 그리고 생식 호르몬 농도를 측정했다. 그런 연구에서는 모체의 PCB와 DDE의 농도와 아들의 변형된 정자나 생식 호르몬 측정값 사이에서 어떠한 상관성도 발견되지 않았다.[25]

가설에 따르면, 남아의 태아기에 에스트로겐성의 농약이나 PCB의 모체 노출이 원인일 수 있다. 그러나 그렇게 약한 에스트로겐성 화학물질의 낮은 농도가 남아 태아의 성 발달에 영향을 미칠 수 있는지는 의심해볼 필요가 있다. 그중 첫 번째 이유는 약한 에스트로겐성 화학물질에 의한 유방암 위험의 경우와 마찬가지로, 모체의 혈액과 태아에서 경쟁하는 많은 양의 에스트로겐이 PCB의 에스트로겐 효과를 압도한다는 점이다.

두 번째 이유는 여성에게 투여한 강력한 에스트로겐인 DES마저도 아들의 정자 수에 미치는 영향이 비교적 작다는 점이다. 영향이 없다는 연구도 있고 증가한다는 연구도 있고 감소한다는 연구도 있다. 사람에서의 이러한 발견들과는 정반대로, DES의 태아 노출에 대한 마우스 연구에서는 정자 생산 감소와 정자 이상이 확인되었다.[26] 그러나 그런 차이는 임신한 사람의 에스트로겐의 내인성 농도가 마우스보다 대략 100배 정도 더 높다는 점으로 설명할 수 있다.[27] 플로리다 대학교 생리과학과의 크리스토퍼 보거트는 태아 상태의 수컷 래트에서 DES 효과의 한계가 인간보다 낮다는 사실을 증명해서, 설치류가 덜 민감하다는 주장을 반박했다. 오히려 래트는 DES의 항안드로겐 효과에 훨씬 더 민감하다.[28] 역시 그런 결과도 설치류와 인간에 대한 연구에 관련성이 없다는 증거이다.

환경에 존재하는 에스트로겐 효과를 모방하거나 억제하는 화학물질이 가장 큰 주목을 끌었다. 그러나 갑상선, 부신, 뇌하수체 샘과 같은 다른 선체(線體) 기능에 영향을 미치는 다른 화학물질도 있다. 몸에 있는 다양한 선(線)과 마찬가지로, 갑상선은 뇌하수체 샘에서 생성되는 갑상선 자극 호르몬(TSH)을 통한 자극에 의해서 작동한다. 임상 의학에서 갑상선 호르몬 결핍은 뇌하수체에서 갑상선 호르몬의 음성 피드백 메커니즘의 이완을 통한 TSH의 상승으로 가장 쉽게 감지된다. 갑상선 호르몬 과잉은 갑상선이 TSH를 더 적게 생산하도록 신호를 보내고, 갑상선 호르몬 결핍은 뇌하수체가 더 많은 TSH를 생성하도록 자극한다.[29] 특별히 설계된 약품을 포함한 일부 화학물질은 갑상선 호르몬 생산의 감소를 일으킬 수 있다. 그런 경우에 TSH의 증가는 기존의 세포 분열을 통해서 더 많은 갑상선세포가 생성되도록 만든다. 만약 정교한 피드백 메커니즘에 오류가 발생하고 너무 많은 TSH가 만들어지면, 지나친 세포 분열 때문에 설치류에서 종양 형성의 가능성을 증가시킨다. 한편 사람은 그런 갑상선 종양 형성의 특정한 메커니즘에 저항성이 있는 것으로 보인다. 매우 큰 갑상선(갑상선 종양)을 가지고 있는 사람들도 그런 방법으로는 종양이 발생하지 않는다.

설파제는 수십 년간 방광염 치료의 최적 표준이었고, 설파메타진과 설파메톡사졸이 가장 널리 사용된 의약품이었다. 설치류를 이용한 생체분석에서는 이런 의약품이 갑상선 호르몬 생산을 저해하고 뇌하수체에 의힌 TSH 의 생산을 자극하고 갑상선의 세포 증식을 증가시키며 갑상선과 종양의 성장을 일으켜서 갑상선 종양을 만드는 것으로 확인되었다. 그러나 사람은 그런 갑상선 호르몬 불균형에 의한 종양 발생학적 효과에 훨씬 덜 취약할 뿐만 아니라, 설치류보다 설파제에 의한 갑상선 호르몬 생산의 억제에 훨씬 덜 민감하다. 갑상선 호르몬은 갑상선 과산화 효소(thyroperoxidase)가 아미노산인 타이로신에 아이오다인 원자를 결합시킬 때에 생산된다. 설파제는 사람과 설치류에서 그런 효소의 형성을 억제하지만, 인간 효소의 억제에는 설치류에서보다 1,000배나 높은 농도가 필요하다. 결국 인간은 다른 형태의 과산화 효소를 가지고 있고 그 결과로 생기는 갑상선 성장에 덜 민감하기 때문에, 갑상선암에 걸리지 않고도 방광염을 치료할 수 있다.[30]

호르몬처럼 작용하거나 호르몬을 억제하는 것으로 밝혀진 다른 화학물질은 많다. 동물과 인체 연구에서는 여기에서 논의한 여러 가지 물질들을 확인했고, 앞으로도 그런 물질들은 계속 밝혀질 것이다. 그러나 다시 한 번 말하지만, 그런 화학물질에 대한 진실은 처음에 생각했던 것만큼 분명하지 않다. 호르몬 모방물질에 대해서 설치류와 인간 사이의 서로 다른 결과는 한 종에서 발견한 화학적 효과를 다른 종에게 적용할 때에는 주의를 기울여야 한다는 또다른 증거가 된다. 호르몬 모방물질의 경우에, 인체 유방암 세포 E-SCREEN 검사의 결과와 인간에 에스트로겐 효과 결여의 비교가 일반적인 체외(in vivo, 시험관 실험) 검사에 대한 우려를 낳는다. 다음 장에서는 화학물질의 인체 질병 잠재성에 대한 더 나은 검사 방법으로 표준적인 설치류 생체분석을 극복할 수 있을지 그 가능성을 살펴볼 것이다. 비교적 빠르고, 대량으로 할 수 있는 체외 검사도 포함된다.

제27장 더 나은 검사 방법

과학에서 사용하는 기본적인 방법론에 대한 철학서에서 미시간 대학교의 어빙 코피는 "오래된 이론은 폐기되기보다는 수정된다"라고 했고, "궁극적으로 경쟁하는 가설들 중에서 어느 것을 선택하기 위한 우리의 최종 판단 근거는 경험이다"라고 했다. 인체 암을 비롯한 질병의 예측에 사용되는 설치류 생체분석의 결과와 체외 실험의 경우도 마찬가지이다. 앞에서 살펴보았듯이, 우리는 인체 질병에 대한 설치류 모형의 유효성에 대해서 아직도 모르는 것이 많다. 따라서 영장류처럼 인간과 훨씬 더 가까운 동물들을 활용하는 것이 인간과의 유전적 차이에 의한 문제를 상당한 수준으로 해결해준다고 볼 수도 있다. 실제로 원숭이는 이미 설치류에게 종양을 일으키는 것으로 밝혀진 여러 화학물질들의 연구에 생산적으로 사용되어왔다. 예를 들면 사카린은 24년간 원숭이에게 투여되었지만 부작용이 없었고, 이 정보는 사카린 때문에 래트에서 발생한 방광 종양이 사람에게는 나타나지 않을 것이라는 추가적인 증거로 인정되었다.[1] 그러나 영장류를 연구에 유용하게 만들어주는 인간과의 가까운 관계가 오히려 영장류의 광범위한 사용을 억제하는 요인으로 작용하기도 한다. 영장류를 장기간인도적인 환경에서 사육하는 데에 따르는 어려움과 비용은 물론이고, 그들을 실험 대상으로 사용하는 것에 대한 윤리적 고려가 영장류를 일상적으로 동물실험에 사용하려는 시도를 배척하는 요인이 된다. 한 번의 생체분석에 1,000마리의 원숭이를 실험하는 경우를 상상해보라!

기본적인 설치류 생체분석의 다른 대안은 노출의 종류와 예상되는 반응에 가장 잘 맞는 동물 종을 선택하는 것, 즉 더 정밀한 실험 방법을 사용하는 것이다. 생체분석의 시험 프로그램이 래트와 마우스로 정착되기 전에는 개, 돼지, 햄스터, 기니피그 등 다양한 동물 종이 사용되었다. 일부 실험에서는 어류도 사용된다. 그러나 어류는 대부분의 산업용 물질의 산업적 노출 경로인 흡입 연구에는 사용할 수 없다. 기니피그와 햄스터는 일부 화학물질에 대해서는 인간과 비슷한 반응을 보이지만, 그렇지 않은 화학물질도 있다. 실험동물로 어느 정도의 성공을 거둔 경우가 있기는 하지만, 어느 것도 비용적인 측면이나 정부 기관이 대부분의 실험에서 래트와 마우스를 선택하게 된 역사적 선례의 측면에서는 장점이 충분하지 않다.

마우스의 유전자를 인체 암에서 나타나는 유전자와 비슷한 결함을 가지도록 생명공학적으로 변형시켜서, 설치류 생체분석의 속도와 적정성을 개선시키려는 노력도 있었다. 그런 유전적 변형은 동물의 발암 취약성을 강화시켜서 2년의 실험 기간을 6-12개월로 줄이기 위한 것이다. 유전적으로 변형된 동물을 잠재적 발암물질에 노출시키면, 인체에 더 적절한 종양을 더 빠르고 더 적은 비용으로 유발할 수 있다는 것이 핵심 개념이다. 배아세포에 변형된 유전물질을 주입해서 숙주의 유전체에 통합되도록 만드는 기술을 형질 전환(transgenic)이라고 부른다. 형질 전환 마우스는 여러 가지 인체 질병, 특히 유전적 돌연변이에 의해서 발생하는 질병의 연구에 사용되어왔다. 발암성 생체분석의 경우, 마우스의 유전적 변화는 유전자 독성 발암물질에 의해서 화학적으로 개시되는 변화와 같다. 그런 방법은 1930년대에 베런블럼과 슈비크가 개발했던 개시-촉진 방법(initiation-promotion method)과 유사하다. 즉, 유전자 독성 화학물질로 발암 과정을 개시한 후에 동물을 시험하고자 하는 화학물질에 노출시키는 방법이다. 그러나 형질 전환을 이용하면 연구자가 원하는 특정한 돌연변이를 조절할 수 있다.

Tg.AC, rasH2, $p53^{+/-}$, $XPA^{-/-}p53^{+/-}$ 등 네 종류의 형질 전환 마우스가 큰 주목을 받았고, 그중 2종은 모든 인체 암의 약 50퍼센트에서 돌연변이를 일으키는 $p53$ 종양 억제 유전자에 결함을 가지고 있었다. 형질 전환 동물은 종양 발생에 걸리는 시간과 표준 화학물질 유발 생체분석의 비용을 줄여주기 때문에 연구자들에게는 매우 유용한 수단이었다. 불행하게도, 인체 발암성 예측에 관한 한 형질 전환 마우스에서 얻은 결과가 표준 실험과 비슷한 정도로 의미가 있는지는 여전히 불확실하다. 형질 전환 마우스의 한 가지 분명한 문제는, 마우스에 적용된 유전자 변형이 화학물질에 의해서 일어나는 발암 과정에 대한 사람의 취약성과 반드시 닮을 것이라고 보장할 수 없다는 것이다. 예를 들면 여러 인체 종양이 $p53$ 돌연변이를 가지고 있더라도, 돌연변이 생성이 반드시 발암 과정의 시작이라고할 수는 없다.

2013년의 평가에 따르면, 인체 발암물질이거나 인체 발암성이 의심되는 물질로 확인된 시험물질 중에서 rasH2, Tg.AC, $Trp53^{+/-}$ 모형으로 발암성이 확인된 경우는 각각 86퍼센트, 67퍼센트, 43퍼센트에 불과했다. 전반적인 결론은 그런 검사가 인체 발암물질을 찾아내는 데에는 중간 정도로 효과적이지만 잠재적 인체 발암성이 없는 화학물질을 정확하게 확인하는 데에도 매우 효과적이라는 것이다.[2] 형질 전환 모형 사용의 한 가지 문제는 용량-반응 평가이다. 즉, 형질 전환 모형이 통상적인 설치류 발암성 생체분석보다 훨씬 더 민감하거나 덜 민감한 경우가 있다. 그러나 형질 전환 모형은 인체 연구에서는 나타날 수 없는 양성 생체분석 결과가

많이 나와서 인체 발암성 예측에 불확실한 정보의 양이 크게 늘어난다는 심각한 문제가 있다.[3]

· · ·

발암성 화학물질을 확인하기 위한 대안을 개발하기 위해서 다른 중대한 노력이 진행되어왔다. 가상적인 시각에서 보면 유전자 독성 메커니즘에 의해서 실험동물에 발생하는 종양은 생물의 기본적인 공통 메커니즘 때문에 인체와 잠재적으로 관련이 있다고 간주된다. 즉 생물 모두가 DNA 그리고 대부분 유사한 염색체를 가지고 있고, 이 DNA와 염색체들은 공격에 취약하다는 메커니즘이다. 그러나 동물 종의 유전체에서는 미묘한 차이가 누적되어서 세포의 기능에 상당한 차이가 나타난다. 대부분의 인체 발암 물질은 유전자 독성 메커니즘과 관련이 있으므로 유전자 독성에 대한 신뢰할 수 있는 실험 방법을 더욱 발전시킨다면, 시간을 많이 낭비하고 비용도 많이 드는 생체분석보다 인체 발암성을 더 잘 예측할 수 있게 될 것이라고 주장할 수는 있다.

발암 메커니즘에 대한 논의에서 살펴보았듯이, 캘리포니아 대학교 버클리의 유명한 생화학적 유전학자인 브루스 에임스는 돌연변이에 대한 박테리아 검사법을 발명했다. 처음에 그 검사는 특정 돌연변이가 암을 발생시키는 메커니즘을 이해하기 위해서 사용되었다. 그러나 박테리아 군체가 빠르게 성장하기 때문에 에임스 검사는 잠재적 인체 발암물질을 가려내는 최초의 "대용량" 검사 방법으로 활용되기 시작했다. 1978년 이전에 에임스 검사를 이용해서 수행된 연구에서는 대부분 유전자 독성 발암물질이 관여되었기 때문에 발암성 생체분석과의 관련성이 매우 높았다. 에임스와 그의 동료 과학자들은 1975년까지 자신들의 검사법을 이용해서 300여 종의 화학물질에 대한 연구를 평가했다. 그들에 따르면, 자신들의 설치류 발암물질 예측 검사에서는 정확도가 90퍼센트에 이르러서 174종의 발암물질 중에서 156종이 확인되었다.[4] 더욱이 영국의 임페리얼 화학회사의 과학자들이 수행한 분석에 따르면, 에임스 검사는 발암물질의 94퍼센트를 정확하게 예측했다. 검사했던 화학물질은 담배 연기에서 발견되는 PAH, 염료에 들어 있는 방향성 아민, 화학요법에서 사용하는 알킬화제처럼 인체 발암물질로 의심되는 경우가 매우 많았다.[5]

그러나 지난 40년간 동물 발암물질에 대한 에임스 검사의 가치는 점점 더 제한적으로 변했다. 최근에 검사된 화학물질들은 대부분 유전자 독성이 아니었기 때문에 대부분의 동물 발암물질이 파악되지 못했다. 국립 환경보건과학 연구소의 얼 자이거는 1975-1998년의 유전자 독성 실험의 상황을 정리했다. 자이거에 따르면, 검사한 화학물질의 수가 늘어나면서 나중의 자료들의 상관성이 점점 더 나빠졌다. 그 이유는 대체로, 유전체의 직접적인 변형보다는 고용량의 독성과 기타 영향에 의해서 종양을 일으키는 설치류 발암물질을 실험한 결과가 점점 더 분명하지 않게 드러났기 때문이다. 대부분의 인체 발암물질의 경우와 마찬가지였다.[6] 예상할 수 있듯이, 에임스 검사는 그런 물질의 대부분에 대해서 음성이었고, 문제의 발암물질 전체의 약 20퍼센트를 차지하는 유전자 독성이 아닌 경우에는 동물 생체분석의 결과에 대한 적절한 예측 수단으로 활용할 수 없게 되었다.[7] 그러나 납득할 수 없는 논리적 왜곡에 의해서, 인체 발암물질이 아니라 동물 발암물질을 예측할 수 있는지가 보통 유전자 독성 실험을 평가하는 근거로 알려지게 되었다. 불행한 일이다. 비교적 쉽게 수행할 수 있는 돌연변이 검사가 인체 발암성 위험의 예측에 더 유효한 것으로 보이기 때문이다.

예측을 개선하기 위한 시도로 수백 가지의 다른 유전자 독성 검사법이 개발되었고, 몇 가지는 오늘날에도 사용된다. 효모, 곰팡이, 초파리, 식물 세포, 살모넬라 이외의 여러 박테리아, 그리고 마우스, 래트, 중국 햄스터, 사람에서 채취한 광범위한 종류의 포유류 세포가 사용되었다. 그 덕분에 우리는 돌연변이, 염색체 구조의 변화, 염색체 부위의 전이, DNA 복구의 증가를 비롯한 발암 생물학의 다양한 측면을 연구할 수 있게 되었다. 그러나 검사의 결과를 어떻게 인체 발암 위험에 적용할 것인지에는 합의하지 못하고 있다. 더욱이, 이 검사를 다른 두 가지 검사 방법과 함께 사용하면 예측성을 어느 정도 개선할 수 있음에도 불구하고, 이러한 검사와 설치류 생체분석에서의 발암성 사이의 상관성은 일반적으로 에임스 검사보다 더 개선되지는 않았다.[8]

미국 보건재단에서 나의 상관이었던 게리 윌리엄스는 "윌리엄스 검사"를 개발한 유전자 독성 실험 분야의 선도자였다. 윌리엄스 검사는 세포에 의한 피해 복구를 감지해서 DNA 부가물 형성을 살펴보는 방법이었다. 사용된 세포의 유형은 자신들의 사이토크롬 P450 효소를 통해서 활성화 대사체를 형성할 수 있는 간세포였기 때문에 다른 대사 활성화를 추가할 필요가 없었다. 게리와 존 와이스버거는 "발암 위험을 감지하고 평가하는 물질에 대한 체계적인 결정지점 접근법"을 제안했다. 그들은 화학물질의 초기 평가에 에임스 검사와 윌리엄스 검사를 포함한 일련의 단기 체외 검사 5종을 포함시킬 것을 제안했다. 한 가지 이상의 검사에서 명백한 유전자 독성 증가를 얻은 화학물질이 인체 발암물질로 의심된다.[9]

나머지 발암물질은 비(非)유전자 독성 수용체 중개 유전자 발현, 면역 억제, 또는 세포 증식으로 이어지는 독성 자극을 통해서 작용한다. 유전자 발현에 대한 생화학적 변형 또는 화학적 효과가 포함된 비유전자 독성 발암 메커니즘은 흔히 종 선택적인 것으로 밝혀졌기 때문에, 그런 메커니즘이 포함된 동물 연구는 사람에게 적용되지 않는다. 전형적인 사람의 용량 수준에서는 일어날 수 없는, 만성적인 독성과 자극을 일으키는 초고용량의 화학물질에 노출된 동물에 종양이 발생해서 사람에게는 적용할 수 없는 연구도 있다. 그런 경우는 설치류 생체분석에서 대부분의 양성 결과가 나타나게 만드는 종류의 메커니즘이고, 「국제 암연구소 발암물질 평가 보고서」 프로그램의 소장이었던 로렌조 토마티스가 사람에게 발암물질일 가능성이 있다는 뜻에서 "주차장"이라고 불렀던 것이기도 하다. 미래의 발암성 확인에 대한 의문은, 인체 발암성에 적용 가능성을 알 수 없는 동물 발암물질의 "주차장"에 더 많은 화학물질을 추가하는 다른 대안이 있는지에 달려 있다.

· · ·

구할 수 있는 독성학 정보가 전혀 없거나 거의 없는 수만 종의 기존 화학물질과 신규 화학물질을 검사해야 하는 필요성은 표준 생체분석이나 형질전환으로 해결되지 않는다. 제안된 답은 유전자 독성 실험과 마찬가지로 체외에서 싼 비용과 빠른 결과로 할 수 있는 이른바 "대용량" 검사이다. 독성에 대한 이 검사 방법의 선구자는 제약 산업의 의약품 개발 과정에서 널리 사용되었던 대용량 효과성 감별법이었다. 이 방법은 자동화 기술을 활용하여 수많은 화합물의 약리적 활성을 빠르게 평가한다.

독성학에서 사용하는 이 대용량 방법의 핵심은 독성 효과로 이어지는 세포-반응 네트워크에서 화학물질이 유발한 변화를 결정하는 데에 있다. 이는 유전자, 단백질, 작은 분자들의 상호작용으로 구성된 서로 연결된 경로로서, 정상적인 세포 기능을 유지하고 세포 사이의 소통을 조절하고 세포가 환경의 변화에 적응하도록 해준다. 화학물질 때문에 흐트러져서 건강에 부작용이 나타나게 되는 경로는 독성 경로라고 부른다. 이 대용량 검사는 돌연변이성에 대한 에임스 검사의 사촌쯤으로 생각할 수도 있을 것이다. 이때 세포-반응 네트워크는 세포 주기 조절과 관련된 핵심 유전자에 영향을 미치는 DNA의 변화를 포함한 것이다.[10]

간단한 것처럼 보이는가? 그런데 악마는 세부 사항에 있는 법이다. 일부 대용량 검사에서는 쉽게 구입할 수 있는, 배양 중인 확실한 인체 세포주를 사용한다. 그러나 그런 세포주는 세포 배양액이 다른 세포주에 의한 오염으로 원래의 세포를 압도해버려서 기대했던 종류의 세포가 아닌 경우가 있다는 문제가 있다. 그런 사실은, 자신을 "검열자"라고 부르는 콜로라도 대학교의 크리스토퍼 코치에 의해서 밝혀졌다.[11] 코치와 그의 동료들은, 2000-2014년에 불멸의 자궁경부 선암 세포주인 헬라(HeLa) 세포를 사용한 574편의 논문이 세포주의 정체를 잘못 밝혔고, 정확한 정보를 밝힌 논문은 57편뿐이었다는 사실을 확인했다.[12] 수많은 세포주에 대한 그들의 연구 결과로 1,000여 종의 학술지에 수천여 편의 논문이 잘못된 세포주에 대한 결과를 발표했다는 사실이 밝혀졌다. 그런 엉터리 연구에 낭비된 금액은 7억1,300만 달러였던 것으로 추정되고, 오류를 근거로 한 후속 연구에 잘못 사용된 금액도 35억 달러였던 것으로 추정되었다. 대용량 검사에서 그런 세포주 오류의 충격은 보고되지 않았지만, 심각한 수준일 것으로 추정된다.[13]

비교적 간단한 대용량 검사의 예는 갑상선 기능 저하증을 일으킬 수 있는 갑상선 과산화 효소 억제제의 확인이었다. 한 연구에서는, 특수 측정판에 올려놓은 1,000종이 넘는 고농도의 화학물질을 이용한 자동화된 실험 절차로 효소 억제제를 감별하는 일에 래트의 갑상선 과산화 효소를 사용했다. 이 측정에서 확인된 가장 강력한 갑상선 과산화 효소 억제제는 당연히 갑상선 기능 항진증 치료에 사용하는 약품이었다.[14] 세포 수준에서 갑상선 과산화 효소에 결합하는 억제제의 농도를 측정하기 위해서는, 또다른 종류의 컴퓨터 모델링을 통해서 혈액으로 흡수되어 몸 전체로 퍼진 후에 제거되는 화학물질의 양을 추정해야만 한다. 그 두 모형을 결합해야만 이 환경에서 억제제에 대한 노출 수준에 의해서 발생하는 사람의 갑상선 과산화 효소의 억제 수준을 추정할 수 있다.[15]

그러나 갑상선 과산화 효소 억제는, 암이나 다른 질병을 일으킬 수 있는 세포-반응 네트워크에서 상호작용하는 몇 가지 화학물질 유발 변화를 결정하려는 야심과 비교하면 비교적 간단한 예이다. 먼저, 중요 네트워크, 그 성분, 그런 변화의 방향과 크기를 확인해야만 한다. 그런 후에는 성분들을 정확하게 측정해야 한다. 마지막으로 검사의 결과를 독성 종말점(toxic endpoint)을 이용해서 확인해야 한다. 그런 종류의 검사에서는, 독성 반응에 이르도록 해주는 메커니즘 단계를 알고 있어야만 한다. 반대로 생체분석의 "블랙박스" 방법에서는 화학적 노출의 결과를 관찰하고, 그 결과에 이르는 메커니즘은 살펴보지 않는다. 형질 전환 마우스 시험의 결과와 마찬가지로, 대용량 검사의 예측은 실험동물의 질병이 아니라 인체 질병에 대해서 확인해야만 한다. 예컨대, 실험동물에서 암을 포함한 질병에 대해서 얻은 정보를 많이 가지고 있기는 하지만, 많은 경우에 인체 질병과의 상관성이 없다는 것이 딜레마이다.

그렇다고는 해도, 대용량 측정은 다양한 독성과 암 종말점을 파악하기 위해서 계속 개발될 것이다. 이 측정법이 독성학적으로 알려진 것이 거의 없는 수천 종의 화학물질들을 검사하고자 하는 수요에 대한 최선의 대응일 것이다. 그러나 사람들이 찾아보기 쉬운 곳에서만 무엇인가를 찾으려고 한다는 "가로등 효과(streetlight effect)"라는 관측 편향을 경계해야 할 필요도 있다.

제28장 예방이 치료보다 낫다

화학물질, 독소, 암에 대한 모든 정보는 무엇을 뜻할까? "서론"에서 나는 독성학의 역사를 살펴보면 화학물질과 독소 때문에 발생하는 질병들을 이해하는 데에 우리가 상당한 발전을 이루었다는 사실을 알게 될 것이라고 했다. 우리는 1960년까지 질병의 화학적 원인에 대해서 쉽게 밝혀낼 수 있는 것들은 모두 거두어들였다. 그때나 지금이나 수확물의 내용에 신경을 써야 했기 때문에 우리는 대부분 나무에서 모든 열매를 따는 길을 선택했다. 에른스트 빈더의 발자국을 따라온 우리는 이제 그렇게 얻은 지식을 공익에 활용하기 위해서 "먹는 것, 마시는 것, 피우는 것"에 관심을 두어야한다. 우리의 건강을 위협하는 것들에 대한 더 최근의 이해를 고려하면, 여기에 "에너지를 위해서 연소시키는 것, 환각용 약물로 사용하는 것, 운동하는 방법"을 추가하고 싶다. 빈더는 역학 연구를 통해서 생활양식과 화학물질 때문에 발생하는 질병들을 확인한 후에, 실험실에서 독성학 연구를 수행하여 화학물질에 의한 발병 과정과 그 예방법을 알아내려고 노력했다. 레이첼 카슨은 『침묵의 봄』에서 암의 예방이 암의 잠재적 치료만큼이나 중요하고 의미가 있다고 강력하게 주장했다.[1] 그녀는 그런 접근 방법

을 예방과 치료 모두에 관심을 기울이는 감염병 관리에 비유했다.[2]

암과 같은 질병에 대해서 치료에만 전념하는 대신에 예방에도 초점을 맞추는 이유는 무엇일까? 간단히 답하자면, 예방이 건강이나 비용 측면에서 훨씬 더 효율적이기 때문이다. 우리는 아직도 많은 암의 원인을 밝혀내지 못했다. 그러나 일단 가능성이 있는 원인을 확인한다면, 예방이 순방향의 저항이 가장 적은 방법일 것이 분명하다. 우리는 가장 많은 공중 보건 혜택을 얻기 위해서 어디에 이러한 노력이 집중되어야 하는지 이해하지만, 충분히 밝혀낸 발암 원인을 줄이기 위해서는 개인과 대중의 의지가 필요하다. 나는 흡연, 과도한 알코올 섭취, 약물 남용, 과식, 대기 오염, 운동 부족이 예방 가능한 암과 확인된 치명적 질병의 가장 중요한 원인이라고 주장하고 싶다.

화학물질이 유발한 질병 중에서 1960년까지 비교적 쉽게 확인했던 질병에는 어떤 것이 있었을까? 초기에는 직업적으로 발생하는 암의 예방에 훌륭하게 성공한 경우도 있었다. 광부에게 발생하는 폐암, 규폐증, 석면증과 같은 질병은 1960년보다도 수십 년 전에 확인되었다. 제2차 세계대전 이후에는 조선소와 같은 산업 환경의 작업자들에 대한 연구를 통해서 석면이 폐암과 석면증의 원인임이 확인되었다. 화학산업, 염료, 금속 야금, 베릴륨, 납(직업적으로 노출된 성인), 수은, 인(燐)에 의해서 발생하는 암을 비롯한 질병 역시 1960년 이전에 확인되었고 대부분 해결되었다. 1960년 이후에도 산업적으로 벤젠이나 염화비닐 등의 화학물질에 노출되어서 발생하는 암은 대부분 확인되었고 현재까지 관리 중이다.

그러나 발암물질의 확인에서 가장 중요한 사례는 흡연과 폐암 사이의 관련성이었다. 빈더와 돌은 모든 암의 3분의 1 정도가 흡연 때문에 발생한다고 추정했지만, 일반 대중과 언론은 수십 년간 그들의 주장을 무시했다. 지금도 흡연은 미국에서 예방 가능한 질병과 사망의 가장 중요한 원인이며, 대략 48만 명의 조기 사망, 매년 3,000억 달러의 직접적인 건강관리 비용과 생산성 손실을 발생시키고 있다.[3] 질병통제예방센터에 따르면 2016년 회계연도에 각 주에서는 담배세와 법정 합의금으로 258억 달러를 징수했지만, 부끄럽게도 예방이나 금연 프로그램에는 그 비용의 고작 2퍼센트도 안 되는 4억6,800만 달러를 썼다.[4] 경제적인 측면에서 금연에 쓰는 비용이 흡연에 대한 건강 비용의 약 1,000분의 1이었다는 뜻이다. 불행하게도, 담배 합의금의 나머지는 보통 주 정부의 예산 부족을 충당하는 일에 사용된다. 주 정부와 지방 정부는 그런 짧은 안목의 정책을 바꾸어서 흡연 관련 암을 비롯한 질병을 예방해야만 한다.

일부 화학적 노출의 예방은 아동의 삶과 그들이 성인으로 성장한 후의 생산성에도 영향을 미친다. 대부분 아동의 납 중독을 예방한 것은 분명히 중요한 성공담이다. 그러나 문제는 지금도 여전히 남아 있다. 2009년에 발표된 6세 무렵의 아동에 대한 연구에 따르면, 높은 농도의 납에 노출된 아동의 평생 건강관리 비용이 500억 달러에 이르렀다. 여기에 수입 감소, 세수, 특수 교육, 납의 장기적 부작용과 관련된 범죄에 의한 직접 비용까지 더하면, 총 비용이 2,690억 달러까지 치솟기도 한다.[5]

독성학과 기후 변화에 대한 장에서 우리는 화석연료 연소의 보건 효과가 매년 약 5,000억 달러에 이르는 비용을 발생시킨다고 파악했다. 국립 마약남용 연구소에 따르면, 알코올과 불법 마약은 국가적으로 범죄, 생산성 손실, 건강관리 등으로 연간 4조 달러 이상의 비용을 발생시킨다.[6] 흡연, 납 중독, 화석연료 사용, 약물 남용을 비롯한 몇 가지 분야에서의 비용도 여전히 매년 1조 달러를 넘는다.

일부 명백한 공중보건 문제에서는 상당한 성공을 거두기도 했다. 예를 들면 미국의 흡연율은 1965년 성인 인구의 42퍼센트 이상에서 2014년 17퍼센트로 가파르게 줄어들었다.[7] 어떻게 그렇게 되었을까? 모범을 보여야 했던 의사들의 흡연율은 1949년 60퍼센트에서 1964년 30퍼센트로 감소했다. 1950-1960년의 10년간 여러 기관들에서 흡연이 중요한 건강 위해 요인이며, 특히 폐암과 심혈관 질환에 대해서 그렇다는 사실을 일깨워주는 발표문을 내놓았다. 그런 기관들에는 미국 암협회와 미국 심장협회뿐만 아니라 영국 의학연구위원회, 덴마크, 노르웨이, 스웨덴, 핀란드, 네덜란드의 암학회, 영국 합동결핵위원회, 캐나다 국립보건복지부 등이 있었다.[8] 1964년에 발간된 「흡연과 건강 : 자문위원회의 의무감에게 제출하는 보고서」는 미국에서 흡연을 관리하기 위한 합동 노력의 출발점이었다. 그러나 정부는 사람들에게 금연을 강요할 수는 없다는 입장이었다. "주의 : 흡연은 건강에 해로울 수 있다"는 경고문의 내용은 흡연과 폐암에 대한 1964년의 보고서 결론의 확고한 표현과는 확실하게 비교된다. 많은 의사들은 개인적으로 흡연과 건강의 관련성에 대한 발견을 빠르게 받아들였지만, 미국 의학협회가 흡연 문제에 대해서 분명한 입장을 밝히기까지는 20년 이상이 걸렸다. 다음으로 1969년의 공중보건흡연법에서는 방송을 통한 담배 광고를 금지했고, 담배회사는 광고 매체를 바꾸어야 했다. 5개 주요 담배회사들은 1970년에는 잡지광고에 6,200만 달러를 지출했지만, 그로부터 1년 후에 방송광고가 금지되자 1976년에는 잡지광고에 1억5,200만 달러를 지출했다.[9]

1970년대 초에는 비흡연자와 금연을 원하는 사람들의 권리를 주장하는 운동이 시작되었다. 레이건 행정부의 의무감 C. 에버렛 쿠프는 다른 어떤 선임자들보다도 훨씬 더 적극적으로 공공장소에서의 금연을 강조했고, 여론의 변화가 가져온 파급 효과로 담배에 대한 연방과 주의 세금이 오르기 시작했다. 1990년대에는 상점에서 니코틴 일반의약품을 판매하기 시작했고, 국립 암연구소는 "미국인 금연 중재"라는 대규모의 전국적 개입 연구를 시작했다. 또한 그 기간에 고소인들은 집단소송과 정부를 대리한 소송을 통해서 담배회사의 내부 문서를 공개할 것을 요구할 수 있게 되었고,

결과적으로 고액의 현금 배상을 받았다.[10] 결국 2009년에 기념비적인 가족흡연예방담배규제법이 제정되면서, 담배제품을 규제하는 권한이 식품의약국에 주어졌다.[11] 주요 질병의 예방을 위한 흡연 규제의 과정은 느렸지만 지속적이었다. 그러나 불행히도 이미 많은 생명을 잃어버렸고 앞으로도 이 질병으로 더 많은 사람들이 사망할 것이다.

• • •

아마도 예방의 가장 큰 걸림돌은 의학적 치료의 강조라고 할 수 있다. 질병의 치료는 의과대학에서 가르치지만, 예방은 공중보건대학이 맡는다. 미국에는 전국에 약 180개의 의과대학이 있지만, 공중보건대학의 수는 그 3분의 1에 지나지 않는다. 물론 의과대학이 아닌 대학에서도 공중보건 교육 프로그램을 운영하기는 한다. 연구에 대한 재정 지원에서는 예방보다 치료를 강조한다. 성공적인 치료를 받은 환자들은 병원과 의과대학에 기부를 하지만, 잠재적 질병의 **예방**에 대해서는 누구에게 고마움을 표해야 할까?

입원을 포함한 치료의 어려움은 대부분의 사람들에게 개인적으로도 잘 알려져 있다. 싯다르타 무케르지의 『암 : 만병의 황제의 역사(*The Emperor of All Maladies*)』에서는 암 치료의 편익과 위험의 역사를 살펴본다. 대부분의 암에 대해서 "치료"라는 선택은 넘쳐나지만, 최소한의 고통을 주는 고도로 성공적인 치료는 많지 않다. 최근의 연구에 따르면, 병원에서의 의료 과실이 암과 심혈관계 질환에 이어서 세 번째로 흔한 사망 원인으로 밝혀졌다.[12] 치료라는 선택에는 대부분 입원이 포함되지만, 환자에 대한 예방이 포함되는 경우는 거의 없다. 의료 과실이 아니더라도, 수술과 화학요법의 부수적 피해도 예방을 강조하는 근거가 된다.

그러나 질병 예방에는 많은 걸림돌이 있다. 의사가 개인이 통제해야 하는 노출 문제를 지적하려면 첫째로, 예방할 수 있는 위험한 행동을 환자들이 인식할 수 있도록 교육을 시켜야 할 것이다. 둘째로, 사람들이 노출의 성격과 회피의 방법을 이해할 필요가 있다. 불행하게도 사람들은 노출의 위험에 대해서 혼란스러운 메시지를 받는 경우가 많다. 우리는 담배회사가 어떻게 흡연과 폐암에 대해서 올바르지 않은 정보나 의혹을 확산시키는지를 살펴보았다. 나는 지금도 아버지가 담배의 위험에 대한 정보에 의혹을 제기하는 담배회사의 선동을 되뇌시던 일을 기억한다. 아버지는 1959년에 폐암으로 돌아가셨다. 더 최근에는 『의혹을 팝니다(*Merchants of Doubt*)』라는 책과 영화에서 기후 변화 회의론자들이 담배회사의 각본을 이용하여 인간에 의한 지구 온난화의 증거에 어떻게 의혹을 제기하는지를 보여주었다.

자발성의 결여도 예방의 또다른 걸림돌이다. 예를 들면 어떻게 금연의 동기를 부여할까? 나는 서른세 살이 되던 해의 크리스마스 직후에 한 친구와 함께 점심 식사를 하고 나서 심한 코 감염, 인후염, 기침으로 고생했다. 나는 흡연이 치명적일 수 있다는 사실을 알고 있었고 여러 차례 금연을 시도했지만, 담배에 중독되어 있었다. 나와 친구는 보통 거액의 판돈이 걸린 포커를 치고는 했는데, 우리는 서로 봐주는 법이 없었다. 그래서 나는 새해의 금연에 1,000달러를 걸자고 제안했다. 먼저 담배를 피우는 사람이 판돈을 잃는 내기였다. 친구는 판돈이 너무 부담스럽다면서 당장 그곳에서 금연을 하면 200달러를 걸 수 있다고 했다. 그것이 나에게는 흡연의 끝이었다. 열쇠는 동기였다. 사실 내가 담배를 피우기 시작한 것도 동료의 압력 때문이었고, 담배를 끊은 것 역시 동료의 압력 때문이었다. 그래서 나는 흡연을 예방하기 위해서 동료의 압력을 증가시키는 방법이 가장 효과적이라고 믿는다. 동료들이 흡연자를 멀리하도록 만드는 것을 목표로 하는 학교 교육 프로그램도 효과적이다. 마약에도 같은 방법이 사용될 수 있으며 효과적일 수 있다.

　대안이 없다는 사실 때문에, 좋은 의도의 논쟁을 통해서 오히려 예방의 걸림돌이 강화되는 뜻밖의 결과가 나타나기도 한다. 합성 마약이나 니코틴 중독은 현실적인 문제이고, 질병의 하나로 치료를 받아야만 한다. 다행히 니코틴에 중독된 흡연자들에게는 담배의 대안이 있다. 타르 없이 순수한 니코틴만을 전달해주는 전자담배가 그중 하나이다. 영국 왕립 의과대학은 전자담배가 유해성의 95퍼센트를 제거하는 것으로 추정했다. 그러나 일부 의사와 과학자들은 전자담배의 위험을 강조하고, 나머지 5퍼센트의 유해성이나 아동이 중독될 수 있다는 가능성에 주목한다. 또한 전자담배 제조사들은 정부의 규제 때문에 전자담배로 바꾸어서 얻을 수 있는 건강 혜택을 공개적으로 이야기할 수 없다. 건물 내에서 흡연을 금지하는 법이 전자담배에도 적용된다는 점은 전자담배의 사용에 추가적인 걸림돌이 된다. 전자담배에 대한 이 모든 점들이 "'4층 창문에서 뛰어내리는 것과 계단에서 뛰어내리는 것의 상대적 위험은 어떠한가?'라는 질문과 같다"는 것이 오타와 대학교 보건법정책 윤리센터의 변호사인 데이비드 스웨너의 지적이었다. "이 사람들은 '봐라, 이 계단에서는 사람들이 미끄러질 수 있고, 강도를 당할 수도 있다. 우리가 아직 모를 뿐이다'라고 말하는 셈이다."[13]

　담배의 더 전통적인 대안인 씹는 담배에 대해서도 비슷한 주장을 할 수 있다. 이 제품의 사용에 대해서 스칸디나비아의 과학계는 미국의 과학자들과 매우 다른 입장을 취한다. 스칸디나비아의 제품은 미국의 제품보다 훨씬 더 적은 수의 발암물질이 들어 있도록 설계된다. 결과적으로 스웨덴 남성의 약 4분의 1은 매일 씹는 담배를 사용한다. 담배 때문에 발생하는 여러 종류의 암과 비교해서 씹는 담배는 구강암, 식도암, 췌장암 이외의 다른 암은 일으키지 않는다.[14] 결과적으로 씹는 담배를 사용하는 사람들의 형편이 훨씬 좋은 셈이다. 그러나 미국에서 사람들에게 전달되는 메시지는 그런 것이 아니다.

흡연과 건강 행동의 대표인 데버라 아노트는 흡연에 대한 미국의 접근이 금욕을 무엇보다도 높이 평가하는 문화의 청교도적 특성에 뿌리를 둔 것이라고 생각한다. 마약 남용에 대한 우리의 접근에 대해서도 마찬가지로 말할 수 있다. 닉슨 행정부 시절에는 많은 중독자들이 합성 마약 중독을 유지할 필요가 있음을 이해하는 것이 대세였지만, 이제는 장기간의 유지 요법보다는 즉각적인 중단을 선호하는 것이 대세가 되었다. 내가 닉슨 행정부의 마약 사무실에서 일하고 있었을 때에는 헤로인을 시도한 사람들의 3분의 1은 건강이 나빠져서 싫어하게 되고, 3분의 1은 큰 어려움 없이 가끔씩 사용하게 되고, 나머지 3분의 1은 심하게 중독되어서 금단 증상으로 심각한 어려움을 겪는다는 것이 통념이었다. 우리는 취약한 사람들이 중독되는 근본적인 이유가 몸에 배어 있고, 그런 사람들에게는 금단 증상을 겪기 전에 유지 요법이 필요하다고 믿었다. 나는 그런 중독자들 중의 일부에게는 대단히 오랜 기간의 유지 요법이 필요하다고 말하는 것이 옳다고 생각한다.

동물실험에서 확인된 "암 유발 화학물질"의 수가 너무 많다는 데에서 발생하는 불확실성이 정확한 질병 예방의 또다른 걸림돌이 되고 있다. 정부의 규제 담당자들은 생체분석이 흔히 인체 연구보다 더 확실한 결과를 제공한다고 믿는다. 산업적 노출에서는 80종 이하의 화학물질과 공업적 공정을 발암물질로 확인되었지만, 동물실험에서는 수백 종류의 화학물질을 발암물질로 확인되었다는 설명을 기억해보라. 우리가 그 화학물질에 유해한 효과가 있는지 실제로는 알 수 없다는 점을 생각해보면, 화학물질에 대한 정책을 결정할 때에 동물 연구의 결과에 의존하는 정부는 대중에게 혼란스러운 청사진만 제시하게 될 뿐이다. 그런 상황은 우리가 예방에 투입하는 예산에 대한 심각한 의혹과 의문을 가지도록 만든다. 불행하게도 초기에는 동물실험의 결과가 발표된 후에 언론의 집중적인 조명을 받았던 DDT와 PCB와 같은 화학물질이, 사람에 대한 연구를 근거로 60-70 퍼센트의 암을 일으키는 것으로 여겨지는 담배나 생활양식을 비롯한 생활 습관적 원인보다 훨씬 더 많은 예방 예산을 차지했다. 국제 암연구소의 전임 수장인 로렌조 토마티스는 생활양식 병인을 강조하는 것이 "감추어져 있거나 비밀이거나 의도적으로 평가절하된 건강에 대한 부정적 효과를 가진 물질을 계속 생산하기 위해서 화학적 오염물질의 역할에 대한 정보를 혼란스럽게 만들 것"이라고 비판했다. 다시 말해서, 에른스트 빈더나 리처드 돌 경과 같은 사람들이 언론의 엄청난 역풍을 무릅쓰며 개인의 올바른 생활양식을 알리기 위해서 노력했지만, 질병을 일으키는 산업용 물질에 대해서는 오히려 대중을 의도적으로 속이고 있다는 것이 그의 주장이었다. 토마티스는 그런 접근이 "개인의 책임을 지나치게 과장한다"고 주장하기도 했다.[15]

결국, 동물실험의 양성 결과를 인체에 암을 일으킨다는 증거로 해석하고 싶어하는 사람들과 증명된 발암물질을 더 강조하고 싶어하는 사람들 사이에는 긴장이 있다. 한편으로 보면 동물실험에서 얻어지는 양성 결과에 의존하는 것이 더 보수적이고 더 예방적인 접근인 것처럼 보일 수도 있다. 그러나 생활양식 병인의 개인적인 책임감을 의심하는 사람들은 흡연 규제를 반대하고 기후 변화에 대한 우려에 반대하는 "의혹을 파는 상인들"의 손에 놀아나게 된다.

그러나 한 가지 점에서는 토마티스가 옳았다. 질병의 원인으로서 오염의 역할이 과소평가되었다는 것이다. 그러나 대기 오염은 산업용 화학물질에 의한 것이 아니라 주로 화석연료의 연소에 의해서 발생한다. 국제 암연구소가 디젤 배기 가스에 대해서한 발암물질 평가보고서를 발간한 것은

2014년이었고, 대기 오염에 대한 발암물질 평가보고서는 2016년이었다. 후자는 주로 운송, 발전, 산업 활동, 바이오매스 연소, 가정용 난방과 취사 등에 의한 대기 오염을 다루었다. 국제 암연구소 실무위원회는 대기 오염과 폐암과 관련된 입자상 물질이 인체 발암성에 대한 충분한 증거가 있음을 밝혀냈다. 더욱이 대기 오염과 방광암 위험 사이의 관련성도 발견했다. 이는 발암의 원인에 대한 더욱 폭넓은 접근이 필요하며 우리가 독성학의 다른 견해에 대해서 귀를 기울일 필요가 있다는 뜻이다.

이 책에서는 독소와 화학물질이 암을 비롯한 질병을 일으키는지를 연구하는 독성학의 역사적인 발전을 살펴보았다. 결과적으로 우리는 이제 작업장과 환경 때문에 고통받는 사람들의 질병을 더욱 깊이 이해하게 되었다. 그러나 우리는 또한 고통의 많은 부분이 생활양식과 에너지 생산에 대한 수요를 포함하여 우리 자신의 잘못으로 인해서 발생한다는 사실도 이해하게 되었다.

1996년에 개최된 미국 보건재단 제25주년 기념 학술회의 마지막 강연에서 에른스트 빈더는 이렇게 말했다. "사람들을 가능한 한 나이가 든 후에 사망하도록 도와주는 것'이 질병 예방을 위한 미국 보건재단의 목표이다. 이 목표를 달성한다는 것은 우리가 평생을 오래도록 생산적으로 산 후에 질병에 걸리지 않고 사망한다는 뜻이다. 늙은 후에도 소득을 올리고, 세금을 내고, 국가의 안녕에 기여할 수 있다는 뜻이다."

주

서론

1　「출애굽기」15장 23절;「신명기」29장 18절, 32장 32-33절;「예레미야」9장 15절, 23장 15절;「호세아」10장 4절;「열왕기하」4장 39-40절.

2　Alexandra Witze and Jeff Kanipe, *Island on fire*. (New York : Pegasus, 2014).

3　「민수기」21장 6절;「신명기」32장 24절;「시편」58장 4절;「잠언」23장 32절;「예레미야」8장 17절;「요한의 묵시록」9장 5절.

4　독성학의 초기 발전에 대한 더 자세한 정보가 필요하면, 필립 웩슬러가 편집한『독성학과 환경보건 과학의 역사(*History of Toxicology and Environmental Health Sciences*)』를 참고하라.

제1장 암 다발성 : 진실은 모호할 수 있다

1　Adrienne Mayor, *Greek Fire, Poison Arrows, and Scorpion Bombs* (New York : Overlook Duckworth, 2009).

2　John L. Creech Jr. and M. Johnson, "Angiosarcoma of Liver in the Manufacture of Polyvinyl Chloride," *Journal of Occupational Medicine* 16 (1974) : 150-51.

3　Clark Heath Jr., Henry H. Falk, and John Creech Jr., "Characteristics of Cases of Angiosarcoma of the Liver Among Vinyl Chloride Workers in the United States," *Annals of the New York Academy of Science* 246 (1975) : 231-36.

4　John Whysner, Carson Conaway, Lynn Verna, and Gary Williams, "Vinyl Chloride Mechanistic Data and Risk Assessment : DNA Reactivity and Cross-Species Quantitative Risk Extrapolation," *Pharmacology and Therapeutics* 71 (1996) : 7-28.

5　Robert Baan, Yaan Grosse, Kurt Straif, et al., "A Review of Human Carcinogens—Part F : Chemical Agents and Related Occupations," *Lancet Oncology* 10 (2009) : 1143-44.

6　Branham v. Rohm and Haas et al., First Judicial District of Pennsylvania Court of Common Pleas, Philadelphia County Civil Trial Division, N. 3590, Thursday, October 21, 2010, 52.

7　Jonathan Harr, A Civil Action (New York : Vintage, 1996), 18-37.

8　Gerald S. Parker and Sharon L. Rosen, "Woburn Cancer Incidence and Environmental

Hazards 1969–1978," Massachusetts Department of Public Health, January 23, 1981; Stauffer Chemical Company, "Woburn Environmental Studies, Phase I Report," April 1983.

9   Harr, *A Civil Action,* 90–91.

10 Harr, *A Civil Action,* 95–98.

11 S. Lagakos, B. Wessen, and M. Zelen, "An Analysis of Contaminated Well Water and Health Effects in Woburn, Massachusetts," *Journal of the American Statistical Association* 81 (1986) : 583–96.

12 EPA, Record of Decision for Wells G and H, http://www.epa.gov/region1/superfund/sites/industriplex/16796.pdf.

13 EPA, "Trichloroethylene (TCE) : Teach Chemical Summary," revised September 20, 2007, https://archive.epa.gov/region5/teach/web/pdf/tce_summary.pdf.

14 EPA, "Toxicological Review of Trichloroethylene in Support of Summary Information on the Integrated Risk Information System (IRIS)," CAS no. 79-01-6, 2011, EPA/635/R—09/011F, https://cfpub.epa.gov/ncea/iris/iris_documents/documents/toxreviews/0199tr/0199tr.pdf.

15 Carol S. Rubin, Adrianne K. Holmes, Martin G. Belson, et al., "Investigating Childhood Leukemia in Churchill County, Nevada," *Environmental Health Perspectives* 115 (2007) : 151–57.

16 Craig Steinmaus, Meng Lu, Randall L. Todd, and Allan H. Smith, "Probability Estimates for the Unique Childhood Leukemia Cluster in Fallon, Nevada, and Risks Near Other U.S. Military Aviation Facilities," *Environmental Health Perspectives* 112 (2004) : 766–71.

17 Rubin, Holmes, Belson, et al., "Investigating Childhood Leukemia."

18 D. Austin, S. Karp, R. Divorsky, and B. Henderson, "Excess Leukemia in Cohorts of Children Born Following Influenza Epidemics," *American Journal of Epidemiology* 101 (1975) : 77–83.

19 Richard Doll, "The Seascale Cluster : A Probable Explanation," *British Journal of Cancer* 81 (1999) : 3–5.

20 Leo Kinlen, "Childhood Leukemia, Military Aviation Facilities, and Population Mixing," *Environmental Health Perspectives* 112 (2004) : A797–98; Leo Kinlen, "Childhood Leukaemia, Nuclear Sites, and Population Mixing," *British Journal of Cancer* 104 (2011) : 12–18; A. Balkwill and F. Matthews, "Rural Population Mixing and Childhood Leukaemia : Effects of the North Sea Oil Industry in Scotland, Including the Area Near Dounreay Nuclear Site," *British Medical Journal* 20 (1993) : 743–48.

21 Mel Greaves, "A Causal Mechanism for Childhood Acute Lymphoblastic Leukaemia," *Nature Reviews Cancer* 18 (2018) : 471–84.

22 Michael Goodman, Joshua S. Naiman, Dina Goodman, and Judy S. LaKind, "Cancer Clusters in the USA : What Do the Last Twenty Years of State and Federal Investigations Tell Us?" *Critical Reviews of Toxicology* 42 (2012) : 474–90.

23 Michael Coory, Rachael Wills, and Adrian Barnett, "Bayesian Versus Frequentist Statistical Inference for Investigating a One-Off Cancer Cluster Reported to a Health Department," *MC Medical Research Methodology* 9 (2009) : 30, doi:10.1186/1471-2288-9-30.

24 Craig Steinmaus, Meng Lu, Randall L. Todd, and Allan H. Smith, "Probability Estimates for the Unique Childhood Leukemia Cluster in Fallon, Nevada, and Risks Near Other U.S. Military Aviation Facilities." *Environmental Health Perspectives* 12 (2004):766–71.

25 Stephanie Warner and Timothy Aldrich, "The Status of Cancer Cluster Investigations Undertaken by State Health Departments," *American Journal of Public Health* 78 (1988) : 306–7.

제2장 비소와 독액에 의한 죽음 : 진실은 명백할 수 있다

1 Allam Smith, Claudia Hopenhayn-Rich, Michael Bates, et al., "Cancer Risks from Arsenic in Drinking Water," *Environmental Health Perspectives* 97 (1992) : 259–67.

2 Badal Mandal and Kazuo Suzuki, "Arsenic Round the World : A Review," *Talanta* 58 (2002) : 201–35.

3 Joseph Graziano, personal communication.

4 Michael Hughes, Barbara Beck, Yu Chen, Ari Lewis, and David Thomas, "Arsenic Exposure and Toxicology : A Historical Perspective," *Toxicological Sciences* 123 (2011) : 305–32.

5 Jose Borgoño, Patricia Vicent, Hernan Venturino, and Antonio Infante, "Arsenic in the Drinking Water of the City of Antofagasta," *Environmental Health Perspectives* 19, (1977) : 103–5.

6 Wen-Pen Tseng, "Effects and Dose-Response Relationships of Skin Cancer and Blackfoot Disease with Arsenic," *Environmental Health Perspectives* 19 (1977) : 109–19.

7 C. Chen, Y. Chuang, S. You, T. Lin, and H. Wu, "A Retrospective Study on Malignant Neoplasms of Bladder, Lung, and Liver in Blackfoot Disease Endemic Area in Taiwan," *British Journal of Cancer* 53 (1986) : 399–405.

8 Alan Smith, Elena Lingas, and Mahfuzar Rahman, "Contamination of Drinking-Water by Arsenic in Bangladesh : A Public Health Emergency," *Bulletin of the World Health Organization* 78 (2000) : 1093–103.

9 Smith, Lingas, and Rahman, "Contamination of Drinking-Water by Arsenic in Bangladesh."

10 Samuel Cohen, Lora Arnold, Barbera Beck, Ari Lewis, and Michal Eldan, "Evaluation of the Carcinogenicity of Inorganic Arsenic," *Critical Reviews in Toxicology* 43 (2013) : 711–52.

11 Yao-Hua Law, "Stopping the Sting," *Science* 362 (2018) : 631–35. L. Albeck-Ripka, "Australian Jellyfish Swarm Stings Thousands, Forcing Beach Closings," *New York Times,* January 7, 2019.

12 R. Theakston and H. Reid, "Development of Simple Standard Assay Procedures for the Characterization of Snake Venom," *Bulletin of the World Health Organization* 61 (1983) : 949–56.

13 H. Khoo, R. Yuen, C. Poh, and C. Tan, "Biological Activities of Synanceja horrida (Stonefish) Venom," *Nature Toxins* 1 (1992) : 54–60.

14 John Whysner and Paul Saunders, "Studies on the Venom of the Marine Snail Conus californicus," *Toxicon* 1 (1963) : 113–22.

15 John Whysner and Paul Saunders, "Purification of the Lethal Fractions of the Venom of the Marine Snail Conus californicus," *Toxicon* 4 (1966) : 177–81.

16 Jean-Pierre Changeux, Michiki Kasai, and Chen-Yuan Lee, "Use of a Snake Venom Toxin to Characterize the Cholinergic Receptor Protein," *Proceedings of the National Academy of Sciences* 67 (1970) : 1241–47.

17 Douglas Fambrough and H. Hartzell, "Acetylcholine Receptors : Number and Distribution at Neuromuscular Junctions in Rat Diaphragm," *Science* 176 (1972) : 189–91.

제3장 파라셀수스 : 행동하는 연금술사

1 Carl Jung, *Psychology and Alchemy,* in *The Collected Works of C. G. Jung,* 2nd ed., vol. 12, ed. Herbert Read, Michael Fordham, Gerhard Adler, and William McGuire (Princeton, NJ : Princeton University Press, 1953), 227–317.

2 Philip Ball, *The Devil's Doctor : Paracelsus and the World of Renaissance Magic and*

Science (New York : Farrar, Straus and Giroux, 2006), 24.

3   Ball, *The Devil's Doctor,* 70.

4   Nigel Paneth, Ezra Susser, and Marvyn Susser, "Origins and Early Development of the Case-Control Study," in *A History of Epidemiological Methods and Concepts,* ed. Alfredo Morabia (Basel : Birkhauser Verlag, 2004), 294–95.

5   Ball, *The Devil's Doctor,* 52–93.

6   Ball, *The Devil's Doctor,* 164–71.

7   Jolande Jacobi, *Paracelsus : Selected Writings* (Princeton, NJ : Princeton University Press, 1951), xlii.

8   Ball, *The Devil's Doctor,* 93–100.

9   Ball, *The Devil's Doctor,* 93–100.

10 Jacobi, *Paracelsus,* 5.

11 Ball, *The Devil's Doctor,* 75–79.

12 Paracelsus, *Seven Defensiones. Four Treatises of Theophrastus von Hohenheim Called Paracelsus,* trans. C. Lilian Temkin (Baltimore, MD : Johns Hopkins University Press, 1941).

13 Jung, *Psychology and Alchemy,* 35.

14 Ball, *The Devil's Doctor,* 117–21.

15 Nicholis Goodrick-Clarke, *Paracelsus : Essential Readings* (Berkeley, CA : North Atlantic Books, 1999), 73.

16 Roy Porter, *The Greatest Benefit to Mankind : A Medical History of Humanity* (New York : Norton, 1997), 203.

17 Ball, *The Devil's Doctor,* 196.

18 Ball, *The Devil's Doctor,* 288.

19 Ball, *The Devil's Doctor,* 139–43.

20 Ball, *The Devil's Doctor,* 154.

21 Ball, *The Devil's Doctor,* 223–33.

22 Ball, *The Devil's Doctor,* 223–33.

23 Ball, *The Devil's Doctor,* 223–33.

24 Ball, *The Devil's Doctor,* 178.

25 Porter, *The Greatest Benefit to Mankind,* 203.

26 Jerome Nriagu, "Saturnine Drugs and Medicinal Exposure to Lead : An Historical Outline," in *Human Lead Exposure,* ed. Herbert L Needleman (Boca Raton, FL : CRC, 1992).

27 Porter, *The Greatest Benefit to Mankind,* 181.

28 W. H. Brock, *The Norton History of Chemistry* (New York : Norton, 1992), 45–46.

29 Michael Gallo and John Doull, "History and Scope of Toxicology : Chapter 1," in *Casarett and Doull's Toxicology,* 4th ed. (New York : Pergamon Press, 1991), 3–11.

30 Ball, *The Devil's Doctor,* 236.

31 Jacobi, *Paracelsus,* 93.

32 Gallo and Doull, "History and Scope of Toxicology," 3–11.

33 Paracelsus, *Seven Defensiones.*

34 Goodricke-Clark, *Paracelsus : Essential Readings,* 29–30.

35 Ball, *The Devil's Doctor,* 164.

36 Porter, *The Greatest Benefit to Mankind,* 205–10.

제4장 광업, 그리고 산업의학의 출발

1   Mark Aldrich, "History of Workplace Safety in the United States," *EH.net,* Economic

History Association, https://eh.net/encyclopedia/history-of-workplace-safety-in-the-united-states-1880-19702/#5.

2   Milton Lessler, "Lead and Lead Poisoning from Antiquity to Modern Times," *Ohio Journal of Science* 88 (1988) : 78–84.

3   Philip Ball, *The Devil's Doctor : Paracelsus and the World of Renaissance Magic and Science* (New York : Farrar, Straus and Giroux, 2006), 70.

4   "Mala Metallorum," *British Medical Journal* (1966) : 5.

5   Paracelsus, *Four Treatises of Theophrastus von Hohenheim Called Paracelsus,* trans. George Rosen (Baltimore, MD : Johns Hopkins University Press, 1941), 57.

6   Paracelsus, *Four Treatises,* 69.

7   Emily R. Kelly, "Paracelsus the Innovator : A Challenge to Galenism from On the Miner's Sickness and Other Miners' Diseases," *University of Western Ontario Medical Journal* 78 (2008) : 70.

8   Ball, *The Devil's Doctor,* 252–66.

9   George Rosen, introduction to *Four Treatises of Theophrastus von Hohenheim Called Paracelsus* (Baltimore, MD : Johns Hopkins University Press, 1941), 49.

10   Paracelsus, *Treatises of Theophrastus von Hohenheim Called Paracelsus,* 68.

11   Herbert Hoover and Lou Hoover, introduction to *De Re Metallica by Agricola,* trans. Herbert Hoover and Lou Hoover (New York : Dover, 1950).

12   Herbert Hoover and Lou Hoover, "Translators' Preface," in *De Re Metallica* by Agricola.

13   Agricola, *De Re Metallica,* 6.

14   Agricola, *De Re Metallica,* 214.

15   Wilmer Wright, introduction to *De Morbis Arifficum* (Chicago : University of Chicago Press, 1940).

16   Wright, introduction.

17   Ramazzini, *De Morbis Arifficum Diatriba,* trans. Wilmer Wright (Chicago : University of Chicago Press, 1940), 1.

18   Ramazzini, *De Morbis Arifficum Diatriba,* 21–45.

19   Ramazzini, *De Morbis Arifficum Diatriba,* 53.

20   Ramazzini, *De Morbis Arifficum Diatriba,* 69.

21   Andrew Meiklejohn, "History of Lung Diseases of Coal Miners in Great Britain : I. 1800–1875," *British Journal of Industrial Medicine* 8 (1951) : 127–37

22   Meiklejohn, "History of Lung Diseases of Coal Miners in Great Britain : I."

23   Andrew Meiklejohn, "Pneumoconiosis," *Postgraduate Medical Journal* (December 1949) : 599–610.

24   Andrew Meiklejohn, "History of Lung Diseases of Coal Miners in Great Britain : I."

25   Andrew Meiklejohn, "History of Lung Diseases of Coal Miners in Great Britain : Part II, 1875–1920," *British Journal of Industrial Medicine* 9 (1952) : 93–98.

26   Meiklejohn, "History of Lung Diseases : Part II."

27   Meiklejohn, "History of Lung Diseases : Part II."

28   J. McDonald, F. Liddell, G. Gibbs, G. Eyssen, and A. McDonald, "Dust Exposure and Mortality in Chrysotile Mining, 1910–75," *British Journal of Industrial Medicine* 37 (1980) : 11–24.

29   Lundy Braun and Sophia Kisting, "Asbestos-Related Disease in South Africa : The Social Production of an Invisible Epidemic," *American Journal of Public Health* 96 (2006) : 1386–96.

30   Braun and Kisting, "Asbestos-Related Disease in South Africa."

31 Andrew Meiklejohn, "History of Lung Diseases of Coal Miners in Great Britain : III, 1920‒1952," *British Journal of Industrial Medicine* 9 (1952) : 208‒20.

32 International Agency for Research on Cancer, "Arsenic, Metals, Fibres and Dusts," *IARC Monographs on the Evaluation of Carcinogenic Risks to Humans* 100C (2012)

33 Barry Meier, "Quartz Countertops Pose a Lethal Risk to the Workers Who Fabricate Them," *New York Times,* June 2, 2016.

제5장 화학의 시대

1   E. Kinne-Saffran and Rolf Kinne, "Vitalism and Synthesis of Urea from Friedrich Wöhler to Hans A. Krebs," *American Journal of Nephrology* 19 (1999) : 290‒94.

2   Kinne-Saffran and Kinne, "Vitalism and Synthesis of Urea."

3   Sharon Bertsch McGrayne, *Prometheans in the Lab : Chemistry and the Making of the Modern World* (New York : McGraw-Hill, 2001), 17‒19.

4   McGrayne, *Prometheans in the Lab,* 17‒19.

5   M. Case, Margorie Hosker, Drever McDonald, and Joan Pearson, "Tumours of the Urinary Bladder in Workmen Engaged in the Manufacture and Use of Certain Dyestuff Intermediates in the British Chemical Industry : I. The Role of Aniline, Benzidine, Alpha-Naphthylamine, and Beta-Naphthylamine," *British Journal of Industrial Medicine* 11 (1954) : 75‒105.

6   Christopher Sellers, "Discovering Environmental Cancer : Wilhelm Hueper, Post-World War II Epidemiology, and the Vanishing Clinician's Eye," *American Journal of Public Health* 87 (1997) : 1824‒35.

7   T. S. Scott, "The Incidence of Bladder Tumours in a Dyestuffs Factory," *British Journal of Industrial Medicine* 9 (1952) : 127‒32.

8   Case, "Tumours of the Urinary Bladder in Workmen : I," 75‒104.

9   John Whysner, Lynn Verna, and Gary Williams, "Benzidine Mechanistic Data and Risk Assessment : Species-and Organ-Specific Metabolic Activation," *Pharmacology and Therapeutics* 71 (1996) : 107‒26.

10 H. H. Lowry, *Chemistry of Coal Utilization,* vol. 2 (New York : Wiley, 1945).

11 Howard Batchelder, *Chemicals from Coal* (Columbus, OH : Battelle Memorial Institute, Columbus Laboratories, 1970).

12 Alice Hamilton, "The Growing Menace of Benzene (Benzol) Poisoning in American Industry," *Journal of the American Medical Association* 78 (1922) : 627‒30.

13 Manfred Bowditch and Hervey Elkins, "Chronic Exposure to Benzene (Benzol) : The Industrial Aspects," *Journal of Industrial Hygiene and Toxicology* 21 (1939) : 321‒77. Francis Hunter, "Chronic Exposure to Benzene (Benzol) : II. The Clinical Effects," *Journal of Industrial Hygiene and Toxicology* 21 (1939) : 331‒54.

14 Peter Infante, Robert Rinsky, Joseph Wagoner, and Ronald Young, "Benzene and Leukaemia," *Lancet* 2 (1977) : 868‒69.

15 Ron Chernow, *Titan : The Life of John D. Rockefeller Sr.* (New York : Random House, 1998).

16 Batchelder, *Chemicals from Coal.*

17 International Agency for Research on Cancer, "Benzene," in *Some Anti-Thyroid and Related Substances, Nitrofurans and Industrial Chemicals,* IARC Monographs on the Evaluation of Carcinogenic Risk of Chemicals to Humans 7 (Lyon : IARC, 1974). 203‒21.

18 *Toxicology : The Basic Science of Poisons,* ed. Louise J. Casarett and John Doull (New York : Macmillan, 1975).

19 Lois Travis, Chin-Yang Li, Zhi-Nan Zhang, et al., "Hematopoietic Malignancies and

Related Disorders Among Benzene-Exposed Workers in China," *Leukemia and Lymphoma* 14 (1994) : 91–102.

제6장 생체분석의 열풍

1 Leon Wiltse and T. Glenn Pait, "Herophilus of Alexandria (325–255 BC) : The Father of Anatomy," *Spine Journal* 23 (1998) : 1904–14.

2 Roy Porter, *The Greatest Benefit to Mankind : A Medical History of Humanity* (New York : Norton, 1997), 74–75.

3 Galen, "On the Natural Faculties," in *Great Books of the Western World*, vol. 10, *Hippocrates, Galen*, trans. Arthur John Brock (Chicago : Encyclopedia Britannica, 1952), 1:13.

4 Sanjib Ghosh, "Human Cadaveric Dissection : A Historical Account from Ancient Greece to the Modern Era," *Anatomy & Cell Biology* 48 (2015) : 153–69.

5 Porter, *The Greatest Benefit to Mankind*, 211–13.

6 Jacalyn Duffin, *History of Medicine*, 2nd ed. (Toronto : University of Toronto Press, 2010), 11–32.

7 Porter, *The Greatest Benefit to Mankind*, 431–35.

8 Porter, *The Greatest Benefit to Mankind*, 436–37.

9 Carol Ballentine, "Taste of Raspberries, Taste of Death : The 1937 Elixir Sulfanilamide Incident," *FDA Consumer Magazine*, June 1981.

10 Letter by Dr. A. S. Calhoun, October 22, 1937, quoted in Ballentine, "Taste of Raspberries, Taste of Death."

11 Quoted in Ballentine, "Taste of Raspberries, Taste of Death."

12 Ballentine, "Taste of Raspberries, Taste of Death."

13 G. F. Somers, "Pharmacological Properties of Thalidomide (Alpha-Phthalimido Glutarimide), a New Sedative Hypnotic Drug," *British Journal of Pharmacology* 15 (1960) : 111–16.

14 Philip Hilts, *Protecting America's Health* (New York : Knopf, 2003), 144–65.

15 James Schardein, *Chemically Induced Birth Defects*, 3rd ed. (New York : Marcel Dekker, 2000), 89–119.

16 "Thalidomide and Congenital Malformations," *Canadian Medical Association Journal* 86 (1962) : 462–63.

17 "Thalidomide and Congenital Malformations," 462–63.

18 "Dr. Frances Kathleen Oldham Kelsey," *Changing the Face of Medicine*, National Institutes of Health, http://www.nlm.nih.gov/changingthefaceofmedicine/physicians/biography_182.html.

19 Hilts, *Protecting America's Health*, 144–65.

20 Pamela Fullerton and Michael Kremer, "Neuropathy After Intake of Thalidomide (Distaval)," *British Medical Journal* 2 (1961) : 855–58. Hilts, *Protecting America's Health*, 144–65.

21 Schardein, *Chemically Induced Birth Defects*, 89–119.

22 Wallace F. Janssen, "The Story of the Laws Behind the Labels, Part I : The 1906 Food and Drugs Act," *FDA Consumer*, June 1981.

23 Schardein, *Chemically Induced Birth Defects*, 31–32.

24 Janssen, "The Story of the Laws Behind the Labels, Part I"; D. McFadden, "An F.D.A. Stickler Who Saved U.S. Babies from Thalidomide," *New York Times*, August 8, 2015.

25 U.S. Congress, Office of Technology Assessment, *Identifying and Regulating Carcinogens*, OTA-BP-H-42 (Washington, DC : U.S. Government Printing Office, 1987), 29–31.

26 U.S. Congress, Office of Technology Assessment, *Identifying and Regulating Carcinogens*,

147.

27 U.S. Congress, Office of Technology Assessment, *Identifying and Regulating Carcinogens*, 13.

28 U.S. Congress, Office of Technology Assessment, *Identifying and Regulating Carcinogens*, 37–39.

29 Takayuki Shibamoto and Leonard F. Bjeldanes, *Introduction to Food Toxicology* (San Diego, CA : Academic Press, 1993), 31.

30 Shibamoto and Bjeldanes, *Introduction to Food Toxicology,* 147–48.

31 Robert Cole, "Calandra Out as Bio-Test Head; Concern Under Study of F.D.A.," *New York Times,* March 26, 1977.

32 "The Scandal in Chemical Testing," *New York Times,* May 16, 1983.

33 Margot Slade and Eva Hoffman, "Ideas and Trends in Summary ; Laboratory Official Accused of Fudging," *New York Times,* June 28, 1981.

34 "Three Ex-Officials of Major Laboratory Convicted of Falsifying Drug Tests," *New York Times,* October 22, 1983.

35 Richard Lyons, "Effort to Assess Pesticide Safety Is Bogged Down," *New York Times,* December 12, 1977.

36 World Health Organization, *Handbook : Good Laboratory Practice (GLP) : Quality Practices for Regulated Non-Clinical Research and Development,* 2nd ed. (World Health Organization on Behalf of the Special Programme for Research and Training in Tropical Diseases, 2009), 5.

37 "U.S. Statistics," *Speaking of Research,* https://speakingofresearch.com/facts/statistics/; USDA, "Annual Report Animal Usage by Fiscal Year," fiscal year 2016, *Speaking of Research,* https://speakingofresearch.files.wordpress.com/2008/03/usda-annual-report-animal-usage-in-research-2016.pdf.

38 Annamaria A. Bottini and Thomas Hartung, "Food for Thought : On the Economics of Animal Testing," *Alternatives to Animal Testing* 26 (2009) : 3–19.

제7장 납 : 뇌를 짓누르는 중금속

1 Alice Hamilton, *Exploring the Dangerous Trades* (Beverly, MA : OEM, 1995).

2 Paul Mushak and Annemarie Crocetti, "Methods for Reducing Lead Exposure in Young Children and Other Risk Groups : An Integrated Summary of a Report to the U.S. Congress on Childhood Lead Poisoning," *Environmental Health Perspectives* 89 (1990) : 125–35.

3 Evelyn Hartman, Wilford Park, and Godfrey Nelson, "The Peeling House Paint Hazard to Children," *Public Health Report* 75 (1960) : 623–29.

4 Sharon Bertsch McGrayne, *Prometheans in the Lab : Chemistry and the Making of the Modern World* (New York : McGraw-Hill, 2001), 79–105.

5 McGrayne, *Prometheans in the Lab.*

6 McGrayne, *Prometheans in the Lab.*

7 Jane Lin-Fu, "Modern History of Lead Poisoning : A Century of Discovery and Rediscovery," in *Human Lead Exposure,* ed. Herbert L. Needleman (Boca Raton, FL : CRC, 1991), 31.

8 McGrayne, *Prometheans in the Lab,* 168–97.

9 McGrayne, *Prometheans in the Lab.*

10 U.S. Department of Health and Human Services, *Blood Lead Levels for Persons Ages 6 Months–74 Years : United States, 1976–80,* Department of Health and Human Services

Publication no. (PHS) 84-1683.

11 J. Julian Chisolm Jr. and Donald Barltrop, "Recognition and Management of Children with Increased Lead Absorption," *Archives of Disease in Childhood* 54 (1979) : 249-62.

12 Lin-Fu, "Modern History of Lead Poisoning."

13 Herbert Needleman, "The Future Challenge of Lead Toxicity," *Environmental Health Perspectives* 89 (1990) : 85-89.

14 Lin-Fu, "Modern History of Lead Poisoning."

15 Ellen Silbergeld, "Implications of New Data on Lead Toxicity for Managing and Preventing Exposure," *Environmental Health Perspectives* 89 (1990) : 49-54.

16 Joel Nigg, G. Mark Knottnerus, Michelle Martel, et al., "Low Blood Lead Levels Associated with Clinically Diagnosed Attention-Deficit/Hyperactivity Disorder and Mediated by Weak Cognitive Control," *Biological Psychiatry* 63 (2008) : 325-31. Soon-Beom Hong, Mee-Hyang Im, Jae-Won Kim, et al., "Environmental Lead Exposure and Attention Deficit/Hyperactivity Disorder Symptom Domains in a Community Sample of South Korean School-Age Children," *Environmental Health Perspectives* 123 (2015) : 271-76.

17 Brian Boutwell, Erik J. Nelson, Brett Emoc, et al., "The Intersection of Aggregate-Level Lead Exposure and Crime," *Environmental Research Letters* 148 (2016) : 79-85.

18 Wayne Hall, "Did the Elimination of Lead from Petrol Reduce Crime in the USA in the 1990s? Version 2," *F1000 Research* 2 (July 16, 2013 [revised October 8, 2013]) : 156.

19 Boutwell et al., "The Intersection of Aggregate-Level Lead Exposure and Crime," 79-85.

20 2007년 독성물질질병등록청의 결론은 높은 노출 수준이 유산 증가의 원인이 될 수 있을 것이라는 증거가 확인되었다는 것이었다. 그러나 이 작업자들에게서 검출된 수준은 그렇게 높지 않았다. Agency for Toxic Substance and Disease Registry, *Toxicological Profile for Lead* (Atlanta, GA : U.S. Department of Health and Human Services, 2007).

21 Stuart Kiken, Thomas Sinks, William Stringer, Marian Coleman, Michael Crandall, and Teresa Seitz, "NIOSH Investigation of USA Today/Gannett Co. Inc.," *HETA 89-069-2036*, April 1990.

22 Chinaro Kennedy, Ellen Yard, Timothy Dignam, et al., "Blood Lead Levels Among Children Aged < 6 Years—Flint, Michigan, 2013-2016," *Morbidity and Mortality Weekly Report* 65 (2016) : 650-54.

23 Michael Wines, "Flint Is in the News, but Lead Poisoning Is Even Worse in Cleveland," *New York Times*, March 3, 2016.

24 "Tests Show High Lead Levels in Water at 60 Cleveland Schools," *New York Times*, November 18, 2016.

25 Wines, "Flint Is in the News, but Lead Poisoning Is Even Worse in Cleveland."

26 Agency for Toxic Substance and Disease Registry, *Toxicological Profile for Lead*, 289-94.

27 Abby Goodnough, "Their Soil Toxic, 1,100 in Indiana Are Uprooted," *New York Times*, August 31, 2016.

28 Agency for Toxic Substance and Disease Registry, *Toxicological Profile for Lead*, 336-44.

29 Agency for Toxic Substance and Disease Registry, *Toxicological Profile for Lead*, 336-44.

30 Wines, "Flint Is in the News, but Lead Poisoning Is Even Worse in Cleveland."

제8장 레이철 카슨 : 침묵의 봄이 이제는 시끄러운 여름이다

1 Therese Schooley, Michael J. Weaver, Donald Mullins, and Matthew Eick, "The History of Lead Arsenate Use in Apple Production : Comparison of Its Impact in Virginia with Other States," *Journal of Pesticide Safety Education* 10 (2008) : 22-53.

2   Sharon Bertsch McGrayne, *Prometheans in the Lab : Chemistry and the Making of the Modern World* (New York : McGraw-Hill, 2001), 148‒67.

3   Paul Muller, "Dichloro-diphenyl-trichloroethane and Newer Insecticides-Nobel Lecture, December 11, 1948," in *Nobel Lectures : Physiology or Medicine, 1942‒1962* (Amsterdam : Elsevier, 1964), 221‒40.

4   McGrayne, *Prometheans in the Lab,* 148‒67.

5   William Souder, *On a Farther Shore : The Life and Legacy of Rachel Carson* (New York : Crown, 2012), 332.

6   David Kinkela, *DDT and the American Century* (Chapel Hill : University of North Carolina Press, 2014), 93.

7   Souder, *On a Farther Shore,* 333.

8   Souder, *On a Farther Shore,* 245.

9   Frederick Davis, *Banned : A History of Pesticides and the Science of Toxicology* (New Haven, CT : Yale University Press, 2014), 116‒21.

10   George Wallace and Richard Bernard, "Tests Show 40 Species of Birds Poisoned by DDT," *Audubon Magazine,* July/August 1963.

11   Souder, *On a Farther Shore,* 251.

12   Mark Hamilton Lytle, *The Gentle Subversive : Rachel Carson, Silent Spring, and the Rise of the Environmental Movement* (Oxford : Oxford University Press, 2007), 140‒60.

13   Frederick Davis, "'Like a Keen North Wind' : How Charles Elton Influenced Silent Spring," *Endeavour* 36 (2012) : 143‒48.

14   T. H. Jukes and C. B. Shaffer, "Antithyroid Effects of Aminotriazole," *Science* 132 (1960) : 296‒97.

15   Michael Tortorello, "The Great Cranberry Scare of 1959," *New Yorker,* November 24, 2015.

16   Souder, *On a Farther Shore,* 303‒4.

17   John Lee, "'Silent Spring' Is Now Noisy Summer," *New York Times,* July 22, 1962.

18   Davis, *Banned,* 153‒86.

19   Linda Lear, *Rachel Carson : Witness for Nature* (New York : Henry Holt, 1997), 357.

20   Rachel Carson, *Silent Spring* (Boston : Houghton Mifflin Company, 1962), 222.

21   Carson, *Silent Spring,* 222‒24.

22   Davis, *Banned,* 139.

23   Souder, *On a Farther Shore,* 317.

24   Souder, *On a Farther Shore,* 352.

25   Carson, *Silent Spring,* 227‒30.

26   Malcolm Hargraves, "Chemical Pesticides and Conservation Problems," lecture presented before the twenty-third annual convention of the National Wildlife Federation, February 27, 1959.

27   Lear, *Rachel Carson,* 357.

28   Carson, *Silent Spring,* 231.

29   Michelle Boland, Aparajita Chourasia, and Kay Macleod, "Mitochondrial Dysfunction in Cancer," *Frontiers in Oncology* 3 (2013) : 292; Vander Heiden, L. Cantley, and C. B. Thompson, "Understanding the Warburg Effect : The Metabolic Requirements of Cell Proliferation," *Science* 324 (2009) : 1029‒33.

30   Lee, "'Silent Spring' Is Now Noisy Summer."

31   Robert C. Toth, "U.S. Orders Study of Two Pesticides," *New York Times,* May 5, 1963.

32   "Rachel Carson Dies of Cancer; 'Silent Spring' Author Was 56," *New York Times,* April

15, 1964.

33 Souder, *On a Farther Shore,* 335.

34 Souder, *On a Farther Shore,* 332.

35 Souder, *On a Farther Shore,* 393.

36 Souder, *On a Farther Shore,* 393–94.

37 Carson, *Silent Spring,* 225–26.

38 International Agency for Research on Cancer, "Amitrole," in *Some Thyrotropic Agents,* IARC Monographs on the Evaluation of Carcinogenic Risks to Humans 79 (Lyon : IARC, 2001).

39 Agency for Toxic Substances and Disease Registry, *DDT Toxicological Profile* (Atlanta, GA : Department of Health and Human Services, 2002).

40 Florence Breeveld, Stephen Vreden, and Martin Grobusch, "History of Malaria Research and Its Contribution to the Malaria Control Success in Suriname : A Review," *Malaria Journal* 11 (2012) : 95.

41 Amir Attaran and Rajendra Maharaj, "Ethical Debate : Doctoring Malaria, Badly : The Global Campaign to Ban DDT," *British Medical Journal* 321 (2000) : 1403–5.

42 Vladimir Turusov, Valery Rakitsky, and Lorenzo Tomatis, "Dichlorodiphenyltrichloroethane (DDT) : Ubiquity, Persistence, and Risks," *Environmental Health Perspectives* 110 (2002) : 125–28.

43 Fredric Steinberg, "Is It Time to Dismiss Calls to Ban DDT," *British Medical Journal* 322 (2001) : 676–77.

44 Gretchen Vogel, "Malaria May Accelerate Aging in Birds," *Science* 347 (2015) : 362.

제9장 발암성 연구

1   Percival Pott, *Chirurgical Observations Relative to the Cataract, the Polypus of the Nose, the Cancer of the Scrotum, [etc.]* (London, 1775).

2   Henry Butlin, "Three Lectures on Cancer of the Scrotum in Chimney-Sweeps and Others : Lecture 1-Secondary Cancer Without Primary Cancer," *British Medical Journal* 1 (1892) : 1341–46.

3   Henry Butlin, "Three Lectures on Cancer of the Scrotum in Chimney-Sweeps and Others : Lecture III-Tar and Paraffin Cancers," *British Medical Journal* 2 (1892) : 66–71.

4   John Simmons, *Doctors and Discoveries : Lives That Created Today's Medicine* (Boston : Houghton Mifflin Harcourt, 2002), 60.

5   Howard Haggard and G. M. Smith, "Johannes Muller and the Modern Conception of Cancer," *Yale Journal of Biology and Medicine* 10 (1938) : 419–36.

6   Haggard and Smith, "Johannes Muller."

7   Haggard and Smith, "Johannes Muller."

8   Henry Harris, *The Birth of the Cell* (New Haven, CT : Yale University Press, 1999).

9   Leon Bignold, Brian Coghlan, and Hubertus Jersmann, *David Paul von Hansemann : Contributions to Oncology* (Basel : Birkhauser Verlag, 2007), 41–55.

10 Bignold, Coghlan, and Jersmann, *David Paul von Hansemann,* 75–90.

11 Theodor Boveri, *Concerning the Origin of Malignant Tumours,* trans. and ed. Henry Harris (Cold Spring Harbor, NY : The Company of Biologists Limited and Cold Spring Harbor Laboratory Press, 2008).

12 Boveri, *Concerning the Origin of Malignant Tumours.*

13 Charlotte Auerbach, John Robson, and J. G. Carr, "The Chemical Production of Mutations," *Science* 105 (1947) : 243–47.

14 Sverre Heim and Felix Mitelman, "A New Approach to an Old Problem, Chapter 1," in *Cancer Cytogenetics*, 3rd ed., ed. Sverre Heim and Felix Mitelman (Hoboken, NJ : Wiley-Blackwell, 2009), 1-8.

15 Joe Hin Tjio and Albert Levan, "The Chromosome Number of Man," *Hereditas* 42 (1956) : 1-6.

16 Macfarlane Burnet, *The Clonal Selection Theory of Acquired Immunity* (Cambridge : Cambridge University Press, 1959).

17 James Watson, *The Double Helix* (New York : Simon and Shuster, 1968).

18 James Watson and Francis Crick, "The Structure of DNA," *Cold Spring Harbor Symposia on Quantitative Biology* 18 (1953) : 123-31.

19 U.S. National Library of Medicine Profiles in Science, "Marshall W. Nirenberg," http://profiles.nlm.nih.gov/ps/retrieve/Narrative/JJ/p-nid/21.

20 U.S. National Library of Medicine Profiles in Science, "Marshall W. Nirenberg."

제10장 발암물질은 어떻게 만들어질까

1 Sharon Bertsch McGrayne, *Prometheans in the Lab : Chemistry and the Making of the Modern World* (New York : McGraw-Hill, 2001), 17-19.

2 Henry Butlin, "Three Lectures on Cancer of the Scrotum in Chimney-Sweeps and Others : Lecture III-Tar and Paraffin Cancer," *British Medical Journal* 2 (1892) : 66-71.

3 Katsusaburo Yamagiwa and Koichi Ichikawa, "Experimental Study of the Pathogenesis of Carcinoma," *Journal of Cancer Research* 3 (1918) : 1-29.

4 Rony Armon, "From Pathology to Chemistry and Back : James W. Cook and Early Chemical Carcinogenesis Research," *AMBIX* 59 (2012) : 152-69.

5 Isaac Berenblum and Philippe Shubik, "The Role of Croton Oil Applications, Associated with a Single Painting of a Carcinogen, in Tumour Induction of the Mouse's Skin," *British Journal of Cancer* 1 (1947) : 379-82.

6 David Clayson, *Chemical Carcinogenesis* (London : J. & A. Churchill, 1962), 410-37.

7 Clayson, *Chemical Carcinogenesis*.

8 Peter Czygan, Helmut Greim, Anthony Garro, et al., "Microsomal Metabolism of Dimethylnitrosamine and the Cytochrome P-450 Dependency of Its Activation to a Mutagen," *Cancer Research* 33 (1973) : 2983-86.

9 Alvito Alvares, Gayle Schilling, Wayne Levin, and Ronald Kuntzman, "Studies on the Induction of CO-Binding Pigments in Liver Microsomes by Phenobarbital and 3-Methylcholanthrene," *Biochemical and Biophysical Research Communications* 29 (1967) : 521-26.

10 Andrew Parkinson, Brian Ogilvie, David Buckley, Faraz Kazmi, Maciej Czerwinski, and Oliver Parkinson, "Biotransformation of Xenobiotics," in *Casarett and Doull's Toxicology : The Basic Science of Poisons*, 8th ed., ed. Curtis Klassen (New York : McGraw-Hill, 2013), 253.

제11장 유전자에 직접 영향을 주는 발암물질

1 Peter Brookes and Philip Lawley, "The Reaction of Mustard Gas with Nucleic Acids in Vitro and in Vivo," *Biochemical Journal* 77 (1960) : 478-84.

2 Philip Lawley and Peter Brookes, "Further Studies on the Alkylation of Nucleic Acids and Their Constituent Nucleotides," *Biochemical Journal* 89 (1963) : 127-38.

3 Peter Brookes and Philip Lawley, "Evidence for the Binding of Polynuclear Aromatic Hydrocarbons to the Nucleic Acids of Mouse Skin : Relation Between Carcinogenic Power of Hydrocarbons and Their Binding to Deoxyribonucleic Acid," *Nature* 202 (1964) : 781-84.

4 Elizabeth Miller and James Miller, "Mechanisms of Chemical Carcinogenesis : Nature of the Proximate Carcinogens and Interactions with Macromolecules," *Pharmacological Reviews* 18 (1966) : 805-38.

5 Miller and Miller, "Mechanisms of Chemical Carcinogenesis."

6 Fred Kadlubar, James Miller, and Elizabeth Miller, "Guanyl O6-Arylamination and O6-Arylation of DNA by the Carcinogen N-Hydroxy-1-Naphthylamine," *Cancer Research* 38 (1978) : 3628-38. Fred Kadlubar, "A Transversion Mutation Hypothesis for Chemical Carcinogenesis by N2-Substitution of Guanine in DNA," *Chemical Biological Interactions* 31 (1980) : 255-63.

7 Bruce Ames, E. Gurney, James Miller, and Helmut Bartsch, "Carcinogens as Frameshift Mutagens : Metabolites and Derivatives of 2-Acetylaminofluorene and Other Aromatic Amine Carcinogens," *Proceedings of the National Academy of Sciences of the United States of America* 69 (1972) : 3128-32.

8 Bruce Ames, P. Sims, and P. L. Grover, "Epoxides of Carcinogenic Polycyclic Hydrocarbons Are Frameshift Mutagens," *Science* 176 (1972) : 47-49.

9 Bruce Ames, William Durston, Edith Yamasaki, and Frank Lee, "Carcinogens Are Mutagens : A Simple Test System Combining Liver Homogenates for Activation and Bacteria for Detection," *Proceedings of the National Academy of Sciences of the United States of America* 70 (1973) : 2281-85.

10 Ames, Sims, and Grover, "Epoxides of Carcinogenic Polycyclic Hydrocarbons Are Frameshift Mutagens"; Ames, Durston, Yamasaki, and Lee, "Carcinogens Are Mutagens."

11 Erik Stokstad, "DNA's Repair Trick Win Chemistry's Top Prize," *Science* 350 (2015) : 266.

12 John Whysner, M. Vijayaraj Reddy, Peter Ross, Melissa Mohan, and Elizabeth Lax, "Genotoxicity of Benzene and Its Metabolites," *Mutation Research* 566 (2004) : 99-130.

13 MaryJean Pendleton, R. Hunter Lindsey Jr., Carolyn A. Felix, David Grimwade, and Neil Osheroff, "Topoisomerase II and Leukemia," *Annals of the New York Academy of Sciences* 1310 (2014) : 98-110.

14 Robert Weinberg, *One Renegade Cell : How Cancer Begins* (New York : Basic Books, 1998), 25-44.

15 Weinberg, *One Renegade Cell,* 63-78. Arnold Levine, "Tumor Suppressor Genes," *Bioessays* 2 (1990) : 60-66.

16 Weinberg, *One Renegade Cell,* 126-30.

17 Bert Vogelstein, Eric Fearon, Stanley Hamilton, et al., "Genetic Alterations During ColorectalTumor Development," *New England Journal of Medicine* 319 (1988) : 525-32.

제12장 방사선 때문에 발생하는 암

1 Erwin Ackerknecht, *Rudolf Virchow and Virchow-Bibliographie 1843-1901,* ed. J. Schwalbe (New York : Arno, 1981), 98-99.

2 Ackerknecht, *Rudolf Virchow,* 98-99.

3 Fran Balkwill and Alberto Mantovani, "Inflammation and Cancer : Back to Virchow?" *Lancet* 357 (2001) : 539-45.

4 Leon Bignold, Brian Coghlan, and Hubertus Jersmann, *David Paul von Hansemann : Contributions to Oncology* (Basel : Birkhauser Verlag, 2007), 60-61.

5 Internal Agency for Research on Cancer, "Shistosomes, Liver Flukes, and Helicobacter Pylori," in *Monographs on the Evaluation of Carcinogenic Risks to Humans* (Lyon : IARC, 1994), 61:45-119.

6   H. Kuper, H. O. Adami, and Dimitri Trichopoulos, "Infections as a Major Preventable Cause of Human Cancer," *Journal of International Medical Research* 248 (2000) : 171–83.

7   Balkwill and Mantovani, "Inflammation and Cancer?"

8   Internal Agency for Research on Cancer, "Alcohol Drinking," in *Monographs on the Evaluation of Carcinogenic Risks to Humans* (Lyon : IARC, 1988), 44:153.

9   Stephan Padosch, Dirk Lachenmeier, and Lars Kröner, "Absinthism : A Fictitious Nineteenth-Century Syndrome with Present Impact," *Substance Abuse Treatment, Prevention, and Policy* 1 (2006) : 14.

10   Internal Agency for Research on Cancer, "Consumption of Alcoholic Beverages," in *Monographs on the Evaluation of Carcinogenic Risks to Humans* (Lyon : IARC, 2012), 100E:373–499.

11   G. Pöschl and H. K. Seitz, "Alcohol and Cancer," *Alcohol and Alcoholism* 39 (2004) : 155–65.

12   International Agency for Research on Cancer, "Consumption of Alcoholic Beverages," 373–499.

13   Isaac Berenblum and Philip Shubik, "The Role of Croton Oil Applications, Associated with a Single Painting of a Carcinogen, in Tumour Induction of the Mouse's Skin," *British Journal of Cancer* 1 (1947) : 379–82.

14   Matthews Bradley, Victoria Taylor, Michael Armstrong, and Sheila Galloway, "Relationships Among Cytotoxicity, Lysosomal Breakdown, Chromosome Aberrations, and DNA Double-Strand Breaks," *Mutation Research* 189 (1987) : 69–79.

15   Samuel Cohen and Leon Ellwein, "Cell Proliferation in Carcinogenesis," *Science* 249 (1990) : 1007–11.

16   Gary Williams and John Whysner, "Epigenetic Carcinogens : Evaluation and Risk Assessment," *Experimental and Toxicological Pathology* 48 (1996) : 189–95.

17   Lisa Coussens and Zena Werb, "Inflammation and Cancer," *Nature* 420 (2002) : 860–67.

18   Sigmund Weitzman and Thomas Stossel, "Mutation Caused by Human Phagocytes," *Science* 212 (1981) : 546–47.

19   Henry Pitot and Yvonne Dragan, "Chemical Carcinogenesis," in *Caserett and Doull's Toxicology : The Basic Science of Poisons,* 6th ed., ed. Curtis Klaassen (New York : McGraw-Hill, Medical Publishing Division, 2001), 241–320.

제13장 흡연 : 검은 탄폐증

1   Richard Doll, "In Memoriam; Ernst Wynder 1923–1999," *American Journal of Public Health* 89 (1999) : 1798–99.

2   Centers for Disease Control, "Mortality Trends for Selected Smoking-Related Cancers and Breast Cancer-United States, 1950-1990," *Mortality and Morbidity Weekly Report* 42 : 863–66.

3   Ernst Wynder and Evarts Graham, "Tobacco Smoking as a Possible Etiologic Factor in Bronchiogenic Carcinoma; A Study of 684 Proved Cases," *Journal of the American Medical Association* 143 (1950) : 329–36.

4   Siddhartha Mukherjee, *The Emperor of All Maladies : A Biography of Cancer* (New York : Scribner, 2010), 244.

5   Wynder and Graham, "Tobacco Smoking as a Possible Etiologic Factor in Bronchiogenic Carcinoma."

6   Wynder and Graham, "Tobacco Smoking as a Possible Etiologic Factor in Bronchiogenic

Carcinoma."

7 Ernst Wynder, "The Past, Present, and Future of the Prevention of Lung Cancer," *Cancer Epidemiology, Biomarkers & Prevention* 7 (1998) : 735-48.

8 Michael Thun, "When Truth Is Unwelcome : First Reports of Smoking and Lung Cancer," *Bulletin of the World Health Organization* 83 (2005) : 144-45.

9 Richard Doll and Austin Bradford Hill, "Smoking and Carcinoma of the Lung; Preliminary Report," *British Medical Journal* 2 (1950) : 739-48.

10 Richard Doll and Austin Bradford Hill, "The Mortality of Doctors in Relation to Their Smoking Habits; A Preliminary Report," *British Medical Journal* 1 (1954) : 1451-55.

11 Richard Doll and Austin Bradford Hill, "Lung Cancer and Other Causes of Death in Relation to Smoking; A Second Report on the Mortality of British Doctors," *British Medical Journal* 2 (1956) : 1071-81.

12 Jerome Cornfield, William Haenszel, E. Cuyler Hammond, Abraham M. Lilienfeld, Michael B. Shimkin, and Ernst L. Wynder, "Smoking and Lung Cancer : Recent Evidence and a Discussion of Some Questions," *International Journal of Epidemiology* 38 (2009) : 1175-91.

13 Nicole Fields and Simon Chapman, "Chasing Ernst L. Wynder : 40 Years of Philip Morris' Efforts to Influence a Leading Scientist," *Journal of Epidemiology and Community Health* 57 (2003) : 571-78.

14 Ernest Wynder, Evarts Graham, and Adele Croninger, "Experimental Production of Carcinoma with Cigarette Tar," *Cancer Research* 13 (1953) : 855-64.

15 Robert Weinberg, *Racing to the Beginning of the Road : The Search for the Origin of Cancer* (New York : Harmony, 1996).

16 U.S. Public Health Service, *Smoking and Health : Report of the Advisory Committee to the Surgeon General of the Public Health Service* (Princeton, NJ : D. Van Nostrand Company, 1964).

17 U.S. Public Health Service, *Smoking and Health.*

18 Steve Stellman, "Ernst Wynder : A Remembrance," *Preventive Medicine* 43 (2006) : 239-45.

19 Stellman, "Ernst Wynder."

20 Annamma Augustine, Randall Harris, and Ernst Wynder, "Compensation as a Risk Factor for Lung Cancer in Smokers Who Switch from Nonfilter to Filter Cigarettes," *American Journal of Public Health* 79 (1989) : 188-91.

제14장 무엇이 암을 일으킬까

1 Ernst Wynder and Gio Gori, "Contribution of the Environment to Cancer Incidence : An Epidemiologic Exercise," *Journal of the National Cancer Institute* 58 (1977) : 825-32.

2 Richard Doll and Richard Peto, "The Causes of Cancer : Quantitative Estimates of Avoidable Risks of Cancer in the United States Today," *Journal of the National Cancer Institute* 66 (1981) : 1193-308.

3 Henry Pitot and Yvonne Dragan, "Chemical Carcinogenesis," in *Casarett and Doull's Toxicology : The Basic Science of Poisons,* 6th ed., ed. Curtis D. Klaassen (New York : McGraw-Hill, 2001).

4 William Blot and Robert Tarone, "Doll and Peto's Quantitative Estimates of Cancer Risks : Holding Generally True for 35 Years," *Journal of the National Cancer Institute* 107 (2015).

5 Wynder and Gori, "Contribution of the Environment to Cancer Incidence"; Doll and Peto, "The Causes of Cancer."

6 Wynder and Gori, "Contribution of the Environment to Cancer Incidence"; Doll and Peto,

"The Causes of Cancer."

7   Ernst Wynder, John Weisburger, and Stephen Ng, "Nutrition : The Need to Define 'Optimal' Intake as a Basis for Public Policy Decisions," *American Journal of Public Health* 82 (1992) : 346–50.

8   Pitot and Dragan, "Chemical Carcinogenesis."

9   Béatrice Lauby-Secretan, Chiara Scoccianti, Dana Loomis, Yann Grosse, Franca Bianchini, and Kurt Straif, "Body Fatness and Cancer-Viewpoint of the IARC Working Group," *New England Journal of Medicine* 25 (2016) : 794–98.

10 Tim Byers and Rebecca Sedjo, "Body Fatness as a Cause of Cancer : Epidemiologic Clues to Biologic Mechanisms," *Endocrine Related Cancer* 22 (2015) : R125–34.

11 Lauby-Secretan et al., "Body Fatness and Cancer."

12 Vincent Cogliano, Robert Baan, Kurt Straif, et al., "Preventable Exposures Associated with Human Cancers," *Journal of the National Cancer Institute* 103 (2011) : 1827–39.

13 Claire Vajdic, Stephen McDonald, Margaret McCredie, et al., "Cancer Incidence Before and After Kidney Transplantation," *Journal of the American Medical Association* 296 (2006) : 2823–31.

14 Bernardo Ramazzini, *De Morbis Arifficum* (Chicago : University of Chicago Press, 1940), 191.

15 Internal Agency for Research on Cancer, "Post-Menopausal Oestrogen Therapy," *Hormonal Contraception and Postmenopausal Hormonal Therapy,* Monographs on the Evaluation of Carcinogenic Risks to Humans 72 (Lyon : IARC, 1999), 407.

16 Brian MacMahon, Phillip Cole, T. Lin, et al., "Age at First Birth and Breast Cancer Risk," *Bulletin of the World Health Organization* 43 (1970) : 209–21.

17 D. N. Rao, B. Ganesh, and P. B. Desai, "Role of Reproductive Factors in Breast Cancer in a Low-Risk Area : A Case-Control Study," *British Journal of Cancer* 70 (1994) : 129–32.

18 Mariana Chavez-MacGregor, Sjoerd Elias, Charlotte Onland-Moret, et al., "Postmenopausal Breast Cancer Risk and Cumulative Number of Menstrual Cycles," *Cancer Epidemiology Biomarkers and Prevention* 4 (2005) : 799–804.

19 Margot Cleary and Michael Grossmann, "Minireview : Obesity and Breast Cancer : The Estrogen Connection," *Endocrinology* 150 (2009) : 2537–42.

20 Yann Grosse, Robert Baan, Kurt Straif, et al., "A Review of Human Carcinogens-Part A : Pharmaceuticals," *Lancet Oncology* 10 (2009) : 13–14.

21 Gina Kolata, "A Tradition of Caution : Confronting New Ideas, Doctors Often Hold on to the Old," *New York Times,* May 10, 1992.

22 Doll and Peto, "The Causes of Cancer."

23 F. Carneiro, *World Cancer Report : International Agency for Research on Cancer,* ed. Bernard Stewart and Christopher Wild (Lyon : IARC, 2014), 1101.

24 http://monographs.iarc.fr/ENG/Classification/Table4.pdf.

25 http://monographs.iarc.fr/ENG/Classification/Table4.pdf.

26 National Cancer Institute, *SEER Cancer Statistics Review, 1975-2012,* table 2.7, "All Cancer Sites (Invasive)," http://seer.cancer.gov/csr/1975_2012/browse_csr.php?sectionSEL=2&pageSEL=sect_02_table.07.html.

27 Bert Vogelstein, Eric Fearon, Stanley Hamilton, et al., "Genetic Alterations During Colorectal Tumor Development," *New England Journal of Medicine* 319 (1988) : 525–32.

28 Christian Tomasetti and Bert Vogelstein, "Cancer Etiology. Variation in Cancer Risk Among Tissues Can Be Explained by the Number of Stem Cell Divisions," *Science* 347 (2015) : 78–81.

29 Doll and Peto, "The Causes of Cancer."
30 National Cancer Institute, "Genetic Testing for Inherited Cancer Suseptibility Syndromes," http://www.cancer.gov/about-cancer/causes-prevention/genetics/genetic-testing-fact-sheet.
31 Ernst Wynder, "American Health Foundation, 25th Anniversary Symposium," *Preventive Medicine* 25 (1996) : 1–67.

제15장 화학적 질병의 예방
1   Gold Rush Trading Post, "Brief History of Drilling and Blasting," February 15, 2014, http://www.goldrushtradingpost.com/prospecting_blog/view/32702/brief_history_of_drilling_and_blasting.
2   Tim Carter, "British Occupational Hygiene Practice 1720–1920," *Annals of Occupational Hygiene* 48 (2004) : 299–307.
3   "Alice Hamilton," *Mortality and Morbidity Weekly Report* 48 (1999) : 462.
4   Alice Hamilton, *Exploring the Dangerous Trades* (Beverly, MA : OEM, 1995), 114–18.
5   Hamilton, *Exploring the Dangerous Trades,* 114–18.
6   Hamilton, *Exploring the Dangerous Trades,* 118–24.
7   Hamilton, *Exploring the Dangerous Trades,* 118–24.
8   Hamilton, *Exploring the Dangerous Trades,* 183–99.
9   Hamilton, *Exploring the Dangerous Trades,* 279–82.
10 Hamilton, *Exploring the Dangerous Trades,* 255–61.
11 J. C. Bridge, "The Influence of Industry on Public Health," *Proceedings of the Royal Society of Medicine* 26 (1933) : 943–51.
12 ACGIH, "History," http://www.acgih.org/about-us/history.
13 U.S. Department of Labor, "Timeline of OSHA's 40 Year History," https://www.osha.gov/osha40/timeline.html.
14 David Michaels and Celeste Monforton, "Beryllium's Public Relations Problem : Protecting Workers When There Is No Safe Exposure Level," *Public Health Reports* 123 (2008) : 79–88.
15 Richard Sawyer and Lisa Maier, "Chronic Beryllium Disease : An Updated Model Interaction Between Innate and Acquired Immunity," *Biometals* 24 (2011) : 1–17.
16 McAllister Hull and Amy Bianco, *Rider of the Pale Horse* (Albuquerque : University of New Mexico Press, 2005).
17 Marc Stockbauer, "The Designs of Fat Man and Little Boy," EDGE : Ethics of Development in a Global Environment seminar series, Stanford University, 1999, https://web.stanford.edu/ class/e297c/war_peace/atomic/hfatman.html.
18 W. Jones Williams, "A Histological Study of the Lungs in 52 Cases of Chronic Beryllium Disease," *British Journal of Industrial Medicine* 15 (1958) : 84–91.
19 Dannie Middleton, "Chronic Beryllium Disease : Uncommon Disease, Less Common Diagnosis," *Environmental Health Perspectives* 106 (1998) : 765–67.
20 Kenneth Rosenman, Vicki Hertzberg, Carol Rice, et al., "Chronic Beryllium Disease and Sensitization at a Beryllium Processing Facility," *Environmental Health Perspective* 113 (2005) : 1366–72.
21 Dan Middleton and Peter Kowalski, "Advances in Identifying Beryllium Sensitization and Disease," *International Journal of Environmental Research and Public Health* 7 (2010) : 115–24.
22 Middleton and Kowalski, "Advances in Identifying Beryllium Sensitization and Disease."
23 U.S. Department of Labor, "Final Rule to Protect Workers from Beryllium Exposure,"

December 10, 2018, https://www.osha.gov/berylliumrule/index.html.

제16장 좋은 이름의 중요성

1 International Agency for Research on Cancer, "Agents Classified by the *IARC Monographs, Volumes 1-23*," November 2, 2018, http://monographs.iarc.fr/ENG/Classification/ClassificationsAlphaOrder.pdf.
2 IARC, "Agents Classified by the *IARC Monographs.*"
3 Girard Hottendorf and Irwin Pachter, "Review and Evaluation of the NCI/NTP Carcinogenesis Bioassays," *Toxicologic Pathology* 13 (1985) : 141-46.
4 Peter Shields, John Whysner, and Kenneth Chase, "Polychlorinated Biphenyls and Other Polyhalogenated Aromatic Hydrocarbons," in *Hazardous Materials Toxicology,* ed. J. Sullivan (Baltimore, MD : Williams & Wilkins, 1992).
5 William Blair, "Senate Unit Told of Fish Tainting, Chemical Is the Same Found in Chickens Near Factory," *New York Times,* August 5, 1971.
6 Kevin Sack, "PCB Pollution Suits Have Day in Court in Alabama," *New York Times,* January 27, 2002.
7 Blair, "Senate Unit Told of Fish Tainting."
8 Renata Kimbrough, Robert Squire, R. E. Linder, John Strandberg, R. J. Montalli, and Virlyn Burse, "Induction of Liver Tumor in Sherman Strain Female Rats by Polychlorinated Biphenyl Aroclor 1260," *Journal of the National Cancer Institute* 55 (1975) : 1453-59.
9 Jacques Steinberg, "The 13-Year Cleaning Job; After $53 Million, a $17 Million State Building Finally Is Declared Safe from Toxins," *New York Times,* October 11, 1994.
10 Richard Severo, "State Says Some Striped Bass and Salmon Pose a Toxic Peril," *New York Times,* August 8, 1975.
11 American Lung Association, "Tobacco Initiatives," https://www.lung.org/our-initiatives/tobacco.

제17장 화학물질을 정확하게 규제할 수 있을까

1 International Agency for Research on Cancer, "Benzene," in *Some Anti-Thyroid and Related Substances, Nitrofurans and Industrial Chemicals, IARC Monographs on the Evaluation of Carcinogenic Risk of Chemicals to Humans* 7 (Lyon : IARC, 1974), 203-21.
2 Enrico Vigliani, "Leukemia Associated with Benzene Exposure," *Annals of the New York Academy of Sciences* 271 (1976) : 143-51. Enrico Vigliani and Giulio Saita, "Benzene and Leukemia," *New England Journal of Medicine* 271 (1964) : 872-76.
3 Austin Bradford Hill, "The Environment and Disease : Association or Causation?" *Proceedings of the Royal Society of Medicine* 58 (1965) : 295-300.
4 Hill, "The Environment and Disease."
5 Hill, "The Environment and Disease."
6 Hill, "The Environment and Disease."
7 Hill, "The Environment and Disease."
8 Carolyn Raffensperger and Joel Tickner, introduction to *Protecting Public Health and the Environment : Implementing the Precautionary Principle,* ed. Carolyn Raffensperger and Joel Tickner (Washington, DC : Island, 1999), 1-11.
9 Raffensperger and Tickner, introduction.
10 International Agency for Research on Cancer, "Preamble," in *Occupational Exposures to Mists and Vapours from Strong Inorganic Acids; and Other Industrial Chemicals,*

IARC Monographs on the Evaluation of Carcinogenic Risk of Chemicals to Humans 54 (Lyon : IARC, 1992).

11 International Agency for Research on Cancer, "IQ," "MOCA," "Methylmercury Compounds," "Ethylene Oxide," "Styrene," "Acylamide," "Trichloropropane," "Vinyl Acetate," "Vinyl Fluoride," "Dioxin," "Aziridine," "Diethyl Sulfate," 'Dimethycarbamoyl Chloride," "Diemthylhydrazine," "Dimethylsulfate," "Epichlorlydrin," "Epoxybutane," "Ethylene Dibromide," "Methyl Methanesulfonate," "Tris Dibromopropyl Phosphate," and "Vinylbromide," IARC Monographs on the Evaluation of Carcinogenic Risk of Chemicals to Humans 54-72 (Lyon : IARC, 1992-1998).

12 U.S. Environmental Protection Agency, *Alpha 2u-Globulin : Association with Chemically Induced Renal Toxicity and Neoplasia in the Male Rat* (Washington, DC : Risk Assessment Forum, 1991), EPA/625/3-91/019F.

13 Charles Capen, Erik Dybing, Jerry Rice, and Julian Wilbourn, "Consensus Report," in *Species Differences in Thyroid, Kidney, and Urinary Bladder Carcinogenesis,* IARC Scientific Publications 147 (Lyon : IARC, 1999).

14 Dan Ferber, "Lashed by Critics, WHO's Cancer Agency Begins a New Regime," *Science* 301 (2003) : 36-37.

15 Vincent Cogliano, Robert Baan, Kurt Straif, Yann Grosse, Beatrice Secretan, and Fatiha El Ghissassi, "Use of Mechanistic Data in IARC Evaluations," *Environmental and Molecular Mutagenesis* 49 (2008) : 100-9.

제18장 용량이 독을 만든다

1 International Agency for Research on Cancer, "Paracetamol," in *Some Chemicals That Cause Tumours of the Kidney or Urinary Bladder in Rodents and Some Other Substances,* IARC Monographs on the Evaluation of Carcinogenic Risk of Chemicals to Humans 73 (Lyon : IARC, 1999), 401-50.

2 International Agency for Research on Cancer, "Paracetamol."

3 Michael Fleming, S. John Mihic, and R. Adron Harris, "Ethanol," in *Goodman & Gillman's Pharmacological Basis of Therapeutics,* 11th ed., ed. Laurence Brunton, John Lazo, and Keith Parker (New York : McGraw-Hill, 2006), 693.

4 Sook Young Lee, "Can Liver Toxicity Occur at Repeated Borderline Supratherapeutic Doses of Paracetamol?" *Hong Kong Medical Journal* 10 (2004) : 220, 221-22.

5 Anne Burke, Emer Smyth, and Garret FitzGerald, "Analgesic-Antipyretic and Anti-Inflammatory Agents; Pharmacotherapy of Gout," in *Goodman & Gillman's Pharmacological Basis of Therapeutics,* 11th ed., ed. Laurence Brunton, John Lazo, and Keith Parker (New York : McGraw-Hill, 2006), 593.

6 Fleming, Mihic, and Harris, "Ethanol."

7 Barry Rumack and Frederick Lovejoy Jr., "Clinical Toxicology," in *Casarett and Doull's Toxicology : The Basic Science of Poisons,* 3rd ed., ed. Curtis Klaassen, Mary Amdur, and John Doull (New York : Macmillan, 1986), 879-901.

8 Edward Calabrese, Molly McCarthy, and Elaina Kenyon, "The Occurrence of Chemically Induced Hormesis," *Health Physics* 52 (1987) : 531-41; Edward Calabrese and Linda Baldwin, "Hormesis as a Biological Hypothesis," *Environmental Health Perspectives* 106 (1998) : 357-62; Edward Calabrese and Linda Baldwin, "Can the Concept of Hormesis Be Generalized to Carcinogenesis?" *Regulatory Toxicolology and Pharmacology* 28 (1998) : 230-41.

9 Shoji Fukushima, Anna Kinoshita, Rawiwan Puatanachokchai, Masahiko Kushida, Hideki Wanibuchi, and Keiichirou Morimura, "Hormesis and Dose-ResponseMediated Mechanisms

in Carcinogenesis : Evidence for a Threshold in Carcinogenicity of Non-Genotoxic Carcinogens," *Carcinogenesis* 26 (2005) : 1835‒45.

10 Henry Pitot, Thomas Goldsworthy, Susan Moran, et al., "A Method to Quantitate the Relative Initiating and Promoting Potencies of Hepatocarcinogenic Agents in Their Dose-Response Relationships to Altered Hepatic Foci," *Carcinogenesis* 8 (1987) : 1491‒99.

11 Bureau of Labor Statistics, "Table 6 : Incidence Rates and Numbers of Nonfatal Occupational Illnesses by Major Industry Sector, Category of Illness, and Ownership, 2014," updated August 27, 2016, https://www.bls.gov/news.release/osh.t06.htm.

12 S. B. Avery, D. M. Stetson, P. M. Pan, and K. P. Mathews, "Immunological Investigation of Individuals with Toluene Diisocyanate Asthma," *Clinical and Experimental Immunology* 4 (1969) : 585‒96; W. G. Adams, "Long-Term Effects on the Health of Men Engaged in the Manufacture of Toluene Di-Isocyanate," *British Journal of Industrial Medicine* 32 (1975) : 72‒78.

13 Manfred Bowditch and Hervey Elkins, "Chronic Exposure to Benzene (Benzol). I : The Industrial Aspects," *Journal of Industrial Hygiene and Toxicology* 21 (1939) : 321‒77; Francis Hunter, "Chronic Exposure to Benzene (Benzol). II : The Clinical Effects," *Journal of Industrial Hygiene and Toxicology* 21 (1939) : 331‒54.

14 Robert Rinsky, Ronald Young, and Alexander Smith, "Leukemia in Benzene Workers," *American Journal of Industrial Medicine* 2 (1981) : 217‒45.

15 Robert Rinsky, Alexander Smith, Richard Hornung, et al., "Benzene and Leukemia : An Epidemiologic Risk Assessment," *New England Journal Medicine* 316 (1987) : 1044‒50.

16 Agency for Toxic Substances and Disease Registry, *Toxicological Profile for Asbestos* (Atlanta : U.S. Department of Health and Human Services, 2001), 146.

17 D. E. Fletcher, "A Mortality Study of Shipyard Workers with Pleural Plaques," *British Journal of Industrial Medicine* 29 (1972) : 142‒45.

18 Richard Doll, "Mortality from Lung Cancer in Asbestos Workers," *British Journal of Industrial Medicine* 12 (1955) : 81‒86.

19 Cuyler Hammond, Irving Selikoff, and Herbert Seidmant, "Asbestos Exposure, Cigarette Smoking, and Death Rates," *New York Academy of Sciences* 330 (1979) : 473‒90.

20 Harri Vainio and Paolo Boffetta, "Mechanisms of the Combined Effect of Asbestos and Smoking in the Etiology of Lung Cancer," *Scandinavian Journal of Work, Environment, and Health* 20 (1994) : 235‒42.

21 Sarah Huang, Marie-Claude Jaurand, David Kamp, John Whysner, and Tom Hei, "Role of Mutagenicity in Asbestos Fiber-Induced Carcinogenicity and Other Diseases," *Journal of Toxicology and Environmental Health Part B* 14 (2011) : 179‒245.

22 John Hedley-Whyte and Debra Milamed, "Asbestos and Ship-Building : Fatal Consequences," *Ulster Medical Journal* 77 (2008) : 191‒200.

23 G. Berry, M. L. Newhouse, and P. Antonis, "Combined Effect of Asbestos and Smoking on Mortality from Lung Cancer and Mesothelioma in Factory Workers," *British Journal of Industrial Medicine* 42 (1985) : 12‒18.

24 J. C. McDonald and A. D. McDonald, "The Epidemiology of Mesothelioma in Historical Context," *European Respiratory Journal* 9 (1996) : 1932‒42.

제19장 오염을 정화할 준비가 되었을까

1 Kenneth Chase, Otto Wong, David Thomas, B. W. Berney, and Robert Simon, "Clinical and Metabolic Abnormalities Associated with Occupational Exposure to Polychlorinated Biphenyls (PCBs)," *Journal of Occupational Medicine* 24 (1982) : 109‒14.

2 U.S. Environmental Protection Agency, *Health Effects Assessment for Polychlorinated Biphenyls* (Washington, DC : U.S Environmental Protection Agency, 1984), NTIS PB 81-117798.

3 John Whysner and Gary Williams, "International Cancer Risk Assessment : The Impact of Biologic Mechanisms," *Regulatory Toxicology and Pharmacology* 15 (1992) : 41–50.

4 Brian Mayes, E. McConnell, B. Neal, et al., "Comparative Carcinogenicity in Sprague-Dawley Rats of the Polychlorinated Biphenyl Mixtures Aroclors 1016, 1242, 1254, and 1260," *Toxicological Sciences* 41 (1998) : 62–76.

5 John Whysner and C.-X. Wang, "Hepatocellular Iron Accumulation and Increased Proliferation in Polychlorinated Biphenyl-Exposed Sprague-Dawley Rats and the Development of Hepato-carcinogenesis," *Toxicological Sciences* 62 (2001) : 36–45.

6 Food Safety Council, "Quantitative Risk Assessment," *Food and Cosmetic Toxicology* 18 (1980) : 711–84; Federal Department of Agriculture, *Federal Register* 50 (1985) : 45532; National Research Council, "Risk Assessment in the Federal Government : Managing the Process" (1983) : 57; R. A. Tucker, "History of the Food and Drug Administration," interview with Donald Kennedy, June 17, 1996.

7 Linda Bren, "Animal Health and Consumer Protection," *FDA Consumer Magazine*, January/February 2006.

8 Nathan Mantel and W. Ray Bryan, "'Safety' Testing of Carcinogenic Agents," *Journal of the National Cancer Institute* 27 (1961) : 455–70.

9 U.S. Congress, Office of Technology Assessment Task Force, *Identifying and Regulating Carcinogens*, OTA-BP-H-42 (Washington, DC : U.S. Government Printing Office, 1987), 30.

10 Katharyn Kelly, "The Myth of 10^{-6} as a Definition of Acceptable Risk (or, 'In Hot Pursuit of Superfund's Holy Grail')," presented at the 84th Annual Meeting of the Air and Waste Management Association, Vancouver, Canada, June 1991.

11 Office of Science and Technology, Office of Water, "Methodology for Deriving Ambient Water Quality Criteria for the Protection of Human Health" (Washington, DC : United States Environmental Protection Agency, 2000), 2–6, EPA-822-B-00-004.

12 John Whysner, Marvin Kushner, Vincent Covello, et al., "Asbestos in the Air of Public Buildings : A Public Health Risk?" *Preventive Medicine* 23 (1994) : 119–25.

13 Health Effects Institute, *Asbestos in Public and Commercial Buildings : A Literature Review and Synthesis of Current Knowledge* (Cambridge, MA : Health Effects Institute, 1991), chap. 6.

14 Sam Dillon, "Asbestos in the Schools; Disorder on Day 1 in New York Schools," *New York Times*, September 21, 1993.

15 Sam Dillon, "Last School in Asbestos Cleanup Is to Reopen Today in Brooklyn," *New York Times*, November 18, 1993.

제20장 법적 다툼

1 Howard Zonana, "Daubert V. Merrell Dow Pharmaceuticals : A New Standard for Scientific Evidence in the Courts?" *Bulletin of the American Academy of Psychiatry and the Law* 22 (1994) : 309–25.

2 Jose Ramon Bertomeu-Sanchez, "Popularizing Controversial Science : A Popular Treatise on Poisons by Mateu Orfila (1818)," *Medical History* 53 (2009) : 351–78.

3 Bertomeu-Sanchez, "Popularizing Controversial Science."

4 Gale Cengage, "Gross, Hans," in *World of Forensic Science*, ed. K. Lee Lerner and

Brenda Wilmoth Lerner (Farmington Hills, MI : Thomson Gale, 2006).

5   Marcia Angell, *Science on Trial* (New York : Norton, 1996), 125–27.

6   Zonana, "Daubert V. Merrell Dow Pharmaceuticals."

7   Zonana, "Daubert V. Merrell Dow Pharmaceuticals."

8   Janet Raloff, "Benched Science : Increasingly, Judges Decide What Science—If Any—a Jury Hears," *Science News* 168 (2005) : 232–34.

9   Laurence Riff, "Daubert at 10 : A View from Counsel's Table," *Inside EPA's Risk Policy Report,* December 9, 2003.

10 Raloff, "Benched Science."

11 Suzanne Orfino, "Daubert v. Merrell Dow Pharmaceuticals, Inc. : The Battle Over Admissibility Standards for Scientific Evidence in Court," *Journal of Undergraduate Science* 3 (1996) : 109–11.

12 Angell, *Science on Trial,* 35–49.

13 Angell, *Science on Trial,* 52–56.

14 Angell, *Science on Trial,* 60–69.

15 Y. Okano, M. Nishikai, and A. Sato, "Scleroderma, Primary Biliary Cirrhosis, and Sjögren's Syndrome After Cosmetic Breast Augmentation with Silicone Injection : A Case Report of Possible Human Adjuvant Disease," *Annals of the Rheumatic Diseases* 43 (1984) : 520–22.

16 Independent Advisory Committee on Silicone-Gel-filled Implants, "Summary of the Report on Silicone-Gel-Filled Breast Implants," *Canadian Medical Association Journal* 147 (1992) : 1141–46.

17 Sherine Gabriel, W. Michael O'Fallon, Leonard Kurland, C. Mary Beard, John Woods, and Joseph Melton III, "Risk of Connective-Tissue Diseases and Other Disorders After Breast Implantation," *New England Journal of Medicine* 330 (1994) : 1697–702.

18 Sherine Gabriel, W. Michael O'Fallon, C. Mary Beard, Leonard Kurland, John Woods, and Joseph Melton III, "Trends in the Utilization of Silicone Breast Implants, 1964–1991, and Methodology for a Population-Based Study of Outcomes," *Journal of Clinical Epidemiology* 48, no. 4 (1995) : 527–37.

19 Laural Hooper, Joe Cecil, and Thomas Willging, "Assessing Causation in Breast Implant Litigation : The Role of Science Panels," *Law and Contemporary Problems* 64 (2001) : 140–87.

20 David Kaye and Joseph Sanders, "Expert Advice on Silicone Implants : Hall v. Baxter Healthcare Corp.," *Jurimetrics Journal* 37 (1997) : 113–28.

21 Jane Brody, "Shadow of Doubt Wipes Out Bendectin," *New York Times,* June 19, 1983.

22 Cynthia Crowson, Eric Matteson, Elena Myasoedova, et al., "The Lifetime Risk of Adult-Onset Rheumatoid Arthritis and Other Inflammatory Autoimmune Rheumatic Diseases," *Arthritis & Rheumatism* 63 (2011) : 633–39.

23 *Brown v. SEPTA,* U.S. District Court for the Eastern District of Pennsylvania, Civil Action no. 86-2229.

24 Agency for Toxic Substances and Disease Registry, *Exposure Study of Persons Possibly Exposed to Polychlorinated Biphenyls in Paoli, Pennsylvania* (Atlanta, GA : Centers for Disease Control, 1987).

제21장 전쟁의 독성학

1   Joel Vilensky, *Dew of Death : The Story of Lewisite, America's World War I Weapon of Mass Destruction* (Bloomington : Indiana University Press, 2005), 13–18.

2   Institute of Medicine, *Veterans at Risk : The Health Effects of Mustard Gas and Lewisite,* ed. Constance M. Pechura and David P. Rall (Washington, DC : National Academy Press, 1993), 9.

3   Frederick Sidell and Charles Hurst, "Long-Term Health Effects of Nerve Agents and Mustard," in *Textbook of Military Medicine Part : Medical Aspects of Chemical and Biological Warfare,* ed. Frederick Sidell, Ernest Takafuji, and David Franz (Washington, DC : Office of the Surgeon General, Department of the Army, United States of America, 1997).

4   Vilensky, *Dew of Death,* 13-18.

5   Lina Grip and John Hart, *The Use of Chemical Weapons in the 1935-36 Italo-Ethiopian War* (Stockholm : Stockholm International Peace Research Institute, 2009).

6   Institute of Medicine, *Veterans at Risk,* 33, 40-41.

7   Bruno Papirmeister, Alan Feister, Sabina Robinson, and Robert Ford, *Medical Defense Against Mustard Gas : Toxic Mechanisms and Pharmacological Implications* (Boca Raton, FL : CRC, 1991), 13-32.

8   Institute of Medicine, *Veterans at Risk,* 36-40.

9   Robert Joy, "Historical Aspects of Medical Defense Against Chemical Warfare," in *Textbook of Military Medicine : Medical Aspects of Chemical and Biological Warfare,* ed. Frederick Sidell, Ernest Takafuji, and David Franz (Washington, DC : Office of the Surgeon General, Department of the Army, United States of America, 1997).

10   Frederick Sidell, "A History of Human Studies with Nerve Agents by the UK and USA," in *Chemical Warfare Agents : Toxicology and Treatment,* ed. Timothy Marrs, Robert Maynard, and Frederick Sidell (London : John Wiley & Sons, 2007), 223-40.

11   Nancy Munro, Kathleen Ambrose, and Annetta Watson, "Toxicity of the Organophosphate Chemical Warfare Agents GA, GB, and VX : Implications for Public Protection," *Environmental Health Perspectives* 102 (1994) : 18-38.

12   Frederick Sidell, "Nerve Agents," in *Textbook of Military Medicine : Medical Aspects of Chemical and Biological Warfare,* ed. Frederick Sidell, Ernest Takafuji, and David Franz (Washington, DC : Office of the Surgeon General, Department of the Army, United States of America, 1997).

13   Munro et al., "Toxicity of the Organophosphate Chemical Warfare Agents GA, GB, and VX."

14   Sidell, "Nerve Agents."

15   Sidell, "Nerve Agents."

16   Ulf Schmidt, *Secret Science : A Century of Poison Warfare and Human Experiments* (Oxford : Oxford University Press, 2015).

17   "Nixon Reported Set to Ban Gases," *New York Times,* November 25, 1969; John Finney, "Senate Committee Votes 1925 Chemical War Ban," *New York Times,* December 13, 1974.

18   A. P. Watson and G. D. Griffin, "Toxicity of Vesicant Agents Scheduled for Destruction by the Chemical Stockpile Disposal Program," *Environmental Health Perspectives* 98 (1992) : 259-80.

19   Tim Bullman and Han Kang, "A Fifty Year Mortality Follow-Up Study of Veterans Exposed to Low Level Chemical Warfare Agent, Mustard Gas," *Annals of Epidemiology* 10 (2000) : 333-38.

20   Richard Stone, "Chemical Martyrs," *Science* 359 (2018) : 21-25. Steven Erlander, "A Weapon Seen as Too Horrible, Even in War," *New York Times,* September 6, 2013.

21 National Academy of Sciences, *Gulf War and Health*, vol. 1 : *Depleted Uranium, Sarin, Pyridostigmine Bromide, Vaccines*, ed. Carolyn Fulco, Catharyn Liverman, and Harold Sox (Washington, DC : National Academy Press, 2000), 191.

22 Tetsu Okumura, Nobukatsu Takasu, Shinichi Ishimatsu, et al. "Report on 640 Victims of the Tokyo Subway Sarin Attack," *Annals of Emergency Medicine* 28 (1996) : 129–35.

23 Edward Wong, "U.S. Says Assad May Be Using Chemical Weapons in Syria Again," *New York Times*, May 21, 2019.

제22장 아편제제와 정치

1 Rose Rudd, Noah Aleshire, Jon Zibbell, and R. Matthew Gladden, "Increases in Drug and Opioid Overdose Deaths—United States, 2000–2014," *Morbidity and Mortality Weekly Report* 64 (2016) : 1378–82.

2 Robert Service, "New Pain Drugs May Lower Overdose and Addiction Risk," *Science* 361 (2018) : 831.

3 Mike Stobbe, "Today's Opioid Crisis Shares Chilling Similarities with Past Drug Epidemics," *Chicago Tribune*, October 28, 2017.

4 Michael Brownstein, "A Brief History of Opiates, Opioid Peptides, and Opioid Receptors," *Proceedings of the National Academy of Sciences*, USA 90 (1993) : 5391–93.

5 Solomon Snyder, *Brainstorming : The Science and Politics of Opiate Research* (Cambridge, MA : Harvard University Press, 1989), 32.

6 Snyder, *Brainstorming*, 38.

7 David Courtwright, *Dark Paradise : Opiate Addiction in America Before 1940* (Cambridge, MA : Harvard University Press, 1982), 46–59.

8 Arnold Trebach, *The Heroin Solution*, 2nd ed. (Bloomington, IN : Unlimited Publishing, 2006), 37–42.

9 Courtwright, *Dark Paradise*, 46–86.

10 Courtwright, *Dark Paradise*, 46–86.

11 Courtwright, *Dark Paradise*, 46–86, 111.

12 Edward M. Brecher and the Editors of Consumer Reports, *Licit and Illicit Drugs* (Mount Vernon, NY : Consumers Union, 1972), 49–50.

13 Trebach, *The Heroin Solution*, 146–56.

14 Trebach, *The Heroin Solution*, 146–56.

15 Vincent Dole and Marie Nyswander, "Methadone Maintenance and Its Implication for Theories of Narcotic Addiction," *Research Publications of the Association for Research in Nervous and Mental Disease* 46 (1968) : 359–66.

16 Vincent Dole and Marie Nyswander, *Methadone Maintenance : A Theoretical Perspective*, Theories on Drug Abuse NIDA Research Monograph 30 (Washington, DC : U.S. Government Printing Office, 1980), 256–61.

17 Snyder, *Brainstorming*, 9–19.

18 Trebach, *The Heroin Solution*, 233.

19 Lisa Sacco, *Drug Enforcement in the United States : History, Policy, and Trends in Illicit Drugs and Crime Policy*, October 2, 2014, Congressional Research Service 7-5700, https://fas.org/sgp/crs/misc/R43749.pdf.

20 Snyder, *Brainstorming*, 44–63.

21 Snyder, *Brainstorming*, 44–63, 120–57.

22 Carolyn Asbury, *Orphan Drugs : Medical Versus Market Value* (Lexington, MA : Lexington Book, D.C. Heath and Co., 1985), 61–64.

23 J. M. Perry, "Jack Anderson Empire Grows—and So Does Criticism It Receives. Column Is Called Reckless, Trivial, and He Decries Little Heed Paid to Him," *Wall Street Journal*, April 25, 1979.

24 Jack Anderson, "Drug Addicts : Unwilling Guinea Pigs," *Washington Post*, July 1, 1978.

25 Ted Gup and Jonathan Neumann, "Federal Contracts : A Litany of Frivolity, Waste," *Washington Post*, June 23, 1980.

26 Jerome Jaffe, "Can LAAM, Like Lazarus, Come Back from the Dead?" *Addiction* 102 (2007) : 1342–43.

27 M. Douglas Anglin, Bradley T. Conner, Jeffery Annon, and Douglas Longshore, "Levo-Alpha-Acetylmethadol (LAAM) Versus Methadone Maintenance : 1-Year Treatment Retention, Outcomes and Status," *Addiction* 102 (2007) : 1432–42.

28 H. Wieneke, H. Conrads, J. Wolstein, et al., "Levo-Alpha-Acetylmethadol (LAAM) Induced QTC-Prolongation—Results from a Controlled Clinical Trial," *European Journal of Medical Research* 14 (2009) : 7–12.

29 Howard Sanders, "Drugs for Treating Narcotics Addicts," *Chemical & Engineering News*, March 28, 1977, 30–48.

30 Institute of Medicine, *Institute of Medicine (US) Committee on Federal Regulation of Methadone Treatment*, ed. R. A. Rettig and A. Yarmolinsky (Washington, DC : National Academies Press, 1995).

31 Cathie E. Alderks, "Trends in the Use of Methadone, Buprenorphine, and ExtendedRelease Naltrexone at Substance Abuse Treatment Facilities: 2003–2015 (UPDATE)," *CBHSQ Report*, 2017.

32 Anna Lembke and Jonathan Chen, "Use of Opioid Agonist Therapy for Medicare Patients in 2013," *Journal of the American Medical Association—Psychiatry* 73 (2016) : 990–92.

33 Johann Hari, *Chasing the Scream : The First and Last Days of the War on Drugs* (New York : Bloomsbury, 2015), 231–55.

34 Hari, *Chasing the Scream*, 231–55.

35 Hari, *Chasing the Scream*, 231–55.

36 "In 1991, A Drug That Killed 17," *New York Times*, August 31, 1994.

37 Rudd et al., "Increases in Drug and Opioid Overdose Deaths."

제23장 기후 변화의 독성학

1 Mark Utell, "Effects of Inhaled Acid Aerosols on Lung Mechanics : An Analysis of Human Exposure Studies," *Environmental Health Perspectives* 63 (1985) : 39–44.

2 Jane Koenig, David Covert, Quentin Hanley, Gerald Van Belle, and William Pierson, "Prior Exposure to Ozone Potentiates Subsequent Response to Sulfur Dioxide in Adolescent Asthmatic Subjects," *American Review of Respiratory Diseases* 141 (1990) : 377–80.

3 Christine Corton, *London Fog : The Biography* (Cambridge, MA : Harvard University Press, 2015).

4 Robert Waller and Patrick Lawther, "Some Observations on London Fog," *British Medical Journal* 2 (1955) : 1356–58.

5 W. P. D. Logan, "Mortality from Fog in London, January, 1956," *British Medical Journal* 1 (1956) : 722–25.

6 Agency for Toxic Substances and Disease Registry, *Toxicological Profile for Mercury* (Atlanta, GA : Centers for Disease Control, 1999).

7 Alessandra Antunes dos Santos, Mariana Appel Hort, Megan Culbreth, et al., "Methylmercury and Brain Development : A Review of Recent Literature," *Journal of Trace Elements in*

Medicine and Biology 38 (2016) : 99–107.

8 Andrew Meiklejohn, "History of Lung Diseases of Coal Miners in Great Britain : I. 1800–1875," *British Journal of Industrial Medicine* 8 (1951) : 127–37.

9 Mohsen Naghavi, Haidong Wang, Rafael Lozano, et al., "Global, Regional, and National Age-Sex Specific All-Cause and Cause-Specific Mortality for 240 Causes of Death, 1990–2013 : A Systematic Analysis for the Global Burden of Disease Study," *Lancet* 385 (2013) : 117–71.

10 Bernard Goldstein and Donald Reed, "Global Atmospheric Change and Research Needs in Environmental Health Sciences," *Environmental Health Perspectives* 96 (1991) : 193–96.

11 Devra Davis, *When Smoke Ran Like Water* (New York : Basic Books, 2002), 260–69.

12 Devra Davis, "Short-Term Improvements in Public Health from Global-Climate Policies on Fossil-Fuel Combustion : An Interim Report. Working Group on Public Health and Fossil-Fuel Combustion," *Lancet* 350 (1997) : 1341–49.

13 Ben Machol and Sarah Rizk, "Economic Value of U.S. Fossil Fuel Electricity Health Impacts," *Environment International* 52 (2013) : 75–80.

14 Koenig et al., "Prior Exposure to Ozone Potentiates Subsequent Response to Sulfur Dioxide in Adolescent Asthmatic Subjects."

15 Nestor Molfino, Stanley Wright, Ido Katz, et al., "Effect of Low Concentrations of Ozone on Inhaled Allergen Responses in Asthmatic Subjects," *Lancet* 338 (1991) : 199–203.

16 Sara Rasmussen, Elizabeth Ogburn, Meredith McCormack, et al., "Asthma Exacerbations and Unconventional Natural Gas Development in the Marcellus Shale," *Journal of the American Medical Association Internal Medicine* 176 (2016) : 1334–43.

17 Office of Air Quality Planning and Standards, *Nitrogen Oxides (NOx), Why and How They Are Controlled*, EPA-456/F-99-006R (Research Triangle Park, NC : U.S. Environmental Protection Agency, 1999).

18 Jeff Deyette, Steven Clemmer, Rachel Cleetus, Sandra Sattler, Alison Bailie, and Megan Rising, *The Natural Gas Gamble : A Risky Bet on America's Clean Energy Future* (Cambridge, MA : Union of Concerned Scientists, 2015).

19 Ian Urbina, "Drilling Down : Regulation Lax as Gas Wells' Tainted Water Hits Rivers," *New York Times*, February 26, 2011.

20 Daniel Raimi, *The Fracking Debate : The Risks, Benefits, and Uncertainties of the Shale Revolution* (New York : Columbia University Press, 2018).

21 "OSHA-NIOSH Hazard Alert : Worker Exposure to Silica During Hydraulic Fracturing," https://www.osha.gov/dts/hazardalerts/hydraulic_frac_hazard_alert.html.

22 Committee on Energy and Commerce Minority Staff, *Chemicals Used in Hydraulic Fracturing* (Washington, DC : United States House of Representatives, 2011).

23 EPA, NAAQS table, https://19january2017snapshot.epa.gov/criteria-air-pollutants/naaqs-table_.html.

24 International Agency for Research on Cancer, "Diesel and Gasoline Engine Exhausts," in *IARC Monographs on the Evaluation of Carcinogenic Risks to Humans, Diesel and Gasoline Engine Exhausts and Some Nitroarenes* (Lyon : IARC, 2014).

25 M. Medina-Ramón, A. Zanobetti, J. Schwartz, "The Effect of Ozone and PM10 on Hospital Admissions for Pneumonia and Chronic Obstructive Pulmonary Disease : A National Multicity Study," *American Journal of Epidemiology* 163 (2006) : 579–88.

26 W. Lawrence Beeson, David Abbey, and Synneve Knutsen, "Long-Term Concentrations of Ambient Air Pollutants and Incident Lung Cancer in California Adults : Results from

the AHSMOG Study on Smog," *Environmental Health Perspectives* 106 (1998) : 813–22.

27 Qian Di, Lingzhen Dai, Yun Wang, et al., "Association of Short-Term Exposure to Air Pollution with Mortality in Older Adults," *Journal of the American Medical Association* 318 (2017) : 2446–56.

28 U.S. Environmental Protection Agency, *NATICH Data Base Report on State, Local, and EPA Air Toxics Activities,* EPA 450/3-90-012 (Washington, DC : U.S. Environmental Protection Agency, July 1990).

29 Adam Liptak and Coral Davenport, "Supreme Court Blocks Obama's Limits on Power Plants," *New York Times,* June 29, 2015.

30 Carolyn Brown and Rubin Thomerson, "United States Supreme Court Reverses Utility MACT Rule," *National Law Review* (September 20, 2016).

31 Lisa Friedman, "E.P.A. Proposal Puts Costs Ahead of Health Gains," *New York Times,* December 29, 2018.

32 John Parsons, Jacopo Buongiorno, Michael Corradini, and David Petti, "A Fresh Look at Nuclear Energy," *Science* 363 (2018) : 105.

33 Elisabeth Cardis, Daniel Krewski, Mathieu Boniol, et al., "Estimates of the Cancer Burden in Europe from Radioactive Fallout from the Chernobyl Accident," *International Journal of Cancer* 119 (2006) : 1224–35.

34 Cardis, Daniel Krewski, Mathieu Boniol, et al., "Estimates of the Cancer Burden in Europe."

35 Svetlana Alexievich, *Voices from Chernobyl : The Oral History of a Nuclear Disaster,* trans. Keith Gessen (New York : Picador, 2015), 129–34.

36 Benjamin Jones, "What Are the Health Costs of Uranium Mining? A Case Study of Miners in Grants, New Mexico," *International Journal of Occupational and Environmental Health* 20 (2014) : 289–300.

37 Robert Service, "Advances in Flow Batteries Promise Cheap Backup Power," *Science* 362 (2018) : 508–9.

38 Keith Bradsher, "In China, Illegal Rare Earth Mines Face Crackdown," *New York Times,* December 29, 2010.

39 Dustin Mulvaney, "Solar Energy Isn't Always as Green as You Think. Do Cheaper Photovoltaics Come with a Higher Environmental Price Tag?" *IEEE Spectrum,* August 26, 2014.

40 World Health Organization, "Ten Threats to Global Health," https://www.who.int/emergencies/ten-threats-to-global-health-in-2019.

41 Damian Carrrington and Matthew Taylor, "Air Pollution Is the 'New Tobacco,' Warns WHO Head," *Guardian,* October 27, 2018.

제24장 인간 질병에 대한 동물 모형

1 Sudhir Kumar and S. Blair Hedges, "A Molecular Timescale for Vertebrate Evolution," *Nature* 392 (1998) : 917–20.

2 Robert Perlman, "Mouse Models of Human Disease : An Evolutionary Perspective," *Evolution Medicine and Public Health* 1 (2016) : 170–76.

3 Annapoorni Rangarajan and Robert A. Weinberg, "Opinion : Comparative Biology of Mouse Versus Human Cells : Modeling Human Cancer in Mice," *Nature Reviews Cancer* 3 (2003) : 952–59.

4 Gordon Hard and Kanwar Khan, "A Contemporary Overview of Chronic Progressive Nephropathy in the Laboratory Rat, and Its Significance for Human Risk Assessment,"

Toxicologic Pathology 32 (2004) : 171–80.

5   Joseph Haseman, James Hailey, and Richard Morris, "Spontaneous Neoplasm Incidences in Fischer 344 Rats and B6C3F1 Mice in Two-Year Carcinogenicity Studies : A National Toxicology Program Update," *Toxicologic Pathology* 26 (1998) : 428–41.

6   Hui Huang, Eitan Winter, Huajun Wang, et al., "Evolutionary Conservation and Selection of Human Disease Gene Orthologs in the Rat and Mouse Genomes," *Genome Biology* 5 (2004) : 47.

7   Mick Bailey, Zoe Christoforidou, and Marie Lewis, "The Evolutionary Basis for Differences Between the Immune Systems of Man, Mouse, Pig, and Ruminants," *Veterinary Immunology and Immunopathology* 152 (2013) : 13–19.

8   John Whysner, Carson Conaway, Lynn Verna, and Gary Williams, "Vinyl Chloride Mechanistic Data and Risk Assessment : DNA Reactivity and Cross–Species Quantitative Risk Extrapolation," *Pharmacology and Therapeutics* 71 (1996) : 7–28.

9   William Hahn and Robert Weinberg, "Modelling the Molecular Circuitry of Cancer," *Nature Reviews Cancer* 2 (2002) : 331–41.

10 Hahn and Weinberg, "Modelling the Molecular Circuitry of Cancer."

11 Harry Olson, Braham Betton, Denise Robinson, et al., "A Concordance of the Toxicity of Pharmaceuticals in Humans and in Animals," *Regulatory Toxicology Pharmacology* 32 (2000) : 56–67.

12 European Commission "Of Mice and Men—Are Mice Relevant Models for Human Disease? Outcomes of the European Commission Workshop 'Are Mice Relevant Models for Human Disease?' Held in London, UK, on 21 May 2010," http://ec.europa.eu/research/health/pdf/summaryreport-25082010_en.pdf.

13 Amelia Kellar, Cay Egan, and Don Morris, "Preclinical Murine Models for Lung Cancer : Clinical Trial Applications," *BioMed Research International* (2015) : doi:10.1155/2015/ 621324.

14 John Minna, Jonathan Kurie, and Tyler Jacks, "A Big Step in the Study of Small Cell Lung Cancer," *Cancer Cell* 4 (2003) : 163–66.

15 Robert Kerbel, "What Is the Optimal Rodent Model for Anti–Tumor Drug Testing?" *Cancer Metastasis Review* 17 (1998–1999) : 301–4; Kenneth Paigen, "One Hundred Years of Mouse Genetics : An Intellectual History : II. The Molecular Revolution (1981–2002)," *Genetics* 163 (2003) : 1227–35.

16 Judah Folkman, Ezio Merler, Charles Abernathy, and Gretchen Williams, "Isolation of a Tumor Factor Responsible for Angiogenesis," *Journal of Experimental Medicine* 133 (1971) : 275–88.

17 Robert Langer, Howard Conn, Joseph Vacanti, Christian Haudenschild, and Judah Folkman, "Control of Tumor Growth in Animals by Infusion of an Angiogenesis Inhibitor," *Proceedings of the National Academy of Sciences, USA* 77 (1980) : 4331–35.

18 Gina Kolata, "Hope in the Lab : A Special Report. A Cautious Awe Greets Drugs That Eradicate Tumors in Mice," *New York Times*, May 3, 1998.

19 Joe Nocera, "Why Doesn't No Mean No?" *New York Times*, November 21, 2011.

20 Jean Marx, "Angiogenesis : A Boost for Tumor Starvation," *Science* 301 (2003) : 452–54.

21 Judah Folkman, "Antiangiogenesis in Cancer Therapy—Endostatin and Its Mechanisms of Action," *Experimental Cell Research* 312 (2006) : 594–607.

22 Folkman, "Antiangiogenesis in Cancer Therapy."

23 Jocelyn Kaiser, "The Cancer Test," *Science* 348 (2015) : 1411–14.

24 Martin Enserink, "Sloppy Reporting on Animal Studies Proves Hard to Change," *Science*

357 (2017) : 1337-38.

25 Kelly Servick, "Of Mice and Microbes," *Science* 353 (2016) : 741-43.

26 Perlman, "Mouse Models of Human Disease."

제25장 동물 발암성 생체분석은 신뢰할 수 있을까

1   David Rall, "The Role of Laboratory Animal Studies in Estimating Carcinogenic Risks for Man," *IARC Scientific Publication* 25 (Lyon : IARC, 1979), 179-89.

2   국제 암연구소에 따르면, 다른 발암물질로는 방사성 핵종이나 감염원이 있고, 일부 작업장 환경도 발암성으로 분류된다.

3   "Agents Classified by the IARC Monographs, Volumes 1-124," http://monographs.iarc.fr/ENG/Classification/index.php. 방사선, 생물학 제제, 작업장 환경과 같은 다른 종류의 요인도 있지만, 화학물질은 40종에서 50종뿐이다.

4   International Agency for Research on Cancer, "Arsenic in Drinking Water," in *Some Drinking Water Disinfectants and Contaminants, Including Arsenic,* IARC Monographs on the Evaluation of Carcinogenic Risk of Chemicals to Humans 84 (Lyon : IARC, 2004), 41-267.

5   International Agency for Research on Cancer, "Arsenic and Arsenic Compounds," in *Arsenic, Metals, Fibres, and Dusts,* IARC Monographs on the Evaluation of Carcinogenic Risk of Chemicals to Humans 100C (Lyon : IARC, 2012), 41-93.

6   Joseph Haseman and Ann-Marie Lockhart, "Correlations Between Chemically Related Site-Specific Carcinogenic Effects in Long-Term Studies in Rats and Mice," *Environmental Health Perspectives* 101 (1993) : 50-54.

7   Sudhir Kumar and S. Blair Hedges, "A Molecular Timescale for Vertebrate Evolution," *Nature* 392 (1998) : 917-20.

8   Manik Chandra and Charles Frith, "Spontaneous Neoplasms in Aged CD-1 Mice," *Toxicology Letters* 61 (1992) : 67-74. Joseph Haseman, James Hailey, and Richard Morris, "Spontaneous Neoplasm Incidences in Fischer 344 Rats and B6C3F1 Mice in Two-Year Carcinogenicity Studies : A National Toxicology Program Update," *Toxicologic Pathology* 26 (1998) : 428-41.

9   Bruce Ames and Lois Gold, "Chemical Carcinogenesis : Too Many Rodent Carcinogens," *Proceedings of the National Academy of Sciences, USA* 87 (1990) : 7772-76; Lois Gold, Neela Manley, Thomas Slone, Georganne Garfinkel, Lars Rohrbach, and Bruce Ames, "The Fifth Plot of the Carcinogenic Potency Database : Results of Animal Bioassays Published in the General Literature Through 1988 and by the National Toxicology Program Through 1989," *Environmental Health Perspectives* 100 (1993) : 65-168.

10 E. Gottmann, S. Kramer, B. Pfahringer, and C. Helma, "Data Quality in Predictive Toxicology : Reproducibility of Rodent Carcinogenicity Experiments," *Environmental Health Perspectives* 109 (2001) : 509-14.

11 International Agency for Research on Cancer, "Reserpine," in *Some Pharmaceutical Drugs,* IARC Monographs on the Evaluation of Carcinogenic Risks to Humans 24 (Lyon : IARC, 1980), 211-41.

12 International Agency for Research on Cancer, *Peroxisome Proliferation and Its Role in Carcinogenesis,* IARC Technical Report 24 (Lyon : IARC, 1995).

13 International Agency for Research on Cancer, "Clofibrate," in *Some Pharmaceutical Drugs,* IARC Monographs on the Evaluation of Carcinogenic Risks to Humans 66 (Lyon : IARC, 1996), 391-426.

14 J. Christopher, Michael Corton, B. Cunningham, et al. "Mode of Action Framework Analysis for Receptor-Mediated Toxicity : The Peroxisome Proliferator-Activated Receptor

Alpha (Pparα) as a Case Study," *Critical Reviews of Toxicology* 44 (2014) : 1-49.

15 Gordon Hard and John Whysner, "Risk Assessment of D-Limonene : An Example of Male Rat-Specific Renal Tumorigens," *Critical Reviews of Toxicology* 24 (1994) : 231-54.

16 O. G. Fitzhugh, A. A. Nelson, and J. P. Frawley, "A Comparison of the Chronic Toxicities of Synthetic Sweetening Agents," *Journal of the American Pharmaceutical Association* 40 (1951) : 583-86.

17 John Whysner and Gary Williams, "Saccharin Mechanistic Data and Risk Assessment : Urine Composition, Enhanced Cell Proliferation, and Tumor Promotion," *Pharmacology & Therapeutics* 71 (1996) : 225-52.

18 Samuel Cohen, Martin Cano, Robert Earl, Stephen Carson, and Emily Garland, "A Proposed Role for Silicates and Protein in the Proliferative Effects of Saccharin on the Male Rat Urothelium," *Carcinogenesis* 12 (1991) : 1551-55.

19 International Agency for Research on Cancer, "Saccharin and Its Salts," in *Some Chemicals That Cause Tumours of the Kidney or Urinary Bladder in Rodents and Some Other Substances,* IARC Monographs on the Evaluation of Carcinogenic Risks to Humans 73 (Lyon : IARC, 1999), 517-624.

20 American Cancer Society, Cancer Statistics Center, https://cancerstatisticscenter.cancer. org/?_ga=1.174306402.1115391928.1446921311#.

21 American Cancer Socety, "Liver Cancer Risk Factors," http://www.cancer.org/cancer/liver-cancer/detailedguide/liver-cancer-risk-factors.

22 Girard Hottendorf and Irwin Pachter, "Review and Evaluation of the NCI/NTP Carcinogenesis Bioassays," *Toxicologic Pathology* 13 (1985) : 141-46.

23 Jorgen Olsen, Gabi Schulgen, John Boice Jr., et al., "Antiepileptic Treatment and Risk for Hepatobiliary Cancer and Malignant Lymphoma," *Cancer Research* 55 (1995) : 294-97.

24 Mariana Pereira, "Route of Administration Determines Whether Chloroform Enhances or Inhibits Cell Proliferation in the Liver of B6C3F1 Mice," *Fundamental and Applied Toxicology* 23 (1994) : 87-92.

25 EPA, "Chloroform," https://cfpub.epa.gov/ncea/iris2/chemicalLanding.cfm?substance_nmbr=25.

26 M. E. (Bette) Meek, John Bucher, Samuel Cohen, et al., "A Framework for Human Relevance Analysis of Information on Carcinogenic Modes of Action," *Critical Reviews in Toxicology* 33 (2003) : 591-653.

27 Robert Maronpot, Abraham Nyskab, Jennifer Foremanc, and Yuval Ramotd, "The Legacy of the F344 Rat as a Cancer Bioassay Model (A Retrospective Summary of Three Common F344 Rat Neoplasms)," *Critical Reviews in Toxicology* 46 (2016) : 641-75.

제26장 호르몬 모방과 교란

1 Elizabeth Watkins, T*he Estrogen Elixir : A History of Hormone Replacement Therapy in America* (Baltimore, MD : Johns Hopkins University Press, 2007), 12-13; H. M. Bolt, "Metabolism of Estrogens—Natural and Synthetic," *Pharmacology and Therapeutics* (1979) : 155-81.

2 Evon Simpson and Richard Santen, "Celebrating 75 Years of Oestradiol," *Journal of Molecular Endocrinology* 55 (2015) : T1-20

3 Michael Shimkin, *Contrary to Nature : Being an Illustrated Commentary on Some Persons and Events of Historical Importance in the Development of Knowledge Concerning ···Cancer* (Washington, DC : Department of Health Education and Welfare, 1977), DHEW publication no. (NIH) 76-720, chap. VIII-F-1.

4　International Agency for Research on Cancer, "Diethylstilboestrol and Diethylstilboestrol Dipropionate," in *Sex Hormones,* IARC Monographs on the Evaluation of Carcinogenic Risks to Humans 21 (Lyon : IARC, 1979), 173-231.

5　IARC, "Diethylstilboestrol and Diethylstilboestrol Dipropionate."

6　International Agency for Research on Cancer, "Post-Menopausal Oestrogen Therapy," in *Hormonal Contraception and Post-Menopausal Hormonal Therapy,* IARC Monographs on the Evaluation of Carcinogenic Risks to Humans 72 (Lyon : IARC, 1999), 399-400.

7　Robert Hoover, Laman Gray Sr., Phillip Cole, and Brian MacMahon, "Menopausal Estrogens and Breast Cancer," *New England Journal of Medicine* 295 (1976) : 401-5.

8　IARC, "Post-Menopausal Oestrogen Therapy."

9　Elwood Jensen, "From Chemical Warfare to Breast Cancer Management," *Nature Medicine* 10 (2004) : 1018-21.

10　Ana Soto, James Murai, Pentti Siiteri, and Carlos Sonnenschein, "Control of Cell Proliferation : Evidence for Negative Control on Estrogen-Sensitive T47D Human Breast Cancer Cells," *Cancer Research* 46 (1986) : 2271-75.

11　Theo Colborn, Dianne Dumanoski, and John Peterson Myers, *Our Stolen Future* (New York : Plume, 1997), 122-41.

12　Ana Soto, Honorato Justicia, Jonathan Wray, and Carlos Sonnenschein, "P-Nonylphenol : An Estrogenic Xenobiotic Released from 'Modified' Polystyrene," *Environmental Health Perspectives* 92 (1991) : 167-73.

13　Ana Soto, T-M Lin, H. Justicia, R. M. Silvia, and Carlos Sonnenschein, "An 'in Culture' Bioassay to Assess the Estrogenicity of Xenobiotics (E-SCREEN)," in *Chemically Induced Alterations in Sexual and Functional Development : The Wildlife/Human Connection,* ed. Theo Colborn and Coralie Clement (Princeton, NJ : Princeton Scientific Publishing Co., 1992), 295-309.

14　A.M. Soto, C. Sonnenschein, K. L. Chung, M. F. Fernandez, N. Olea, and F. O. Serrano, "The E-SCREEN Assay as a Tool to Identify Estrogens : An Update on Estrogenic Environmental Pollutants," *Environmental Health Perspectives* 103 (1995) : 113-22.

15　Colborn, Dumanoski, and Myers, *Our Stolen Future,* 122-41.

16　Robert Golden, Kenneth Noller, Linda Titus-Ernstoff, et al., "Environmental Endocrine Modulators and Human Health : An Assessment of the Biological Evidence," *Critical Reviews of Toxicology* 28 (1998) : 109-227.

17　Robert Nilsson, "Endocrine Modulators in the Food Chain and Environment," *Toxicologic Pathology* 28 (2000) : 420-31.

18　Eugenia Calle, Howard Frumkin, S. Jane Henley, David Savitz, and Michael Thun, "Organochlorines and Breast Cancer Risk," *CA : A Cancer Journal for Clinicians* 52 (2002) : 301-9.

19　International Agency for Research on Cancer, "Atrazine," in *Some Chemicals That Cause Tumours of the Kidney or Urinary Bladder in Rodents and Some Other Substances,* IARC Monographs on the Evaluation of Carcinogenic Risks to Humans 73 (Lyon : IARC, 1999), 59-113.

20　Norman Adams, "Detection of the Effects of Phytoestrogens on Sheep and Cattle," *Journal of Animal Sciences* 73 (1995) : 1509-15; K. F. M. Reed, "Fertility of Herbivores Consuming Phytoestrogen-Containing Medicago and Trifolium Species," *Agriculture* 6 (2016) : 35.

21　Christopher Borgert, John Matthews, and Stephan Baker, "Human-Relevant Potency Threshold (HRPT) for ERα Agonism," *Archives of Toxicology* 92 (2018) : 1685-1702.

22　National Research Council (U.S.) Committee on Hormonally Active Agents in the

Environment, *Hormonally Active Agents in the Environment* (Washington, DC : National Academies Press, 1999).

23 Marcello Cocuzza and Sandro Esteves, "Shedding Light on the Controversy Surrounding the Temporal Decline in Human Sperm Counts : A Systematic Review," *Scientific World Journal* 2 (2014) : Article ID 365691; Allen Pacey, "Are Sperm Counts Declining? Or Did We Just Change Our Spectacles?" *Asian Journal of Andrology* 15 (2013):187–90.

24 Hagai Levine, Niels Jørgensen, Anderson Martino-Andrade, et al., "Temporal Trends in Sperm Count : A Systematic Review and Meta-Regression Analysis," *Human Reproduction Update* 23 (2017) : 646–59.

25 Anne Vested, Cecilia Ramlau-Hansen, Sjurdur Olsen, et al. "In Utero Exposure to Persistent Organochlorine Pollutants and Reproductive Health in the Human Male," *Reproduction* 148 (2014) : 635–46.

26 Golden et al., "Environmental Endocrine Modulators and Human Health."

27 Raphael Witorsch, "Endocrine Disruptors : Can Biological Effects and Environmental Risks Be Predicted?" *Regulatory Toxicology and Pharmacology* 36 (2002) : 118–30.

28 Christopher Borgert, E. V. Sargent, G. Casella, et al., "The Human Relevant Potency Threshold : Reducing Uncertainty by Human Calibration of Cumulative Risk Assessments," *Regulatory Toxicology and Pharmacology* 62 (2012) : 313–28.

29 International Agency for Research on Cancer, "General Remarks," in *Some Thyrotropic Agents,* IARC Monographs on the Evaluation of Carcinogenic Risks to Humans 79 (Lyon : IARC, 2001), 33–46.

30 International Agency for Research on Cancer, "Sulfamethazine and its Sodium Salt," in *Some Thyrotropic Agents,* IARC Monographs on the Evaluation of Carcinogenic Risks to Humans 79 (Lyon : IARC, 2001), 341–60.

제27장 더 나은 검사 방법

1 Unnur Thorgeirsson, Dan Dalgard, Jeanette Reeves, and Richard Adamson, "Tumor Incidence in a Chemical Carcinogenesis Study of Nonhuman Primates," *Regulatory Toxicology and Pharmacology* 19 (1994) : 130–51.

2 David Eastmond, Suryanarayana Vulimiri, John French, and Babasaheb Sonawane, "The Use of Genetically Modified Mice in Cancer Risk Assessment : Challenges and Limitations," *Critical Reviews of Toxicology* 43 (2013) : 611–31.

3 Eastmond et al., "The Use of Genetically Modified Mice in Cancer Risk Assessment."

4 Joyce McCann, Edmond Choi, Edith Yamasaki, and Bruce Ames, "Detection of Carcinogens as Mutagens in the Salmonella/Microsome Test : Assay of 300 Chemicals," *Proceedings of the National Academy of Science, USA* 72 (1975) : 5135–39.

5 I. F. Purchase, E. Longstaff, John Ashby, et al., "An Evaluation of 6 Short-Term Tests for Detecting Organic Chemical Carcinogens," *British Journal of Cancer* 37 (1978) : 873–903.

6 David Kirkland, Errol Zeiger, Federica Madiac, and Raffaella Corvic, "Can In Vitro Mammalian Cell Genotoxicity Test Results Be Used to Complement Positive Results in the Ames Test and Help Predict Carcinogenic or In Vivo Genotoxic Activity? II. Construction and Analysis of a Consolidated Database," *Mutation Research/Genetic Toxicology and Environmental Mutagenesis* 775–776 (2014) : 69–80.

7 Errol Zeiger, "Identification of Rodent Carcinogens and Noncarcinogens Using Genetic Toxicity Tests : Premises, Promises, and Performance," *Regulatory Toxicology and Pharmacology* 28 (1998) : 85–95.

8　David Kirkland, Marilyn Aardem, Leigh Henderson, and Lutz Muller, "Evaluation of the Ability of a Battery of Three In Vitro Genotoxicity Tests to Discriminate Rodent Carcinogens and Non-Carcinogens I. Sensitivity, Specificity, and Relative Predictivity," *Mutation Research* 584 (2005) : 1–256.

9　John Weisburger and Gary Williams, "The Distinct Health Risk Analyses Required for Genotoxic Carcinogens and Promoting Agents," *Environmental Health Perspectives* 50 (1983) : 233–45.

10　Committee on Toxicity Testing and Assessment of Environmental Agents, National Research Council, *Toxicity Testing in the 21st Century : A Vision and a Strategy* (Washington, DC : National Academies Press, 2007).

11　Jill Niemark, "Line of Attack : Christopher Korch Is Adding Up the Cost of Contaminated Cell Lines," *Science* 347 (2015) : 938–40.

12　Liwen Vaughan, Wolfgang Glanzel, Christopher Korch, and Amanda Capes-Davis, "Widespread Use of Misidentified Cell Line KB (HeLa) : Incorrect Attribution and Its Impact Revealed Through Mining the Scientific Literature," *Cancer Research* 77 (2017) : 2784–88.

13　Niemark, "Line of Attack."

14　Katie Friedman, Eric Watt, Michael Hornung, et al., "Tiered High-Throughput Screening Approach to Identify Thyroperoxidase Inhibitors Within the ToxCast Phase I and II Chemical Libraries," *Toxicological Sciences* 151 (2016) : 160–80.

15　Jeremy Leonard, Yu-Mei Tan, Mary Gilbert, Kristin Isaacs, and Hisham El-Masri, "Estimating Margin of Exposure to Thyroid Peroxidase Inhibitors Using HighThroughput In Vitro Data, High-Throughput Exposure Modeling, and Physiologically Based Pharmacokinetic/ Pharmacodynamic Modeling," *Toxicological Sciences* 151 (2016) : 57–70.

제28장 예방이 치료보다 낫다

1　Rachel Carson, *Silent Spring* (Boston : Houghton Mifflin Company, 1962), 240–43.

2　Carson, *Silent Spring*, 58–59.

3　Victor Ekpu and Abraham Brown, "The Economic Impact of Smoking and of Reducing Smoking Prevalence : Review of Evidence," *Tobacco Use Insights* 8 (2015) : 1–35.

4　Tobacco Free Kids, https://www.tobaccofreekids.org.

5　Elise Gould, "Childhood Lead Poisoning : Conservative Estimates of the Social and Economic Benefits of Lead Hazard Control," *Environmental Health Perspectives* 117 (2009) : 1162–67.

6　National Institute of Drug Abuse, "Trends and Statistics," https://www.drugabuse.gov/relatedtopics/trends-statistics.

7　Marcella Boynton, Robert Agans, J. Michael Bowling, et al., "Understanding How Perceptions of Tobacco Constituents and the FDA Relate to Effective and Credible Tobacco Risk Messaging : A National Phone Survey of U.S. Adults, 2014–2015," *BMC Public Health* 16 (2016) : 516.

8　U.S. Surgeon General, National Center for Chronic Disease Prevention and Health Promotion (US) Office on Smoking and Health, *The Health Consequences of Smoking—50 Years of Progress : A Report of the Surgeon General* (Atlanta, GA : Centers for Disease Control and Prevention, 2014).

9　Surgeon General, *The Health Consequences of Smoking*.

10　Surgeon General, *The Health Consequences of Smoking*.

11　Boynton et al., "Understanding How Perceptions of Tobacco Constituents and the FDA Relate to Effective and Credible Tobacco Risk Messaging."

12　Martin Makary and Michael Daniel, "Medical Error—The Third Leading Cause of Death in the US," *British Medical Journal* 353 (2016) : i2139.

13 Sabrina Tavernise, "Smokers Urged to Switch to E-Cigarettes by British Medical Group," *New York Times,* April 27, 2016; Sabrina Tavernise, "Safer to Puff, E-Cigarettes Can't Shake Their Reputation as a Menace," *New York Times,* November 1, 2016.

14 Internal Agency for Research on Cancer, "Tobacco Smoking," in *Personal Habits and Indoor Combustions,* Monographs on the Evaluation of Carcinogenic Risks to Humans 100E (Lyon : IARC, 2012), 43-211.

15 Lorenzo Tomatis, "Identification of Carcinogenic Agents and Primary Prevention of Cancer," *Annals of the New York Academy of Science* 1076 (2006) : 1-14.

역자 후기

화학 혐오증(chemophobia)이 들불처럼 퍼지고 있다. 화학물질이 없는 세상에서 살아야 한다는 주장이 상당한 설득력을 발휘하고 있다. 물론, 화학물질이 없는 세상에서는 우리의 건강을 위협하는 독성물질을 두려워하거나 걱정할 이유가 없을 것이다. 그러나 화학물질이 없는 세상을 기대하는 것은 명백한 과학적 진실을 거부하는 비현실적인 태도이다. 우리 자신의 신체를 포함하여 세상의 모든 것들이 화학물질로 구성되어 있기 때문이다. 화학물질이 없는 세상에서는 우리 자신도 존재할 수 없다.

화학물질은 우리의 생존에도 꼭 필요하다. 우리가 숨을 쉬는 데에 필요한 공기도 화학물질이고, 영양 섭취를 위해서 먹어야만 하는 음식도 화학물질이다. 우리가 일상생활에 사용하는 모든 생활용품과 산업 현장에서 사용하는 소재와 부품도 모두 화학물질이다. 심지어, 메타버스와 4차 산업혁명의 꿈을 실현시켜줄 반도체와 디스플레이도 화학물질로 구성되어 있다.

그런 화학물질이 우리의 건강을 심각하게 위협할 수 있다는 점은 몹시 불편한 진실이다. 사람에게 질병을 일으키는 화학물질을 흔히 생체 이물질이라고 부르는데, 뱀독이나 버섯의 독처럼 즉각적으로 치명적인 독성을 나타내는 천연 독액의 존재는 오래 전부터 알려져왔다. 약육강식이 지배하는 생태환경에서 살아남아야 하는 생물들에게 독액이 유용한 생존 수단으로 활용되는 것이 거칠고 위험한 자연의 냉혹한 현실이다. 특히, 포식자의 공격으로부터 쉽게 달아날 수 있는 운동성이나 기동성을 갖추지 못한 식물은 생존을 위해서 독성 화학물질을 적극적으로 활용할 수밖에 없다. 식물이 자신의 생존을 위협하는 다른 생물들의 퇴치를 위해서 어렵사리 생산하는 피톤치드도 상당한 독성을 가진 살생물질이다.

치명적인 급성 독성을 나타내는 독액만 우리의 건강을 위협하는 것이 아니다. 오랜 기간에 걸쳐서 독성이 나타나는 만성 독성물질도 많다. 눈으로 볼 수도 없고 코로 냄새를 맡을 수도 없고 손으로 만질 수도 없는 정체불명의 화학물질이 우리의 건강에 치명적인 피해를 줄 수 있다는 뜻이다. 분명하게 인식할 수도 없는 상황에서 어쩔 수 없이 오랜 기간에 걸쳐서 반복적으로 섭취하거나 흡입하거나 접촉하는 화학물질 때문에 발생하는 질병은 우리를 몹시 난처하게 한다. 질병의 원인을 정확하게 알아낼 수도 없고, 질병을 예방할 수 있는 노력도 불가능한 경우가 대부분이기 때문이다.

독성학은 화학물질이 인체에 나타내는 독성을 연구하는, 비교적 새로운 학문 분야이다. 그중에서도 장기간에 걸친 지속적이고 반복적인 노출에 의해서 나타나는 만성 독성이 독성학의 핵심이다. 급성 독성과 달리 만성 독성의 경우에는 과학적으로 인과성을 확인할 수 있는 독성물질을 정확하게 파악하는 일이 결코 쉽지 않다. 장기간에 걸친 독성 화학물질의 노출 상황을 정확하게 파악하는 일부터 간단하지 않다. 화학물질의 노출 경로도 복잡하다. 입을 통한 섭취, 호흡기를 통한 흡입, 피부를 통한 접촉에 따라서 나타나는 독성이 크게 달라지기도 한다. 더욱이 같은 정도의 노출이더라도 개인에 따라서 나타나는 질병의 증상과 심각성이 전혀 다른 경우가 일반적이다.

독성학은 대표적인 융합 학문이다. 독성학에는 화학물질에 대한 상당한 수준의 화학적 지식과 인체의 생리작용에 대한 의학적 지식이 모두 필요하다. 독성학의 역사는 생각보다 길지 않다. 르네상스 시대의 의사이면서 연금술사였던 파라셀수스가 "독성학의 아버지"로 알려져 있을 정도이다. 그런 독성학이 지난 500년 동안 놀라운 발전을 거듭했고, 이제는 현대 응용과학의 핵심 분야로 성장했다. 지난 한 세기 동안 독성학자와 의사, 역학자, 화학자들이 함께 이룩한 결과이다. 1960년대 이후로는 질병의 화학적 원인에 대해서 쉽게 밝혀낼 수 있는 과학적 사실들이 대부분 규명되었다고 해도 크게 틀리지 않은 형편이다. 오늘날 화학물질과 독소가 건강에 미치는 효과에 대한 독성학의 다양한 발견들은 건강을 지키기 위한 중요한 정보로 활용되고 있다.

독성학의 가장 중요한 핵심은 "용량이 독을 만든다"는 파라셀수스의 놀라운 통찰이다. 인체의 질병을 치유하는 약과 인체에 독성을 나타내는 독이 따로 있는 것이 아니다. 아무리 좋은 약이라도 잘못 복용하면 치명적인 독이 된다. 질병을 제대로 치유하기 위해서는 반드시 의사의 처방에 따라 약사가 조제한 약이어야만 하는 것도 그런 이유 때문이다. 반대로, 아무리 치명적인 독이라도 적절하게 사용하면 훌륭한 약이 될 수도 있다. 우리나라와 중국의 전통 의학에서는 맹독성의 비상(砒霜)을 의약품으로 사용했다. 오늘날에도 치명적인 독성이 있는 보톡스가 의약품으로 사용되고 있다. 사실, 약국을 가득 채우고 있는 의약품은 대부분 잘못 사용하면 치명적인 독성을 나타내는 독이 된다.

인체에 미치는 독성에 관한 한, '천연물'과 '합성물'의 구분은 의미가 없다. 천연물이면 모두 약이 되고, 인공적으로 생산한 것이면 모두 독이 된다는 일반적인 인식은 어떠한 과학적 근거도 없는 억지일 뿐이다. 먹이를 확보하거나 방어를 하기 위해서 독액을 사용하는 동물은 매우 다양하다. 특히 식물이 자기방어를 위해서 사용하는 살생물질은 인체에 독이 될 가능성을 절대 무시할 수 없다. 자연에 의존해서 살아야만 했던 수렵채취인들에게 야생에서 먹어도 되는 것과 절대 먹으면 안 되는 것을 구분하는 능력이 반드시 필요했던 것도 그런 이유 때문이다. 러시아 우주인들은 지구로 귀환할 때에 지리적인 이유로 육상 착륙을 선택할 수밖에 없어서 구조대 도착이 늦어지거나 연락이 되지 않을 경우를 대비하여 생존 훈련을 필수적으로 받는데, 이때 훈련하는 방식들도 수렵채취인의 생존 방식과 크게 다르지 않다.

제2차 세계대전의 나치 학살과 일본의 731부대의 만행을 경험한 이후 대부분의 국가에서는 사람을 대상으로 하는 화학물질의 인체 실험이 엄격하게 규제되고 있다. 특히, 독성이 우려되는 화학물질의 인체 실험은 윤리적 거부감 때문에 불가능해진 상황이다.

어쩔 수 없이 독성학 연구는 다양한 동물을 활용하는 동물실험에 의존할 수밖에 없다. 그러나 동물실험의 결과가 고스란히 사람에게 적용되는 것은 절대 아니다. 화학물질에 의해서 독성이 발현되는 메커니즘은 동물의 종류에 따라서 상당히 다를 수밖에 없다. 더욱이 현실적인 이유로 사용할 수밖에 없는 고농도 노출의 동물실험 결과가 인체의 저농도 노출에 적용될 것이라고 기대하기도 어렵다.

따라서 실험동물에서 부작용이 확인되었다고 해서 사람에게도 반드시 독성이 나타나는 것도 아니고, 반대로 실험동물에서 부작용이 나타나지 않았다고 해서 사람에게도 안전하다고 주장할 수 있는 것도 아니다. 화학물질이 동물의 몸속에 어떻게 흡수되고 어떻게 대사되는지에 대한 구체적인 학술 자료가 필요하다. 더욱이 최근에는 동물권에 대한 사회적 인식이 강화되면서 동물실험에 대한 제도적 규제도 강화되고 있는 형편이라는 사실도 독성학의 연구에 장애가 되고 있다.

그렇다고 동물실험의 결과를 무작정 무시해버릴 수도 없다. 불확실성이 있다면 가장 적극적인 보건 예방책을 써야 한다는 '사전예방 원칙'의 입장에서는 더욱 그렇다. 인간의 건강이나 환경에 위해(危害) 가능성이 있는 경우에는 인과관계가 과학적으로 완전하게 밝혀지지 않았더라도 사전예방 원칙을 적용해야 한다는 1998년 윙스프레드 선언도 동물실험의 결과를 예방적 목적으로 적극 활용할 것을 권고한다.

그럼에도 불구하고 독성학 연구 결과가 사회적 차원에서 합리적으로 활용되지 않는 일도 있다는 것은 안타까운 일이다. 이해 상충의 가능성을 완전히 배제할 수 없는 학술논문도 적지 않고, 인체 독성의 가능성이 있는 물질에 대한 정보와 정부의 규제가 다양한 이유로 왜곡되는 경우도 많다. 특히, 환경호르몬과 발암물질에 대한 사회적 인식은 매우 혼란스러운 것이 사실이다.

유전자의 악성 돌연변이에 의해서 발생하는 암과 그 예방은 독성학이 가장 중요하게 관심을 두는 대상이다. 화학물질의 노출 때문에 암이 발생하는 일은 대표적인 만성 독성 현상이다. 단, 만성 독성에 대한 독성학의 결론을 급성 독성으로 오해하는 일은 경계해야 한다. 만성 독성을 나타내는 화학물질에 일시적으로 노출되었다고 심각한 피해가 나타날 것을 걱정할 이유가 없다는 말이다. 발암물질의 노출을 줄이기 위한 노력은 반드시 필요하지만, 발암물질을 즉각적으로 맹독성의 독성이 나타나는 독액과 혼동해서는 안 된다. 과학적으로는 인체 발암성 연구를 통해서 발암 원인을 정확하게 밝혀내고, 사회적으로는 발암을 예방하기 위한 합리적인 정책을 마련할 필요가 있다.

세계보건기구 산하의 국제 암연구소는 1969년부터, 화학물질의 발암성을 다룬 학술연구들을 메타 분석하여 발암성에 대한 과학적 근거를 바탕으로 화학물질을 분류한다. 인체 발암성이 과학적으로 확인된 화학물질과 병인은 1군으로 분류하고, 동물실험에서는 발암성이 확인되었으나 인체 발암성은 확실하지 않은 경우는 2군으로 분류한다. 동물에서도 발암성을 확인하지 못한 경우는 3군으로 분류하고, 인체 발암성이 아닌 가능성이 큰 경우는 4군으로 분류한다. 국제 암연구소의 분류를 잘못 이해해서, 1 군에 속하는 화학물질이 인체 발암성의 강도를 나타내는 1급 발암물질로 소개되어 혼란이 있기도 했다.

인체 발암성이 확인된 화학물질이 엄청나게 많은 것은 아니다. 현재 국제 암연구소가 1군으로 분류한 화학물질과 병인은 72종에 지나지 않는다. 그중에서 산업적으로 합성되거나 생산되는 화학물질은 30종뿐이다. 그외에 자연에 존재하는 화학물질 6종, 의약품 19종, 혼합물 10종과 산업적인 병인 13종이 1군으로 분류된다. 담배와 알코올을 포함한 7가지의 생활양식, 15종의 방사선, 6종의 바이러스, 2종의 기생충, 1종의 박테리아도 1군이다. 쥐에게는 암을 일으키는 것으로 확인되었지만 인체 발암성은 불확실한 화학물질은 1군보다 4배나 더 많다.

현대 의학 덕분에 우리가 다양한 질병을 정확하게 진단하고 치료할 수 있게 된 것은 분명하다. 질병의 원인에 대한 현대 과학적 이해로 우리의 보건위생 환경이 개선된 것도 사실이다. 오늘날 인류의 평균 수명이 80세를 넘어설 정도로 연장된 것은 그런 노력 덕분이라는 사실을 아무도 부정하지 않을 것이다. 그러나 우리가 질병의 고통으로부터 완전히 해방된 것은 아니다.

이제는 '먹고 마시고 피우는' 모든 화학물질들을 다루는 독성학에 더 많은 관심을 둘 필요가 있다. '에너지를 얻기 위해 연소시키고, 기분 전환을 위해 약물로 사용하는' 화학물질들에 대한 관심도 필요하다. 독성학적 정보를 이용한 적극적인 예방을 위한 노력이 건강이나 비용 측면에서 질병의 치료를 위한 노력보다 훨씬 더 효율적이다. 지금까지 알고 있는 질병의 발생 원인을 줄이기 위한 개인과 사회의 노력이 훨씬 더 강조되어야만 한다.

우리 삶의 질이 개선되고 보건위생 환경이 개선될수록, 독성학에 대한 관심은 더욱 커질 수밖에 없다. 화학물질과 생활양식에 대한 독성학적 정보는 질병의 예방은 물론이고 치료에도 유용하게 사용할 수 있다. 그런 독성학적 정보가 오히려 화학물질에 대한 공포를 증폭시키는 요인으로 작용하는 상황은 몹시 안타깝다. 화학물질에 대한 불필요한 거부감을 해소하기 위한 노력이 반드시 필요하다. 독성학의 역사를 흥미롭게 소개해주는 이 책을 통해서 우리 사회에 들불처럼 번지고 있는 화학 혐오증이 조금이라도 해소될 수 있기를 기대한다.

2022년 3월
성수동 문진(問津)탄소문화원에서

인명 색인